W0275358

Teubner Studienbücher

Chemie

Breitmaier: **Vom NMR-Spektrum zur Strukturformel organischer Verbindungen.** DM 38,–

Elschenbroich/Salzer: **Organometallchemie.** 2. Aufl. DM 46,–

Engelke: **Aufbau der Moleküle.** DM 38,–

Hennig/Rehorek: **Photochemische und photokatalytische Reaktionen von Koordinatenverbindungen.** DM 24,80

Primas/Müller-Herold: **Elementare Quantenchemie.** 2. Aufl. DM 39,–

Vögtle: **Reizvolle Moleküle der Organischen Chemie.** DM 39,80

Vögtle: **Supramolekulare Chemie.** DM 42,–

Preisänderungen vorbehalten

 B. G. Teubner Stuttgart

Elementare Quantenchemie

Von Hans Primas
o. Professor an der Eidgenössischen
Technischen Hochschule Zürich

und Dr. Ulrich Müller-Herold
Privatdozent an der Eidgenössischen
Technischen Hochschule Zürich

2., durchgesehene Auflage

B. G. Teubner Stuttgart 1990

Prof. Hans Primas

Geboren 1928 in Zürich. 1945–1948 Berufslehre als Chemielaborant. 1948 bis 1951 Chemiestudium am Technikum Winterthur. 1951–1954 Fachhörer für Mathematik und theoretische Physik an der Universität Zürich und an der ETH. 1953–1961 wissenschaftlicher Mitarbeiter am Laboratorium für organische und später am Laboratorium für physikalische Chemie der ETH. Konstruktion hochauflösender Kernresonanz-Spektrometer für chemische Anwendungen. 1960 Habilitation, 1961 a. o. Professor, 1966 o. Professor ad personam für physikalische und theoretische Chemie an der ETH. 1967–1968 und 1976–1978 Vorstand der Abteilung für Chemie an der ETH Zürich.

Priv.-Doz. Dr. Ulrich Müller-Herold

Geboren 1943 in Montabaur/Westerwald. 1962–1968 Medizinstudium in Köln und Bonn. 1968 medizinisches Staatsexamen, 1969 Promotion mit einer Arbeit in experimenteller Pharmakologie. 1968–1972 Chemiestudium an der ETH Zürich als Stipendiat der Stiftung Volkswagenwerk. 1973 Diplom-Chemiker ETH. 1973 Assistent, später Oberassistent am Laboratorium für physikalische Chemie der ETH. 1981 Habilitation in theoretischer Chemie. 1983 Lehrauftrag physikalische Chemie für Biowissenschaftler an der ETH Zürich.

CIP-Titelaufnahme der Deutschen Bibliothek

Primas, Hans:
Elementare Quantenchemie / von Hans Primas
u. Ulrich Müller-Herold. – 2., durchges. Aufl.
Stuttgart: Teubner, 1990
(Teubner Studienbücher: Chemie)

ISBN 978-3-519-13500-5 ISBN 978-3-322-96763-3 (eBook)
DOI 10.1007/978-3-322-96763-3

NE: Müller-Herold, Ulrich:

Umschlaggestaltung: W. Koch, Sindelfingen

VORWORT

Die Quantentheorie ist eine der grossen kulturellen Leistungen unseres Jahrhunderts und Teil der allgemeinen Bildung für all jene, die über die mathematischen Voraussetzungen zu ihrem Verständnis verfügen. Die eindrücklichen Erfolge der molekularen Quantenmechanik und ihr immenser praktischer Wert lassen es vor allem für den experimentell arbeitenden Naturwissenschaftler wünschenswert erscheinen, die Grundlagen der Quantenchemie auch in den Einzelheiten tiefer zu verstehen.

Die vorliegende Darstellung geht bewusst neue Wege und versucht, durch eine zeitgerechte Einführung in die molekulare Quantenmechanik zu eigenem Weiterdenken anzuregen. Dass sich die Quantentheorie in den letzten 30 Jahren wesentlich weiterentwickelt hat und dass wir heute manches besser verstehen können, als es den Pionieren der Quantenmechanik möglich war, sollte sich nach unserer Meinung endlich auch in den Lehrbüchern niederschlagen.

Nach Darstellungsart, Aufbau und Stoffauswahl richtet sich diese Einführung in erster Linie an Studierende der Chemie und anderer Naturwissenschaften. Das Buch entspringt einer einsemestrigen Einführungsvorlesung von vier Wochenstunden, welche seit etwa 15 Jahren an der ETH Zürich für Chemiker im dritten Studiensemester gelesen wurde. Die molekulare Quantenmechanik ist heute ein sehr umfangreiches Gebiet, welches sich in einem Buch dieses Umfangs nicht darlegen lässt. Aus diesem Grunde war eine Beschränkung auf die chemisch wichtigen Grundlagen geboten, auf denen dann die Theorie der chemischen Bindung, die Molekülspektroskopie und die statistische Thermodynamik entwickelt werden können. Wenn auch der Hauptteil betont elementar gehalten ist, so geht die vorliegende Darstellung doch vor allem begrifflich weiter, als dies in Einführungen in die Quantenchemie sonst üblich ist. Viel Raum wurde daher den naturwissenschaftlichen Grundlagen gewidmet, um die neuartigen quantentheoretischen Begriffsbildungen so klar wie möglich herauszuarbeiten.

Erfreulicherweise besteht heute über die mathematische Struktur der Quantenmechanik weitgehende Klarheit, und dies macht es möglich, in einer ersten einführenden Darstellung mit gutem Gewissen auf mathematische Pedanterien zu verzichten. Wir haben statt dessen versucht, die relevanten Ideen in mathematisch elementarer Weise intuitiv zu vermitteln. Gelegentliche Hinweise auf weiterführende Literatur weisen Interessierten den Weg. Wir meinen, dass mit Grundkenntnissen der Analysis, der allgemeinen Physik und minimalen Fertigkeiten der Matrixrechnung ein erfolgversprechendes Studium des Buches möglich sein sollte. Nicht notwendig sind Vorkenntnisse aus der Quantentheorie, der Funktionalanalysis und der Gruppentheorie. Vorausgesetzt wird aber eine über blosses Lesen hinausgehende Mitarbeit.

Wir danken Frau Monika Schiessl für ihren Einsatz und ihre Geduld bei der Herstellung des Manuskriptes. Wertvolle Hilfe leisteten unsere Mitarbeiter Dr. Anton Amann, Dr. Werner Gans, Dr. Peter Pfeifer, Jürgen Pöttinger, Dr. Guido Raggio durch ihre Assistententätigkeit und bei der Schlussredaktion des Manuskriptes sowie Herr Dr. T.K. Ha durch die Bereitstellung von numerischem Material für Kapitel 5.4. Ihnen allen gilt hier unser Dank.

Zürich, am 1. Juli 1984

Hans Primas
Ulrich Müller-Herold

Vorwort zur zweiten Auflage

In der vorliegenden zweiten Auflage wurden bekanntgewordene Druckfehler beseitigt.

Zürich, am 1. Juli 1989

Hans Primas
Ulrich Müller-Herold

ANLEITUNG ZUM GEBRAUCH DES BUCHES

Die Stoffauswahl entspricht in den Grundzügen unserer ETH-Vorlesung, welche aber mit mehreren Ergänzungen versehen und systematischer angeordnet wurde. Gewisse Abschnitte und Einschübe werden mit einem Kreuz # ("schwierig") oder mit einem Doppelkreuz ## ("man lasse die Finger davon") gekennzeichnet. Sie sind theoretisch anspruchsvoller und können beim ersten Studium überschlagen werden.

In einer Semestervorlesung mit drei Vorlesungsstunden und einer Übungsstunde pro Woche kann der hier dargestellte Stoff nicht vollständig zum Vortrag kommen. Dem Dozenten bleibt daher reichlich Freiheit bei der Zusammenstellung des Stoffes und bei der Reihenfolge der Präsentation. Die nicht mit Kreuz versehenen Abschnitte bilden eine Auswahl, die mit leichten Kürzungen in einem Semester zu bewältigen ist. Aus Gründen der Systematik wurde Kap. 3.1 unmittelbar an den Anfang gestellt. Wir empfehlen aber sehr, es beim ersten Durchgang zu übergehen, obwohl es bei besonders interessierten Studenten immer auf beachtliches Interesse gestossen ist.

Die mathematischen Hilfsmittel sind in Kap. 7.1 zusammengestellt. Das Material über die Delta-Distribution und über lineare Räume mit Skalarprodukt haben wir üblicherweise in den ersten Übungsstunden mit den Vorlesungsteilnehmern erarbeitet. Für die Wiederholung des physikalischen Grundwissens empfehlen wir das "Repetitorium der Physik" von F. Kneubühl, Teubner Verlag, Stuttgart.

Einen besonderen Platz nehmen die Übungsaufgaben ein, die mehrheitlich in unseren Übungsstunden erprobt worden sind. Die Aufgaben sind zum Teil leicht und haben oft die Funktion, anhand konkreter Beispiele Vertrautheit im Umgang mit neuen Begriffen zu vermitteln. Zum Teil enthalten die Aufgaben aber auch wesentliche Ergänzungen zum Haupttext. Da es in den meisten Kursen auch Studenten gibt, die hartes Brot lieben, haben wir mitunter auch schwierigere aber lehrreiche Aufgaben eingestreut. Sie sind mit zwei ** oder drei *** Sternen gekennzeichnet und niemand darf erwarten, sie auf Anhieb zu bezwingen.

Zu allen Aufgaben gibt es im Kap. 7.3 eine Lösung und zu fast allen Aufgaben einen oder mehrere Hinweise. Die Zahl der Hinweise wird durch eine entsprechende Anzahl von Sternen * angedeutet. Die Hinweise sind so angelegt, dass der erste Hinweis es ermöglicht, die Aufgabe in Angriff zu nehmen. Bleibt man stecken, so geht man zum zweiten Hinweis, und findet dort neben der Ausarbeitung des ersten einen weiteren Ratschlag, mit dem man weiterarbeiten kann u.s.f. Die Gesamtheit der Hinweise zusammen mit der Lösung bildet einen Lösungsweg in Stufen. Nach jeder Aufgabe sofort die Hinweise und Lösungen zu lesen, kann nur dem Erfahrenen empfohlen werden, entspricht aber nicht dem Sinn der Sache. Will eine Lösung nicht gleich gelingen, so tröste man sich: Auch die Verfasser haben oft stundenlang über sehr elementaren Problemen gebrütet.

INHALT

KAPITEL 5: ELEKTRONISCHE STRUKTUR MOLEKULARER SYSTEME

1. EINLEITENDE BEMERKUNGEN ÜBER DIE THEORETISCHEN GRUNDLAGEN DER CHEMIE

1.1 *WAS DÜRFEN WIR VON EINER GUTEN NATURWISSENSCHAFTLICHEN THEORIE ERWARTEN?*

Von einer guten Theorie erwarten wir, dass sie

- empirisch richtig
- logisch konsistent
- anschaulich
- praktisch brauchbar

ist.

In den exakten Naturwissenschaften hat man sehr anspruchsvolle Vorstellungen von dem Begriff der *empirischen Richtigkeit.* So fordert man etwa, dass der Geltungsbereich der Theorie bekannt ist sowie, dass innerhalb des Geltungsbereiches die Theorie allgemein gültig ist und nicht von Fall zu Fall durch Ad-hoc-Annahmen modifiziert wird. Darüber hinaus fordert man nicht nur numerische Übereinstimmung von theoretischen und gemessenen Grössen, sondern auch das Vermögen, Ergebnisse experimenteller Untersuchungen vorauszusagen. Zwar weiss man nicht von vorneherein, ob derartige Voraussagen sich auch mit Sicherheit bewahrheiten. In einer guten naturwissenschaftlichen Theorie soll aber ein signifikantes Auseinanderklaffen von Theorie und Experiment immer eine ernsthafte Angelegenheit mit bedeutsamen Konsequenzen für die betreffende Wissenschaft sein. Während der letzten Jahrzehnte haben wir allerdings gelernt, dass es keine "theoriefreie" Erfahrung gibt (Fleck, Hanson, Feyerabend, Kuhn), denn Fakten sind nie kontextfrei, sondern immer eingebettet in eine stillschweigend akzeptierte Theorie.

Behauptung: Fakten werden erfunden, nicht entdeckt.
Es lohnt sich, über diese zugegebenermassen etwas pointiert formulierte Behauptung nachzudenken. Hilfe findet man bei: *L. Fleck*, "Entstehung und Entwicklung einer naturwissenschaftlichen Tatsache", Benno Schwabe, Basel, 1935. Neu herausgegeben als Suhrkamp Taschenbuch Wissenschaft 312, Suhrkamp, Frankfurt, 1980. Zum Problem der Theoriegeladenheit von Fakten studiere man auch: *P. Duhem*, "La théorie physique, son objet et sa structure", 1908. Deutsche Übersetzung: "Ziel und Struktur der physikalischen Theorien",

Barth, Leipzig, 1908; Nachdruck: Felix Meiner, Hamburg, 1978. *N.R. Hanson*, "Patterns of discovery", Cambridge University Press, 1958. *T.S. Kuhn*, "The structure of scientific revolutions", University of Chicago Press, Chicago, 1962. Deutsche Ausgabe: "Die Struktur wissenschaftlicher Revolutionen", Suhrkamp Verlag, Frankfurt, 1967. *P.K. Feyerabend*, "Against method", 1975. Deutsche Ausgabe: "Wider den Methodenzwang", Suhrkamp Verlag, Frankfurt, 1976. Oder einfacher bei Goethe: "Das Höchste wäre: zu begreifen, dass alles Faktische schon Theorie ist", (Insel Goethe, Band vi, Seiten 467-468).

Die harte Forderung nach qualitativer und quantitativer Richtigkeit innerhalb eines wohlabgegrenzten Geltungsbereiches unterscheidet die *fundamentalen* von den *phänomenologischen Theorien*. Phänomenologische Modellvorstellungen sind für den Ingenieur und für den Experimentalforscher von grosser Wichtigkeit und dürfen auf keinen Fall unterschätzt werden. Sie kombinieren meist empirische Gesetzmässigkeiten und tiefere theoretische Einsichten in kunstvoller Weise. Jede derartige Modellvorstellung macht grosse Anleihen an das nichtformalisierte und unreflektierte theoretische Vorverständnis, sie darf deshalb nur zusammen mit viel "gesundem Menschenverstand" gebraucht werden. Im Gegensatz zu diesen praktisch so wichtigen Ingenieurtheorien sind in den fundamentalen Theorien Anleihen an den "gesunden Menschenverstand" verpönt. Oft, aber keineswegs immer, sind gute Ingenieurtheorien Vorstufen zu einer noch nicht verfügbaren fundamentalen Theorie.

Beispiel: Als 1962 die ersten Xenonverbindungen hergestellt wurden, waren viele Chemiker höchst überrascht. In der Tat sagten die meisten Valenzmodelle wie die Oktettheorie, die semiempirischen VB- und MO-Theorien die Nichtexistenz von Edelgasverbindungen voraus. Merkwürdigerweise wurden die populären semiempirischen Modelle kaum wesentlich geändert, doch post factum können nun diese Modelle auch die Edelgasverbindungen erklären. Moral: ***die semiempirischen Modelle der Quantenchemie haben nicht den Status fundamentaler naturwissenschaftlicher Theorien.***

In den exakten Naturwissenschaften wird die logische Konsistenz einer Theorie durch ihre mathematische Formalisierung erreicht. Eine fundamentale Theorie ist ein mathematisch voll formalisiertes, auf wenigen Grundpostulaten basierendes Schema. Um eine Kritik unseres theoretischen Vorverständnisses zu ermöglichen, muss eine fundamentale Theorie zudem mit möglichst wenigen aussertheoretischen Begriffsbildungen auskommen.

Das Problem der *Anschaulichkeit* naturwissenschaftlicher Theorien ist für jeden kreativ arbeitenden Wissenschafter von entscheidender Wichtigkeit. Anschaulichkeit heisst hier nicht, dass zur Formulierung der Theorie nur Begriffe herangezogen werden, die unmittelbar aus der Alltagserfahrung gewonnen wurden. Das ist weder wünschbar noch möglich. Wir erfahren ja die äussere Wirklichkeit selbst immer nur durch die Vermittlung von "inneren Bildern". Innere Bilder sind Ideen im ursprünglichen Sinn des Wortes. Eine Theorie ist anschaulich, wenn die wesentlichen theoretischen Begriffe inneren Bildern entsprechen und damit intuitiv erschaubar sind.

Beispiel: Aha-Erlebnisse
Wenn etwa in einer Diskussion über einen schwierigen, rein mathematischen Satz ein Diskussionspartner den Sachverhalt plötzlich versteht, sagt er oft: "Ja, ich *sehe* es jetzt." Wer eine "blitzartige Erleuchtung" hat, wird danach die Problematik "in einem neuen Licht sehen".

Damit eine theoretische Betrachtungsweise lern- und lehrbar ist, müssen die den theoretischen Begriffen entsprechenden inneren Bilder einen überpersönlichen Charakter haben. Solche universellen, urtümlichen Bilder wie etwa der Kreis, die natürlichen Zahlen, das Kontinuum, Ordnung und Symmetrie oder der historische Atombegriff sind nicht konkret in Raum und Zeit vorhanden,sondern sind allgegenwärtige Formen der Psyche. Sie sind *real*, weil sie wirken, und *objektiv*, weil sie nichtpersönlichen Charakter haben. Sie müssen nicht erklärt werden,sondern werden als Urphänomen erlebt und erscheinen als naturgegebene Manifestationen des menschlichen Geistes.

Die Möglichkeit von exakten Naturwissenschaften beruht zu einem wichtigen Teil auf der Erfahrungstatsache, dass gewisse allgemeine psychische Strukturen mathematisch abbildbar sind. Die Vorstellbarkeit theoretischer Strukturen beruht auf ihrer archetypischen Natur. Die Dynamik der angesprochenen Archetypen hat für den Forscher überzeugenden Charakter und ist von einer starken emotionalen Komponente begleitet: der Theoretiker ist von einer guten Theorie fasziniert und bezeichnet sie üblicherweise als "schön". So schreibt etwa G. Ludwig im Vorwort zu seinem Lehrbuch über Quantenmechanik: "Je grösser die abstrakte Schönheit einer Theorie, desto grösser ist auch ihr Wahrheitsgehalt. Die innere Harmonie in der Struktur der Materie zu erkennen, d.h. für uns Menschen im Gewande mathematischer Schönheit zu erfassen, ist wohl die Hauptantriebskraft, sich mit soviel Mühe auf diesen schweren Weg der Erkenntnis zu begeben" *).

---

*) *G. Ludwig*, "Die Grundlagen der Quantenmechanik". Springer Verlag Berlin, 1954; S.VII.

Eine empirisch richtige fundamentale Theorie braucht nicht automatisch auch *praktisch-technisch* brauchbar zu sein. Die meisten Naturerscheinungen bieten sich dem Wissenschafter als äusserst verwickelte Phänomenkomplexe dar. Trotzdem fordert der Theoretiker, dass die Natur durch einfache Theorien zu beschreiben ist, wenn auch daran erinnert werden muss, dass das, was wir in den exakten Naturwissenschaften als einfach bezeichnen, vom Alltagsstandpunkt aus betrachtet als sehr ausgefallen, gekünstelt und kompliziert erscheinen kann. Umgekehrt sind die meisten Alltagsphänomene vom naturwissenschaftlichen Standpunkt her gesehen überaus komplex. Kein Physiker ist in der Lage, den Reichtum der hydrodynamischen Phänomene zu beschreiben, die etwa beim Einlaufen von Wasser in eine Badewanne auftreten.

Wenn wir sagen, die Naturwissenschafter möchten möglichst einfache Erklärungen für die Komplexität der direkt beobachteten Naturphänomene finden, so meinen wir damit *strukturelle Einfachheit auf der Ebene einer fundamentalen Theorie*. In den theoretischen Naturwissenschaften sucht man nach Möglichkeiten des Überblikkens und der Synthese. Man möchte die Vielfalt der Phänomene auf wenige Prinzipien zurückführen, von denen sich diese Vielfalt ableiten lässt. Dass der Weg von der Theorie zur Empirie lang, beschwerlich und für den Laien kaum sehr transparent ist, kümmert uns in diesem Zusammenhang nicht.

Weiterführende Literatur: Für eine eingehendere Diskussion mit Literaturhinweisen vergleiche etwa *H. Primas*, "Chemistry, Quantum Mechanics and Reductionism", Lecture Notes in Chemistry, Vol.24, Springer-Verlag, Berlin, 1981.

1.2 DIE GRUNDPFEILER DER THEORETISCHEN CHEMIE

Historisch haben sich Chemie und Physik lange Zeit unabhängig voneinander entwickelt. Die ersten Querverbindungen waren das Gesetz von der *Erhaltung der Masse bei chemischen Umsetzungen* (Lomonossow, 1748; experimentelle Bestätigung durch Lomonossow, 1756, und Lavoisier, 1774), die *Voltasche Säule* (1800), die *Faradayschen Gesetze* (1833), die *Ionentheorie* (Arrhenius, 1887), die Entdeckung von *Linien im Sonnenspektrum* (Fraunhofer, 1817), die *chemische Spektroskopie* (Kirchhoff und Bunsen, 1860). Die Entwicklung der *Thermodynamik* (Carnot, 1824; Clausius ab 1850; Gibbs ab 1873; Planck ab 1880), der *kinetischen Gastheorie* (Daniel Bernoulli, 1738; Clausius, 1857; Maxwell ab 1859; Boltzmann ab 1866), der *statistischen Mechanik* (Maxwell, 1867; Boltzmann; Gibbs, 1902; Einstein, 1905) und der Theorie der *linearen irreversiblen Prozesse* (Onsager, 1931) gab die erste theoretisch wohlfundierte Verknüpfung zwischen Physik und Chemie. *Die ersten Grundpfeiler der theoretischen Chemie sind die Thermodynamik und die statistische Mechanik.*

Der zweite Grundpfeiler der theoretischen Chemie ist die Quantenmechanik. Die Quantentheorie wurde im Jahre 1900 geboren, als Max Plack bei der theoretischen Diskussion der experimentell gefundenen Gesetzmässigkeit der Strahlung glühender Körper das elementare Wirkungsquantum h einführte. Die Lichtquantenhypothese von Albert Einstein (1905) löste das Plancksche Wirkungsquantum vom Strahlungsproblem und führte es als allgemein gültige Konstante in die Physik ein. Das Bohrsche Atommodell von 1913 war ein Versuch, der klassischen Mechanik ad hoc eine Quantenstruktur aufzuprägen. Trotz erstaunlicher Teilerfolge, etwa der Erklärung der Spektralserien und Energien verschiedener Atomzustände, scheiterte dieser theoretische Ansatz an der Erklärung *des Phänomens der chemischen Bindung*. Der Durchbruch kam erst mit der Entwicklung einer grundsätzlich neuen Mechanik. Diese neue *Quanten*mechanik wurde fast gleichzeitig zweimal erfunden. Die Matrixmechanik von Born, Heisenberg und Jordan (1926) entwickelte sich aus einem extrem positivistisch angelegten Ansatz von Heisenberg (1925). Die Schrödingersche Wellenmechanik (1926) war inspiriert durch die von de Broglie (1923) postulierte Wellennatur der Materie. Sowohl die Motivierungen als auch die mathematischen Formulierungen dieser beiden neuen Mechaniken waren so verschieden, wie man sich nur denken kann. Trotzdem konnte bereits im Jahre 1926 durch Pauli, Schrödinger und andere gezeigt werden, dass die beiden Theorien physikalisch völlig äquivalent sind. Heute sprechen wir daher allgemein von der Quantenmechanik. Benützen wir die Schrödingersche Formulierung, so sprechen wir von der Schrödingerdarstellung der Quantenmechanik. In ausserordentlich kurzer Zeit war die neue Mechanik in den wichtigsten Aspekten entwickelt und empirisch bestätigt. Kühn übertreibend aber nicht ohne Grund konnte P.A.M. Dirac bereits im Jahre 1928 die Resultate der neuen Mechanik zusammenfassen in den Worten: "*The underlying physical laws for the mathematical theory of ... the whole of chemistry are completely known*".

Tatsächlich gibt es heute keinen vernünftigen theoretischen oder empirischen Grund gegen die Arbeitshypothese, dass die ersten Prinzipien der Quantenmechanik auch für die chemischen Bewegungsformen Gültigkeit haben. Die für chemische Prozesse relevanten Kräfte kennen wir sehr gut: es sind im wesentlichen die aus der klassischen Physik wohlbekannten elektromagnetischen Kräfte. Wir wissen heute mit Sicherheit, dass es besondere chemische Kräfte nicht gibt.

In der modernen Physik unterscheidet man vier fundamentale Kräfte: die Gravitationskräfte, die elektromagnetischen Kräfte, die Kräfte der starken Wechselwirkung und die Kräfte der schwachen Wechselwirkung. Die starke Wechselwirkung ist die Ursache für die Bindung der Nukleonen in den Atomkernen. Die schwache Wechselwirkung ist für gewisse Zerfälle von Elementarteilchen verantwortlich, z. B. für den Betazerfall. Falls wir als Chemiker die Existenz und die Stabilität der Elementarteilchen wie Proton, Neutron, Elektron und der Atomkerne als phänomenologisch gegeben hinnehmen, spielen die Kräfte der starken und schwachen Wechselwirkungen in der Chemie keine Rolle. Die Gravitationskräfte zwischen Elektronen und Atomkernen sind für molekulare Bindungsphänomene viel zu schwach,und daher spielt die Gravitation in der Chemie nur eine sekundäre Rolle, etwa bei Laboratoriumsoperationen wie Filtrieren. *Alle eigentlich chemischen Phänomene können im Rahmen der quantenmechanischen Bewegungsgesetze durch elektromagnetische Kräfte erklärt werden.*

Die Beziehungen zwischen den ersten Prinzipien der Physik und den chemischen Bewegungsformen werden oft missverstanden, wobei selbst heute noch Vertreter von folgenden zwei Extrempositionen zu finden sind. Das eine Extrem besteht darin, die chemische Relevanz der Quantenchemie zu bestreiten. Nachdem heute die numerische Quantenchemie wenigstens für kleine Molekeln restlos überzeugende Erfolge erzielt hat, kann man diese Position kaum mehr verteidigen, ohne sich dem Vorwurf der Ignoranz auszusetzen. Das andere Extrem besteht in einer Überschätzung der Rolle physikalischer Theorien für die Chemie. Der Schlachtruf "We can calculate everything"*) verleitet allzuleicht dazu, die entscheidenden Probleme aus den Augen zu verlieren. Quantenmechanische Berechnungen erlauben uns nämlich nur dann die quantitative Seite chemischer Erscheinungen zu erschliessen, falls wir *zuvor* deren qualitative Seite verstanden haben.

Bemerkung: Starke und schwache Theoriereduktion
Die Erkenntnistheoretiker unterscheiden zwischen Theoriereduktionen im

---

*) Zitiert aus: *E. Clementi*, "Proceedings of the Robert A. Welch Foundation Conference on Chemical Research. XXI Theoretical Chemistry". Robert A. Welch Foundation, Houston, 1973; p. 117.

starken und im schwachen Sinn. Ein Phänomen heisst im ***starken*** Sinn auf eine fundamentale Theorie reduziert, wenn es im vollen Umfang und ohne Approximationsmethoden aus den ersten Prinzipien dieser Theorie ***hergeleitet*** werden kann. Falls ein Phänomen ***verträglich*** ist mit den ersten Prinzipien einer Theorie, aus dieser aber nur durch zusätzliche ***ad hoc*** Annahmen oder durch in sich konsistente ***Approximationen*** hergeleitet werden kann, dann sprechen wir von einer ***Reduktion im schwachen Sinn.*** Ein Beispiel für eine schwache Reduktion ist die Born-Oppenheimer Beschreibung von Molekeln (vgl. IV.). Nichts erscheint dem modernen Chemiker natürlicher als der Begriff der Molekülstruktur. Trotzdem hat der Theoretiker zu fragen: folgt dieser Begriff aus den ersten Prinzipien der Quantenmechanik? Die Beschreibung von Molekeln nach Born und Oppenheimer ist ***verträglich*** mit den Prinzipien der Quantenmechanik und liefert die theoretischen Grundlagen für den so wichtigen Begriff der Molekülstruktur, aber sie kann nicht ohne ad-hoc-Annahmen aus den ersten Prinzipien der Quantenmechanik ***hergeleitet*** werden. Üblicherweise wird diese Beschreibung durch die von Born und Oppenheimer ingeniös ersonnene Approximationsmethode gewonnen. Aber es wird dabei oft übersehen, dass es genau diese Approximationsmethode ist, welche durch Symmetriebrechung das Kerngerüst ***erzeugt.*** Damit ist der Strukturbegriff schwach,aber nicht stark,auf die Quantenmechanik reduziert.

Die Behauptung "We can calculate everything" bedeutete sehr wenig, selbst wenn sie zuträfe. Das quantitativ Berechenbare ist immer nur ein kleiner Ausschnitt aus den qualitativ einsichtigen Phänomenen. Was ist ein Alkalimetall? Was ist ein Keton? Was ist ein Enzym? Was ist eine Zelle? Das alles sind erlaubte Fragen, Fragen allerdings, welche nicht durch quantenchemische Rechnungen beantwortet werden können.

Dass es gelungen ist, mit Hilfe der Quantenmechanik wichtige Aspekte der Chemie zu verstehen und technologisch zu beherrschen, ist ein Triumph der modernen Forschung. *Ohne* Quantenmechanik sind chemische Phänomene nicht zu verstehen. Nur darf uns die scheinbare methodische Sicherheit der numerischen Quantenchemie nicht dazu verleiten, eigentlich chemische und biologische Charakteristika nicht mehr wahrzunehmen und ihnen gar - da sie mit der heutigen Quantenchemie nicht berechenbar sind - das Prädikat der Wissenschaftlichkeit abzusprechen.

1.3# IST DIE QUANTENMECHANIK PARADOX?

Die Quantenmechanik ist heute mehr als ein halbes Jahrhundert alt,und ihre Voraussagen wurden bisher ohne Ausnahme empirisch bestätigt, zum Teil mit geradezu phantastischer Genauigkeit. Trotzdem reisst die Diskussion um den philosophischen Stellenwert dieser Theorie nicht ab. Da die Interpretationsfragen der

Quantenmechanik überaus strittig sind *), beschränkt sich die akademische Lehre allzuoft auf das Vermitteln von "Kochrezepten", welche natürlich nicht intuitiv erfassbar sind. Man entschuldigt sich dafür gerne mit der Ausrede, diese Situation sei eben in der Natur der mikrophysikalischen Phänomene begründet, welche ein anschauliches Verständnis nicht zulasse. Eine derartige Praxis scheint uns nicht länger vertretbar, und wir sind der Meinung, in diesem Punkte müsse man umdenken.

Eine Hauptschwierigkeit für ein tieferes Verständnis der Quantenmechanik liegt darin, dass man dem historischen Werdegang der Theorie zu folgen versucht und sich damit fast prohibitiv mit nicht mehr aktuellen Formulierungen und Schwierigkeiten belastet, weil die meisten der heute als richtig betrachteten theoretischen Konzepte auf Grund von nicht stichhaltigen oder gar falschen Motivierungen gefunden wurden.**) Aus diesen Gründen ist das Studium der Geschichte der Naturwissenschaften zwar hochinteressant aber undankbar für Anfänger.

Literatur zur Geschichte der Quantentheorie
Die historische Betrachtungsweise ist wichtig für ein vertieftes Verständnis jeder Naturwissenschaft. Für die Quantenmechanik ist es aber vernünftig, sich zuerst über den modernen Stand der Theorie zu informieren und das Studium der historischen Entwicklung auf später zu verschieben. Zum Einstieg empfehlen wir folgende Werke: *M. Jammer*, "The conceptual development of quantum mechanics". McGraw Hill, New York, 1966. *E. Whittaker*, "A history of the theories of ether and electricity". Vol.1, "The classical theories". Vol.2, "The modern theories (1900-1926)". As paperback reprinted by Harper and Brothers, New York, 1960. *H.A. Boorse and L. Motz*, "The world of the atom". Volumes I and II. Basic Books, New York, 1966. Kommentierte Anthologie aus den Werken hervorragender Naturforscher, publiziert zwischen 50 v. Chr. bis 1965). *A. Hermann*, "Frühgeschichte der Quantentheorie (1899-1913)". Physik Verlag, Mosbach in Baden, 1969. *T.S. Kuhn*, "Blackbody theory and the quantum discontinuity". Clarendon Press, Oxford, 1978. *K. Przibram*, "Briefe zur Wellenmechanik (Schrödinger, Planck, Einstein, Lorentz)". Springer-Verlag, Wien, 1963. *W. Pauli*, "Wissenschaftlicher Briefwechsel", Bd.1: 1919-1929. Springer-Verlag, New York, 1979.

Der ungeheure Erfolg der Newtonschen und Einsteinschen Mechanik führte zu der fast unausrottbaren, monistischen Anschauung, das Verhalten der Materie könne

*) Es gibt sogar Naturwissenschafter, welche jedes philosophische Interesse verloren haben und behaupten, es gebe am Formalismus der Quantenmechanik überhaupt nichts zu interpretieren.

**) Eine Reihe von Beispielen finden sich bei *H. Primas*, "Chemistry, Quantum Mechanics and Reductionism", Lecture Notes in Chemistry, Vol.24, Springer-Verlag, Berlin, 1981.

letzten Endes vollumfänglich auf mechanische Gesetze zurückgeführt werden. Dieser Gedanke wurde zunächst in unkritischer Weise auch auf die 1925 entstandene Quantenmechanik übertragen. Wie wir heute meinen, ist eine solche Übertragung völlig unberechtigt. Denn während beim Übergang von der Newtonschen zur Einsteinschen Mechanik lediglich die mechanischen Bewegungsgesetze und unsere Vorstellungen über die Raum-Zeit-Struktur verändert werden, geht die Revolution, welche die Quantenmechanik brachte, viel weiter: sie ändert die Aussagenlogik naturwissenschaftlicher Theorien.

Die Aussagenlogik der klassischen physikalischen Theorien - der Newtonschen oder Einsteinschen Mechanik, der Maxwellschen Elektrodynamik oder der Claususschen Thermodynamik - ist im wesentlichen seit Aristoteles bekannt, sie wird durch die Ausschliesslichkeit von Ja-Nein-Aussagen charakterisiert. Diese sogenannte klassische Logik wurde vor rund 100 Jahren von George Boole formalisiert, und wir bezeichnen sie daher auch als *Boolesche Logik*.

Das entscheidend Neue an der Quantenmechanik sind weder ihre Bewegungsgesetze noch das Plancksche Wirkungsquantum,sondern die Tatsache, dass es in Quantensystemen miteinander nicht kompatible Eigenschaften gibt. Die Existenz solcher sogenannter komplementärer Eigenschaften erzwingt eine nicht Boolesche Aussagenlogik. Komplementäre Eigenschaften sind aus der Alltagserfahrung wohlbekannt, wurden aber vor der Quantenmechanik in der Physik nie diskutiert.

Die Quantenmechanik unterscheidet sich von der klassischen Physik ganz entscheidend auch darin, dass sie ihre Aussagen nicht aussprechen kann, ohne zugleich die Art der Kenntnisnahme auszudrücken. Sie hat damit ein neues Element der Relativität eingeführt: *die Relativität bezüglich der Beobachtungsmittel*. Die Denkweise der Quantenmechanik steht in schroffem Gegensatz zu jener der klassischen Physik. Lässt man die Relativität der Aussagen der Quantenmechanik bezüglich der Beobachtungsmittel ausser acht, so verstrickt man sich sofort in Widersprüche. Die Formulierung der Bedingungen, die es gestatten, Paradoxa in der Quantenmechanik zu vermeiden, stammt von Niels Bohr und wurde von ihm *Komplementarität* genannt. Die Komplementarität bezieht sich auf die Interpretation von Fakten, welche unter einander ausschliessenden experimentellen Anordnungen gefunden wurden.

Nach heutiger Ansicht ist die klassische Physik für Elementarteilchen,

Atome und Molekeln nicht zuständig. Historisch begegnet man den inkompatiblen Eigenschaften der Materie erstmals unter dem Namen der Welle - Teilchen-Dualität. Man versuchte damit, innerhalb der klassischen Denkweise mit Hilfe einer Kombination von "Wellenbild" und "Teilchenbild" in das Wesen des Mikrokosmos einzudringen. Auf diese Weise sind Paradoxa allerdings nicht zu vermeiden, denn ein Elektron *ist* weder ein Teilchen noch eine Welle. Ein Elektron hat in der uns gewohnten Umwelt kein Analogon. Trotzdem ist ein Elektron ein reales Objekt, das in der Chemie eine entscheidend wichtige Rolle spielt und das durch die Quantenmechanik perfekt beschrieben wird. Paradoxa entstehen nur dann, wenn in illegitimer Weise Begriffsbildungen der klassischen Physik auf nichtklassische Objekte angewandt werden.

Die Quantenmechanik ist weit mehr als ein nützliches Hilfsmittel für den Chemiker, sie gehört heute zum Fundament der exakten Naturwissenschaften. Darüber hinaus hat die Quantenmechanik eine grosse kulturelle Bedeutung. Sie bricht mit der mechanistischen Weltauffassung der Philosophie von René Descartes (1596-1650), dessen grundsätzliche Teilung der Natur in zwei getrennte und unabhängige Bereiche, jene des Geistes und der Materie, von grosser Bedeutung für die so erfolgreiche Entwicklung der klassischen Naturwissenschaft und Technik war. Die Quantenmechanik kehrt zur Idee der Einheit zurück. Die Parallelen zwischen den überlieferten Ideen des Fernen Ostens und der Quantenmechanik sind faszinierend. Im Gegensatz zur cartesischen mechanistischen Weltauffassung ist die östliche Weltsicht organisch, sie betont die Einheit des Universums und betrachtet die von unseren Sinnen wahrgenommenen Dinge lediglich als verschiedene Aspekte ein und derselben Realität. Ähnlich lehrt uns die Quantenmechanik, die Welt nicht als eine Ansammlung einzelner für sich selbst existierender Dinge zu sehen, sondern als Einheit, in welcher Objekte nur im Zusammenhang mit ihrer Wechselwirkung mit dem Beobachter und seinen Abstraktionen existieren. Oder in Heisenbergs Worten *): "Die Naturwissenschaft beschreibt und erklärt die Natur nicht einfach, so wie sie 'an sich ist'. Sie ist vielmehr ein Teil des Wechselspiels zwischen der Natur und uns selbst. Sie beschreibt die Natur, die unserer Fragestellung und unseren Methoden ausgesetzt ist."

---

*) *W. Heisenberg*, "Physik und Philosophie". Hirzel Verlag, Stuttgart, 1950; S.66.

2. EINFÜHRUNG UND VORSCHAU

2.1 WARUM EINE VORSCHAU?

Die einzigartige Rolle der Quantenmechanik in den modernen Naturwissenschaften macht es auch für den Chemiker wichtig, mit den Grundgedanken der Quantenmechanik und der Quantenchemie vertraut zu werden. Diese Vertrautheit ist nicht leicht zu erwerben, denn die Quantenmechanik ist eine schwierige, reichlich abstrakte Theorie, mit der nicht nur Anfänger, sondern auch etablierte Fachleute ihre Schwierigkeiten haben. Glücklicherweise ist die Quantenmechanik viel leichter *anzuwenden* als zu *verstehen*. Zum Eingewöhnen scheint es deshalb ratsam, erst einmal zu sehen, *wie* man etwas macht. Beim Kuchenbacken geht man ja auch so vor. Im Gegensatz zur Kochkunst muss man sich in den Naturwissenschaften später irgendwann einmal bemühen, die abgeschauten Rezepte tiefer zu verstehen. Wichtig ist dabei vor allem, die Geduld nicht zu verlieren. Die Quantenmechanik *ist* schwierig und nur in wiederholtem Anlauf zu erobern.

In den exakten Naturwissenschaften lässt sich ein Mindestmass an mathematischem Formalismus nicht vermeiden. Der Anfänger hat meist keine zutreffende Vorstellung, in welchem Umfang die modernen Naturwissenschaften abstrakt geworden sind und zudem jedes Jahr weiter "physikalisiert" und "mathematisiert" werden. Das berühmte Dictum Galileis *"Die Philosophie steht geschrieben in diesem grossartigen Buch, das ich das Universum nenne, man kann es aber nicht verstehen, wenn man nicht zuvor gelernt hat, seine Sprache zu verstehen: es ist in der Sprache der Mathematik geschrieben"*, bezog sich 1623 auf die Physik, es ist heute auch wahr für wichtige Teile der Chemie. Selbstverständlich ist das Wesentliche naturwissenschaftlicher Theorien ihr begrifflicher Inhalt und *nicht* der mathematische Formalismus. Wer aber den heute so hochentwickelten Formalismus nicht kennt, müht sich ständig mit Schwierigkeiten, die seit Jahrzehnten oder gar seit Jahrhunderten beiseite geräumt sind.

Um den Einstieg zu erleichtern, geben wir im folgenden eine knappe Zusammenfassung des quantenmechanischen Formalismus in Rezeptform. Wer Rezepte nicht liebt, möge die folgenden Seiten überschlagen und sofort mit der Darlegung der Prinzipien der Quantenmechanik in Kapitel 3 beginnen. Es ist aber durchaus möglich und vielleicht auch vernünftig, Kapitel 3 oder wenigstens Kapitel 3.1 zunächst zu überspringen und sich zuerst eine Grundfertigkeit in der Handhabung der Rezepte und

Werkzeuge der Quantenchemie anzueignen. Es wäre ein Irrtum anzunehmen, die Pioniere der Quantenmechanik seien anders vorgegangen. Ein tieferes Eindringen in die Grundlagen der Quantenmechanik macht jedenfalls weniger Mühe, wenn man sich vorher anhand von Rezepten an die Terminologie gewöhnt und eine Anzahl von Beispielen selbst durchgerechnet hat. Ein tieferes Verständnis kann sich dann umso rascher einstellen.

2.2 *WARUM EINE NEUE BEWEGUNGSLEHRE?*

Atome und Moleküle sind mechanische Systeme, welche durch die klassische, Newtonsche oder Lagrangesche oder Hamiltonsche Dynamik nicht zutreffend beschrieben werden können. Für molekulare Probleme verwendet die Chemie daher eine neue Mechanik, die Quantenmechanik. Es ist aber nicht so, dass die Quantenmechanik einfach eine verbesserte oder modernisierte Fassung der klassischen Mechanik ist, vielmehr sind beide grundsätzlich voneinander verschieden. Obwohl die Quantenmechanik in revolutionärer Weise mit gewissen Vorstellungen der klassischen Physik bricht, haben Newtonsche Mechanik und Quantenmechanik *ein* gemeinsames Charakteristikum, und das ist ihre Galileische Raum-Zeit-Struktur (vgl. Kap.3.2.1). Trotz grundsätzlicher Verschiedenheit haben beide Mechaniken deshalb überraschende formal-strukturelle Aehnlichkeiten, welche man in dem sogenannten *Korrespondenzprinzip* rezeptartig zusammenfasst. Um dieses Rezept anwenden zu können, muss man ein wenig von der klassischen Punktmechanik sowie von der klassischen Magneto- und Elektrostatik wissen.

In der Newtonschen Mechanik beschreibt man einen Massenpunkt durch die Angabe seines Ortes und seiner Geschwindigkeit im dreidimensionalen physikalischen Anschauungsraum. In einem willkürlich gewählten festen kartesischen Koordinatensystem spezifiziert man dazu einen *Ortsvektor* $\vec{q}=(q_x,q_y,q_z)$, $q_y,q_y,q_z \in \mathbb{R}$, $\vec{q} \in \mathbb{R}^3$, und einen *Geschwindigkeitsvektor* $\vec{v}=(v_x,v_y,v_z)$, $v_x,v_y,v_z \in \mathbb{R}$, $\vec{v} \in \mathbb{R}^3$. Für die Formulierung des Korrespondenzprinzips muss man auf die Hamiltonsche Variante der klassischen Mechanik übergehen, die Punktteilchen mit den kanonischen Grössen Ort und Impuls beschreibt. Der Uebergang von der Newtonschen zur Hamiltonschen Formulierung ist besonders einfach, wenn man keine magnetischen Wechselwirkungen oder Felder zu berücksichtigen hat. In diesem Fall ist der kanonische Impuls $\vec{p}$ eines Massenpunktes der Masse m gegeben durch $\vec{p}=m\vec{v}$. Analoges gilt für Systeme von mehreren elektrisch wechselwirkenden Punktteilchen.

REZEPT 1 *Umformulierung der Newtonschen Mechanik auf Hamiltonsche Form*

Ein System von N Massenpunkten der Massen $m_1, m_2, \ldots, m_N$ wird in der Newtonschen Mechanik durch N Ortsvektoren $\vec{q}_1, \vec{q}_2, \ldots, \vec{q}_N$ und N Geschwindigkeitsvektoren $\vec{v}_1, \vec{v}_2, \ldots, \vec{v}_N$ beschrieben. Sind keine magnetischen Wechselwirkungen zu berücksichtigen, so ist die Energie E dieses Systems gegeben durch die Summe der kinetischen Energien der N Teilchen und der potentiellen Energie V

$$E = \frac{1}{2} \sum_{j=1}^{N} m_j v_j^2 + V(\vec{q}_1, \ldots, \vec{q}_N) ,$$

$$v_j^2 \overset{\text{def}}{=} \vec{v}_j \cdot \vec{v}_j = v_{jx}^2 + v_{jy}^2 + v_{jz}^2 ,$$

wobei $V(\vec{q}_1, \ldots, \vec{q}_N)$ die potentielle Energie des Systems in der geometrischen Konfiguration $(\vec{q}_1, \ldots, \vec{q}_N)$ ist. In der Hamiltonschen Beschreibung benützt man als Basisvariable die N Ortsvektoren $\vec{q}_1, \vec{q}_2, \ldots, \vec{q}_N$ und die N Impulsvektoren $\vec{p}_1, \vec{p}_2, \ldots, \vec{p}_N$. In Abwesenheit von Magnetfeldern ist der Impuls des j-ten Massenpunktes gegeben durch

$$\vec{p}_j = m_j \vec{v}_j .$$

Die Energie als Funktion der Orts- und Impulsvektoren heisst die ***Hamiltonfunktion*** H und ist gegeben durch

$$H(\vec{p}_1, \ldots, \vec{p}_N; \vec{q}_1, \ldots, \vec{q}_N) = \frac{1}{2} \sum_{j=1}^{N} \frac{1}{m_j} p_j^2 + V(\vec{q}_1, \ldots, \vec{q}_N) .$$

Bemerkung: Warnung#

Die Definition des Impulses ist ***nicht*** $\vec{p}=m\vec{v}$, sondern $\vec{p}=\partial L/\partial\vec{v}$, wobei L die sogenannte Lagrangefunktion ist. Falls die Punktpartikel noch eine elektrische Ladung e besitzt und einem statischen äusseren elektrischen Feld $\vec{E}$ und einem statischen äusseren Magnetfeld $\vec{B}$ ausgesetzt ist, dann ist L gegeben durch $L=\frac{1}{2}mv^2-e\phi+e\vec{v}\vec{A}$, so dass $\vec{p}=m\vec{v}+e\vec{A}$ und $H=\frac{1}{2m}(\vec{p}-e\vec{A})^2+e\phi$ ist, wobei ϕ das elektrische Potential und $\vec{A}$ das magnetische Vektorpotential ist, mit $\vec{E}$=-grad ϕ und $\vec{B}$=rot $\vec{A}$.

2.3 WIE ERRÄT MAN DIE KINEMATIK DER QUANTENMECHANIK?

Die Quantenmechanik ist "Hamiltonsch" in dem Sinn, dass ein elementares Quantensystem mit den Variablen "Ort" und "Impuls" beschrieben wird. Allerdings werden diese Variablen nicht mehr wie in der klassischen Hamiltonschen Mechanik durch *Zahlen* q_x, q_y, q_z und p_x, p_y, p_z dargestellt, sondern durch Symbole $\hat{q}_x, \hat{q}_y, \hat{q}_z$ und $\hat{p}_x, \hat{p}_y, \hat{p}_z$ mit einer *nichtkommutativen Multiplikationsregel*, nämlich den berühmten

Heisenbergschen Vertauschungsrelationen

$$\hat{q}_\nu \hat{p}_\mu - \hat{p}_\mu \hat{q}_\nu = i\hbar\delta_{\nu\mu} \quad , \quad \nu,\mu = x,y,z \quad ,$$

wobei i die imaginäre Einheit, $i=\sqrt{-1}$, und $\hbar$ die durch 2π dividierte Plancksche Konstante h ist : $h = 6{,}626..\cdot 10^{-34}$Js, $\hbar = 1{,}0545..\cdot 10^{-34}$Js. Wäre die Plancksche Konstante Null, so wären die Symbole $\hat{q}_\nu$ und $\hat{p}_\mu$ kommutative mathematische Grössen wie in der klassischen Mechanik. In der Tat war die Idee, dass im Grenzfall $\hbar\to 0$ die Quantenmechanik sich irgendwie auf die klassische Hamiltonsche Mechanik reduzieren sollte, der historische Ausgangspunkt für die Formulierung einer Korrespondenz zwischen klassischer Mechanik und Quantenmechanik.

REZEPT 2 *Korrespondenzprinzip*

Für ein Problem, das im Rahmen der klassischen Punktmechanik überhaupt sinnvoll gestellt werden kann, ermittle man zunächst die klassische Hamiltonfunktion $H(\vec{p}_1,\dots,\vec{p}_N; \vec{q}_1,\dots,\vec{q}_N)$. In der Quantenmechanik ist dann die Energie durch den sogenannten ***Hamiltonoperator*** $\hat{H}$ repräsentiert und gegeben durch

$$\hat{H} = H(\hat{\vec{p}}_1,\dots,\hat{\vec{p}}_N; \hat{\vec{q}}_1,\dots,\hat{\vec{q}}_N) \quad ,$$

wobei H die klassische Hamiltonfunktion ist. Die sogenannten ***Orts-Vektoroperatoren*** $\hat{\vec{q}}_j = (\hat{q}_{jx},\hat{q}_{jy},\hat{q}_{jz})$ und ***Impuls-Vektoroperatoren*** $\hat{\vec{p}}_k = (\hat{p}_{kx},\hat{p}_{ky},\hat{p}_{kz})$ erfüllen die ***Heisenbergschen Vertauschungsrelationen***

$$\hat{q}_{j\nu}\hat{p}_{k\mu} - \hat{p}_{k\mu}\hat{q}_{j\nu} = i\hbar\delta_{jk}\delta_{\nu\mu} \quad , \quad j,k = 1,\dots,N; \ \nu,\mu = x,y,z.$$

Analog entspricht einer physikalischen Grösse $G(\vec{p}_1,\dots,\vec{p}_N; \vec{q}_1,\dots,\vec{q}_N)$ der klassischen Beschreibung eine sogenannte ***Observable*** $\hat{G}$, welche durch

$$\hat{G} = G(\hat{\vec{p}}_1,\dots,\hat{\vec{p}}_N; \hat{\vec{q}}_1,\dots,\hat{\vec{q}}_N)$$

gegeben ist.

Bemerkung

Dieses Rezept ist in der Chemie ungeheuer erfolgreich, obwohl es an sich nicht eindeutig ist. In der Praxis treten aber kaum je Schwierigkeiten auf (Näheres in den Kapp. 3.2.1 und 3.2.2).

Das Korrespondenzprinzip spielte in der Entwicklung der Quantenmechanik eine hervorragende Rolle. Es weist auch heute noch einen gangbaren heuristischen Weg, um rasch zu einer quantenmechanischen Formulierung molekularer Probleme zu kommen. Einen Hinweis auf die tiefere Bedeutung des Korrespondenzprinzips findet man in Kap.3.2.1. Man darf sich aber durch das Korrespondenzprinzip auf keinen Fall irreführen lassen: obwohl in unserer Formulierung Worte wie "Teilchen", "Ort" und

"Impuls" vorkommen, haben diese in der Quantenmechanik eine vom üblichen Sprachgebrauch abweichende Bedeutung.

2.4 *WAS IST DER SPIN?*

Spielt eine physikalische Grösse in der klassischen Mechanik eine Rolle, so kommt sie analog in der Quantenmechanik in einer Weise vor, die durch das Korrespondenzprinzip erraten werden kann. Die umgekehrte Feststellung trifft hingegen nicht zu. Die Quantenmechanik kennt Grössen ohne klassisches Analogon. So ist etwa der Spin eines quantenmechanischen Systems eine Form des Drehimpulses, welche es in der klassischen Mechanik von Massenpunkten nicht gibt und welche daher auch nicht über das Korrespondenzrezept in die Quantenmechanik eingeführt werden kann.

In der klassischen Punktmechanik ist der Drehimpuls $\vec{\ell}$ eines Punktteilchens gegeben durch das Vektorprodukt von Orts- und Impulsvektor

$$\vec{\ell} = \vec{q} \times \vec{p} \quad .$$

Gemäss dem Korrespondenzprinzip kann man dem klassischen Drehimpuls $\vec{\ell}=(\ell_x,\ell_y,\ell_z)$ einen Vektoroperator $\hat{\vec{\ell}}=(\hat{\ell}_x,\hat{\ell}_y,\hat{\ell}_z)$ zuordnen durch

$$\hat{\vec{\ell}} = \hat{\vec{q}} \times \hat{\vec{p}} \quad .$$

Unter Benützung der Heisenbergschen Vertauschungsrelationen für $\vec{p}$ und $\vec{q}$ ergeben unschwer die Vertauschungsrelationen (vgl. Kap.3.2.2)

$$\hat{\ell}_x\hat{\ell}_y - \hat{\ell}_y\hat{\ell}_x = i\hbar\hat{\ell}_z \quad ,$$

$$\hat{\ell}_y\hat{\ell}_z - \hat{\ell}_z\hat{\ell}_y = i\hbar\hat{\ell}_x \quad ,$$

$$\hat{\ell}_z\hat{\ell}_x - \hat{\ell}_x\hat{\ell}_z = i\hbar\hat{\ell}_y \quad .$$

Empirisch ist bekannt, dass gewisse Quantensysteme wie Elektronen keinem mit Hilfe des Drehimpulses $\hat{\vec{\ell}}$ formulierten Erhaltungssatz genügen. Trotzdem gilt der Drehimpulserhaltungssatz auch in der Quantenmechanik (vergl. Kap.3.2.4). Man nennt daher $\hat{\vec{\ell}}$ den Operator des *Bahndrehimpulses* und postuliert, dass der gesamte Drehimpuls $\vec{j}$ die Summe des Bahndrehimpulses $\hat{\vec{\ell}}$ und eines neuartigen Drehimpulses, des sogenannten Spindrehimpulses $\hat{\vec{s}}$, ist,

$$\hat{\vec{j}} = \hat{\vec{\ell}} + \hat{\vec{s}} \quad .$$

Dabei sollen die Komponenten von $\hat{\vec{s}}$ analogen Vertauschungsrelationen wie die von $\hat{\vec{\ell}}$ genügen

$$\hat{s}_x\hat{s}_y - \hat{s}_y\hat{s}_x = i\hbar\hat{s}_z \ ,$$
$$\hat{s}_y\hat{s}_z - \hat{s}_z\hat{s}_y = i\hbar\hat{s}_x \ ,$$
$$\hat{s}_z\hat{s}_x - \hat{s}_x\hat{s}_z = i\hbar\hat{s}_y \ ,$$

aber $\hat{\vec{s}}$ soll nicht durch $\hat{p}$ und $\hat{q}$ ausdrückbar sein. Es ist charakteristisch für die moderne naturwissenschaftliche Theoriebildung, dass die für die Naturbeschreibung notwendigen mathematischen Hilfsmittel praktisch immer schon bereitstehen. Geeignete mathematische Objekte für die Beschreibung des Spindrehimpulses sind den Mathematikern seit langem aus der Darstellung der Drehgruppen bekannt. Das einfachste Beispiel sind Spin $\frac{1}{2}$-Systeme, deren Spindrehimpulse durch drei (2×2)-Matrizen dargestellt werden

$$\hat{s}_x = \frac{\hbar}{2}\begin{pmatrix}0 & 1\\ 1 & 0\end{pmatrix} \ , \quad \hat{s}_y = \frac{\hbar}{2}\begin{pmatrix}0 & -i\\ i & 0\end{pmatrix} \ , \quad \hat{s}_z = \frac{\hbar}{2}\begin{pmatrix}1 & 0\\ 0 & -1\end{pmatrix} \ .$$

Unter der üblichen Matrixmultiplikation erfüllen diese Matrizen in der Tat die gewünschten Vertauschungsrelationen. Die Eigenwerte von $\hat{s}_x$, $\hat{s}_y$ und $\hat{s}_z$ sind $\pm\frac{1}{2}\hbar$. Den grössten Eigenwert einer Spinmatrix, dividiert durch $\hbar$, nennt man den *Spin* des betreffenden Systems. Im obigen Beispiel ist der Spin gleich $\frac{1}{2}$.

POSTULAT 1 *Spindrehimpuls*

Der Spindrehimpuls $\hat{\vec{s}}=(\hat{s}_x,\hat{s}_y,\hat{s}_z)$ ist ein Drehimpuls mit den Vertauschungsrelationen

$$\hat{s}_x\hat{s}_y - \hat{s}_y\hat{s}_x = i\hbar\hat{s}_z$$
$$\hat{s}_y\hat{s}_z - \hat{s}_z\hat{s}_y = i\hbar\hat{s}_x$$
$$\hat{s}_z\hat{s}_x - \hat{s}_x\hat{s}_z = i\hbar\hat{s}_y$$

wobei $\hat{s}_x$, $\hat{s}_y$ und $\hat{s}_z$ durch selbstadjungierte (n×n)-Matrizen dargestellt sind. Mögliche Werte für n sind $n = 2,3,4,\dots$. Man schreibt $n = 2s+1$ und sagt, dass die $(2s+1)\times(2s+1)$-Matrizen den Spindrehimpuls eines Teilchens mit dem Spin s darstellen. Mögliche Werte für s sind $s = \frac{1}{2},1,\frac{3}{2},2,\frac{5}{2}\dots$. Besitzt ein System keinen Spindrehimpuls, so sagt man, es habe den Spin $s = 0$.

Bemerkung
Es ist sinnlos, nach einem klassischen Analogon zum Spindrehimpuls zu suchen - es gibt keines! Trotzdem ist der Spin für den Chemiker keineswegs unanschaulich und von eminent praktischer Bedeutung (Kernresonanzspektroskopie!). Hinweise auf eine tiefere theoretische Begründung des Spindrehimpulses finden sich in 3.2.4 bis 3.2.6.

2.5 WAS IST EIN SYSTEM?

Der Systembegriff ist für jede naturwissenschaftliche Theorie fundamental, aber keineswegs unproblematisch. Insbesondere ist die in den physikalischen Theorien so beliebte Fiktion eines "abgeschlossenen Systems" begrifflich schwierig, denn ein beobachtetes System ist grundsätzlich immer ein offenes System. Anderseits ist es nicht einfach, diese Fiktion zu vermeiden, da wir nur für ein geschlossenes System eine rein mechanische Beschreibung geben können. Dass die traditionelle Quantenmechanik primär eine Hamiltonsche Theorie abgeschlossener mechanischer Systeme ist, führt zu mancherlei Schwierigkeiten in der Interpretation des quantenmechanischen Formalismus. Trotzdem ist die naive Idee, dass ein geschlossenes mechanisches System durch Angabe seiner Hamiltonfunktion bzw. seines Hamiltonoperators vollständig charakterisiert ist, überraschend erfolgreich. Daher halten wir uns an dieses einfache Rezept, wohl wissend, dass es nicht die endgültige Antwort wird sein können.

POSTULAT 2 *Abgeschlossene Quantensysteme*
In der quantenmechanischen Beschreibung wird ein abgeschlossenes System durch seinen Hamiltonoperator charakterisiert.

Warnung
In der Natur gibt es keine perfekt isolierten Systeme. Die Grösse der verbleibenden Wechselwirkungen zwischen dem System und seiner Umgebung ist ***kein*** brauchbares Mass für die naturwissenschaftliche Relevanz des gewählten Modellsystems. Einerseits dürfen unter geeigneten Umständen die von aussen wirkenden Kräfte durchaus sehr gross sein, wenn sie nur explizit bekannt sind. Anderseits kennen wir Systeme, bei denen bereits extrem kleine äussere Kräfte das qualitative Verhalten des Systems vollständig ändern. Ein physikalisches Modellsystem ist nur dann wissenschaftlich relevant, wenn es stabil gegenüber kleinen Modelländerungen ist. Es gibt kein Rezept, wie man strukturell stabile Modellsysteme findet. Das bleibt der Kunst des guten Naturwissenschafters überlassen.

2.6 WAS IST EIN ZUSTAND?

Ein mechanisches System - etwa ein Pendel oder eine Molekel - wird durch die Angabe seiner Hamiltonfunktion, beziehungsweise seines Hamiltonoperators, *strukturell* charakterisiert. Ein und dasselbe System kann sich aber noch in verschiedenen *Zuständen* befinden: Ein Pendel kann mit verschiedenen Energien schwingen, ein Wasserstoffatom kann im Grundzustand oder in einem der vielen angeregten Zustände sein. Der Zustand eines Systems hängt ab von der Vorgeschichte des Systems. Intuitiv mag man sich unter dem Zustand eines Systems einen Katalog vorstellen, welcher die Vergangenheit des Systems umfasst und sein zukünftiges Verhalten bestimmt. Nun hat die Quantenmechanik die alte mechanistische Vorstellung eines lückenlos determinierten Naturgeschehens verlassen. Sie erlaubt daher im allgemeinen keine deterministischen Voraussagen, sondern lediglich statistische, welche sich auf den Ausgang sehr vieler gleichartiger Experimente beziehen. Die Quantenmechanik ist also eine probabilistische Theorie, die den Ausgang von Experimenten durch Erwartungswerte charakterisiert. *Im Formalismus der Quantenmechanik ist daher ein Zustand eine Regel, welche jedem idealen Experiment einen Erwartungswert zuordnet.* Dabei werden zwei Zustände als identisch betrachtet, wenn sie für jedes denkbare Experiment denselben Erwartungswert ergeben.

In der traditionellen mathematischen Formulierung der Quantenmechanik stellt man die Zustände eines Systems durch die Vektoren eines Vektorraumes dar. Für die Formulierung von Übergangswahrscheinlichkeiten zwischen verschiedenen Zuständen wird der Vektorraum durch die Definition eines inneren Produkts $\langle\Psi|\Phi\rangle$ zwischen je zwei Vektoren Ψ und Φ von H ergänzt. Man spricht dann von einem Hilbertraum H (vgl. Anhang). Der Hilbertraum H muss so gewählt werden, dass alle eigentlichen Eigenvektoren des das System charakterisierenden Hamiltonoperators $\hat{H}$ in H liegen. Es gilt also $\Psi_n \in H$ für alle Ψ_n mit $\hat{H}\Psi_n = E_n\Psi_n$ und $\langle\Psi_n|\Psi_n\rangle < \infty$.

Bemerkung: Warum ein Hilbertraum?
Die physikalische Bedeutung des so eingeführten Hilbertraumes H ist keineswegs unmittelbar einsichtig. Es ist nicht selbstverständlich, dass man auf diese Weise überhaupt eine funktionierende Theorie erhält, und selbst die Pioniere der Quantenmechanik wussten bis 1935 nichts Sicheres darüber zu sagen. Heute allerdings kann man diese Hilbertraumdarstellung aus der tiefer lotenden axiomatischen Fundierung der Quantenmechanik herleiten. Die Skizzierung eines solchen Programms liegt weit ausserhalb des Rahmens dieses Buches. Eine knappe Darstellung mit Literaturangaben findet sich in Kapitel 4 von H.Primas, "Chemistry, Quantum Mechanics and Reductionism", Lecture Notes in Chemistry, vol.24, Springer-Verlag, Berlin, 1981.

POSTULAT 3 *Zustandsvektoren*

Jedem abgeschlossenen Quantensystem ist ein Hamiltonoperator H und ein komplexer Hilbertraum $\mathcal{H}$ zugeordnet, der durch die Gesamtheit aller Eigenvektoren von H aufgespannt wird.

Die Einheitsvektoren von $\mathcal{H}$ sind die Repräsentanten der möglichen Zustände des Systems. Sie heissen *Zustandsvektoren.*

Ein experimenteller Eingriff, welcher einen beliebigen Zustandsvektor Ψ in einen der Vektoren $\alpha_1, \alpha_2, \ldots$ einer orthonormalen Basis von $\mathcal{H}$ überführt, ist prinzipiell nur statistisch beschreibbar. Die statistische Häufigkeit des Übergangs $\Psi \rightarrow \alpha_n$ ist gegeben durch die *Übergangswahrscheinlichkeit*

$$W(\Psi \rightarrow \alpha_n) = |\langle\Psi|\alpha_n\rangle|^2$$

mit

$$\langle\Psi|\Psi\rangle = 1 \quad , \quad \langle\alpha_n|\alpha_m\rangle = \delta_{nm} \quad ,$$

$$0 \leq W(\Psi \rightarrow \alpha_n) \leq 1 \quad , \quad \sum_n W(\Psi \rightarrow \alpha_n) = 1 \ .$$

Bemerkung

Man sollte es vermeiden, die Begriffe "Zustand" und "Zustandsvektor" durcheinander zu bringen. Der Zustandsvektor ist lediglich ein ***Repräsentant*** des Zustandes in einer speziellen, nämlich der traditionellen, irreduziblen Hilbertraumdarstellung der Quantenmechanik. Heutzutage werden auch andere als die Vektordarstellungen von Zuständen gebraucht.

Zustandsvektoren repräsentieren die grösstmögliche Kenntnis vom Zustand eines Systems, sie entsprechen den sogenannten ***reinen*** Zuständen. Vor allem in thermodynamischen Systemen hat man niemals eine solch weitreichende Kenntnis. Man spricht dann von ***gemischten*** Zuständen. In der traditionellen, irreduziblen Hilbertraumdarstellung der Quantenmechanik können solche Zustände nicht durch Vektoren, sondern nur durch sogenannte Dichteoperatoren dargestellt werden.

2.7 WIE ENTWICKELT SICH EIN ZUSTAND IM LAUFE DER ZEIT?

In einer Hamiltonschen Mechanik ist das Verhalten eines abgeschlossenen Systems durch die Hamiltonschen Bewegungsgleichungen gegeben. In der Quantenmechanik ist die Zeitentwicklung eines Zustandes durch das sogenannte *Schrödingerbild der*

Zeitevolution gegeben. Dieses Analogon der Hamiltonschen Bewegungsgleichung für die zeitliche Entwicklung von Zustandsvektoren wurde 1926 von Schrödinger gefunden und heisst die *zeitabhängige Schrödingergleichung*.

POSTULAT 4 *Zeitabhängige Schrödingergleichung*
Die Zeitevolution eines abgeschlossenen Quantensystems mit Hamiltonoperator $\hat{H}$ wird durch die zeitabhängige Schrödingergleichung

$$i\hbar \frac{\partial \Phi_t}{\partial t} = \hat{H}\Phi_t$$

gegeben, wobei Φ_t der Zustandsvektor des Systems zur Zeit t ist. Zur Lösung dieser Gleichung muss ein Anfangszustandsvektor Φ vorgegeben werden, etwa ein Vektor $\Phi_0=\phi$ für den Zeitpunkt t=0.

Stört ein Experimentator das System von aussen in deterministischer Weise, so wird der Hamiltonoperator zeitabhängig und es gilt

$$i\hbar \frac{\partial \Phi_t}{\partial t} = \hat{H}(t)\Phi_t \quad ,$$

wobei $\hat{H}(t)$ den Hamiltonoperator zur Zeit t bezeichnet.

Aus dem Postulat 4 folgt unschwer die für die Quantenchemie so wichtige zeitunabhängige Schrödingergleichung $\hat{H}\Psi=E\Psi$ für die stationären Zustände (vgl. Kap.2.4.1):

RESULTAT 1 *Schrödingergleichung für stationäre Zustände*
Die Zeitevolution eines abgeschlossenen Quantensystems mit dem *zeitunabhängigen* Hamiltonoperator $\hat{H}$ ist gegeben durch

$$\Phi_t = \Psi \cdot \exp(-itE/\hbar) \quad ,$$

wobei Ψ eine Lösung der *zeitunabhängigen* Schrödingergleichung

$$\hat{H}\Psi = E\Psi$$

und E ein Eigenwert von $\hat{H}$ ist. Der Eigenvektor Ψ von $\hat{H}$ repräsentiert einen *stationären Zustand* des Systems.

2.8 *WAS SIND OBSERVABLE?*

In der traditionellen mathematischen Formulierung der Quantenmechanik werden physikalische Grössen wie Energie, Ortsvektor, Impuls, Drehimpuls oder Dipolmoment durch sogenannte *Observable* dargestellt. Eine Observable ist ein linearer selbstadjungierter *Operator* auf dem Hilbertraum H der Zustandsvektoren des Systems. Das heisst, eine Observable $\hat{A}$ ordnet einem Vektor Φ in H eindeutig einen Vektor $\hat{A}\Phi$ in H zu, und es gilt $\langle\Phi_1|\hat{A}\Phi_2\rangle = \langle\hat{A}\Phi_1|\Phi_2\rangle$ für Φ_1, Φ_2 in H. Falls der Zustandsvektor Ψ des Systems ein zu dem Eigenwert a gehöriger Eigenvektor der Observablen $\hat{A}$ ist, $\hat{A}\Psi=a\Psi$, so sagt man, *die Observable* $\hat{A}$ *habe in diesem Zustand den Wert* a. Man beachte, dass im allgemeinen eine Observable keinen Wert hat! Diejenigen ganz speziellen Observablen, welche in allen zulässigen Zuständen einen wohldefinierten Wert haben, heissen *klassische Observable*. Wohlbekannte Beispiele für klassische Observable chemischer Systeme sind Masse und elektrische Ladung.

POSTULAT 5 *Observable*

Die *potentiellen Eigenschaften* eines Systems werden durch *Observable* beschrieben. Im Hilbertraumformalismus wird eine Observable durch einen selbstadjungierten linearen Operator $\hat{A}$ repräsentiert. Dieser wirkt auf einen Vektor Φ des Hilbertraums der Zustandsvektoren , indem er ihn in einen anderen Vektor $\hat{A}\Phi \in H$ transformiert.

Im allgemeinen ist eine physikalische Grösse nicht aktualisiert. Die entsprechende Observable hat im allgemeinen keinen Wert. Nur wenn zu einem bestimmten Zeitpunkt t der Zustandsvektor Ψ_t des Systems Eigenvektor einer Observablen $\hat{A}$ ist, $\hat{A}\Psi_t=a_t\Psi_t$, dann *hat* $\hat{A}$ zu diesem Zeitpunkt einen Wert a_t. Man sagt dann, $\hat{A}$ repräsentiere eine zur Zeit t aktualisierte Eigenschaft. Jederzeit und für alle möglichen Zustände aktualisierte Observable heissen *klassische Observable.*

Bemerkung: Wie findet man spezielle Observable?
Das Korrespondenzprinzip (Rezept 2) und das Postulat 2 über den Spindrehimpuls geben uns genügend Indizien, um für die wichtigsten physikalischen Grössen die entsprechenden Observablen zu finden.

2.9 WIE MISST MAN OBSERVABLE?

Die umfassende theoretische Beschreibung von Messungen an Quantensystemen ist eine der schwierigsten Aufgaben der Theorie und auch heute ein weitgehend ungelöstes Problem. Es wäre die Aufgabe einer endgültig ausgearbeiteten Theorie, uns Vorschriften zu geben, wie wir für jede Observable eine geeignete Messapparatur bauen können. Die heutige Theorie kann das noch nicht. Trotzdem denken wir uns solche Vorschriften gegeben.

Zwei Eigenschaften eines Systems, die man in beliebiger Reihenfolge messen kann, ohne dass das Messergebnis dadurch beeinflusst wird, heissen *kompatible Eigenschaften.* Zwei kompatible Eigenschaften A,B werden in der Quantenmechanik durch *kommutierende Observable* $\hat{A},\hat{B}$ dargestellt, d.h. durch Operatoren, welche die Multiplikationsregel $\hat{A}\hat{B}=\hat{B}\hat{A}$ erfüllen. Die klassische Physik hat stillschweigend angenommen, dass *alle* Eigenschaften eines jeden Systems miteinander kompatibel sind. Wie wir heute wissen, ist die Kompatibilität von Eigenschaften eher eine Ausnahme. Inkompatible Eigenschaften kann man nicht zur gleichen Zeit und exakt an demselben System messen. *Inkompatible Eigenschaften* werden durch *nichtkommutierende Observable* repräsentiert. Gilt $\hat{A}\hat{B}\neq\hat{B}\hat{A}$, so gibt es im allgemeinen keinen gemeinsamen Eigenvektor Ψ zu $\hat{A}$ und $\hat{B}$, d.h. die Gleichungen $\hat{A}\Psi=a\Psi$ und $\hat{B}\Psi=b\Psi$ können im allgemeinen nicht simultan erfüllt werden. Somit können zwei nichtkommutierende Observable im allgemeinen nicht gleichzeitig einen scharfen Wert haben.

Inkompatible Eigenschaften sind nur in verschiedenen Zuständen ein und desselben Systems aktualisierbar und exakt messbar. Das ist nicht widersprüchlich, denn nach den Vorstellungen der Quantenmechanik ändert eine Messung im allgemeinen den Zustand des Systems. Somit wird die Messung einer bestimmten Eigenschaft das Ergebnis einer vorausgegangenen Messung einer anderen Eigenschaft im allgemeinen wieder aufheben, da die erneute Messoperation den Zustand des Systems ändert.

Gemäss den Vorstellungen der Quantenmechanik ist also eine Messung ein *Eingriff* in das System, dessen Resultat *prinzipiell* und nicht nur durch unsere mangelnde Kenntnis unbestimmt ist. Daher kann die Quantenmechanik nur *probabilistische Aussagen* über den Ausgang von Experimenten machen. Der statistische Erwartungswert einer physikalischen Grösse A kann durch die Observable $\hat{A}$ und den Zustandsvektor Ψ ausgedrückt werden:

POSTULAT 6 *Erwartungswerte*

Ist der Zustand eines Systems durch den normierten Zustandsvektor Ψ, $\langle\Psi|\Psi\rangle=1$, charakterisiert, so bezeichnet man $\langle\Psi|\hat{A}\Psi\rangle$ als den *Erwartungswert* der Observablen $\hat{A}$ in diesem Zustand. Der Erwartungswert $\langle\Psi|\hat{A}\Psi\rangle$ wird interpretiert als arithmetisches Mittel $\bar{a}$ der Resultate der Messungen der Observablen $\hat{A}$ an einer grossen Anzahl von gleichartigen Systemen, welche alle *vor* der Messung in den durch den Zustandsvektor Ψ charakterisierten Anfangszustand präpariert worden sind

$$\langle\Psi|\hat{A}\Psi\rangle = \bar{a}$$

mit

$$\bar{a} \overset{\text{def}}{=} \lim_{n\to\infty} \frac{1}{n} \sum_{j=1}^{n} a_j \quad ,$$

wobei a_j das numerische Resultat der j-ten Messung ist.

Die Dispersion $\sigma^2_{A,\Psi}$ der Messwerte der Observablen $\hat{A}$ in einem System mit Ψ als Vektor des Anfangszustandes ist experimentell gegeben durch

$$\sigma^2_{A,\Psi} = \lim_{n\to\infty} \frac{1}{n} \sum_{j=1}^{n} (a_j-\bar{a})^2 \quad ,$$

also gemäss Postulat 6 durch

$$\sigma^2_{A,\Psi} = \langle\Psi|(\hat{A}-\bar{a})^2\Psi\rangle \quad , \quad \bar{a} \overset{\text{def}}{=} \langle\Psi|\hat{A}\Psi\rangle \quad .$$

Damit ergibt sich unmittelbar (vgl. Aufgabe 3.1.3):

(i) Die Dispersion einer Observablen $\hat{A}$ bezüglich eines Zustandsvektors Ψ verschwindet genau dann, wenn Ψ ein Eigenvektor von $\hat{A}$ ist,

$$\sigma^2_{A,\Psi} = 0 \Longleftrightarrow \hat{A}\Psi = a\Psi \quad ,$$

wobei der Eigenwert a gleich dem Erwartungswert von $\hat{A}$ bezüglich Ψ ist, $a = \langle\Psi|\hat{A}\Psi\rangle$.

(ii) Für zwei beliebige Observable $\hat{A},\hat{B}$ gilt

$$\sigma_{A,\Psi}\sigma_{B,\Psi} \geq \tfrac{1}{2}\langle\Psi|(\hat{A}\hat{B}-\hat{B}\hat{A})\Psi\rangle| \ .$$

Für die kanonischen Orts- und Impulsobservablen $\hat{q}$ und $\hat{p}$ mit der Vertauschungsrelation $\hat{q}\hat{p}-\hat{p}\hat{q} = i\hbar$ folgt damit die berühmte Heisenbergsche Unbestimmtheitsrelation

$$\sigma_{q,\Psi}\sigma_{p,\Psi} \geq \tfrac{1}{2}\hbar \ .$$

Dieses Resultat zeigt, dass in der Quantenmechanik der Zustandsvektor Ψ *nie Eigenvektor aller Observablen* sein kann. *In der Quantenmechanik können also niemals alle potentiellen Eigenschaften aktualisiert sein.*

2.10 WAS IST DIE SCHRÖDINGERDARSTELLUNG?

In der Quantenmechanik werden physikalische Grössen durch Observable dargestellt, welche eine im allgemeinen nichtkommutative Algebra bilden: Observable kann man mit Zahlen multiplizieren, addieren und miteinander multiplizieren. Nichtkommutative Grössen können durch verschiedenartige mathematische Objekte konkret realisiert werden, durch Matrizen, durch Multiplikations- oder Differentiationsoperatoren.

In der Quantenchemie hat es sich eingebürgert, in Anlehnung an die Pionierarbeiten von Schrödinger die Ortsobservablen durch Multiplikationsoperatoren und die Impulsobservablen durch Differentialoperatoren zu realisieren, während für die Spinobservablen eine Matrixdarstellung üblich ist. Diese sogenannte Schrödingerdarstellung ist kein physikalisch neues Postulat,sondern folgt aus den bisherigen Postulaten durch mathematische Argumentation.

RESULTAT 2 *Schrödingerdarstellung*
Wir betrachten ein quantenmechanisches System bestehend aus N Elementarsystemen, sogenannten "Teilchen", wobei das j-te Teilchen die Masse M_j, die Ladung e_j und den Spin s_j, $m_j = -s_j, -s_j+1, \ldots, s_j$, habe. Der Hilbertraum H

der Schrödingerdarstellung ist gegeben durch

$$\mathcal{H} = L_2(\mathbb{R}^{3N}, d^{3N}q) \otimes \mathcal{H}_{spin} ,$$

wobei das innere Produkt $\langle\cdot|\cdot\rangle$ für zwei beliebige Vektoren $\Psi,\Phi \in \mathcal{H}$ gegeben ist durch

$$\langle\Psi|\Phi\rangle = \sum_{m_1}..\sum_{m_N}\int_{\mathbb{R}^3} d^3q_1..\int_{\mathbb{R}^3} d^3q_N\, \Psi^*(\vec{q}_1,m_1,..,\vec{q}_N,m_N)\, \Phi(\vec{q}_1,m_1,..,\vec{q}_N,m_N).$$

Dabei bezeichnet $L_2(\mathbb{R}^{3N},d^{3N}q)$ den Hilbertraum der quadratisch integrierbaren komplexwertigen Funktionen über dem Konfigurationsraum $\mathbb{R}^{3N}$ und $\mathcal{H}_{spin}$ den endlichdimensionalen Hilbertraum der Spinobservablen.

Die Schrödingerdarstellung eines Zustandsvektors heisst auch die *Schrödingersche Zustandsfunktion*. Die *Ortsobservable* $\hat{\vec{q}}_j=(\hat{q}_{j1},\hat{q}_{j2},\hat{q}_{j3})$ des j-ten Teilchens wird in der Schrödingerdarstellung durch einen Multiplikationsoperator realisiert

$$\{\hat{q}_{j\nu}\Psi\}(\vec{q}_1,m_1,\ldots,\vec{q}_N,m_N) = q_{j\nu}\Psi(\vec{q}_1,m_1,\ldots,\vec{q}_N,m_N) .$$

Die *Impulsobservable* $\hat{\vec{p}}_j=(\hat{p}_{j1},\hat{p}_{j2},\hat{p}_{j3})$ wird in der Schrödingerdarstellung durch einen Differentiationsoperator realisiert

$$\{\hat{p}_{j\nu}\Psi\}(\vec{q}_1,m_1,..\vec{q}_N,m_N) = \frac{\hbar}{i}\frac{\partial}{\partial q_{j\nu}}\Psi(\vec{q}_1,m_1,\ldots,\vec{q}_N,m_N) .$$

Der *Gesamtdrehimpuls* $\hat{\vec{J}}$ ist gegeben durch $\hat{\vec{J}}=\hat{\vec{L}}+\hat{\vec{S}}$ mit

$$\hat{\vec{L}} = \sum_{j=1}^{N}\hat{\vec{\ell}}_j \quad , \quad \hat{\vec{\ell}}_j = \frac{\hbar}{i}\vec{q}_j\times\frac{\partial}{\partial\vec{q}_j} \quad , \quad \hat{\vec{S}} = \sum_{j=1}^{N}\hat{\vec{s}}_j ,$$

wobei im Falle von Spin-½-Teilchen die Spinoperatoren des j-ten Teilchens in folgender Weise wirken:

$$\{\hat{s}_{j1}\Psi\}(\ldots,\vec{q}_j,m_j,\ldots) = \hbar|m_j|\Psi(\ldots,\vec{q}_j,-m_j,\ldots) ,$$

$$\{\hat{s}_{j2}\Psi\}(\ldots,\vec{q}_j,m_j,\ldots) = i\hbar m_j\,\Psi(\ldots,\vec{q}_j,-m_j,\ldots) ,$$

$$\{\hat{s}_{j3}\Psi\}(\ldots,\vec{q}_j,m_j,\ldots) = \hbar m_j\,\Psi(\ldots,\vec{q}_j,m_j,\ldots) .$$

Die dritte Komponente des Spinoperators $\hat{\vec{s}}_j$ des j-ten Teilchens wirkt als Multiplikationsoperator.

Der *Hamiltonoperator* eines abgeschlossenen N-Teilchensystems ohne magnetische Wechselwirkungen lautet in der Schrödingerdarstellung:

$$\hat{H} = -\hbar^2 \sum_{j=1}^{N} \frac{1}{2M_j}\Delta_j + \frac{1}{4\pi\varepsilon_0} \sum_{j<k}\sum \frac{e_j e_k}{|\vec{q}_j - \vec{q}_k|} \quad ,$$

wobei Δ_j der Laplaceoperator bezüglich $\vec{q}_j$ ist,

$$\Delta_j = \partial^2/\partial q_{j1}^2 + \partial^2/\partial q_{j2}^2 + \partial^2/\partial q_{j3}^2 \quad .$$

Bemerkung: Es gibt andere Darstellungen
Die Auszeichnung der Schrödingerdarstellung erfolgt keineswegs aus prinzipiellen sondern lediglich aus praktischen Gründen. In der modernen theoretischen Forschung benützt man gerne auch andere, physikalisch äquivalente Darstellungen wie etwa die sogenannte Phasenraumdarstellung durch kohärente Zustände.

Quantenmechanische Elementarsysteme sind die Analoga der klassischen Punktteilchen. Für ein System von N Punktteilchen mit den elektrischen Ladungen $e_1,..,e_N$ ist die elektrische Ladungsdichte $\rho(\vec{r})$ am Ort $\vec{r} \in \mathbb{R}^3$ gegeben durch

$$\rho(\vec{r}) = \sum_{j=1}^{N} e_j \delta(\vec{r}-\vec{q}_j) \quad ,$$

wobei δ die dreidimensionale Diracsche Deltafunktion und $\vec{q}_j$ der Ortsvektor des j-ten Punktteilchens ist. Das Korrespondenzprinzip besagt dann (vgl. Rezept 2), dass der Ladungsdichte-Operator $\hat{\rho}(\vec{r})$ in der Schrödingerdarstellung gegeben ist durch

$$\hat{\rho}(\vec{r}) = \sum_{j=1}^{N} e_j \delta(\vec{r}-\hat{\vec{q}}_j) \quad .$$

Daraus und aus Postulat 6 folgt das wichtige, historisch von Max Born stammende Ergebnis (vgl. 3.3.2):

RESULTAT 3 *Bornsche Wahrscheinlichkeitsinterpretation der Schrödingerschen Zustandsfunktion*

Es sei Ψ_t die auf 1 normierte Schrödingersche Zustandsfunktion eines quantenmechanischen N-Teilchensystems zur Zeit t. Dann ist die Wahrscheinlichkeit, dass zur Zeit t das Teilchen 1 die Spinorientierung m_1 hat und sich in dem um $\vec{r}_1$ zentrierten Volumenelement d^3r_1 befindet,..., das Teilchen N die Spinorientierung m_N hat und sich in dem um $\vec{r}_N$ zentrierten Volumenelement d^3r_N befindet, gegeben durch

$$|\Psi_t(\vec{r}_1,m_1,\ldots,\vec{r}_N,m_N)|^2 d^3r_1\ldots d^3r_N$$

2.11# WIE KOMPONIERT MAN QUANTENSYSTEME?

Wenn man zwei Quantensysteme zu einem einzigen vereinigt, wie beschreibt man das Gesamtsystem in der Sprache der Einzelsysteme? Indirekt haben wir das gesuchte Kompositionsgesetz für quantenmechanische Systeme bereits mehrfach benutzt, ohne es jedoch klar als Postulat zu formulieren.

Beispielsweise folgt aus der Schrödingerdarstellung (Resultat 2), dass die Zusammenfassung eines Quantensystems mit dem Konfigurationsraum $\mathbb{R}^{3n}$ und dem Hilbertraum $L_2(\mathbb{R}^{3n},d^{3n}q)$ mit einem zweiten Quantensystem mit dem Konfigurationsraum $\mathbb{R}^{3N}$ und dem Hilbertraum $L_2(\mathbb{R}^{3N},d^{3N}Q)$ ein Gesamtsystem mit dem Konfigurationsraum $\mathbb{R}^{3n+3N}$ und dem Hilbertraum $L_2(\mathbb{R}^{3n+3N},d^{3n}qd^{3N}Q)$ ergibt. Die Mathematiker schreiben dafür:

$$L_2(\mathbb{R}^{3n},d^{3n}q)\otimes L_2(\mathbb{R}^{3N},d^{3N}Q) = L_2(\mathbb{R}^{3n+3N},d^{3n}qd^{3N}Q) \quad ,$$

und sagen, der Hilbertraum $L_2(\mathbb{R}^{3n+3N},d^{3n}qd^{3N}Q)$ sei das *Tensorprodukt der Hilberträume* $L_2(\mathbb{R}^{3n},d^{3n}q)$ und $L_2(\mathbb{R}^{3N},d^{3N}Q)$. Es sei $f\in L_2(\mathbb{R}^{3n},d^{3n}q)$ und $g\in L_2(\mathbb{R}^{3N},d^{3N}Q)$. Dann ist $q\mapsto f(q)$ eine Funktion der unabhängigen Variablen $q\in\mathbb{R}^{3n}$ und $Q\mapsto g(Q)$ ist eine Funktion der unabhängigen Variablen $Q\in\mathbb{R}^{3N}$. Für die durch die Relation

$h(q,Q) \overset{def}{=} f(q)g(Q)$ definierte Funktion $(q,Q)\to h(q,Q)$ der Variablen $q\in\mathbb{R}^{3n}$ und $Q\in\mathbb{R}^{3N}$ schreibt man kurz $h=f\otimes g$ und nennt h das *Tensorprodukt der Funktionen* f und g. Es gilt

$$f\otimes g \in L_2(\mathbb{R}^{3n},d^{3n}q)\otimes L_2(\mathbb{R}^{3N},d^{3N}Q) \quad ,$$

aber nicht jedes Element des Tensorproduktraumes ist von dieser Form, denn nicht jede Funktion von zwei Variablen ist das Produkt einer Funktion der ersten und einer Funktion der zweiten Variablen. Der Tensorprodukt-Hilbertraum wird aber durch die Gesamtheit aller Linearkombinationen von Tensorprodukten von Funktionen aus den Einzelhilberträumen aufgespannt.

Allgemein ist das Tensorprodukt $H_1\otimes H_2$ von zwei Hilberträumen H_1 und H_2 mit den inneren Produkten $\langle\cdot|\cdot\rangle_1$ und $\langle\cdot|\cdot\rangle_2$ als der - eindeutig bestimmte - kleinste Hilbertraum definiert, welcher alle Produktvektoren $\Psi_1\otimes\Psi_2$ mit $\Psi_1\in H_1$, $\Psi_2\in H_2$ enthält, und dessen inneres Produkt $\langle\cdot|\cdot\rangle$ der Beziehung

$$\langle\Psi_1\otimes\Psi_2|\Phi_1\otimes\Phi_2\rangle = \langle\Psi_1|\Phi_1\rangle_1\langle\Psi_2|\Phi_2\rangle_2$$

genügt. Damit folgt die allgemeine Kompositionsregel für Quantensysteme:

POSTULAT 7 *Komposition von Quantensystemen*
Fasst man zwei kinematisch unabhängige Quantensysteme mit den Hilberträumen H_1 und H_2 zu einem einzigen zusammen, so ist der Hilbertraum H des Gesamtsystems gegeben durch das *Tensorprodukt* der Hilberträume H_1 und H_2

$$H = H_1\otimes H_2$$

Besteht zwischen den beiden Teilsystemen keine Wechselwirkung, so ist der Hamiltonoperator H des Gesamtsystems einfach die Summe der Hamiltonoperatoren H_1, H_2 der Teilsysteme

$$\hat{H} = \hat{H}_1\otimes\hat{1} + \hat{1}\otimes\hat{H}_2 \quad ,$$

was man oft kurz einfach als $\hat{H} = \hat{H}_1 + \hat{H}_2$ schreibt, wobei stillschweigend $\hat{H}_1$ für $\hat{H}_1\otimes\hat{1}$ und $\hat{H}_2$ für $\hat{1}\otimes\hat{H}_2$ gesetzt wird. Wechselwirkungen zwischen den beiden Systemen werden durch Wechselwirkungsoperatoren $\hat{V}$ beschrieben

$$\hat{H} = \hat{H}_1\otimes\hat{1} + \hat{1}\otimes\hat{H}_2 + \hat{V} \quad ,$$

wobei im allgemeinen $\hat{V}$ die Form $\hat{V}=\hat{A}_1\otimes\hat{A}_2+\hat{B}_1\otimes\hat{B}_2+\ldots$ hat. Der Zustandsvektor $\Psi\in H$ eines Systems mit wechselwirkenden Teilsystemen hat die allgemeine Form

$$\Psi = \sum c_i \alpha_i \otimes \beta_i \quad , \qquad c_i \in \mathbb{C},$$

mit $\alpha_i \in H_1$, $\beta_i \in H_2$. Hat der Zustandsvektor Produktform

$$\Psi = \alpha \otimes \beta$$

so sind die beiden Teilsysteme *nicht korreliert.*

2.12 WAS IST DAS PAULIPRINZIP?

Ein quantenmechanisches Elementarsystem ist durch seine Masse, seinen Spin und seine elektromagnetischen Momente wie elektrische Ladung, magnetisches Dipolmoment u.s.f. *vollständig* charakterisiert. Haben wir zwei Elementarsysteme gleicher Masse, gleichen Spins und gleicher elektromagnetischer Momente, so können wir sie in keiner Weise unterscheiden. Das bedeutet, dass in der Quantenmechanik gleichartige Elementarsysteme wie etwa Elektronen, Protonen, Photonen als *strikte identisch* zu betrachten sind. Es zeigt sich, dass es genau zwei Klassen von Elementarsystemen gibt, welche sich durch das Verhalten der Zustandsvektoren beim Vertauschen der Teilchenkoordination unterscheiden.

POSTULAT 8 *Verallgemeinertes Pauliprinzip*

Quantenmechanische Elementarsysteme mit gleicher Masse, gleichem Spin und gleichen elektromagnetischen Momenten sind strikte identisch.

Teilchen mit ganzzahligem Spin s, s=0,1,2..., heissen *Bosonen*, Teilchen mit halbzahligem Spin s, $s=\frac{1}{2},\frac{3}{2},\frac{5}{2}\ldots$, heissen *Fermionen*.

Die Schrödingersche Zustandsfunktion Ψ eines Systems von N gleichartigen *Bosonen* ist *symmetrisch*, d.h. beim Vertauschen von zwei beliebigen Teilchenkoordinaten $(\vec{q}_j, m_j)$ und $(\vec{q}_k, m_k)$ bleibt Ψ unverändert:

$$\Psi(\vec{q}_1,m_1,\ldots,\vec{q}_j,m_j,\ldots,\vec{q}_k,m_k,\ldots,\vec{q}_N,m_N)$$
$$= \Psi(\vec{q}_1,m_1,\ldots,\vec{q}_k,m_k,\ldots,\vec{q}_j,m_j,\ldots,\vec{q}_N,m_N) \quad .$$

Die Schrödingersche Zustandsfunktion Ψ eines Systems von N gleichartigen *Fermionen* ist *antisymmetrisch*: Beim Vertauschen von zwei beliebigen Teilchenkoordinaten $(\vec{q}_j,m_j)$ und $(\vec{q}_k,m_k)$ $(j\neq k)$ wechselt das Vorzeichen von Ψ:

$$\Psi(\vec{q}_1,m_1,\ldots,\vec{q}_j,m_j,\ldots\vec{q}_k,m_k,\ldots\vec{q}_N,m_N)$$
$$= -\Psi(\vec{q}_1,m_1,\ldots\vec{q}_k,m_k,\ldots,\vec{q}_j,m_j,\ldots,\vec{q}_N,m_N) \quad .$$

Bemerkungen

(i) Elektronen haben Spin $\frac{1}{2}$, sind also Fermionen, so dass N-Elektronensysteme durch antisymmetrische Zustandsfunktionen dargestellt werden. Diese Aussage ist der Inhalt des historischen Ausschliessungsprinzipes von Pauli. Das Pauliprinzip zwingt uns, in der Quantenchemie den Elektronenspin ständig zu berücksichtigen, auch wenn die Spinwechselwirkungen vernachlässigbar klein sind.

(ii) Quantenmechanische Elementarsysteme haben nie eine magnetische Ladung, nie ein elektrisches Dipolmoment und nie ein magnetisches Oktupolmoment. Es gibt also nur elektrische Ladungen, magnetische Dipole, elektrische Quadropole, magnetische Oktupole etc.

Elementarsysteme mit Spin 0 können höchsten eine elektrische Ladung haben aber keine höheren Multipolmomente. Elementarsysteme mit Spin $\frac{1}{2}$ können dazu noch ein magnetisches Dipolmoment haben, Elementarsysteme mit Spin 1 zusätzlich noch ein elektrisches Quadrupolmoment etc.

(iii) Für den Spin der verschiedenen Atomkerne konsultiere man die Handbücher. Als Regel kann man sich merken: Kerne mit ungerader Massezahl haben einen halbganzen Kernspin. Kerne mit gerader Massezahl und ungerader Ladung haben einen ganzzahligen Spin. Kerne mit gerader Massezahl und gerader Ladung haben Kernspin 0.

2.13 MORAL VON DER GESCHICHTE

Wir haben 8 Postulate formuliert, mehr kommen nicht dazu. Diese 8 Postulate reichen aus, um den ganzen Reichtum der molekularen Welt zu beschreiben. Vom mathematischen Standpunkt aus sind unsere Formulierungen durchaus verbesserungsfähig, schärfere Formulierungen sind für den forschenden Theoretiker in der Tat nicht zu umgehen. Das ändert aber nichts an der Tatsache, dass wir die Prinzipien der Quantenchemie in 8 Postulaten zusammenfassen können.

Nicht berücksichtigt bei unseren Formulierungen sind Korrekturen durch relativistische Effekte und der Einfluss eines quantisierten elektromagnetischen Feldes. Ebensowenig sind wir auf diejenigen statistischen Methoden eingegangen, welche eine quantenmechanische Beschreibung von Systemen auch dann erlauben, wenn wir nicht alle für eine mikroskopische Beschreibung notwendigen Informationen besitzen wie in der statistischen Mechanik. Dies liegt ausserhalb des Rahmens dieses Buches.

3. PRINZIPIEN DER QUANTENMECHANIK

3.1 DIE ALGEBRA DER MESSUNGEN

3.1.1 ÜBER DEN GRUNDLEGENDEN UNTERSCHIED ZWISCHEN DER KLASSISCHEN PHYSIK UND DER QUANTENPHYSIK

Die Newtonsche Mechanik, die Maxwellsche Elektrodynamik, die Clausiussche Thermodynamik und die Einsteinsche Relativitätstheorie sind auch heute noch von grundlegender physikalischer Bedeutung. Wie alle Theorien der klassischen Physik beruhen sie auf der Vorstellung, ein Untersuchungsobjekt könne so mit Messapparaturen in Wechselwirkung gebracht werden, dass die Störung des Objektsystems durch das Messsystem klein gemacht werden kann. Da jede Messung auf einer energetischen Kopplung zwischen dem zu messenden Objekt und der Messapparatur beruht, kann diese Störung zwar nie vollständig verschwinden aber für die in der klassischen Physik betrachteten Grössen fast beliebig klein gemacht werden. In diesem Sinn ist in der klassischen Physik die Idealisierung der nichtstörenden Messung ein sinnvoller Begriff. Ein typisches Beispiel dafür sind terrestrische astronomische Beobachtungen.

Nicht jede Messung ist auch eine gute Messung. Von einer guten Messung verlangen wir eine gewisse Reproduzierbarkeit, und im Idealfall sprechen wir von einer reproduzierbaren Messung.

Definition: *Nichtstörende und reproduzierbare Messungen*

Eine Messung heisst *nichtstörend*, wenn sie keine Eigenschaft des zu messenden Systems merklich ändert. Eine Messung heisst *reproduzierbar*, wenn sie bei unmittelbarer Wiederholung stets dasselbe Ergebnis erbringt.

Definition: *Klassische und nichtklassische Theorien*

Eine Theorie heisst *klassisch*, wenn jede Eigenschaft nichtstörend und reproduzierbar gemessen werden kann. Anderenfalls heisst eine Theorie *nichtklassisch*.

Aus heutiger Sicht ist das grundsätzlich Neue an der Quantenmechanik, dass sie eine nichtklassische Theorie ist. In Quantensystemen gibt es Eigenschaften, die durch nichtstörende Messungen nicht ermittelt werden können. Die Existenz nichtklassischer Phänomene wird im Lichte unserer Alltagserfahrungen kaum überraschen, man denke nur an die Eigenschaften der menschlichen Psyche. Für einen klassisch indoktrinierten Naturwissenschafter hingegen sind nichtklassische Theorien etwas Unerhörtes, ja Ungehöriges. Um das Verständnis derartiger Theorien zu erleichtern, wollen wir uns zunächst einige vorbereitende Gedanken über die formale Struktur von Messoperationen machen.

3.1.2[#] DAS EDDINGTONSCHE LÖWENSIEB

In seinem auch heute noch lesenswerten Buch "New Pathways in Science" sagt A.S.Eddington, der berühmte Astronom: "In der Einsteinschen Relativitätstheorie ist der Beobachter ein Mann mit einem Messstock, der ausgeht, die Wahrheit zu suchen. In der Quantentheorie ist er ein Mann mit einem Sieb." *) Das Sieben des Quantenmechanikers ist eine selektive Operation, welche im Formalismus der Theorie durch Selektionsoperatoren dargestellt wird.

Um Selektionsoperatoren einzuführen, fragen wir mit Eddington: "Wie fängt man in der Wüste einen Löwen?" und erhalten die Antwort: "In der Wüste gibt es eine Unmenge Sand und ein paar Löwen. Also nimmt man ein Sieb, siebt den Sand durch, und die Löwen bleiben übrig. Ich erinnere daran, weil es eine der in der Quantenmechanik üblichsten Methoden beschreibt, um uns alles zu verschaffen, was wir untersuchen möchten" (Eddington, l.c. p.250). Die Struktur dieses Verfahrens wird besser durchschaubar, wenn man das Eddingtonsche Löwensieb formalisiert.

Sei Z ein Zoo, d.h. eine Menge von Tieren. Wir wollen annehmen, dass der Zoo unter anderem auch Löwen und Tiger beherberge. Bezeichnen wir mit Z_L den Teilzoo der Löwen und mit Z_T den Teilzoo der Tiger, so können wir auch schreiben

$$Z = Z_L \cup Z_T \cup \ldots$$

wobei $\cup$ für die mengentheoretische Vereinigung steht. Sei weiter $\hat{P}_L$ die Operation des Auslesens von Löwen und $\hat{P}_T$ diejenige des Auslesens von Tigern. Dann sind $\hat{P}_L$ und $\hat{P}_T$ definiert durch

$$\hat{P}_L\{Z\} = Z_L, \quad \hat{P}_T\{Z\} = Z_T \quad .$$

*) Zitiert aus: "Die Naturwissenschaft auf neuen Bahnen", Vieweg, Braunschweig, 1935, p.253.

Eine Multiplikation für die Selektionsoperatoren kann definiert werden durch das Hintereinanderausführen der Operationen, wobei man die am weitesten rechts stehende Operation als erste auszuführen hat. Offensichtlich gilt in unserem Beispiel

$$\begin{aligned}
\hat{P}_L^2\{Z\} &= \hat{P}_L\{Z_L\} = \hat{P}_L\{Z\}, &\rightarrow \hat{P}_L^2 = \hat{P}_L \quad ,\\
\hat{P}_T^2\{Z\} &= \hat{P}_T\{Z_T\} = \hat{P}_T\{Z\}, &\rightarrow \hat{P}_T^2 = \hat{P}_T \quad ,\\
\hat{P}_L\hat{P}_T\{Z\} &= \hat{P}_L\{Z_T\} = \emptyset = \hat{0}\cdot\{Z\}, &\rightarrow \hat{P}_L\hat{P}_T = \hat{0} \quad ,\\
\hat{P}_T\hat{P}_L\{Z\} &= \hat{P}_T\{Z_L\} = \emptyset = \hat{0}\cdot\{Z\}, &\rightarrow \hat{P}_T\hat{P}_L = \hat{0} \quad .
\end{aligned}$$

Eine Addition kann erklärt werden als Operation, welche auf eine weniger feine Unterscheidung führt:

$$(\hat{P}_L+\hat{P}_T)\{Z\} = Z_L \cup Z_T \quad .$$

Der Einfachheit halber bezeichnen wir alle Tierarten im Zoo mit den Nummern 1,2,..., n, so dass der Zoo Z aus n paarweise elementfremden Teilzoos Z_j besteht

$$Z \overset{\text{def}}{=} Z_1 \cup Z_2 \cup \ldots \cup Z_n \quad .$$

Damit ist der Selektionsoperator $\hat{P}_j$ für den j-ten Teilzoo Z_j gegeben durch

$$\hat{P}_j\{Z\} = Z_j \quad , \qquad j = 1,2,\ldots,n \quad .$$

Der Selektionsoperator, welcher dem Zoo Z wiederum den gesamten Zoo Z zuweist, heisst der triviale Selektionsoperator oder auch die Einheit $\hat{1}$,

$$\hat{1}\{Z\} = Z \ .$$

Die Aufteilung des Zoos in elementfremde Teilzoos $Z_1,Z_2,\ldots,Z_n$ kann auch durch die Selektionsoperatoren ausgedrückt werden:

$$\hat{P}_1 + \hat{P}_2 + \ldots + \hat{P}_n = \hat{1} \quad .$$

Die Mathematiker sprechen dann von einer *Zerlegung der Einheit*. Die Zerlegung der Einheit kennzeichnet die Vollständigkeit einer Klassifikation.

Zusammenfassung: REPRODUZIERBARE KLASSIFIKATION
Jede reproduzierbare Klassifikation in n, n=2,3,..., Spezies kann durch Selektionsoperatoren $\hat{P}_1, \hat{P}_2, \ldots, \hat{P}_n$ charakterisiert werden, welche folgende drei Relationen erfüllt:

(i) Vollständigkeit der Klassifikation

$$\hat{P}_1 + \hat{P}_2 + \ldots + \hat{P}_n = \hat{1},$$

(ii) Reproduzierbarkeit der Klassifikation

$$\hat{P}_j^2 = \hat{P}_j \quad , j = 1,\ldots,n \quad ,$$

(iii) Unterscheidbarkeit der Merkmale

$$\hat{P}_j \hat{P}_k = \hat{0} \quad \text{für} \quad j \neq k \quad .$$

3.1.3[#] *SELEKTIVE MESSUNGEN UND ERSCHÖPFENDE KLASSIFIKATIONEN*

Jede physikalische Messung kann digitalisiert werden, d.h. durch eine bestimmte, *endliche* Anzahl von Ja-nein-Fragen charakterisiert werden.

Beispiel
Man betrachte eine Spannungsmessung mit einem Analogvoltmeter mit dem Bereich 0 - 100 Volt und einer Genauigkeit von 1% des Skalenendwertes. Eine mögliche, wenn auch keineswegs optimale Zerlegung in elementare Fragen kann so geschehen:

Frage 1: Liegt die Spannung im Intervall 0 .. 1 Volt?
Frage 2: Liegt die Spannung im Intervall 1 .. 2 Volt?
⋮
Frage 100: Liegt die Spannung im Intervall 99 .. 100 Volt?

Jeder Ja-nein-Frage kann man ein Filter oder eine *selektive Messung* zuordnen. Betrachten wir eine *Klassifikation* gemäss den paarweise sich ausschliessenden Eigenschaften $a_1, a_2, \ldots, a_n$, und bezeichnen wir mit $\hat{A}_j$ diejenige selektive Messung, welche alle Systeme oder Signale mit der Eigenschaft a_j *akzeptiert* und alle Systeme oder Signale ohne die Eigenschaft a_j *verwirft*. Mit $\hat{1}$ bezeichnen wir die Messung, die alles akzeptiert, mit $\hat{0}$ die Messung, die alles verwirft. Für eine Klassifikation fordern wir:

Reproduzierbarkeit $\quad \hat{A}_j^2 = \hat{A}_j \quad ,$

Unterscheidbarkeit der Merkmale $\quad \hat{A}_j \hat{A}_k = \hat{0} \quad \text{für} \quad j \neq k \quad ,$

wobei die Multiplikation durch die sukzessive Anwendung der selektiven Messungen definiert ist (von rechts nach links gelesen). Im mathematischen Sprachgebrauch heisst eine Grösse $\hat{A}$ mit $\hat{A}^2=\hat{A}$ *idempotent*. Es ist üblich, wenn auch nicht ganz korrekt, zwei idempotente Grössen $\hat{A}$, $\hat{B}$ mit $\hat{A}\hat{B}=\hat{B}\hat{A}=0$ als *orthogonal* zu bezeichnen.

Die Addition von selektiven Messungen ist definiert als diejenige weniger selektive Messung, die akzeptiert, was einer ihrer Summanden akzeptiert. Diese Begriffsbildung ist konsistent, wenn wir die Gültigkeit des Distributivgesetzes fordern:

$$(\hat{A}_1+\hat{A}_2)(\hat{A}_3+\hat{A}_4) = \hat{A}_1\hat{A}_3 + \hat{A}_1\hat{A}_4 + \hat{A}_2\hat{A}_3 + \hat{A}_2\hat{A}_4 \quad .$$

Beispiel
Es seien $\hat{A}_1$ und $\hat{A}_2$ selektive Messungen mit $\hat{A}_1^2 = \hat{A}_1$, $\hat{A}_2^2 = \hat{A}_2$, $\hat{A}_1\hat{A}_2 = \hat{0}$. Dann ist $\hat{A}_1+\hat{A}_2$ definiert als diejenige selektive Messung, welche

(i) alle Systeme akzeptiert, welche entweder $\hat{A}_1$ oder $\hat{A}_2$ akzeptiert,
(ii) alle Systeme verwirft, welche sowohl von $\hat{A}_1$ als auch von $\hat{A}_2$ verworfen werden.

Es gilt: $(\hat{A}_1+\hat{A}_2)^2 \overset{\text{def}}{=} (\hat{A}_1+\hat{A}_2)(\hat{A}_1+\hat{A}_2)=\hat{A}_1^2+\hat{A}_1\hat{A}_2+\hat{A}_2\hat{A}_1+\hat{A}_2^2=\hat{A}_1+\hat{A}_2$, so dass $\hat{A}_1+\hat{A}_2$ wieder eine reproduzierbare Messung ist.

Eine Klassifikation durch einen Satz $\hat{A}_1,\hat{A}_2,\ldots,\hat{A}_n$ von selektiven Messungen heisst *vollständig*, falls gilt:

$$\hat{A}_1 + \hat{A}_2 + \ldots + \hat{A}_n = \hat{1} \quad .$$

Ist der Satz $\{\hat{A}_1,\ldots,\hat{A}_n\}$ nicht vollständig, so kann er durch Hinzunahme weiterer selektiver Messungen immer vervollständigt werden.

Eine Klassifikation $\{\hat{A}_1,\hat{A}_2,\ldots,\hat{A}_n\}$ ist nicht erschöpfend, wenn es weitere selektive Messungen $\hat{A}_1',\ldots,\hat{A}_m'$ gibt, welche die Klassifikation durch die selektiven Messungen $\hat{A}_1,\hat{A}_2,\ldots,\hat{A}_n$ nicht stören. In diesem Falle spielt es keine Rolle, ob man zuerst nach $\hat{A}_1,\hat{A}_2,\ldots,\hat{A}_n$ selektioniert und dann nach $\hat{A}_1',\ldots,\hat{A}_m'$ oder umgekehrt. Somit gilt

$$\hat{A}_j\hat{A}_k' = \hat{A}_k'\hat{A}_j \quad \text{für } j=1,\ldots,n; \quad k=1,\ldots,m \quad .$$

Definition: Kompatible Eigenschaften

Zwei Eigenschaften heissen *kompatibel*, wenn eine reproduzierbare Messung der einen Eigenschaft die aus einer vorangegangenen reproduzierbaren Messung erhaltene Information der anderen Eigenschaft nicht verfälscht.

Zwei selektive Messungen A und A' heissen vertauschbar, falls gilt: $\hat{A}\hat{A}'=\hat{A}'\hat{A}$. *Kompatible Eigenschaften werden durch vertauschbare selektive Messungen dargestellt.*

Zu zwei verschiedenen kompatiblen Klassifikationen $\{\hat{A}_1,\ldots,\hat{A}_n\}$ und $\{\hat{A}'_1,\ldots,\hat{A}'_m\}$ kann man stets eine feinere Klassifikation $\{\hat{A}_{jr}|j=1,\ldots,n;\ r=1,\ldots,m\}$ konstruieren mit den Eigenschaften:

$$\hat{A}^2_{jr} = \hat{A}_{jr} \quad ,$$

$$\hat{A}_{jr}\hat{A}_{ks} = 0 \quad \text{falls } (j,r) \neq (k,s) \quad ,$$

$$\sum_{j=1}^{n} \sum_{r=1}^{m} \hat{A}_{jr} = \hat{1} \quad .$$

Definition: Maximaler Satz selektiver Messungen

Ein Satz $\{\hat{A}_1,\ldots,\hat{A}_n\}$ von selektiven Messungen heisst *maximal*, wenn jede mit $\hat{A}_1,\ldots,\hat{A}_n$ vertauschbare Messung eine Kombination der selektiven Messungen $\hat{A}_1,\ldots,\hat{A}_n$ ist.

Ein maximaler Satz von selektiven Messungen gibt Anlass zu einer *erschöpfenden Klassifikation*. Die zu einer erschöpfenden Klassifikation gehörende Familie von Eigenschaften nennen wir einen *maximalen Satz von kompatiblen Eigenschaften.*

Zusammenfassung: Maximale Sätze kompatibler Eigenschaften

Selektive, sich gegenseitig nicht störende Messungen sind die Grundlage jeder Klassifikation. Eine selektive Messung wird durch ein Symbol wie $\hat{A}_j$ dargestellt, und die Reproduzierbarkeit der Messung durch die Relation $\hat{A}^2_j=\hat{A}_j$ ausgedrückt. Dabei ist die Multiplikation dieser Symbole durch die sukzessive Ausführung der entsprechenden Messung definiert. Die Addition ist definiert durch diejenige gröbere Messung, welche entsteht, wenn man die Resultate der Summanden zusammenfasst. Die Multiplikation ist bezüglich der Addition distributiv. Eine erschöpfende Klassifikation beschreibt man durch einen maximalen Satz $(\hat{A}_1,\ldots,\hat{A}_n)$ von selektiven Messungen $\hat{A}_j$ mit $\hat{A}_j^2=\hat{A}_j$, $\hat{A}_j\hat{A}_k=\hat{0}$ für $j\neq k$, und $\hat{A}_1+\ldots+\hat{A}_n=\hat{1}$, wobei n die maximal mögliche Zahl gegenseitig kompatibler, verschiedener Eigenschaften ist. Die zu einer erschöpfenden Klassifikation gehörende Familie von Eigenschaften heisst ein *maximaler Satz von kompatiblen Eigenschaften.*

3.1.4 NICHTKOMPATIBLE EIGENSCHAFTEN

Die klassischen physikalischen Theorien machen eine a priori wenig plausibel erscheinende Annahme: Für jedes Objekt gibt es genau *eine* erschöpfende Klassifikation. Wir wissen heute, dass diese Annahme nicht zutreffend ist, in der Physik so wenig wie im Alltagsbereich. Bohr bezeichnet inkompatible Eigenschaften als *komplementär* und nennt als Beispiel Güte und Gerechtigkeit. Man überlege sich einmal in Ruhe, wieso das Verhalten eines Vaters gegenüber einem unartigen Kind nicht zugleich gütig und gerecht sein kann. Man hüte sich dabei, "gerecht" mit "nicht gütig" oder "gütig" mit "nicht gerecht" zu verwechseln.

Inkompatible Eigenschaften können operationell durch selektive Messungen festgestellt werden. Entsprechend einer früheren Festlegung für zwei selektive Messungen $\hat{A}$ und $\hat{B}$ gilt folgende Konvention

$\hat{A}\hat{B}$: Man führe zuerst $\hat{B}$ aus und dann $\hat{A}$,

$\hat{B}\hat{A}$: Man führe zuerst $\hat{A}$ aus und dann $\hat{B}$.

Falls die Messungen das Objekt nicht stören, ist ihre Reihenfolge gleichgültig, und wir schreiben $\hat{A}\hat{B}=\hat{B}\hat{A}$. Trifft diese Voraussetzung nicht zu, so gilt $\hat{A}\hat{B}\neq\hat{B}\hat{A}$.

Alltagsbeispiel

Es sei $\hat{A}$ die Operation des sich Vorbereitens auf eine Prüfung. Obwohl kein Prüfling sich perfekt auf eine Prüfung vorbereiten wird, idealisieren wir $\hat{A}^2=\hat{A}$. Es sei $\hat{B}$ die Operation des Prüfens. Obwohl kein Examinator perfekt prüft, idealisieren wir $\hat{B}^2=\hat{B}$. Gemäss unseren Spielregeln heisst $\hat{A}\hat{B}$: zuerst die Prüfung machen und dann die Prüfung vorbereiten, und $\hat{B}\hat{A}$ zuerst die Prüfung vorbereiten und dann die Prüfung machen. Das Ergebnis dürfte häufig verschieden ausfallen, so dass gilt $\hat{A}\hat{B}\neq\hat{B}\hat{A}$.

Da sich im Alltagsbereich Beispiele für nichtkompatible selektive Operationen und nichtkompatible Eigenschaften in reichem Masse finden lassen, ist es eher überraschend, dass die klassische Physik nicht mehr Kritiker gefunden hat. Man sollte daraus nun aber keine voreiligen Schlüsse ziehen und etwa behaupten: Die klassische Physik ist falsch! So einfach liegen die Dinge nicht. Denn offensichtlich gibt es Objekte, für welche die Voraussetzungen der klassischen Physik zutreffen. Heute kehrt man den Spiess um und definiert: *Objekte, deren denkbare Eigenschaften miteinander kompatibel sind, fallen in den Gültigkeitsbereich klassischer Theorien.*

Die Quantenmechanik ist eine Theorie von Objekten mit inkompatiblen Eigenschaften. Sie ist aber keinesfalls die allgemeinste solche Theorie, sondern macht doch eine Reihe sehr spezieller Voraussetzungen. Beispielsweise ist ein Vater, der gegenüber seinem Sohn gerecht oder gütig sein kann aber nicht beides zugleich, ein "Objekt mit potentiell möglichen inkompatiblen Eigenschaften", fällt aber nicht in den Zuständigkeitsbereich der Quantenmechanik.

Eine wichtige, in keiner Weise selbstverständliche Voraussetzung der Quantenmechanik ist die Annahme, jede erschöpfende Klassifikation für ein bestimmtes Objekt erfordere immer dieselbe Anzahl n von paarweise orthogonalen Selektivmessungen. Zwei verschiedene aber je für sich erschöpfende Klassifikationen eines solchen Objektes können also dargestellt werden durch selektive Messungen $\hat{A}_1,\hat{A}_2,\ldots,\hat{A}_n$ beziehungsweise $\hat{B}_1,\hat{B}_2,\ldots,\hat{B}_n$ mit

$$\hat{A}_j^2 = \hat{A}_j\,, \quad \hat{A}_j\hat{A}_k = \hat{0} \quad \text{für } j \neq k, \quad \hat{A}_1+\hat{A}_2+\ldots+\hat{A}_n = \hat{1}\,,$$
$$\hat{B}_j^2 = \hat{B}_j\,, \quad \hat{B}_j\hat{B}_k = \hat{0} \quad \text{für } j \neq k, \quad \hat{B}_1+\hat{B}_2+\ldots+\hat{B}_n = \hat{1}\,.$$

Dabei sind die Klassifikationen genau dann voneinander verschieden, wenn für mindestens ein Paar (r,s) gilt

$$\hat{A}_r\hat{B}_s \neq \hat{B}_s\hat{A}_r \quad .$$

Zusammenfassung: Kompatible und inkompatible Eigenschaften
Falls das Resultat zweier sukzessiv ausgeführter selektiver Messungen $\hat{A}$ und $\hat{B}$ nicht von der Reihenfolge der Ausführung abhängt, schreiben wir $\hat{A}\hat{B}=\hat{B}\hat{A}$ und nennen $\hat{A}$ und $\hat{B}$ *kompatible* Messungen. Andernfalls schreiben wir $\hat{A}\hat{B}\neq\hat{B}\hat{A}$ und nennen $\hat{A}$ und $\hat{B}$ *inkompatibel*. Eigenschaften, die durch kompatible Messun-

gen festgestellt werden können, heissen paarweise kompatibel, anderenfalls inkompatibel. Im Gegensatz zu den Quantentheorien kennen klassische Theorien nur paarweise kompatible Eigenschaften.

3.1.5$^\#$ *MATRIXDARSTELLUNGEN VON ENDLICHDIMENSIONALEN SYSTEMEN*

Systeme, deren erschöpfende und ideale Klassifikation genau n Klassen erfordern, nennen wir *n-dimensionale Systeme*, n=2,3,4,.... Ist n endlich, so sprechen wir von *endlichdimensionalen Systemen*, anderenfalls von *unendlichdimensionalen Systemen.*

Bemerkung: In der Quantenmechanik gibt es einfachere Systeme als in der klassischen Physik
In der klassischen Physik sind alle Systeme unendlichdimensional. Bemerkenswerterweise gibt es aber n-dimensionale Quantensysteme mit n=2,3,... . Derartige Systeme heissen Spinsysteme, und wir werden sie später ausführlich diskutieren. Ein Spinsystem mit Spin S hat die Dimension n=2S+1, wobei je nach System S die Werte $\frac{1}{2}$,1,$\frac{3}{2}$,2,... annehmen kann.

Die Selektionsoperatoren $\hat{P}_1,\hat{P}_2,\ldots,\hat{P}_n$ einer erschöpfenden idealen Klassifikation n-dimensionaler Systeme kann man in bequemer Weise durch selbstadjungierte n×n-Matrizen *darstellen*. Dabei werden unmittelbar nacheinander ausgeführte Selektionen durch die *Matrixmultiplikation* von Selektionsmatrizen dargestellt.

Stellen wir $\hat{P}_j$ durch eine (n×n)-Matrix $P_j = \{(P_j)_{\alpha\beta}\}$ mit den komplexen Zahlen $(P_j)_{\alpha\beta}$ $(\alpha,\beta = 1,2,\ldots,n)$ als Matrixelementen dar, so heisst die Forderung, P_j solle selbstadjungiert sein, $P_j = P_j^*$, dass die Matrixelemente von P_j die Relationen

$$(P_j)_{\alpha\beta} = (P_j)^*_{\beta\alpha} \ , \quad \alpha,\beta = 1,\ldots,n$$

erfüllen.

Gemäss unseren Konventionen bezeichnet $\hat{P}_j\hat{P}_k$ diejenige zusammengesetzte Operation, welche aus einer selektiven Messung $\hat{P}_k$ und einer unmittelbar darauffolgenden Messung $\hat{P}_j$ besteht. Diese zusammengesetzte Auswahloperation $\hat{P}_j\hat{P}_k$ wird durch das *Matrixprodukt* P_jP_k dargestellt,

$$(P_jP_k)_{\alpha\beta} \stackrel{\text{def}}{=} \sum_{\mu=1}^{n} (P_j)_{\alpha\mu}(P_k)_{\mu\beta} \ .$$

Der vergröberten Selektion $\hat{P}_j+\hat{P}_k$ entspricht die *Matrixsumme* P_j+P_k,

$$(P_j+P_k)_{\alpha\beta} \overset{\text{def}}{=} (P_j)_{\alpha\beta} + (P_k)_{\alpha\beta} \quad .$$

Die beiden trivialen Selektionsoperatoren $\hat{0}$ und $\hat{1}$ werden durch die Nullmatrix 0, resp. durch die Einheitsmatrix E dargestellt.

Die definierenden Relationen

$$\hat{P}_j^2 = \hat{P}_j \quad , \quad j = 1,\ldots,n$$

$$\hat{P}_j\hat{P}_k = \hat{0} \quad \text{für} \quad j \neq k$$

$$\hat{P}_1 + \hat{P}_2+\ldots+\hat{P}_n = \hat{1}$$

einer erschöpfenden Klassifikation $\{\hat{P}_1,\ldots,\hat{P}_n\}$ legen die selbstadjungierten $(n\times n)$-Matrizen einer Matrixdarstellung nicht eindeutig fest. Unter den vielen Möglichkeiten ist am einfachsten eine Darstellung durch *Diagonalmatrizen*. Eine Diagonalmatrix P kann die Relation $P^2=P$ nur erfüllen, wenn die Diagonalelemente der Gleichung $P_{\alpha\alpha}^2=P_{\alpha\alpha}$, $\alpha=1,\ldots,n$, genügen, also wenn gilt

$$P_{\alpha\alpha} = 0 \quad \text{oder} \quad P_{\alpha\alpha} = 1 \quad .$$

Eine *feinste* Selektion resultiert, wenn genau *ein* Matrixelement $P_{\alpha\alpha}$ eins ist und alle andern verschwinden. Damit ergibt sich folgende Darstellung der Selektionsoperatoren $\hat{P}_1,\hat{P}_2,\ldots,\hat{P}_n$ einer erschöpfenden idealen Klassifikation durch Diagonalmatrizen:

$$P_1 = \begin{pmatrix} 1 & & & \\ & 0 & & \\ & & \ddots & \\ & & & 0 \end{pmatrix}, \quad P_2 = \begin{pmatrix} 0 & & & \\ & 1 & & \\ & & \ddots & \\ & & & 0 \end{pmatrix}, \quad \ldots, \quad P_n = \begin{pmatrix} 0 & & & \\ & 0 & & \\ & & \ddots & \\ & & & 1 \end{pmatrix} \quad .$$

Es folgt sofort, dass diese Matrizen die Relationen

$$P_j^2 = P_j \qquad j=1,2,\ldots,n$$

$$P_jP_k = 0 \quad \text{für} \quad j \neq k$$

$$P_1 + P_2+\ldots+P_n = E$$

erfüllen. Offensichtlich kann diese Klassifikation $\{P_1,P_2,\ldots,P_n\}$ nicht weiter verfeinert werden. Dagegen ist eine Vergröberung möglich, zum Beispiel durch

$$P_1 + P_2 = \begin{pmatrix} 1 & & & & \\ & 1 & & & \\ & & 0 & & \\ & & & \ddots & \\ & & & & 0 \\ & & & & & 0 \end{pmatrix}$$

Abgesehen von trivialen Umnumerierungen der Selektionsoperatoren ist durch die Diagonalitätsforderung die Matrixdarstellung einer erschöpfenden Klassifikation eindeutig bestimmt. Die Darstellung von Klassifikationsprozessen durch (n×n)-Matrizen erlaubt aber weitere feinste Klassifikationen, welche allerdings alle mit den eben definierten Diagonalmatrizen $P_1, P_2, \ldots, P_n$ nicht kompatible Klassifikationen beschreiben. Um diesen Sachverhalt möglichst gut sichtbar zu machen, betrachten wir zunächst den einfachen Fall n=2.

Beispiel: Inkompatible Klassifikationen bei 2-dimensionalen Systemen
Für die erschöpfende Klassifikation eines 2-dimensionalen Systems wählen wir zunächst eine Matrixdarstellung durch Diagonalmatrizen, schreiben aber A_1 und A_2 statt wie bisher P_1 und P_2:

$$A_1 \overset{\text{def}}{=} \begin{pmatrix} 1 & 0 \\ 0 & 0 \end{pmatrix} \quad , \quad A_2 \overset{\text{def}}{=} \begin{pmatrix} 0 & 0 \\ 0 & 1 \end{pmatrix} \quad .$$

Offensichtlich gilt

$$A_1^2 = A_1 \quad , \quad A_2^2 = A_2 \quad , \quad A_1 A_2 = A_2 A_1 = 0 \quad , \quad A_1 + A_2 = E \quad .$$

Wie man sich durch Nachrechnen sofort überzeugt, erfüllen auch die selbstadjungierten Matrizen

$$B_1 \overset{\text{def}}{=} \tfrac{1}{2} \begin{pmatrix} 1 & 1 \\ 1 & 1 \end{pmatrix} \quad , \quad B_2 \overset{\text{def}}{=} \tfrac{1}{2} \begin{pmatrix} 1 & -1 \\ -1 & 1 \end{pmatrix}$$

die Relationen einer idealen Klassifikation:

$$B_1^2 = B_1 \quad , \quad B_2^2 = B_2 \quad , \quad B_1 B_2 = B_2 B_1 = 0 \quad , \quad B_1 + B_2 = E \quad .$$

Allerdings sind die Klassifikationen $\{A_1, A_2\}$ und $\{B_1, B_2\}$ paarweise inkompatibel, denn es gilt

$$A_j B_k \neq B_k A_j \qquad \text{für} \qquad j,k = 1,2 \quad .$$

Eine weitere sowohl mit $\{A_1, A_2\}$ als auch mit $\{B_1, B_2\}$ inkompatible Klassifikation $\{C_1, C_2\}$ ist durch folgende hermitesche Matrizen gegeben:

$$C_1 \overset{\text{def}}{=} \tfrac{1}{2} \begin{pmatrix} 1 & -i \\ i & 1 \end{pmatrix} \quad , \quad C_2 \overset{\text{def}}{=} \tfrac{1}{2} \begin{pmatrix} 1 & i \\ -i & 1 \end{pmatrix} \quad .$$

Zusammenfassung: Matrixdarstellungen von Selektionsoperatoren
Umfasst jede erschöpfende Klassifikation eines Systems genau n disjunkte Klassen, so heisst das System n-dimensional. Ist n endlich, $n < \infty$, so können die Selektionsoperatoren $\hat{P}_1, \ldots, \hat{P}_n$ durch selbstadjungierte (n×n)-Matrizen $P_1, P_2, \ldots, P_n$ darge-

stellt werden, wobei gilt

$$P_j = P_j^* = P_j^2 \quad , \quad P_j P_k = 0 \text{ für } j \neq k \quad , \quad P_1 + P_2 + \ldots + P_n = E \quad .$$

Zu jedem solchen Klassifikationssystem gibt es unendlich viele dazu inkompatible Klassifikationen, welche ebenfalls durch selbstadjungierte (n×n)-Matrizen dargestellt werden können.

3.1.6# DER ZUSTAND EINES SYSTEMS

Kann man ein Objekt mit einer endlichen, erschöpfenden Klassifikation $(\hat{A}_1, \hat{A}_2, \ldots, \hat{A}_n)$ charakterisieren, so wird es von genau einem der Selektionsoperatoren $\hat{A}_s$ akzeptiert und von allen andern verworfen. Wir sagen dann, das Objekt sei im s-ten Eigenzustand der Klassifikation $(\hat{A}_1, \hat{A}_2, \ldots, \hat{A}_n)$. Ordnet man diesen Eigenzuständen n Vektoren $\alpha_1, \alpha_2, \ldots, \alpha_n$ zu, so lässt sich die Filterwirkung der selektiven Messungen symbolisch darstellen :

$$A_j \alpha_j = \alpha_j \quad , \qquad \text{das Filter lässt durch,}$$

$$A_j \alpha_k = o \quad , \quad j \neq k \quad , \qquad \text{das Filter sperrt.}$$

Die Eingangszustände $\alpha_1, \alpha_2, \ldots, \alpha_n$ sind voneinander unabhängig. Sie lassen sich durch paarweise orthogonale Einheitsvektoren eines n-dimensionalen Vektorraumes darstellen

$$\alpha_1 = \begin{pmatrix} 1 \\ 0 \\ \vdots \\ 0 \end{pmatrix} \quad , \quad \alpha_2 = \begin{pmatrix} 0 \\ 1 \\ \vdots \\ 0 \end{pmatrix} \quad , \ldots , \quad \alpha_n = \begin{pmatrix} 0 \\ \vdots \\ 0 \\ 1 \end{pmatrix} \quad .$$

Den selektiven Messoperationen entsprechen dann Diagonalmatrizen A_j

$$A_1 = \begin{pmatrix} 1 & & \\ & 0 & \\ & & \ddots & \\ & & & 0 \end{pmatrix} \quad , \quad A_2 = \begin{pmatrix} 0 & & \\ & 1 & \\ & & \ddots & \\ & & & 0 \end{pmatrix} \quad , \ldots , \quad A_n = \begin{pmatrix} 0 & & \\ & \ddots & \\ & & 1 \end{pmatrix} \quad .$$

Diese Diagonalmatrizen $A_1, \ldots, A_n$ reproduzieren mit den Vektoren $\alpha_1, \ldots, \alpha_n$ die Filterwirkung der selektiven Messungen.

Kann ein Objekt zu jeder Zeit durch einen Eigenzustand irgendeiner erschöpfenden Klassifikation charakterisiert werden, so nennen wir diese Charakterisierung den *Zustand des Objektes zur Zeit t* und bezeichnen ihn mit Ψ_t. Umfassen diese Klassifikationen n selektive Messungen, so fassen wir die Ψ_t als Einheitsvektoren des n-dimensionalen komplexen Vektorraums $\mathbb{C}^n$ auf: $\Psi_t \in \mathbb{C}^n$. Dabei ist $\mathbb{C}^1 = \mathbb{C}$ die Menge der komplexen Zahlen. Damit haben wir für die Klassifikation eine neue und vielleicht unnötig gelehrt klingende Sprache eingeführt, sind aber begrifflich kaum über das "Löwensieb" des Abschnittes 3.1.2 hinausgegangen.

Beispiel: Eigenzustände 2-gliedriger Klassifikationen
Es seien $A_1, A_2, B_1, B_2, C_1, C_2$ die Selektionsoperatoren des in Abschnitt 3.1.5 diskutierten Beispiels. Mit $A_j\alpha_j = \alpha_j$, $B_j\beta_j = \beta_j$, $C_j\gamma_j = \gamma_j$ $(j=1,2)$ erhält man für die drei paarweise inkompatiblen Klassifikationen folgende Eigenvektoren:

$$\alpha_1 = \begin{pmatrix}1\\0\end{pmatrix}, \ \alpha_2 = \begin{pmatrix}0\\1\end{pmatrix}; \ \beta_1 = \begin{pmatrix}1\\1\end{pmatrix}, \ \beta_2 = \begin{pmatrix}1\\-1\end{pmatrix}; \ \gamma_1 = \begin{pmatrix}1\\i\end{pmatrix}, \ \gamma_2 = \begin{pmatrix}1\\-i\end{pmatrix} \quad .$$

Zusammenfassung: Zustand und Zustandsvektor

Die Gesamtheit aller zu einem bestimmten Zeitpunkt aktualisierten Eigenschaften eines Systems definieren seinen *Zustand* zu diesem Zeitpunkt. Diese Eigenschaften können durch eine bestimmte erschöpfende Klassifikation charakterisiert werden, in einem n-dimensionalen System durch n selbstadjungierte, idempotente und gegenseitig orthogonale $(n{\times}n)$-Matrizen $A_1, A_2, \ldots, A_n$,

$$A_j = A_j^* = A_j^2 \quad , \quad A_j A_k = 0 \text{ für } j \neq k \quad , \quad A_1 + A_2 + \ldots + A_n = E \quad .$$

In diesem Fall kann der Zustand zur Zeit t durch einen n-dimensionalen Zustandsvektor Ψ_t dargestellt werden, der gemeinsamer Eigenvektor von $A_1, A_2, \ldots, A_n$ ist,

$$A_j \Psi_t = a_j \Psi_t .$$

Dabei ist $a_j = 1$, falls das System zur Zeit t die durch A_j selektierte Eigenschaft hat, und $a_j = 0$, falls es diese Eigenschaft nicht hat.

3.1.7# DER HILBERTRAUM DER ZUSTANDSVEKTOREN

In den vorangehenden Abschnitten hatten wir die Selektionsoperatoren einer erschöpfenden, n-gliedrigen Klassifikation durch selbstadjungierte $(n{\times}n)$-Matrizen und ihre Eigenzustände durch Vektoren des n-dimensionalen Vektorraums $\mathbb{C}^n$ dargestellt. Ein Vektor Φ in $\mathbb{C}^n$ ist eine komplexwertige Funktion auf der Menge {1,2,...,n}, welche wir kurz mit $\mathbb{Z}_n$ bezeichnen,

$$\mathbb{Z}_n = \{1,2,\ldots,n\} .$$

Eine (n×n)-Matrix A mit den Matrixelementen A_{jk} induziert eine *lineare Transformation* auf den Vektoren in $\mathbb{C}^n$, die Wirkung von A auf einen Vektor $\Phi\in\mathbb{C}^n$ ist definiert durch

$$\{A\Phi\}(j) = \sum_{k=1}^{n} A_{jk}\Phi(k) ,$$

wobei $\Phi(j)$ die j-te Komponente des Vektors Φ ist,

$$\Phi = \begin{pmatrix} \Phi(1) \\ \Phi(2) \\ \vdots \\ \Phi(n) \end{pmatrix} .$$

Das *innere Produkt* (Synonym: *Skalarprodukt*) zweier Vektoren $\Phi,\Psi\in\mathbb{C}^n$ definieren wir durch

$$\langle\Phi|\Psi\rangle \overset{\text{def}}{=} \sum_{j=1}^{n} \Phi(j)^*\Psi(j) .$$

Die Länge eines Vektors Φ ist gegeben durch seine *Norm* $\|\Phi\|$, definiert durch

$$\|\Phi\|^2 = \sum_{j=1}^{n} |\Phi(j)|^2 = \langle\Phi|\Phi\rangle .$$

Falls n endlich ist, hat jeder Vektor aus $\mathbb{C}^n$ eine endliche Norm, für $n=\infty$ trifft dies aber nicht mehr zu. Die Menge aller Vektoren aus $\mathbb{C}^n$ mit endlicher Norm heisst ein n-dimensionaler *Hilbertraum* (n=1,2,3,..,∞). Wir bezeichnen ihn mit $L_2(\mathbb{Z}_n)$:

$$L_2(\mathbb{Z}_n) = \{\Phi|\Phi\in\mathbb{C}^n, \langle\Phi|\Phi\rangle<\infty\} .$$

Definition: n-dimensionaler Hilbertraum über $\mathbb{Z}_n$

Ein n-dimensionaler komplexer Vektorraum (n=1,2,...,∞) mit dem inneren Produkt

$$\langle\Phi|\Psi\rangle = \sum_{j=1}^{n} \Phi(j)^*\Psi(j)$$

und der Eigenschaft, dass alle seine Vektoren eine endliche Norm haben, heisst der n-dimensionale Hilbertraum $L_2(\mathbb{Z}_n)$. Dabei ist $\mathbb{Z}_n$={1,2,...,n}.

Als n-dimensionaler Vektorraum hat der Hilbertraum $L_2(\mathbb{Z}_n)$ höchstens n linear unabhängige Vektoren. In einem Hilbertraum können wir sogar genau n paarweise orthogonale Vektoren finden. Dabei nennen wir zwei Vektoren $\Phi,\Psi \in L_2(\mathbb{Z}_n)$ *orthogonal*, $\Phi \perp \Psi$, falls gilt $\langle\Phi|\Psi\rangle=0$. Ein System von n paarweise orthogonalen und normierten Vektoren in $L_2(\mathbb{Z}_n)$ heisst eine *orthonormierte* Basis von $L_2(\mathbb{Z}_n)$.

Definition: Orthonormierte Basis eines Hilbertraumes

Ein Satz $\{\Phi_1,\Phi_2,\ldots,\Phi_n\}$ von Vektoren $\Phi_j \in H$ eines n-dimensionalen Hilbertraumes H $(n=2,3,\ldots,\infty)$ heisst eine orthonormierte Basis von H, falls

$$\langle\Phi_j|\Phi_k\rangle = \delta_{jk} \quad (j,k = 1,2,\ldots,n) \quad .$$

Dabei ist das Kroneckersymbol δ_{jk} definiert durch $\delta_{jj}=1$ und $\delta_{jk}=0$ für $j\neq k$.

Zum Begriff des abstrakten Hilbertraumes

Der Hilbertraum $L_2(\mathbb{Z}_n)$ ist eine spezielle Realisierung des sogenannten "abstrakten n-dimensionalen Hilbertraumes". Ein abstrakter Hilbertraum ist ein komplexer Vektorraum H mit einem inneren Produkt $\langle\cdot|\cdot\rangle$, welches durch die folgenden fünf Bedingungen charakterisiert ist:

(i) $\langle\Psi|\Phi_1+\Phi_2\rangle = \langle\Psi|\Phi_1\rangle + \langle\Psi|\Phi_2\rangle$,

(ii) $\langle\Psi|c\Phi\rangle = c\langle\Psi|\Phi\rangle$, $c\in\mathbb{C}$,

(iii) $\langle\Psi|\Phi\rangle = \langle\Phi|\Psi\rangle^*$,

(iv) $\langle\Psi|\Psi\rangle \geq 0$,

(v) $\langle\Psi|\Psi\rangle = 0$ impliziert $\Psi=0$.

Ein Vektorraum H mit dem inneren Produkt $\langle\cdot|\cdot\rangle$ heisst ein Hilbertraum, falls alle Vektoren aus H endliche Norm haben, d.h. falls

$$\Psi\in H \quad \text{impliziert} \quad \|\Psi\|<\infty \ ,$$

$\|\Psi\|^2 \stackrel{\text{def}}{=} \langle\Psi|\Psi\rangle$, und falls H bezüglich der Distanz $\|\Phi-\Psi\|$ vollständig ist (d.h. $\|\Psi_{m'}-\Psi_m\|\to 0$ für $m',m\to\infty$ impliziert die Existenz des Grenzwertes $\lim \Psi_m = \Psi \in H$).

Jeder n-dimensionale Hilbertraum kann als $L_2(\mathbb{Z}_n)$ realisiert werden ($n=2,3,\ldots$ und n=abzählbar unendlich).

Eine andere, in der Quantenmechanik wichtige Realisierung eines unendlichdimensionalen abstrakten Hilbertraumes ist diejenige durch komplexwertige quadratisch integrierbare *Funktionen*. Beispielsweise besteht der Hilbertraum $L_2(\mathbb{R})$ aus allen komplexwertigen Funktionen $x\to\Psi(x)$ mit $\langle\Psi|\Psi\rangle<\infty$, wobei das innere Produkt $\langle\cdot|\cdot\rangle$ definiert ist durch

$$\langle\Psi|\Phi\rangle = \int_{-\infty}^{\infty} \Psi^*(x)\Phi(x)dx \ .$$

Dabei muss das Integral im Lebesgueschen Sinn verstanden werden. Dies ist der Grund für die Ausdrucksweise: $L_2(\mathbb{R})$ ist der Raum der im Lebesgueschen Sinn quadratisch integrierbaren Funktionen über $\mathbb{R}$. Dieser Hilbertraum $L_2(\mathbb{R})$ ist isomorph zum Hilbertraum $L_2(\mathbb{Z}_\infty)$.

In unendlichdimensionalen Hilberträumen muss man unvermeidlicherweise Existenzfragen und Konvergenzprobleme diskutieren. Wir werden das in dieser Einführung nicht tun, sondern uns stets von dem mathematisch unproblematischen endlichdimensionalen Fall inspirieren lassen. Alle mathematischen Probleme des praktisch wichtigen unendlichdimensionalen Falles sind heute befriedigend gelöst und auch gar nicht besonders schwierig. Als erste Einführung empfehlen wir: N.L.Achieser und I.M. Glasmann, "Theorie der linearen Operatoren im Hilbertraum", Akademie-Verlag, Berlin, 5.Auflage, 1968; oder S.Grossmann, "Funktionalanalysis I, II", Akademische Verlagsgesellschaft, Frankfurt, 1970.

Jeden Vektor $\Psi: j \to \Psi(j)$, $j \in \mathbb{Z}_n$, eines n-dimensionalen Hilbertraumes kann man bezüglich einer vorgegebenen orthonormierten Basis $\{\Phi_1, \Phi_2, \ldots, \Phi_n\}$ zerlegen

$$\Psi = \sum_{k=1}^{n} c_k \Phi_k \quad , \quad c_k \in \mathbb{C},\ \Phi_k \in H,$$

wobei die komplexen Zahlen c_k die *Komponenten von* Ψ *bezüglich der Basis* $\{\Phi_1, \ldots, \Phi_n\}$ oder auch *verallgemeinerte Fourierkoeffizienten* heissen. Sie können leicht bestimmt werden durch die Berechnung von

$$\langle \Phi_\ell | \Psi \rangle = \sum_{k=1}^{n} c_k \langle \Phi_\ell | \Phi_k \rangle = \sum_{k=1}^{n} c_k \sum_{r=1}^{n} \Phi_\ell^*(r) \Phi_k(r) = \sum_{k=1}^{n} c_k \delta_{k\ell} = c_\ell .$$

Damit gilt für jeden Vektor Ψ aus H und jede orthonormierte Basis $\{\Phi_1, \ldots, \Phi_n\}$ von H der folgende *Entwicklungssatz:*

$$\boxed{\Psi = \sum_{k=1}^{n} c_k \Phi_k \quad , \quad c_k \overset{\mathrm{def}}{=} \langle \Phi_k | \Psi \rangle}$$

Damit folgt für die Abbildung $j \to \Psi(j)$

$$\Psi(j) = \sum_{k=1}^{n} c_k \Phi_k(j) = \sum_{k=1}^{n} \langle \Phi_k | \Psi \rangle \Phi_k(j) = \sum_{k=1}^{n} \sum_{i=1}^{n} \Phi_k(i)^* \Psi(i) \Phi_k(j)$$

$$= \sum_{i=1}^{n} \Psi(i) \sum_{k=1}^{n} \Phi_k(i)^* \Phi_k(j) \quad .$$

Durch Vergleich beider Seiten gelangt man zu der sogenannten *Vollständigkeitsrelation für orthonormierte Basen:*

$$\boxed{\sum_{k=1}^{n} \Phi_k(i)^* \Phi_k(j) = \delta_{ij}}$$

Die Vollständigkeitsrelation für den Hilbertraum $L_2(\mathbb{R})$

Es sei $L_2(\mathbb{R})$ der Hilbertraum der quadratisch integrierbaren Funktionen $\Psi:\mathbb{R}\to\mathbb{C}$ mit dem inneren Produkt

$$\langle\Psi|\Phi\rangle = \int_{\mathbb{R}} \Psi(x)^*\Phi(x)dx \ .$$

Falls Ψ aus $L_2(\mathbb{R})$ und falls $\{\Phi_1,\Phi_2,...\}$ eine orthonormierte Basis für $L_2(\mathbb{R})$ ist, dann heisst der Entwicklungssatz

$$\Psi = \sum_{k=1}^{\infty} \Phi_k\langle\Phi_k|\Psi\rangle$$

in der Komponentenschreibweise

$$\Psi(x) = \sum_{k=1}^{\infty} \Phi_k(x)\langle\Phi_k|\Psi\rangle$$

$$= \sum_{k=1}^{\infty} \Phi_k(x) \int_{\mathbb{R}}\Phi_k(y)^*\Psi(y)dy \ ,$$

$$= \int_{\mathbb{R}} dy\Psi(y)\cdot \sum_{k=1}^{\infty} \Phi_k(x)\Phi_k(y)^* \ ,$$

so dass durch Vergleich beider Seiten sich folgende Formulierung der Vollständigkeitsrelation ergibt

$$\sum_{k=1}^{\infty} \Phi_k(x)\Phi_k(y)^* = \delta(x-y) \ ,$$

wobei δ die singuläre Diracsche Deltafunktion ist (vgl. 7.1.5) mit

$$\int_{\mathbb{R}} \delta(x-y)\Psi(y)dy = \Psi(x) \quad \text{für jedes} \quad \Psi\in L_2(\mathbb{R}) \ .$$

Zusammenfassung: Hilberträume und ihre Basissysteme

Die Zustandsvektoren eines n-dimensionalen Systems können als Einheitsvektoren eines n-dimensionalen komplexen Hilbertraums H dargestellt werden. Ein n-dimensionaler Hilbertraum ist ein n-dimensionaler Vektorraum H mit einem inneren Produkt, das wir mit $\langle\cdot|\cdot\rangle$ bezeichnen. In einem n-dimensionalen Hilbertraum gibt es höchstens n paarweise orthogonale Vektoren. In der Quantenmechanik sind die Dimensionen n=2,3,4,... und "abzählbar unendlich" wichtig. Eine Menge von Vektoren $\{\Phi_1,...,\Phi_n\}$ mit der Eigenschaft $\langle\Phi_j|\Phi_k\rangle=\delta_{jk}$ heisst eine orthonormierte Basis für den n-dimensionalen Hilbertraum H. Für jede orthonormierte Basis $\{\Phi_1,...,\Phi_n\}$ von H und jeden Vektor $\Psi\in H$ gilt der Entwicklungssatz:

$$\Psi = \sum_{k=1}^{n} c_k \Phi_k \quad \text{mit} \quad c_k = \langle \Phi_k | \Psi \rangle \in \mathbb{C} .$$

3.1.8[#] DIE ALGEBRAISCHE STRUKTUR DER QUANTENMECHANIK

Eine Abbildung $\hat{A}: H \to H$, welche jedem Vektor Φ in einem Hilbertraum H eindeutig einen Vektor $\hat{A}\{\Phi\}$ in H derart zuordnet, dass alle linearen Relationen erhalten bleiben

$$\hat{A}\{c_1\Phi_1 + c_2\Phi_2\} = c_1\hat{A}\{\Phi_1\} + c_2\hat{A}\{\Phi_2\} \quad ; \quad c_1, c_2 \in \mathbb{C} \quad ; \quad \Phi_1, \Phi_2 \in H \quad ,$$

heisst eine lineare Abbildung oder, synonym, ein *linearer Operator*. Statt $\hat{A}\{\Phi\}$ schreiben wir auch häufig $\hat{A}\Phi$. Da *alle* von uns betrachteten Operatoren linear sind, sprechen wir meist kürzer nur von *Operatoren*. Der Operator, der jedem Vektor wieder eben diesen Vektor zuordnet, heisst Einheitsoperator $\hat{1}$

$$\hat{1}\{\Phi\} = \Phi \quad \text{für alle } \Phi \in H \ ,$$

der Operator, welcher jedem Vektor den Nullvektor zuordnet, heisst *Nulloperator* $\hat{0}$. Häufig bezeichnet man diese Operatoren einfach mit 1 und 0.

Bemerkung: Unbeschränkte Operatoren[##]
In unendlich-dimensionalen Hilberträumen folgt aus $\|\Phi\| < \infty$ nicht $\|\hat{A}\Phi\| < \infty$. Gilt doch für alle Vektoren Φ in H: $\|\hat{A}\Phi\| < \infty$, so heisst $\hat{A}$ ein ***beschränkter Operator***. Anderenfalls heisst der Operator $\hat{A}$ ***unbeschränkt***. Unbeschränkte Operatoren sind *nicht* für alle Vektoren in H definiert und fordern die Angabe eines Definitionsbereiches, was Anlass zu mancherlei Mühseligkeiten gibt. In der Quantenmechanik sind wichtige Operatoren wie Impuls- und Ortsoperatoren sowie viele Hamiltonoperatoren unbeschränkt. Ihre mathematische Diskussion erfordert tiefere, uns hier nicht zur Verfügung stehende funktionalanalytische Mittel. Heute sind die mathematisch relevanten Probleme der quantenmechanisch wichtigen unbeschränkten Operatoren einwandfrei gelöst, so dass der interessierte Leser auf die mathematische Fachliteratur verwiesen werden kann. (Vergl. die Literaturhinweise in 3.1.7.)

Operatoren kann man addieren

$$(\hat{A}+\hat{B})\Phi \overset{\text{def}}{=} \hat{A}\Phi + \hat{B}\Phi \quad \text{für alle} \quad \Phi \in H \ ,$$

mit Zahlen multiplizieren

$$(c\hat{A})\Phi \overset{\text{def}}{=} c\hat{A}\Phi \quad \text{für alle} \quad c \in \mathbb{C},\ \Phi \in H \ ,$$

und miteinander multiplizieren

$$(\hat{A}\hat{B})\Phi \overset{\text{def}}{=} \hat{A}\{\hat{B}\Phi\} \quad \text{für alle} \quad \Phi \in H \ .$$

Abgesehen davon, dass die Operatorenmultiplikation im allgemeinen nicht kommutativ ist, $\hat{A}\hat{B}\neq\hat{B}\hat{A}$, erfüllen diese Verknüpfungen die üblichen algebraischen Relationen des Zahlenrechnens. Man sagt daher, dass die Gesamtheit aller beschränkten Operatoren eines Hilbertraums H eine *Algebra* bildet, welche mit $B(H)$ bezeichnet wird (*Sprich: B von H*). Die einzigen Operatoren in der Algebra $B(H)$, welche mit allen Operatoren in $B(H)$ vertauschen, sind die sogenannten *trivialen Operatoren*, das sind die Vielfachen des Einheitsoperators $\hat{1}$

$$\hat{A}\hat{B}=\hat{B}\hat{A} \quad \text{für alle} \quad \hat{B}\in B(H) \quad \text{impliziert} \quad \hat{A}=c\hat{1} \ , \quad c\in\mathbb{C} \ .$$

Bemerkung: B(H) hat ein triviales Zentrum
Die Menge derjenigen Elemente einer Algebra A, welche mit allen Elementen von A vertauschen, heisst das ***Zentrum*** $Z(A)$ von A,

$$Z(A) = \{\hat{Z}\,|\,\hat{Z}\in A,\ \hat{Z}\hat{A}=\hat{A}\hat{Z} \text{ für alle } \hat{A}\in A\} \ .$$

Falls alle Operatoren einer Algebra paarweise kommutieren, so ist die Algebra gleich ihrem Zentrum $Z(A)=A$, und A heisst eine ***kommutative Algebra***. Besteht $Z(A)$ nur aus den Vielfachen des Einheitsoperators, nennt man das Zentrum $Z(A)$ ***trivial***. Ein für die Quantenmechanik bedeutsames mathematisches Resultat besagt, dass die Algebra aller beschränkten Operatoren eines mindestens zweidimensionalen Hilbertraums nichtkommutativ ist und sogar nur ein triviales Zentrum besitzt. Das heisst, in $B(H)$ gibt es keine nichttrivialen Operatoren, welche mit ***allen*** Operatoren von $B(H)$ vertauschen.

In einem Hilbertraum mit innerem Produkt $\langle\cdot|\cdot\rangle$ kann man jedem Operator $\hat{A}\in B(H)$ durch die Definition

$$\langle\Psi|\hat{A}\{\Phi\}\rangle \overset{\text{def}}{=} \langle\hat{A}^*\{\Psi\}|\Phi\rangle \quad \text{für alle} \quad \Psi,\Phi\in H \ ,$$

einen Operator $\hat{A}^*\in B(H)$ zuordnen. Der Operator $\hat{A}^*$ ist eindeutig definiert und heisst der zu $\hat{A}$ *adjungierte Operator*. Es gilt $(\hat{A}^*)^*=\hat{A}$. Eine Algebra A, welche für jedes Element A aus A eine solche Operation $A\to A^*\in A$ zulässt, heisst eine **-Algebra (Sprich: Stern-Algebra)*. Falls ein Operator $\hat{A}$ gleich seinem Adjungierten ist, $\hat{A}=\hat{A}^*$, dann heisst $\hat{A}$ ein *selbstadjungierter Operator*. *Selbstadjungierte* Operatoren sind die Analoga der *selbstadjungierten* Matrizen.

Bemerkung: Matrixdarstellungen von Operatoren
Genau wie eine koordinatenbezogene Darstellung von Vektoren durch Auszeichnung einer Basis rechnerisch bequem sein kann, bietet auch eine koordinatenbezogene Darstellung von Operatoren gelegentlich Vorteile. Es sei $\{\Phi_1,\ldots,\Phi_n\}$ eine beliebige aber feste orthonormierte Basis für den Hilbertraum H, und es sei Ψ ein beliebiger Vektor in H, sodass mit dem Entwicklungssatz gilt

$$\Psi = \sum_{k=1}^{n} \Psi(k)\Phi_k \quad \text{mit} \quad \Psi(k) \overset{\text{def}}{=} \langle \Phi_k | \Psi \rangle .$$

Dann hat der Vektor $\hat{A}\Psi$ die Darstellung

$$\hat{A}\Psi = \sum_{k=1}^{n} \Psi(k)\hat{A}\Phi_k .$$

Die j-te Komponente dieses Vektors ist gegeben durch

$$\{\hat{A}\Psi\}(j) \overset{\text{def}}{=} \langle \Phi_j | \hat{A}\Psi \rangle = \sum_{k=1}^{n} \Psi(k)\langle \Phi_j | \hat{A}\Phi_k \rangle .$$

Wir nennen $A_{jk} \overset{\text{def}}{=} \langle \Phi_j | \hat{A}\Phi_k \rangle$ ein ***Matrixelement*** des Operators $\hat{A}$ bezüglich der orthonormierten Basis $\{\Phi_1,\ldots,\Phi_n\}$ und fassen diese Matrixelemente zu einer (n×n)-Matrix $A=(A_{jk})$ zusammen. Ist $\hat{A}$ ein selbstadjungierter Operator, so ist A eine selbstadjungierte Matrix, $A_{jk} = A^*_{kj}$, was wir kurz mit der Schreibweise $A = A^*$ zum Ausdruck bringen.

Aus der linearen Algebra ist bekannt, dass jede selbstadjungierte (n×n)-Matrix n *reelle* Eigenwerte hat, und dass die entsprechenden Eigenvektoren orthonormiert gewählt werden können. Dasselbe Resultat gilt für selbstadjungierte Operatoren auf einem n-dimensionalen Hilbertraum, solange n endlich ist. Das heisst, für jeden selbstadjungierten Operator $\hat{A}=\hat{A}^*\in\mathcal{B}(H)$ auf einem n-dimensionalen Hilbertraum H gibt es n reelle Eigenwerte $a_1,a_2,\ldots,a_n$ und n paarweise orthogonale normierte Eigenvektoren $\Phi_1,\Phi_2,\ldots,\Phi_n$ in H mit

$$\hat{A}\Phi_j = a_j\Phi_j \quad , \quad j=1,2,\ldots,n .$$

Um dieses Resultat etwas algebraischer zu formulieren, definieren wir

$$\hat{A}_j\Psi \overset{\text{def}}{=} \langle \Phi_j | \Psi \rangle \Phi_j \quad \text{für jedes } \Psi\in H$$

einen sogenannten *Projektionsoperator* $\hat{A}_j$, welcher die Vektoren des Hilbertraumes auf den j-ten Eigenvektor von $\hat{A}$ projiziert. Als unschwere Uebung überprüfe man *selbst* folgende Eigenschaften der Projektionsoperatoren $\hat{A}_j$:

(i) $\hat{A}_j = \hat{A}_j^2 = \hat{A}_j^*$, $j = 1,2,\ldots,n$,

(ii) $\hat{A}_j\hat{A}_k = \hat{0}$ für $j\neq k$,

(iii) $\hat{A}_1+\hat{A}_2+\ldots+\hat{A}_n = \hat{1}$,

(iv) $a_1\hat{A}_1+a_2\hat{A}_2+\ldots+a_n\hat{A}_n = \hat{A}$.

Man nennt die Relation (iv) die *Spektralzerlegung des selbstadjungierten Operators* $\hat{A}$ und die Projektoren $\hat{A}_j$ die *Spektralprojektoren* des Operators $\hat{A}$. Die Spektralzerlegung von $\hat{A}$ ist inhaltlich äquivalent zu dem Eigenwertproblem $\hat{A}\Phi_j=a_j\Phi_j$.

Die Eigenschaften (i), (ii) und (iii) sind alte Bekannte für uns. Mit ihnen haben wir folgendes fundamentale Resultat gewonnen: *Die n Spektralprojektoren* $\hat{A}_1,\hat{A}_2,\ldots,\hat{A}_n$ *eines selbstadjungierten Operators* $\hat{A}$ *mit nichtentarteten Eigenwerten definieren eine erschöpfende Klassifikation.* Dabei heissen die Eigenwerte $a_1,a_2,\ldots,a_n$ *nichtentartet*, falls $a_j \neq a_k$ für $j \neq k$. Die Voraussetzung der Nichtentartung ist notwendig, um die Selektionsoperatoren $\hat{A}_1,\hat{A}_2,\ldots,\hat{A}_n$ durch die Angabe der Zahlen $a_1,a_2,\ldots,a_n$ auseinanderzuhalten (anderenfalls resultiert eine nicht-erschöpfende Klassifikation).

Für eine erschöpfende Klassifikation müssen wir n paarweise orthogonale Projektoren angeben. Da diese aber auch durch *einen* selbstadjungierten Operator (mit nichtentartetem Spektrum) bestimmt sind, ist es praktisch einfacher, die selbstadjungierten Operatoren zur Spezifizierung einer Klassifikation heranzuziehen. Das ist das Vorgehen der Quantenmechanik. *In der Quantenmechanik heisst ein selbstadjungierter Operator, der eine physikalisch relevante Klassifikation induziert, eine Observable.*

Ausgehend von der Klassifikation $\{A_1,A_2,\ldots,A_n\}$ kann man die verschiedenen Klassifikationsfilter durch an sich beliebige aber voneinander verschiedene reelle Zahlen $a_1,a_2,\ldots,a_n$ charakterisieren und durch die *spektrale Synthese* $\hat{A} \overset{\text{def}}{=} \Sigma_{j=1}^{n} a_j\hat{A}_j$ eine Observable (d.h. einen selbstadjungierten Operator) konstruieren. Ausgehend von einer Observablen $\hat{A}$ kann man durch *spektrale Analyse* (Lösung des Eigenwertproblems!) die spektralen Projektoren $\{\hat{A}_1,\hat{A}_2,\ldots,\hat{A}_n\}$ finden und damit die zu $\hat{A}$ gehörige Klassifikation durchführen.

Es seien $\hat{A},\hat{B}$ zwei selbstadjungierte Operatoren mit den Spektralzerlegungen:

$$\hat{A} = \sum_{j=1}^{n} a_j\hat{A}_j \quad , \qquad \hat{A}_j\hat{A}_k = \delta_{jk}\hat{A}_k \; , \qquad \sum_{j=1}^{n} \hat{A}_j = 1 \quad ,$$

$$\hat{B} = \sum_{k=1}^{n} b_k\hat{B}_k \quad , \qquad \hat{B}_j\hat{B}_k = \delta_{jk}\hat{B}_k \; , \qquad \sum_{k=1}^{n} \hat{B}_k = 1 \quad .$$

Dann gilt für den *Kommutator* $[\hat{A},\hat{B}]$:

$$[\hat{A},\hat{B}] \overset{\text{def}}{=} \hat{A}\hat{B} - \hat{B}\hat{A} = \sum_{j=1}^{n}\sum_{k=1}^{n} a_j \cdot b_k \cdot [\hat{A}_j,\hat{B}_k] \; .$$

Sind die Klassifikationen $\{\hat{A}_1,\ldots,\hat{A}_n\}$ und $\{\hat{B}_1,\ldots,\hat{B}_n\}$ miteinander kompatibel, so ist $\hat{A}_j\hat{B}_k=\hat{B}_k\hat{A}_j$ und damit $[\hat{A},\hat{B}]=0$. Umgekehrt vertauschen $\hat{A}$ und $\hat{B}$ nur dann, wenn jeder Spektralprojektor von $\hat{A}$ mit jedem Spektralprojektor von $\hat{B}$ vertauscht. Somit ist folgende Definition sinnvoll:

Definition: Kompatible Observable

Zwei Observable $\hat{A}$ und $\hat{B}$ heissen *kompatibel*, wenn sie zu kompatiblen Klassifikationen führen. Dies ist dann und nur dann der Fall, wenn $\hat{A}$ und $\hat{B}$ vertauschen, d.h. falls gilt $\hat{A}\hat{B}=\hat{B}\hat{A}$.

Gibt es Observable, welche mit allen übrigen Observablen kompatibel sind? In der historischen Formulierung der Quantenmechanik hatte man ohne gute Gründe angenommen, dass jeder selbstadjungierte Operator aus der Algebra $\mathcal{B}(\mathcal{H})$ der Operatoren auf dem Hilbertraum $\mathcal{H}$ der Zustandsvektoren eine physikalisch realisierbare Observable sei. Da $\mathcal{B}(\mathcal{H})$ ein triviales Zentrum hat, gibt es unter dieser Annahme keine nichttrivialen, mit allen übrigen kompatiblen Observablen. Diese ad-hoc Annahme eines trivialen Zentrums der Observablenalgebra hat sich in der Zwischenzeit als nicht haltbar erwiesen. Da in der klassischen Mechanik sämtliche Observablen paarweise kompatibel sind, heissen heute mit allen Observablen eines Systems kompatible Observable *klassisch*.

Definition: Klassische Observable

Diejenigen Observablen eines Systems, welche mit allen übrigen Observablen dieses Systems kompatibel sind, heissen klassische Observable.

In der klassischen Mechanik sind alle Observablen klassisch. Die ursprüngliche Formalisierung der Quantenmechanik durch Johann von Neumann im Jahre 1932 kannte keine klassischen Observablen. Einfache Beispiele klassischer Observabler in der molekularen Quantenmechanik sind Masse und elektrische Ladung der Elementarteilchen und Atomkerne. In der Chemie sind Chiralität und Kerngerüst der Moleküle sowie Temperatur und chemisches Potential chemischer Stoffe klassische Observable von grundsätzlicher Bedeutung. Sie sind jedoch nicht *a priori* gegeben, sondern *entstehen durch eine bestimmte Betrachtungsweise des Experimentators*. Es ist eine der grossen aber auch schwierigen Aufgaben der modernen theoretischen Chemie, die zu einer bestimmten Betrachtungsweise assoziierten klassischen Observablen aus den Axiomen der Quantenmechanik streng *herzuleiten*. Mathematisch strenge Deduktionen liegen ausserhalb des Rahmens dieser Einführung, aber einen Eindruck, wie eine derartige Herleitung in etwa vollzogen werden könnte, kann man der heuristischen Diskussion der in der Chemie üblichen hierarchischen Beschreibung von Molekeln in Kapitel 4 entnehmen.

Die Selektionsoperatoren von Klassifikationen sind speziell einfache Observable mit 0 und 1 als einzigen Eigenwerten. Ist zur Zeit t der Zustandsvektor Ψ_t eines Systems Eigenvektor aller Selektionsoperatoren $\hat{A}_1,\dots,\hat{A}_n$ einer Klassifikation, dann sagen wir gemäss Abschnitt 3.1.6, $\hat{A}_j$ habe zur Zeit t den Wert 1, falls $\hat{A}_j\Psi_t=\Psi_t$, und $\hat{A}_j$ habe den Wert 0, falls $\hat{A}_j\Psi_t=0$ ist. Bildet man aus diesen Selektionsoperatoren eine Observable $\hat{A}$ mit den Eigenwerten $a_1,\dots,a_n$

$$\hat{A} = \sum_{j=1}^{n} a_j\hat{A}_j \quad ,$$

dann folgt für einen Eigenzustand Ψ_t der Klassifikation $\{\hat{A}_1,\dots,\hat{A}_n\}$ die Relation

$$\hat{A}\Psi_t = a_t\Psi_t \quad ,$$

worin a_t ein Eigenwert von $\hat{A}$ ist. Wir sagen dann, die Observable $\hat{A}$ habe bezüglich des Zustandes Ψ_t den Wert a_t.

Ist Ψ_t Eigenvektor der Observablen $\hat{A}$, und ist $\hat{B}$ eine mit $\hat{A}$ nichtkompatible Observable, $\hat{A}\hat{B}\neq\hat{B}\hat{A}$, so ist im allgemeinen Ψ_t nicht auch Eigenvektor von $\hat{B}$. Es ist dann nicht möglich, dem System einen numerischen Wert der Observablen $\hat{B}$ zuzuschreiben. Wir sagen daher, dass Observable *potentielle Eigenschaften* eines Systems repräsentieren. Ist ein Zustandsvektor des Systems Eigenvektor einer Observablen, dann sagen wir, die entsprechende potentielle Eigenschaft sei in diesem Zustand *aktualisiert*. Gegenüber klassischen Theorien ist also der wesentlich neue Punkt der Quantenmechanik, dass man scharf zwischen potentiellen und aktualisierten Eigenschaften unterscheiden muss, und dass *nie alle potentiellen Eigenschaften auch aktualisiert sein können.*

Aus dieser Sicht ist die besondere Bedeutung der klassischen Observablen einsichtig: *Klassische Observable repräsentieren Eigenschaften, welche zu jedem Zeitpunkt und in jedem denkbaren Zustand des Systems aktualisiert sind.* Da in einer klassischen Theorie sämtliche Observablen klassisch sind, entfällt in der klassischen Physik die Notwendigkeit einer Unterscheidung zwischen potentiellen und aktualisierten Eigenschaften.

*Mathematische Ergänzungen***

In endlich-dimensionalen Hilberträumen ist ein Operator genau dann ***selbstadjungiert***, wenn seine Matrixelemente bezüglich einer beliebigen orthonormierten Basis eine hermitesche Matrix bilden. In unendlich-dimensionalen Hilberträumen gilt das nur für beschränkte Operatoren. Die in der Quantenmechanik so wichtigen unbeschränkten Operatoren müssen ***selbstadjungiert*** sein und nicht lediglich Operatoren, welche Anlass zu hermiteschen Matrixelementen geben. Der Nachweis, dass ein vorgegebener unbeschränkter Operator tatsächlich selbstadjungiert ist, ist mathematisch anspruchsvoll aber für alle physikalisch wichtigen Beispiele erbracht.

In n-dimensionalen Hilberträumen ($n<\infty$) hat ein selbstadjungierter Operator genau n Eigenwerte. Die n Eigenvektoren sind Elemente des Hilbertraums und bilden darin sogar eine Basis. In dieser Form ist der Satz in unendlich-dimensionalen Hilberträumen im allgemeinen nicht mehr richtig. Jeder selbstadjungierte Operator hat zwar ein vollständiges System von Eigenvektoren, diese Eigenvektoren können aber eine unendlich grosse Norm haben, so dass sie nicht mehr im Hilbertraum selbst, sondern in einer geeigneten Erweiterung liegen. Eigenvektoren mit unendlicher Norm nennt man ***uneigentliche Eigenvektoren***, die dazu gehörigen Eigenwerte ***uneigentliche Eigenwerte***. Die Gesamtheit aller eigentlichen und uneigentlichen Eigenwerte eines Operators heisst das ***Spektrum*** eines Operators. Die Menge aller eigentlichen Eigenwerte heisst das ***diskrete Spektrum***, die anderen Punkte des Spektrums bilden das ***kontinuierliche Spektrum***. Beispiele zu diesen Begriffen finden sich in Abschnitt 3.4.2.

Die Spektralzerlegung bietet den Vorteil, dass sich das Eigenwertproblem selbstadjungierter Operatoren auch im unendlichdimensionalen Fall innerhalb der Hilbertraum-Struktur formulieren lässt. Dabei ist gegenüber der oben diskutierten Spektralzerlegung $\hat{A}=\Sigma_n a_n \hat{A}_n$ mit den Eigenwerten a_n und den Spektralprojektoren $\hat{A}_n$ die Summe durch ein Stieltjesintegral $\hat{A}=\int \lambda d\hat{A}_\lambda$ zu ersetzen. Darin ist λ ein Punkt aus dem Spektrum und $\hat{A}_\lambda = \int_{-\infty}^{\lambda} dA_{\lambda'}$ ein Projektor.

Zusammenfassung: Algebra der Observablen

Physikalische Theorien können durch eine *-Algebra A charakterisiert werden. Die selbstadjungierten Elemente dieser Algebra heissen *Observable*. Die Spektralprojektoren einer Observablen sind Selektionsoperatoren einer Klassifikation.

Die Observablenalgebra einer *klassischen* Theorie ist kommutativ, alle Observablen vertauschen paarweise, alle denkbaren Klassifikationen sind kompatibel, und alle Observablen haben in jedem Zustand einen scharfen Wert.

Die Observablenalgebra einer *Quantentheorie* ist nicht kommutativ. Es gibt nicht kompatible Klassifikationen und Observable. Die Observablen einer Quantentheorie repräsentieren *potentielle Eigenschaften*. Es gibt potentielle Eigenschaften, welche nicht gleichzeitig aktualisiert werden können.

In der Hilbertraumformulierung sind Observable selbstadjungierte Operatoren auf einem Hilbertraum H. Historisch wurde zunächst angenommen, dass alle selbstadjungierten Operatoren auf H auch Observable seien, d.h. dass $A=B(H)$. Diese Annahme hat sich als zu eng erwiesen. Heute lässt man als Observablenalgebren auch *-Algebren mit nicht-trivialen Zentren zu.

Die Observablen aus dem Zentrum $Z(A)$ der Observablenalgebra A heissen *klassische Observable*. Klassische Observable vertauschen mit allen Observablen des Systems und sind jederzeit aktualisiert, d.h. sie haben in jedem Zustand des Systems einen scharfen Wert.

3.1.9# QUANTENMECHANISCHE UEBERGANGSWAHRSCHEINLICHKEIT

Wir betrachten ein quantenmechanisches System, dessen Zustandsraum durch einen n-dimensionalen Hilbertraum H gegeben sei, $n<\infty$. Es seien $\hat{A}$ und $\hat{B}$ zwei beliebige Observable mit nichtentartetem Spektrum. Die zugehörigen Eigenwertprobleme seien

$$\hat{A}\alpha_j = a_j\alpha_j \quad , \quad j = 1,\dots,n$$

$$\hat{B}\beta_j = b_j\beta_j \quad , \quad j = 1,\dots,n$$

mit den Eigenvektoren $\alpha_1,\dots,\alpha_n$ resp. $\beta_1,\dots,\beta_n$ und den Eigenwerten $a_1,\dots,a_n$ resp. $b_1,\dots,b_n$ ($a_j \neq a_k$ und $b_j \neq b_k$ für $j \neq k$). Bezeichnen wir den Projektionsoperator auf den Eigenvektor α_j mit $\hat{A}_j$ und den Projektionsoperator auf den Eigenvektor β_j mit $\hat{B}_j$,

$$\hat{A}_j\alpha_k = \delta_{jk}\alpha_j \quad , \quad \hat{B}_j\beta_k = \delta_{jk}\beta_j \quad (j,k=1,\dots,n) ,$$

so lautet die Spektralzerlegung der Observablen

$$\hat{A} = \sum_{j=1}^{n} a_j\hat{A}_j \quad , \quad \hat{B} = \sum_{j=1}^{n} b_j\hat{B}_j \quad .$$

Die Spektralprojektoren $\hat{A}_1,\ldots,\hat{A}_n$ einer Observablen $\hat{A}$ in einem n-dimensionalen Hilbertraum definieren eine erschöpfende Klassifikation

$$\hat{A}_j\hat{A}_k = \delta_{jk}\hat{A}_j \quad , \quad \hat{A}_1+\hat{A}_2+..+\hat{A}_n = \hat{1} \ .$$

Der Spektralprojektor $\hat{A}_s$ kann als Realisierung eines *Filters* betrachtet werden, welches Systeme mit dem Zustandsvektor α_s passieren lässt, nicht aber Systeme mit dem Zustandsvektor α_j, $j \neq s$. Bezeichnen wir ein solches Filter mit dem Kurzzeichen

$$\rightarrow \boxed{\hat{A}_s} \rightarrow$$

und ein Quantensystem mit dem Zustandsvektor Ψ symbolisch mit dem Kurzzeichen

$$\bigcirc\!\!\!\!\Psi$$

so können wir die Filterwirkung des s-ten Spektralprojektors $\hat{A}_s$ darstellen

$$(\alpha_s) \rightarrow \boxed{\hat{A}_s} \rightarrow (\alpha_s) \quad ,$$

$$(\alpha_j) \rightarrow \boxed{\hat{A}_s} \quad \text{kein Output falls } j \neq s.$$

Damit ist die Wirkung der den Spektralprojektoren $\hat{A}_1,\ldots,\hat{A}_n$ einer Observablen $\hat{A}$ entsprechenden Filter auf Systeme in Eigenzuständen von $\hat{A}$ erklärt. Im allgemeinen wird sich ein System aber nicht in einem derartigen Eigenzustand befinden.

Um zu untersuchen, was die Filter der Observablen $\hat{A}$ mit einem System in einem beliebigen Zustand machen, nehmen wir an, das System sei in einem Eigenzustand einer anderen Observablen $\hat{B}$, gegeben durch β_r. Was geschieht, wenn ein System mit Zustandsvektor β_r durch das Filter $\hat{A}_s$ getrieben wird? Da die Eigenvektoren $\alpha_1,\ldots,\alpha_n$ von $\hat{A}$ eine orthonormierte Basis für H bilden, können wir β_r entwickeln

$$\beta_r = \sum_{j=1}^{n} \langle\alpha_j|\beta_r\rangle\alpha_j \ ,$$

und erhalten dann für die Filterwirkung von $\hat{A}_s$

$$(\beta_r) \rightarrow \boxed{\hat{A}_s} \rightarrow \langle\alpha_s|\beta_r\rangle\alpha_s \ .$$

Da die Eigenvektoren $\beta_1,\dots,\beta_n$ der Observablen $\hat{B}$ ebenfalls eine orthonormierte Basis für H bilden, können wir jeden beliebigen Zustandsvektor Ψ aus H nach dieser Basis entwickeln

$$\Psi = \sum_{k=1}^{n} \langle\beta_k|\Psi\rangle\beta_k \ .$$

Somit erhalten wir für die Transmission eines Systems mit dem Zustandsvektor Ψ durch die Filterkombination $\hat{B}_r\hat{A}_s\hat{B}_r$ folgendes Resultat:

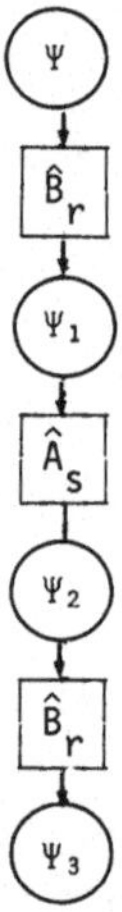

Ψ $\quad \Psi = \Sigma_k\langle\beta_k|\Psi\rangle\beta_k$

$\downarrow$

$\hat{B}_r$

$\downarrow$

Ψ_1 $\quad \Psi_1 = \langle\beta_r|\Psi\rangle\beta_r = \langle\beta_r|\Psi\rangle\Sigma_j\langle\alpha_j|\beta_r\rangle\alpha_j$

$\downarrow$

$\hat{A}_s$

$\downarrow$

Ψ_2 $\quad \Psi_2 = \langle\beta_r|\Psi\rangle\langle\alpha_s|\beta_r\rangle\alpha_s = \langle\beta_r|\Psi\rangle\langle\alpha_s|\beta_r\rangle\Sigma_k\langle\beta_k|\alpha_s\rangle\beta_k$

$\downarrow$

$\hat{B}_r$

$\downarrow$

Ψ_3 $\quad \Psi_3 = \langle\beta_r|\Psi\rangle\langle\alpha_s|\beta_r\rangle\langle\beta_r|\alpha_s\rangle\beta_r$

Mit $\langle\alpha_s|\beta_r\rangle\langle\beta_r|\alpha_s\rangle=|\langle\alpha_s|\beta_r\rangle|^2$ und $\hat{B}_r\Psi=\langle\beta_r|\Psi\rangle\beta_r$ folgt daraus für jeden Vektor Ψ aus H

$$(\hat{B}_r\hat{A}_s\hat{B}_r)\Psi = |\langle\alpha_s|\beta_r\rangle|^2\hat{B}_r\Psi$$

und daraus wiederum die Operatorengleichung

$$\hat{B}_r\hat{A}_s\hat{B}_r = w(r,s)\hat{B}_r \quad \text{mit} \quad w(r,s) \overset{\text{def}}{=} |\langle\alpha_s|\beta_r\rangle|^2 \ .$$

Die positive Zahl $w(r,s)=|\langle\alpha_s|\beta_r\rangle|^2$ heisst die *Uebergangswahrscheinlichkeit* zwischen den Zustandsvektoren β_s und α_s. Sie besitzt folgende bemerkenswerte Eigenschaften:

(i) $\quad 0 \le w(r,s) \le 1 \quad ,$

(ii) $\quad \sum_{r=1}^{n} w(r,s) = \sum_{s=1}^{n} w(r,s) = 1 \quad ,$

(iii) $\quad w(r,s) = w(s,r) \quad ,$

(iv) $w(r,s) = 0$ genau dann, wenn $\langle\alpha_s|\beta_r\rangle = 0$,

(v) $w(r,s) = 1$ genau dann, wenn $\alpha_s = c\beta_r$ mit $|c| = 1$.

Nach dieser Konstruktion ist $w(r,s)$ der Quotient der Transmissionsfaktoren der Filter $\hat{B}_r\hat{A}_s\hat{B}_r$ und $\hat{B}_r$. Angenommen, wir haben bei einer selektiven Messung der Observablen $\hat{B}$ den Eigenwert b_r gefunden. Dann kennen wir zwar den Wert einer anderen Observablen $\hat{A}$ nicht, besitzen aber doch eine gewisse Information über $\hat{A}$. Eine unmittelbar nach der $\hat{B}$-Messung ausgeführte $\hat{A}$-Messung wird nämlich mit einer bestimmten Wahrscheinlichkeit den Eigenwert a_s erbringen. Da die $\hat{A}$-Messung mit Sicherheit irgendeinen Eigenwert von $\hat{A}$ liefert, gilt

$$\sum_{s=1}^{n} w(r,s) = 1 \quad ,$$

denn entweder erhält man den Wert a_1, *oder* den Wert $a_2,\ldots,$ *oder* den Wert a_n, wobei die Wahrscheinlichkeit, den Wert a_s zu erhalten, durch $w(r,s)$ gegeben ist. *Somit ist* $w(r,s)$ *die bedingte Wahrscheinlichkeit für das Eintreten der Ereignisse "der Zustand des Systems wird durch den Vektor* α_s *beschrieben", unter der Bedingung, dass bei einer vorausgegangenen* $\hat{B}$*-Messung das Ereignis "der Zustand des Systems wird durch den Vektor* β_r *beschrieben" eingetreten ist.*

Aufgabe 3.1.1: Uebergangswahrscheinlichkeit als Spur*
Die Uebergangswahrscheinlichkeiten kann man auch elegant mit der Spur ausdrücken. Die Spur $Sp(\hat{A})$ eines Operators $\hat{A}$ in einem endlich-dimensionalen Hilbertraum H ist definiert als die Summe der Diagonalelemente einer Matrixdarstellung von $\hat{A}$ in einer orthonormalen Basis $\{\varphi_1,\varphi_2,\ldots,\varphi_n\}$ von H,

$$Sp(\hat{A}) = \sum_{j=1}^{n} \langle\varphi_j|\hat{A}\varphi_j\rangle \quad .$$

Bemerkenswerterweise hängt die Spur nicht von der Wahl der Basis ab.

Man beweise, dass die Uebergangswahrscheinlichkeit $w(r,s)$ gegeben ist durch

$$w(r,s) = Sp\{\hat{B}_r\hat{A}_s\} = Sp\{\hat{A}_s\hat{B}_r\} \quad .$$

Die Uebergangswahrscheinlichkeiten der Quantenmechanik charakterisieren die Relation zwischen inkompatiblen Klassifikationen. Selbstverständlich gibt es in der klassischen Physik keine dazu analoge Begriffsbildung. Man beachte, dass die Selektionsoperatoren $\hat{A}_s$ und $\hat{B}_r$ genau dann kompatibel sind, wenn entweder $\hat{A}_s\hat{B}_r=\hat{A}_s$ oder $\hat{A}_s\hat{B}_r=\hat{0}$ ist, d.h. falls gilt $w(r,s)=1$ oder $w(r,s)=0$. In klassischen Theorien gibt es also nur die trivialen Uebergangswahrscheinlichkeiten eins und null. Den extremen Gegenpol zu kompatiblen Klassifikationen bilden diejenigen Klassifikationen, deren Uebergangswahrscheinlichkeiten alle gleich gross sind. Wir nennen daher zwei erschöpfende Klassifikationen $\{\hat{A}_1,\ldots,\hat{A}_n\}$ und $\{\hat{B}_1,\ldots,\hat{B}_n\}$ *maximal inkompatibel*, wenn für alle $r,s,r',s'=1,\ldots,n$ gilt: $w(r,s)=w(r',s')$. Wegen $\Sigma_{r=1}^n w(r,s)=\Sigma_{s=1}^n w(r,s)=1$ impliziert dies $w(r,s)=1/n$. Somit gilt der Satz: *Zwei Klassifikationen* $\{\hat{A}_1,\ldots,\hat{A}_n\}$ und $\{\hat{B}_1,\ldots,\hat{B}_n\}$ *sind genau dann maximal inkompatibel, falls gilt* $Sp(\hat{A}_s\hat{B}_r)=1/n$ *für alle* $r,s=1,\ldots,n$.

Beispiel: Paulimatrizen sind maximal inkompatibel
Die mit den Spektralprojektoren A_1,A_2,B_1,B_2,C_1,C_2 des Beispiels in Abschnitt 3.1.5# definierten Observablen

$$\tau_1=B_1-B_2=\begin{pmatrix}0&1\\1&0\end{pmatrix}, \quad \tau_2=C_1-C_2=\begin{pmatrix}0&-i\\i&0\end{pmatrix}, \quad \tau_3=A_1-A_2=\begin{pmatrix}1&0\\0&-1\end{pmatrix},$$

heissen **Paulimatrizen**. Es gilt:

$$Sp(A_rB_s) = Sp(B_rC_s) = Sp(C_rA_s) = \tfrac{1}{2}$$

für alle $r,s=1,2$. Das heisst, die drei Paulimatrizen definieren drei paarweise maximal inkompatible Klassifikationen.

*Aufgabe 3.1.2***: Weylrelationen und maximale Inkompatibilität*
Folgende Aufgabe ist zwar elementar, doch für den Ungeübten nicht ganz einfach. Andererseits führt sie den mathematisch Interessierten doch rasch zu tieferliegenden mathematischen Strukturen der Quantenmechanik.

Definition: Zwei unitäre Operatoren $\hat{U}$ und $\hat{V}$ in einem n-dimensionalen Hilbertraum H erfüllen die Weylschen Vertauschungsrelationen, wenn gilt:

(1) $\hat{V}\hat{U} = \hat{U}\hat{V}\exp(2\pi i/n)$,

(2) $\hat{U}^n = \hat{V}^n = 1$,

(3) $\hat{U}$ und $\hat{V}$ haben nichtentartete Eigenwerte.

Man beweise für den Fall, dass n eine Primzahl ist:

(i) Die Weyloperatoren $\hat{U},\hat{V}$ definieren zwei maximal inkompatible Klassifikationen.

(ii) Die Operatoren $\hat{T}_{r,s} \overset{\text{def}}{=} \frac{1}{\sqrt{n}}\hat{U}^r\hat{V}^s$ $(r,s\in\mathbb{Z}_n=\{1,\ldots,n\})$ erfüllen folgende Orthonormalitätsrelationen

$$\langle\hat{T}_{r,s}|\hat{T}_{r',s'}\rangle \overset{\text{def}}{=} Sp(\hat{T}^*_{r,s}\hat{T}_{r',s'}) = \delta_{r,r'}\delta_{s,s'}.$$

Zusammenfassung: Uebergangswahrscheinlichkeiten

Es sei α_s ein normierter Eigenvektor der Observablen $\hat{A}$, und β_r ein normierter Eigenvektor der Observablen $\hat{B}$. Die bedingte Wahrscheinlichkeit für das Eintreten des Ereignisses "der Zustand des Systems wird durch α_s beschrieben", unter der Bedingung, dass bei einer vorausgegangenen Messung der Observablen $\hat{B}$ das Ereignis "der Zustand des Systems wird durch β_r beschrieben" eingetreten ist, ist gegeben durch die Uebergangswahrscheinlichkeit w(r,s), mit

$$w(r,s) = |\langle\alpha_s|\beta_r\rangle|^2 \ .$$

Es gilt $w(r,s)=w(s,r)$, $\Sigma_r w(r,s)=\Sigma_s w(r,s)=1$ und $0\leq w(r,s)\leq 1$. Für kompatible $\hat{A}$ und $\hat{B}$ gilt entweder $w(r,s)=1$ oder $w(r,s)=0$. $\hat{A}$ und $\hat{B}$ heissen maximal inkompatibel, falls alle Uebergangswahrscheinlichkeiten gleich gross sind.

3.1.10# *QUANTENMECHANISCHE ERWARTUNGSWERTE*

In klassischen Theorien sind alle potentiell möglichen Eigenschaften jederzeit aktualisiert. Deshalb sollte eine ideale Messung uns Auskunft darüber geben, welches der Zustand des Systems zu einem bestimmten Zeitpunkt "wirklich" ist. Man beobachtet daher in klassischen Theorien ideale Messungen, von denen man fordert, dass sie *sowohl* reproduzierbar *als auch* nichtstörend sind. In der Quantenmechanik sind im allgemeinen reproduzierbare Messungen nur dann möglich, wenn man in Kauf nimmt, dass die Messoperation selbst eine Zustandsänderung bewirkt. Messoperationen, welche den Zustand des Systems so ändern, dass eine unmittelbare Wiederholung dieser Messoperation dasselbe Resultat ergibt, heissen *Messungen erster Art*. Obwohl Messungen erster Art reproduzierbar sind, widersprechen sie sonst in jeder Beziehung dem klassischen Ideal einer störungsfreien Messung.

Beispiel: Der erste Quantenmechaniker
"Es wird gesagt, dass das Experiment die Atome oder die Strahlung in den Zustand versetzt, dessen Merkmale wir messen. Ich werde dies die Behandlung des Prokrustes nennen. Wie erinnerlich, dehnte oder hackte Prokrustes seine Gäste zurecht, damit sie in das Bett passten, das er gebaut hatte. Aber vielleicht ist das Ende der Geschichte nicht bekannt. Er mass sie, ehe sie am folgenden Morgen weggingen, und schrieb eine gelehrte Abhandlung: 'Ueber die gleichbleibende Länge der Reisenden' für die Anthropologische Gesellschaft von Attika".
Zitiert aus: A.Eddington, "Philosophie der Naturwissenschaften", Francke Verlag, Bern, (Englisches Original: 1939); S.140.

Unter einer A-Messung wollen wir im Folgenden die Messung erster Art einer physikalischen Grösse verstehen, welche in der Quantenmechanik durch die Observable $\hat{A}$ beschrieben wird. Für diskretes Spektrum von $\hat{A}$ können wir das Eigenwertproblem schreiben als

$$\hat{A}\alpha_j = a_j\alpha_j \;,$$

wobei a_j der j-te Eigenwert und α_j der j-te Eigenvektor von $\hat{A}$ ist. Jeden beliebigen Zustandsvektor Ψ, $\langle\Psi|\Psi\rangle=1$, können wir in der orthonormiert wählbaren Basis der Eigenvektoren $\alpha_1,\alpha_2,\ldots$ entwickeln

$$\Psi = \Sigma_j\langle\alpha_j|\Psi\rangle\alpha_j \;.$$

Eine A-Messung soll eine Zustandsklassifikation gemäss den Spektralprojektoren von $\hat{A}$ ergeben. Eine Apparatur, welche eine A-Messung realisiert, muss deshalb so konstruiert werden, dass *nach* einer A-Messung das System notwendigerweise in irgendeinem *Eigenzustand* von $\hat{A}$ ist. In welchem speziellen Eigenzustand sich das System nach einer A-Messung befindet, ist *naturgesetzlich unbestimmt*. Jedoch ist die *Wahrscheinlichkeit* für das Auftreten eines speziellen Eigenzustandes von $\hat{A}$ durch die Gesetze der Quantenmechanik gegeben. Nach den Resultaten von Abschnitt 3.1.9 ist die Uebergangswahrscheinlichkeit p_j für den Uebergang vom Zustandsvektor Ψ in den Zustandsvektor α_j gegeben durch

$$p_j = |\langle\Psi|a_j\rangle|^2, \quad 0\le p_j\le 1 \;.$$

Wird also *vor* der Messung der Zustand des Systems durch einen Vektor Ψ beschrieben, dann wird er nach vollzogener Messung mit Wahrscheinlichkeit p_j durch den Vektor α_j beschrieben. Da nach einer A-Messung das System mit Sicherheit in irgendeinem Eigenzustand von $\hat{A}$ ist, haben wir

$$\Sigma_j p_j = 1 \;,$$

eine Relation, die auch aus den allgemeinen Ergebnissen von Abschnitt 3.1.9

folgt. Führt eine erste A-Messung auf den Zustandsvektor α_j, so ergibt eine unmittelbar sich anschliessende zweite A-Messung wiederum den Zustandsvektor α_j, da die Uebergangswahrscheinlichkeit für den Uebergang $\alpha_j \to \alpha_j$ gleich eins und für $\alpha_j \to \alpha_k$ mit $j \neq k$, gleich null ist. A-Messungen sind also *reproduzierbar*.

Führt eine A-Messung auf den Zustandsvektor α_j, dann *hat* die Observable $\hat{A}$ *nach* ausgeführter Messoperation den Wert a_j. Bei häufiger Wiederholung dieses Experimentes mit immer demselben Ausgangsvektor Ψ erhält man in zufälliger Reihenfolge die Eigenwerte der Observablen $\hat{A}$ als Messresultate, und zwar das Resultat a_j mit der Wahrscheinlichkeit p_j. Somit ist das arithmetische Mittel der Messresultate an vielen gleichartig präparierten Quantensystemen gegeben durch

$$\langle \hat{A} \rangle = \Sigma_j p_j a_j \ .$$

Diesen Mittelwert $\langle \hat{A} \rangle$ nennt man den *quantenmechanischen Erwartungswert* der Observablen $\hat{A}$ bezüglich des Zustandsvektors Ψ. Die Entwicklung $\Psi = \Sigma_j \langle \alpha_j | \Psi \rangle \alpha_j$ impliziert $\hat{A}\Psi = \Sigma_j \langle \alpha_j | \Psi \rangle a_j \alpha_j$ und dies $\langle \Psi | \hat{A}\Psi \rangle = \Sigma_j \langle \alpha_j | \Psi \rangle a_j \langle \Psi | \alpha_j \rangle = \Sigma_j a_j |\langle \Psi | \alpha_j \rangle|^2 = \Sigma_j a_j p_j$. Damit erhalten wir das für die praktische Quantenmechanik fundamentale Resultat:

$$\boxed{\langle \hat{A} \rangle = \langle \Psi | \hat{A}\Psi \rangle}$$

*Aufgabe 3.1.3**: Die Heisenbergschen Unschärferelationen*

Ein Mass für die Unschärfe einer statistischen Messgrösse ist die ***Dispersion***. Die Dispersion ΔA einer Observablen A bezüglich eines Zustandsvektors Ψ ist definiert als

$$\begin{aligned}(\Delta A)^2 &\overset{\text{def}}{=} \langle \hat{A}^2 \rangle - \langle \hat{A} \rangle^2 = \langle \{\hat{A} - \langle \hat{A} \rangle\}^2 \rangle \\ &= \langle \Psi | \hat{A}^2 \Psi \rangle - \langle \Psi | \hat{A}\Psi \rangle \langle \Psi | \hat{A}\Psi \rangle \ .\end{aligned}$$

Verschwindet die Dispersion einer Grösse, so sagt man, diese Grösse habe einen ***scharfen Wert***.

(a) Man zeige: Es ist notwendig und hinreichend für das Verschwinden der Dispersion, dass das System sich in einem Eigenzustand der Observablen befindet:

$$\Delta A = 0 \leftrightarrow \hat{A}\Psi = a\Psi \ .$$

(b) Man zeige für beliebige Observable $\hat{A}, \hat{B}$ und beliebige Zustände:

$$\Delta A \cdot \Delta B \geq \tfrac{1}{2} |\langle [\hat{A}, \hat{B}] \rangle| \ .$$

(c) Man zeige , dass die kanonischen Orts- und Impulsobservablen $\hat{q}$ und $\hat{p}$, $\hat{q}\hat{p} - \hat{p}\hat{q} = i\hbar$ (vgl. 3.2.1), die Heisenbergsche Unschärferelation erfüllen

$$\Delta q \cdot \Delta p \geq \hbar/2 \ .$$

Zusammenfassung: Erwartungswert von Observablen

Eine A-Messung ist eine Messung erster Art einer Observablen $\hat{A}$ mit rein diskretem Spektrum. Das Ergebnis einer A-Messung ist immer ein Eigenwert von $\hat{A}$. Welcher Eigenwert von $\hat{A}$ dabei im Einzelfall herauskommt, ist naturgesetzlich unbestimmt.

Führt man an jedem System eines fiktiven Ensembles von nicht wechselwirkenden, unkorrelierten gleichartigen Systemen mit Zustandsvektor Ψ eine A-Messung durch, dann ist der Ensemblemittelwert der Messresultate gegeben durch

$$\langle\hat{A}\rangle = \Sigma_j p_j a_j \ .$$

Dabei ist p_i die Wahrscheinlichkeit für das Auftreten des Eigenwertes a_i. Es gilt $p_i = |\langle\Psi|\alpha_i\rangle|^2$. Dabei ist α_i der zu a_i gehörige normierte Eigenvektor von $\hat{A}$. Der Ensemblemittelwert $\langle\hat{A}\rangle$ heisst *quantenmechanischer Erwartungswert* der Observablen $\hat{A}$ bezüglich des Zustandsvektors Ψ. Er kann berechnet werden durch

$$\langle\hat{A}\rangle = \langle\Psi|\hat{A}\Psi\rangle \ .$$

3.1.11# WEITERFUEHRENDE LITERATUR

Die in diesem Kapitel skizzierte Einführung entspricht nicht der historischen Entwicklung und ist in elementaren Lehrbüchern selten zu finden. Die grundlegenden Ideen sind aber schon alt und andeutungsweise bereits in den klassischen Lehrbüchern von Dirac und von Temple zu finden. Seit 1955 hat Julian Schwinger betont, dass die Algebra der Messungen eine natürliche Sprache für die Phänomene der Mikrophysik ist. Dieser Gesichtspunkt wird in dem faszinierenden Lehrbuch von Kaempffer diskutiert.

Erwähnte Literatur:

P.A.M.Dirac, "The Principles of Quantum Mechanics", Clarendon Press, Oxford; first edition 1930, fourth edition 1958. G.Temple, "The General Principles of Quantum Theory", Methuen, London; first published 1934; fifth edition 1951. J.Schwinger, "Quantum Kinematics and Dynamics", Benjamin, New York, 1970. F.A.Kaempffer, "Concepts in Quantum Mechanics", Academic Press, New York, 1965.

3.2 QUANTENKINEMATIK

3.2.1 WELCHE KINEMATIK IST RELEVANT FUER DIE CHEMIE?

In einer Mechanik unterscheidet man üblicherweise zwischen *Kinematik* und *Dynamik*. Ursprünglich war die Kinematik die Lehre von den geometrischen Bewegungsverhältnissen starrer Körper und Mechanismen. Aus moderner Sicht ist die Kinematik derjenige Teil der Mechanik, der die geometrische Struktur der 4-dimensionalen Raumzeit widerspiegelt. Je nach der gewählten Raumzeit erhält man verschiedene Kinematiken. In einer *nichtrelativistischen* Mechanik wie der von Aristoteles sind Raum und Zeit völlig unabhängig. In einer *relativistischen* Mechanik ist die Raumzeitstruktur durch eine Raum und Zeit verknüpfende kinematische Gruppe gegeben, in der galileirelativistischen Newtonschen Mechanik durch die Galileigruppe und in der lorentzrelativistischen speziellen Relativitätstheorie Einsteins durch die Lorentzgruppe. Es gehört zum Kanon der modernen Physik, dass die Natur durch eine lorentzrelativistische Kinematik zu beschreiben ist. Trotzdem ist die galileirelativistische Beschreibung eine ausgezeichnete Näherung, solange die relevanten Geschwindigkeiten klein sind im Vergleich zur Lichtgeschwindigkeit.

Lorentzrelativistische und galileirelativistische Kinematik sind qualitativ verschieden. In einer lorentzrelativistischen Quantentheorie gibt es zum Beispiel keine Elektronen,sondern nur ein Elektronen-Positronenfeld. Die für eine Theorie chemischer Phänomene relevante Kinematik *ist grundsätzlich galileirelativistisch*. Das schliesst nicht aus, dass bei hohen Genauigkeitsforderungen lorentzrelativistische *Korrekturen* angebracht werden können. Jedoch ist eine volle lorentzrelativistische Kinematik in der Chemie keineswegs "besser", sondern im Gegenteil unbrauchbar, weil sie für den Chemiker wichtige Abstraktionen nicht in Evidenz setzt.

Die Kinematik der galileirelativistischen Quantenmechanik kann vollumfänglich aus der Darstellungstheorie der Galileigruppe hergeleitet werden. Da eine solche Herleitung höhere mathematische Hilfsmittel erfordert, müssen wir auf diesen interessanten Zugang verzichten. Statt dessen benützen wir einen Kunstgriff, den Niels Bohr bereits 1913 unter dem Namen *Korrespondenzprinzip* einführte. Dieses Korrespondenzprinzip hat bei der Entwicklung der Quantenmechanik in den zwanziger Jahren eine bedeutende heuristische Rolle gespielt. Trotzdem ist es nur ein Rezept, das man mit viel gesundem Menschenverstand anwenden muss, und keineswegs ein klar und eindeutig formulierbares Prinzip. Aus moderner Sicht ist das "Korrespondenzprinzip" nichts anderes als ein etwas unbeholfener Versuch, die Galileikinematik von der klassischen Mechanik auf die nichtkommutative Quantenmechanik zu übertragen. Als Rezept aber funktioniert es ausgezeichnet.

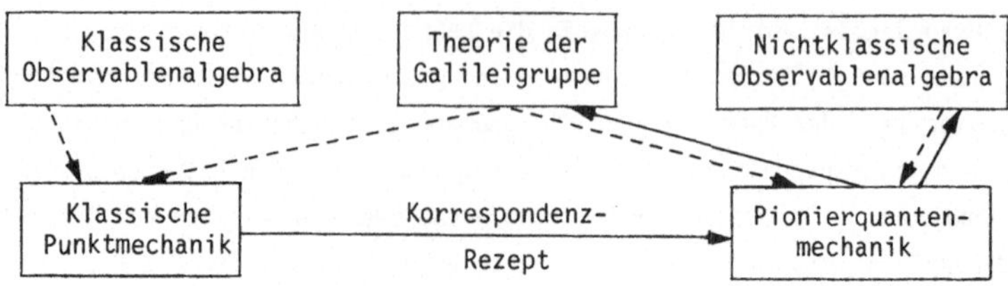

Zusammenhang von klassischer Punktmechanik, Pionierquantenmechanik, Galileigruppe und Observablenalgebren. Die gestrichelten Pfeile bezeichnen den modernen, die durchgezogenen Pfeile den historischen Weg. Das Korrespondenzprinzip war ein Kunstgriff, um bekannte Resultate der klassischen Mechanik heuristisch in die Quantenmechanik zu übertragen.

Zur Diskussion des einfachsten Falles betrachten wir einen Massenpunkt im Rahmen der Newtonschen Mechanik. In einem laboratoriumsfesten Koordinatensystem bezeichne $\vec{q}=(q_1,q_2,q_3)$ den Ortsvektor eines Massenpunktes der Masse m. Ist $\vec{q}(t)$ der Orts- und $\vec{v}(t)=d\vec{q}(t)/dt$ der Geschwindigkeitsvektor des Massenpunktes zur Zeit t, dann bestimmen die auf den Massenpunkt wirkenden Kräfte über die Newtonschen Bewegungsgleichungen Ort und Geschwindigkeit des Massenpunktes zu jedem späteren Zeitpunkt. Orts- und Geschwindigkeitsvektor genügen also für die Beschreibung der Bewegung eines klassischen Massenpunktes. Bei der Hamiltonschen Umformulierung der Newtonschen Mechanik wird der Geschwindigkeitsvektor $\vec{v}$ durch einen Impulsvektor $\vec{p}$ ersetzt. In den von uns behandelten Fällen gilt einfach $\vec{p}=m\vec{v}$.

Warnung: Geschwindigkeiten und Impulse

Der Uebergang von der Newtonschen zur Hamiltonschen Mechanik kann delikat sein. Geschwindigkeit und Impuls haben nicht immer den einfachen Zusammenhang $\vec{p}=m\vec{v}$, so etwa bei Anwesenheit magnetischer Felder. In den einfachen Fällen treten diese Komplikationen aber nicht auf, so dass wir dafür ohne tiefere Kenntnis der Hamiltonschen Mechanik auskommen.

Die Kinematik eines Massenpunktes wird in der klassischen Hamiltonschen Mechanik durch 6 reelle Zahlen beschrieben, und zwar durch einen reellen 3-dimensionalen Ortsvektor $\vec{q}=(q_1,q_2,q_3)$ und einen reellen 3-dimensionalen Impulsvektor $\vec{p}=(p_1,p_2,p_3)$. Das Korrespondenzrezept besagt nun, dass das analoge System in der

Quantenmechanik durch 6 selbstadjungierte Operatoren $\hat{q}_1,\hat{q}_2,\hat{q}_3,\hat{p}_1,\hat{p}_2,\hat{p}_3$ zu beschreiben ist. Diese müssen den folgenden *Vertauschungsrelationen* genügen:

$$\hat{q}_\nu\hat{q}_\mu - \hat{q}_\mu\hat{q}_\nu = 0 \ ,$$
$$\hat{p}_\nu\hat{p}_\mu - \hat{p}_\mu\hat{p}_\nu = 0 \ .$$
$$\hat{q}_\nu\hat{p}_\mu - \hat{p}_\mu\hat{q}_\nu = i\hbar\delta_{\nu\mu} \ , \quad \nu,\mu=1,2,3 \ .$$

Darin ist $i=\sqrt{-1}$ und $\delta_{\nu\mu}$ das Kronecker-Delta: $\delta_{\nu\nu}=1$, $\delta_{\nu\mu}=0$ falls $\nu\neq\mu$. Die Komponenten $\hat{q}_1,\hat{q}_2,\hat{q}_3$ des Orts- und Vektoroperators $\hat{\vec{q}}$ vertauschen also paarweise, ebenso die Komponenten $\hat{p}_1,\hat{p}_2,\hat{p}_3$ des Impulsvektoroperators $\hat{\vec{p}}$. Unterschiedliche kartesische Komponenten von Orts- und Impulsoperatoren vertauschen, während gleiche kartesische Komponenten die merkwürdige Relation $\hat{q}\hat{p}-\hat{p}\hat{q}=i\hbar$ erfüllen müssen. Die Vertauschungsrelationen von $\hat{\vec{p}}$ und $\hat{\vec{q}}$ wurden von Born 1926 auf Grund der Vorarbeiten Heisenbergs aus dem Jahre 1925 gefunden und heissen deshalb die *Heisenbergschen kanonischen Vertauschungsrelationen.*

Die kanonische Vertauschungsrelation $\hat{q}\hat{p}-\hat{p}\hat{q}=i\hbar$ kann *nicht von* $(n{\times}n)$*-Matrizen* p und q *erfüllt werden.* Bildet man nämlich die Spur, so erhält man auf der linken Seite $Sp(pq-qp)=0$, auf der rechten Seite $Sp(i\hbar)=i\hbar n$ und damit einen Widerspruch. Von unendlichdimensionalen Matrizen können die kanonischen Vertauschungsrelationen hingegen erfüllt werden. Diese Matrixrealisierungen der Vertauschungsrelationen sind aber unbequem und spielen in der Praxis der Quantenmechanik keine Rolle mehr.

Ausgehend von ganz anderen Ideen hat Schrödinger eine Darstellung der Vertauschungsrelationen durch Multiplikations- und Differentialoperatoren angegeben, die wir heute ihm zu Ehren die *Schrödingerdarstellung der Heisenbergschen Vertauschungsrelationen* nennen. Für eine beliebige differenzierbare komplexwertige Funktion $\vec{q}\mapsto\Phi(\vec{q}),\vec{q}\in\mathbb{R}^3$, definieren wir die folgenden linearen Operatoren:

$$\{\hat{q}_\nu\Phi\}(q_1,q_2,q_3) = q_\nu\Phi(q_1,q_2,q_3) \ , \quad \nu=1,2,3 \ ,$$
$$\{\hat{p}_\mu\Phi\}(q_1,q_2,q_3) = \frac{\hbar}{i}\,\frac{\partial\Phi(q_1,q_2,q_3)}{\partial q_\mu} \ , \quad \mu=1,2,3 \ .$$

Wegen $q_\nu q_\mu\Phi(\vec{q})=q_\mu q_\nu\Phi(\vec{q})$ und $\partial^2\Phi(\vec{q})/\partial q_\nu\partial q_\mu=\partial^2\Phi/\partial q_\mu\partial q_\nu$ gilt

$$\hat{q}_\nu\hat{q}_\mu = \hat{q}_\mu\hat{q}_\nu \quad , \quad \hat{p}_\nu\hat{p}_\mu = \hat{p}_\mu\hat{p}_\nu \ .$$

Für Produkte von $\hat{p}$ und $\hat{q}$ erhält man

$$\hat{p}_\mu \hat{q}_\nu \Phi(\vec{q}) = \hat{p}_\mu \{q_\nu \Phi(\vec{q})\} = \frac{\hbar}{i} \frac{\partial}{\partial q_\mu} \{q_\nu \Phi(\vec{q})\}$$

$$= \frac{\hbar}{i} \delta_{\nu\mu} \Phi(\vec{q}) + q_\nu \frac{\hbar}{i} \frac{\partial}{\partial q_\mu} \Phi(\vec{q})$$

$$= \{\frac{\hbar}{i} \delta_{\nu\mu} + \hat{q}_\nu \hat{p}_\mu\} \Phi(\vec{q})$$

und damit

$$\hat{q}_\nu \hat{p}_\mu - \hat{p}_\mu \hat{q}_\nu = i\hbar\delta_{\nu\mu} \ .$$

Die Multiplikationsoperatoren $\hat{q}_1, \hat{q}_2, \hat{q}_3$ und die Differentialoperatoren $\hat{p}_1, \hat{p}_2, \hat{p}_3$ genügen also den Heisenbergschen Vertauschungsrelationen.

Nach den Regeln der Quantenmechanik werden Observable durch Operatoren auf einem Hilbertraum dargestellt. Wir folgen der Schrödingerschen Konstruktion und betrachten den Vektorraum aller komplexwertigen Funktionen $\vec{q} \to \Phi(\vec{q})$ mit dem inneren Produkt $\langle \cdot | \cdot \rangle$,

$$\langle \Phi_1 | \Phi_2 \rangle \overset{\text{def}}{=} \int_{\mathbb{R}^3} \Phi_1(\vec{q})^* \Phi_2(\vec{q}) d^3q \ ,$$

und der Norm $\|\cdot\|$,

$$\|\Phi\|^2 \overset{\text{def}}{=} \langle \Phi | \Phi \rangle = \int_{\mathbb{R}^3} |\Phi(\vec{q})|^2 d^3q \ .$$

Der Vektorraum aller quadratisch integrierbaren Funktionen $\vec{q} \to \Phi(\vec{q})$ mit $\vec{q} \in \mathbb{R}^3$ heisst der Hilbertraum $L_2(\mathbb{R}^3)$,

$$L_2(\mathbb{R}^3) = \{\Phi | \Phi(\vec{q}) \in \mathbb{C}, \vec{q} \in \mathbb{R}^3, \|\Phi\| < \infty\} \ .$$

Die Schrödingerschen Ortsoperatoren $\hat{q}_1, \hat{q}_2, \hat{q}_3$, und die Impulsoperatoren $\hat{p}_1, \hat{p}_2, \hat{p}_3$ sind selbstadjungierte Operatoren auf diesem Hilbertraum $L_2(\mathbb{R}^3)$ der quadratisch integrierbaren komplexwertigen Funktionen $\Phi: \mathbb{R}^3 \to \mathbb{C}$. Ein auf allen Vektoren eines Hilbertraumes H definierter Operator $\hat{A}$ heisst *selbstadjungiert*, falls gilt:

$$\langle \Phi_1 | \hat{A}\Phi_2 \rangle = \langle \hat{A}\Phi_1 | \Phi_2 \rangle \ , \quad \Phi_1, \Phi_2 \in H \ .$$

Bemerkung: Mathematische Feinheiten
In dieser Einführung übergehen wir grosszügig alle mathematischen Feinheiten. Es ist Sache der Fachleute, dass man für die Definition des $L_2(\mathbb{R}^3)$-Hilbertraumes den Lebesgueschen anstelle des Riemannschen Integralbegriffs benutzen muss, dass $\hat{p}$ und $\hat{q}$ unbeschränkte Operatoren sind, welche die Angabe eines Definitonsbereiches erfordern, dass unbeschränkte hermitesche Operatoren nicht automatisch selbstadjungiert sind, und so fort. Das alles kann man aus den Lehrbüchern der Funktionalanalysis lernen, es ist wichtig für die logische Konsistenz der Theorie. Der Anfänger sollte diese Dinge grosszügig übersehen und sich erinnern, dass auch Pioniere wie Heisenberg, Born, Schrödinger und Dirac 1930 von diesen Begriffsbildungen noch keine Ahnung hatten.

In der klassischen Mechanik entsprechen alle Grössen G Funktionen der kanonischen Variablen $\vec{p}$ und $\vec{q}$: $G \to G(\vec{p},\vec{q})$. Das Korrespondenzprinzip fordert nun, dass in der Quantenmechanik der klassischen physikalischen Grösse G ein selbstadjungierter Operator $\hat{G}$ zugeordnet werden soll $\hat{G}=G(\hat{\vec{p}},\hat{\vec{q}})$. Es formuliert dazu aber *keine eindeutige* Vorschrift!

Beispiel: Es sei $G=G(p,q)=p^2q^2$. Was ist $\hat{G}$? Der Operator $\hat{p}^2\hat{q}^2$ kommt nicht in Frage, da er nicht selbstadjungiert, ja nicht einmal hermitesch ist. Nun ist trivialerweise $G(p,q)=\frac{1}{2}(p^2q^2+q^2p^2)=pq^2p=qp^2q$. Man überzeuge sich selbst, dass $\hat{G}_1=\frac{1}{2}(\hat{p}^2\hat{q}^2+\hat{q}^2\hat{p}^2)$, $\hat{G}_2=\hat{p}\hat{q}^2\hat{p}$ und $\hat{G}_3=\hat{q}\hat{p}^2\hat{q}$ selbstadjungierte Operatoren sind, dass aber $\hat{q}\hat{p}-\hat{p}\hat{q}=i\hbar$ impliziert: $\hat{G}_1 \neq \hat{G}_2 = \hat{G}_3$.

Beispiel: Bahndrehimpuls
In der Newtonschen Mechanik ist der Drehimpuls eines Massenpunktes der Masse m gegeben durch $\vec{\ell}=m\,\vec{q}\times\vec{v}$, wobei $\vec{q}$ der Ortsvektor und $\vec{v}$ die Geschwindigkeit des Massenpunktes ist. Also gilt $\vec{\ell}=\vec{q}\times\vec{p}$. Man überzeuge sich, dass das Korrespondenzrezept die eindeutige Uebersetzung $\hat{\vec{\ell}}=\hat{\vec{q}}\times\hat{\vec{p}}$ liefert. In der Quantenmechanik heisst $\hat{\vec{\ell}}$ der Bahndrehimpuls, $\hat{\vec{\ell}}$ kann in der Schrödingerdarstellung geschrieben werden als

$$\hat{\vec{\ell}} = \frac{\hbar}{i}\,\vec{q}\times\frac{\partial}{\partial\vec{q}} .$$

Beispiel: Harmonischer Oszillator
In der Newtonschen Mechanik ist die Energie eines harmonischen Oszillators gegeben durch $\frac{1}{2}mv^2+\frac{1}{2}fq^2$, wobei m die Masse, f die Federkonstante, $\vec{q}$ der Ortsvektor und $\vec{v}$ der Geschwindigkeitsvektor des Massenpunktes ist. Wir schreiben $v^2=\vec{v}\cdot\vec{v}$ und $q^2=\vec{q}\cdot\vec{q}$. In der Hamiltonschen Formulierung ist die Geschwindigkeit $\vec{v}$ durch den Impuls $\vec{p}=m\vec{v}$ zu ersetzen. Die Energie ausgedrückt in den kanonischen Variablen $\vec{p},\vec{q}$ heisst die Hamiltonfunktion $H(\vec{p},\vec{q})=(1/2m)p^2+(1/2)fq^2$, wobei $p^2=\vec{p}\cdot\vec{p}$. Das Korrespondenzrezept gibt das eindeutige Resultat $\hat{H}=(1/2m)\hat{p}^2+(1/2)f\hat{q}^2$. Allgemein heisst $\hat{H}=H(\hat{p},\hat{q})$ der Hamiltonoperator des Systems.

Verschiedene Grössen der klassischen Physik verlieren in der Quantenmechanik ihren Sinn. So ist in der Quantenmechanik wohl der Ort, nicht aber die Geschwindigkeit eines Elementarsystems, eines sogenannten "Teilchens", definiert. Quantenmechanische Elementarsysteme wie etwa das Elektron sind eben keine Teilchen im Sinne der klassischen Physik, sondern durchaus Entitäten eigener Art. Auf der andern Seite behalten vor allem die klassischen Erhaltungssätze ihre Bedeutung: *Die Erhaltungssätze für Masse, Ladung, Energie, Impuls und Drehimpuls gelten auch in der Quantenmechanik.* Dementsprechend spielen Energie, Impuls und Drehimpuls bei der Formulierung quantenmechanischer Gesetze und bei der Anwendung des Korrespondenzrezepts eine wichtige Rolle.

Zusammenfassung

Die kinematische Struktur der Chemie ist galileirelativistisch. Die gemeinsame galileirelativistische Kinematik der klassischen Punktmechanik und der Pionierquantenmechanik ist die Grundlage des Korrespondenzprinzips, mit dem man klassische in quantenmechanische Grössen übersetzt. Die Kinematik eines quantenmechanischen Elementarsystems ist durch die Heisenbergschen Vertauschungsrelationen zwischen Orts- und Impulsoperator physikalisch eindeutig gegeben. In der Schrödingerdarstellung wird der Ort durch einen Multiplikations- und der Impuls durch einen Differentiationsoperator dargestellt.

3.2.2 ALLGEMEINE FORMULIERUNG DES KORRESPONDENZREZEPTS

In einem System von N Massenpunkten der Massen $m_1, m_2, \ldots, m_N$ in einem *laboratoriumsfesten kartesischen* Koordinatensystem bezeichnen wir den Ortsvektor des j-ten Teilchens mit $\vec{q}_j$ und seine kartesischen Komponenten mit q_{j1}, q_{j2}, q_{j3}. Die Teilchen dürfen beliebige elektromagnetische Momente aufweisen und auch äusseren Kräften ausgesetzt sein. Die Anwendung des Korrespondenzrezeptes erfolgt in drei Schritten:

Korrespondenzrezept

(i) Newtonsche Formulierung
Man formuliere das Problem zunächst in der Sprache der Newtonschen Punktmechanik mit Hilfe der Ortsvektoren $\vec{q}_1, \ldots, \vec{q}_N$ und der Geschwindigkeitsvektoren $\vec{v}_1, \ldots, \vec{v}_N$.

(ii) Hamiltonsche Formulierung
Man übersetze es dann in den Formalismus der Hamiltonschen Mechanik, indem man alle Geschwindigkeitsvektoren durch Impulsvektoren ersetzt. Falls keine Magnetfelder zu berücksichtigen sind, ist der Impuls $\vec{p}_j$ gegeben durch $\vec{p}_j = m_j \vec{v}_j$. Man drücke nun alle physikalischen Grössen durch die Ortsvektoren $\vec{q}_1, \ldots, \vec{q}_N$ und die Impulsvektoren $\vec{p}_1, \ldots, \vec{p}_N$ aus. Eine entscheidende Rolle spielt die Hamiltonfunktion $H(\vec{p}_1, \ldots, \vec{p}_N; \vec{q}_1, \ldots, \vec{q}_N)$. Sie ist ein Ausdruck für Energie des Systems und eine

Funktion der kanonischen Variablen $\vec{p}_1,\ldots,\vec{p}_N$, $\vec{q}_1,\ldots,\vec{q}_N$.

(iii) Quantenmechanische Formulierung
Der quantenmechanische Hamiltonoperator $\hat{H}$ des entsprechenden Systems ist dann gegeben durch:

$$\hat{H} = H(\hat{\vec{p}}_1,\ldots,\hat{\vec{p}}_N;\hat{\vec{q}}_1,\ldots,\hat{\vec{q}}_N) \;,$$

wobei die Operatoren $\hat{\vec{p}}_1,\ldots,\hat{\vec{p}}_N,\hat{\vec{q}}_1,\ldots,\hat{\vec{q}}_N$ die Heisenbergschen kanonischen Vertauschungsrelationen erfüllen:

$$[\hat{q}_{j\nu},\hat{q}_{k\mu}] = [\hat{p}_{j\nu},\hat{p}_{k\mu}] = 0 \quad,$$

$$[\hat{q}_{j\nu},\hat{p}_{k\mu}] = i\hbar\delta_{\nu\mu}\delta_{jk} \quad,$$

$\nu,\mu=1,2,3$ und $j,k=1,2,\ldots,N$, $\hbar=h/2\pi$, $i=\sqrt{-1}$,
$[\hat{A},\hat{B}] \overset{\text{def}}{=} \hat{A}\hat{B}-\hat{B}\hat{A}$.

Ganz analog der Hamiltonfunktion H ist jede andere physikalische Grösse G zu übersetzen: $\hat{G}=G(\hat{p}_1,\ldots,\hat{p}_N;\hat{q}_1,\ldots,\hat{q}_N)$. Dabei ist die Reihenfolge der Operatoren $\hat{p}_j,\hat{q}_j$ so zu wählen, dass $\hat{H}$ und $\hat{G}$ selbstadjungierte Operatoren sind. Im Prinzip ist diese Vorschrift vieldeutig, überraschenderweise sind die praktisch wichtigen Fälle aber stets eindeutig übersetzbar.

Der Mathematiker Johann von Neumann hat 1931 den für die Quantenmechanik fundamentalen Satz bewiesen, dass für endlich viele Freiheitsgrade ($N<\infty$) die kanonischen Vertauschungsrelationen die kanonischen Operatoren $\hat{\vec{p}}_1,\ldots,\hat{\vec{p}}_N$, $\hat{\vec{q}}_1,\ldots,\hat{\vec{q}}_N$ physikalisch eindeutig, und das heisst hier: *eindeutig bis auf unitäre Aequivalenz und Multiplizität*, festlegen. Wir werden im Folgenden stets die Schrödingersche Darstellung durch Multiplikations- und Differentiationsoperatoren benützen.

Bemerkung: Unendliche Systeme
Der von Neumannsche Eindeutigkeitssatz gilt nicht für Systeme mit unendlich vielen Freiheitsgraden wie das elektromagnetische Feld. Für solche Systeme gibt es unendlich viele physikalisch inäquivalente Realisierungen der kanonischen Vertauschungsrelationen. Dies ist der Grund, warum die Pionierquantenmechanik für solche Systeme nicht mehr zuständig und durch die moderne algebraische Quantenmechanik zu ersetzen ist. Einen ersten Eindruck kann man gewinnen aus W.Thirring: "Quantenmechanik grosser Systeme. Lehrbuch der mathematischen Physik Bd.4", Springer, Wien (1980).

Die Schrödingerdarstellung der Heisenbergschen kanonischen Vertauschungsrelationen für ein N-Teilchensystem, also für ein System von 3N Freiheitsgraden, benützt den Hilbertraum $L_2(\mathbb{R}^{3N})$ der komplexwertigen, quadratisch integrierbaren Funktionen über dem Konfigurationsraum $\mathbb{R}^{3N}$ mit innerem Produkt $\langle\cdot|\cdot\rangle$:

$$\langle\Phi_1|\Phi_2\rangle \overset{\text{def}}{=} \int_{\mathbb{R}^{3N}} \Phi_1(\vec{q}_1,\ldots,\vec{q}_N)^*\Phi_2(\vec{q}_1,\ldots,\vec{q}_N)d^3q_1,\ldots,d^3q_N \quad .$$

Auf differenzierbaren Funktionen $\mathbb{R}^{3N}\rightarrow\mathbb{C}$ ist die Schrödingerdarstellung der kanonischen Operatoren $\hat{\vec{q}}_1,\ldots,\hat{\vec{q}}_N$ und $\hat{\vec{p}}_1,\ldots,\hat{\vec{p}}_N$ definiert durch

$$\{\hat{q}_{j\nu}\Phi\}(\vec{q}_1,\ldots,\vec{q}_N) \overset{\text{def}}{=} q_{j\nu}\Phi(\vec{q}_1,\ldots,\vec{q}_N) \quad ,$$

$$\{\hat{p}_{k\mu}\Phi\}(\vec{q}_1,\ldots,\vec{q}_N) \overset{\text{def}}{=} \frac{\hbar}{i}\frac{\partial}{\partial q_{k\mu}}\Phi(\vec{q}_1,\ldots,\vec{q}_N) \quad .$$

Symbolisch schreiben wir kurz

$$\hat{q}_{j\nu} \overset{\text{SCHR}}{=} q_{j\nu} \quad ,$$

$$\hat{p}_{k\mu} \overset{\text{SCHR}}{=} \frac{\hbar}{i}\frac{\partial}{\partial q_{k\mu}} \quad .$$

Ist die Gesamtenergie eines klassischen N-Teilchensystems die Summe von kinetischer Energie T und potentieller Energie V

$$T = \tfrac{1}{2}\sum_{j=1}^{N} m_j v_j^2 \quad , \quad V = V(\vec{q}_1,\ldots,\vec{q}_N) \quad ,$$

so ist die klassische Hamiltonfunktion H gegeben durch

$$H(\vec{p}_1,\ldots,\vec{p}_N,\vec{q}_1,\ldots,\vec{q}_N) = \sum_{j=1}^{N}\frac{1}{2m_j}p_j^2 + V(\vec{q}_1,\ldots,\vec{q}_N) \quad ;$$

und damit auch der quantenmechanische Hamiltonoperator $\hat{H}$ eindeutig festgelegt

$$\hat{H} = \sum_{j=1}^{N}\frac{1}{2m_j}\hat{p}_j^2 + V(\hat{\vec{q}}_1,\ldots,\hat{\vec{q}}_N) \quad .$$

In der Schrödingerdarstellung hat $\hat{H}$ die Form

$$\hat{H} \overset{\text{SCHR}}{=} -\hbar^2\sum_{j=1}^{N}\frac{1}{2m_j}\Delta_j + V(\vec{q}_1,\ldots,\vec{q}_N) \quad .$$

Dabei ist Δ_j der zur Ortskoordinate des j-ten Teilchens gehörige Laplaceoperator

$$\Delta_j \overset{\text{def}}{=} \frac{\partial^2}{\partial\vec{q}_j\partial\vec{q}_j} \overset{\text{def}}{=} \sum_{\nu=1}^{3}\frac{\partial^2}{\partial q_{j\nu}^2} \quad .$$

Es sei daran erinnert, dass unsere Formulierung des Korrespondenzrezeptes sich ausdrücklich auf *kartesische* Koordinaten bezieht. Selbstverständlich gilt auch die obige Definition des Laplaceoperators nur in kartesischen Koordinaten. Bei Verwendung anderer Koordinaten muss man umrechnen.

Das zu einem Hamiltonoperator $\hat{H}$ gehörige Eigenwertproblem $\hat{H}\Psi=E\Psi$ mit Eigenwert E und Eigenvektor Ψ heisst auch die *zeitunabhängige Schrödingergleichung*. In der Schrödingerdarstellung nimmt die Schrödingergleichung $\hat{H}\Psi=E\Psi$ folgende Gestalt an

$$-\hbar^2 \sum_{j=1}^{N} \frac{1}{2m} \Delta_j \Psi(\vec{q}_1,\ldots,\vec{q}_N) + V(\vec{q}_1,\ldots,\vec{q}_N)\Psi(\vec{q}_1,\ldots,\vec{q}_N) = E\Psi(\vec{q}_1,\ldots,\vec{q}_N) \ .$$

In der Schrödingerdarstellung ist der Eigenvektor Ψ ein Element des Hilbertraumes $L_2(\mathbb{R}^{3N})$.

Beispiel: Die Schrödingergleichung des Wasserstoffatoms
Ein Wasserstoffatom ohne äussere elektromagnetische Felder, ohne Berücksichtigung magnetischer Wechselwirkungen und ohne Einstein-relativistische Korrekturen ist klassisch als 2-Teilchensystem (N=2) charakterisiert, dessen kinetische Energie sich additiv aus der kinetischen Energie

$$\tfrac{1}{2} M\dot{\vec{Q}}\cdot\dot{\vec{Q}}$$

des Protons (Masse M, Ortvektor $\vec{Q}$) und der kinetischen Energie

$$\tfrac{1}{2} m\dot{\vec{q}}\cdot\dot{\vec{q}}$$

des Elektrons (Masse m, Ortvektor $\vec{q}$) zusammensetzt. Die potentielle Energie stammt ausschliesslich von der Coulombwechselwirkung zwischen Proton und Elektron. Sie ist im SI-System gegeben durch

$$V(\vec{Q},\vec{q}) = \frac{1}{4\pi\varepsilon_0} \frac{-e_0^2}{|\vec{q}-\vec{Q}|}$$

$$|\vec{q}-\vec{Q}| \overset{\text{def}}{=} \sqrt{\sum_{\nu=1}^{3} (q_\nu - Q_\nu)^2} \ .$$

Dabei ist ε_0 die elektrische Feldkonstante ($\varepsilon_0=8{,}854\ldots 10^{-12}\,\mathrm{Fm}^{-1}$) und e_0 die elektrische Elementarladung ($e_0=1{,}602\ldots 10^{-19}\,\mathrm{C}$). Damit ergibt sich folgende klassische Hamiltonfunktion des H-Atoms

$$H(\vec{P},\vec{Q},\vec{p},\vec{q}) = \frac{1}{2M} P^2 + \frac{1}{2m} p^2 - \frac{e_0^2}{4\pi\varepsilon_0} \frac{1}{|\vec{q}-\vec{Q}|}$$

und daraus die zeitunabhängige Schrödingergleichung des Wasserstoffatoms in kartesischen Koordinaten

$$-\hbar^2 \frac{1}{2M} \Delta_Q \Psi(\vec{Q},\vec{q}) - \hbar^2 \frac{1}{2m} \Delta_q \Psi(\vec{Q},\vec{q}) - \frac{e_0^2}{4\pi\varepsilon_0} \frac{1}{|\vec{Q}-\vec{q}|} \Psi(\vec{Q},\vec{q}) = E\Psi(\vec{Q},\vec{q}) \ .$$

Dabei ist $\Psi \in L_2(\mathbb{R}^6)$ eine Eigenfunktion von $\hat{H}$ zum Energieeigenwert E.

In allen chemischen Anwendungen funktioniert das Korrespondenzrezept hervorragend, vorausgesetzt das Problem hat überhaupt ein klassisches Analogon. Das ist immer dann *nicht* der Fall, wenn der relevante Hilbertraum endlich-dimensional ist. Alle derartigen Probleme haben klassisch nicht existierende Freiheitsgrade, die sogenannten Spin-Freiheitsgrade. Was ist der Spin? Der Spin ist ein Drehimpuls, *welcher nicht auf rotatorische Bewegungen materieller Teilchen zurückgeführt werden kann.* Damit ist der Spin dem Korrespondenzprinzip nicht zugänglich. Um das zu verstehen, werden wir im nächsten Abschnitt den Zusammenhang von Erhaltungssätzen und Symmetrien der Raumzeit diskutieren.

Zusammenfassung: Korrespondenzprinzip

Das Korrespondenzprinzip ermöglicht eine quantenmechanische Umformulierung von Problemen der klassischen Punktmechanik. Ausgehend von der klassischen Hamiltonfunktion $H(\vec{p}_1,\dots,\vec{p}_N;\vec{q}_1,\dots,\vec{q}_N)$ eines N-Teilchen-Systems gelangt man zum Hamiltonoperator

$$\hat{H} = H(\hat{\vec{p}}_1,\dots,\hat{\vec{p}}_N;\hat{\vec{q}}_1,\dots,\hat{\vec{q}}_N)$$

des analogen quantenmechanischen Systems. In derselben Weise entspricht einer klassischen Grösse $G(\vec{p}_1,\dots,\vec{p}_N;\vec{q}_1,\dots,\vec{q}_N)$ eine quantenmechanische Observable

$$\hat{G} = G(\hat{\vec{p}}_1,\dots,\hat{\vec{p}}_N;\hat{\vec{q}}_1,\dots,\hat{\vec{q}}_N) .$$

Die Impuls- und Ortsoperatoren erfüllen die kanonischen Vertauschungsrelationen

$$\hat{q}_{j\nu}\hat{p}_{k\mu}-\hat{p}_{k\mu}\hat{q}_{j\nu} = i\hbar\delta_{jk}\delta_{\mu\nu} ,$$

$j,k=1,\dots,N;\nu,\mu=1,2,3.$

3.2.3 SYMMETRIEN UND ERHALTUNGSSAETZE

Der Drehimpuls eines klassischen N-Teilchensystems ist gegeben durch

$$\vec{L} = \sum_{j=1}^{N} \vec{q}_j \times \vec{p}_j \quad .$$

Dem klassischen Drehimpuls $\vec{L}$ ordnet das Korrespondenzrezept in eindeutiger Weise einen Operator $\hat{\vec{L}}$ zu

$$\hat{\vec{L}} = \sum_{j=1}^{N} \hat{\vec{q}}_j \times \hat{\vec{p}}_j \quad ,$$

den man als Operator des *Bahndrehimpulses* bezeichnet. Während in der klassischen Mechanik für Systeme ohne äussere Kräfte ein Erhaltungssatz für den Drehimpuls $\vec{L}$ gilt, zeigt ein Vergleich von Theorie und Experiment, dass für den quantenmechanischen Bahndrehimpuls $\hat{\vec{L}}$ ein derartiger Satz nicht gilt. Um das zu verstehen, müssen wir kurz auf die Ursachen von Erhaltungssätzen eingehen.

Zwischen Symmetrien von Raum und Zeit und den Erhaltungssätzen der Physik besteht ein tiefliegender Zusammenhang, der auf Anregung Felix Kleins von der Mathematikerin Emmy Noether in ihrer Habilitationsschrift 1918 in grosser Allgemeinheit herausgearbeitet wurde. Nach diesem berühmten Noetherschen Satz folgen aus der Invarianz der physikalischen Gesetze gegenüber einer n-Parameter-Transformationsgruppe genau n verschiedene Erhaltungssätze.

Die scheinbar triviale Tatsache, dass die Newtonschen Gleichungen der klassischen Punktmechanik das Datum nicht enthalten, dass also, genauer gesagt, die Newtonschen Gleichungen invariant sind gegenüber zeitlichen Translationen, impliziert die Existenz eines Erhaltungssatzes für die Energie. Ganz allgemein haben die Erhaltungssätze für die Energie, den Impuls und den Drehimpuls ihre tiefere Ursache in der Homogenität und Isotropie der Raumzeit. Aus der Homogenität der Zeit folgt der Erhaltungssatz der Energie, aus der Homogenität des Raumes der Erhaltungssatz des Impulses und aus der Isotropie des Raumes der Erhaltungssatz des Drehimpulses.*)

---

*) Für eine klare und einfache Diskussion dieser Zusammenhänge vergleiche man L.D.Landau und E.M.Lifschitz, "Mechanik", uni-text, Vieweg (Braunschweig) und Akademische Verlagsgesellschaft (Frankfurt), 1969, Kapitel II.

SYMMETRIEN	ERHALTUNGSSÄTZE
Homogenität der Zeit (Invarianz gegen zeitliche Translation $t \to t+\tau$)	Erhaltung der Energie (ein Satz)
Homogenität des Raumes (Invarianz gegen räumliche Translationen $\vec{q} \to \vec{q}+\vec{a}$)	Erhaltung des Impulses (drei Sätze)
Isotropie des Raumes (Invarianz gegen Rotationen $\vec{q} \to R\vec{q}$ mit $RR^* = 1$)	Erhaltung des Drehimpulses (drei Sätze)

Aus heutiger Sicht sind die Symmetrien fundamental, und die Erhaltungssätze folgen aus den postulierten Symmetrien der Raumzeit, in der klassischen Mechanik als auch in der Quantenmechanik. Dass für $\hat{\vec{L}}$ kein Erhaltungssatz gilt, heisst nur, dass $\hat{\vec{L}}$ nicht der ganze Drehimpuls ist.

> *Zusammenfassung: Erhaltungssätze*
> Jeder raumzeitlichen Symmetrie eines klassischen oder quantenmechanischen Systems entspricht ein Erhaltungssatz.

3.2.4 DER DREHIMPULS IN DER QUANTENMECHANIK

Definition: Gesamtdrehimpuls $\hat{\vec{J}}$

Der *Gesamtdrehimpuls* $\hat{\vec{J}}$ eines abgeschlossenen Systems ist definiert als die Erhaltungsgrösse, welche aus der Rotationsinvarianz folgt.

Definition: Der *Spindrehimpuls* $\hat{\vec{S}}$ eines abgeschlossenen Systems ist derjenige Anteil des Gesamtdrehimpulses, der nicht auf einen Bahndrehimpuls $\hat{\vec{L}}$ zurückführbar ist, $\hat{\vec{S}} \overset{\text{def}}{=} \hat{\vec{J}} - \hat{\vec{L}}$.

Warnung: "Spinning Electron"
Diese Definition von Spindrehimpuls ist im Widerspruch zu der historisch von Uhlenbeck eingeführten Idee des "spinning electron", der Idee einer Eigenrotation von Teilchen mit endlichem Durchmesser. Für ein Teilchen mit endlichem Durchmesser r wird die Eigenrotation durch einen Drehimpuls der Form $\vec{q}\times\vec{p}$ beschrieben. Für ein Punktteilchen, im Limes $r\to 0$ also, ist die Eigenrotation nicht mehr definiert. Das klassische Analogon eines Elektrons ist ein Punktteilchen ($r=0$), und es ist sinnlos von der Eigenrotation eines Punktteilchens zu sprechen. Klassisch gibt es den Spindrehimpuls nicht.

Die Kinematik physikalischer Grössen wird in der Quantenmechanik durch die Vertauschungsrelationen der entsprechenden Observablen bestimmt. Die Vertauschungsrelationen für die Komponenten eines beliebigen Drehimpulses sind dieselben wie für die Komponenten des Bahndrehimpulses.

Aufgabe 3.2.1: Vertauschungsrelation der Operatoren des Bahndrehimpulses*
Man zeige, dass der Bahndrehimpuls $\hat{\vec{\ell}}=\hat{\vec{q}}\times\hat{\vec{p}}$ eines Teilchens die Vertauschungsrelationen

$$[\hat{\ell}_1,\hat{\ell}_2] = i\hbar\hat{\ell}_3$$
$$[\hat{\ell}_2,\hat{\ell}_3] = i\hbar\hat{\ell}_1$$
$$[\hat{\ell}_3,\hat{\ell}_1] = i\hbar\hat{\ell}_2$$

erfüllt. Hinweis: Man benütze die Heisenbergschen Vertauschungsrelationen $[\hat{q}_\nu,\hat{p}_\mu]=i\hbar\delta_{\nu\mu}$ und beweise $[\hat{\ell}_1,\hat{\ell}_2]=i\hbar\hat{\ell}_3$. Man zeige, dass daraus die beiden anderen Relationen durch zyklisches Vertauschen der Indizes erhalten werden können.

Da der Bahndrehimpuls $\hat{\vec{L}}$ eines Systems von N Teilchen durch

$$\hat{\vec{L}} \overset{\text{def}}{=} \sum_{j=1}^{N} \hat{\vec{\ell}}_j \quad , \quad \hat{\vec{\ell}}_j \overset{\text{def}}{=} \hat{\vec{q}}_j\times\hat{\vec{p}}_j \ .$$

gegeben ist, erfüllen die kartesischen Komponenten $\hat{L}_1,\hat{L}_2,\hat{L}_3$ des Bahndrehimpulsoperators $\hat{\vec{L}}$ die Vertauschungsrelationen

$$[\hat{L}_1,\hat{L}_2] = i\hbar\hat{L}_3$$
$$[\hat{L}_2,\hat{L}_3] = i\hbar\hat{L}_1$$
$$[\hat{L}_3,\hat{L}_1] = i\hbar\hat{L}_2$$

Wir fordern hier als kinematisches Postulat, dass *jeder* Drehimpulsoperator derartige Vertauschungsrelationen erfüllt. Dieses Postulat kann streng aus einer Diskussion der Rotationsgruppe hergeleitet werden. Der Gesamtdrehimpuls $\hat{\vec{J}}$ ist die Summe von zwei kinematisch unabhängigen Anteilen, dem Bahndrehimpuls $\hat{\vec{L}}$ und dem Spindrehimpuls $\hat{\vec{S}}$. Die kinematische Unabhängigkeit von $\hat{\vec{L}}$ und $\hat{\vec{S}}$ reflektiert sich in der *Kompatibilität* von $\hat{\vec{L}}$ und $\hat{\vec{S}}$: Jeder Bahndrehimpulsoperator vertauscht mit jedem Spindrehimpulsoperator. Da $\hat{\vec{S}}$ nicht aus Orts- und Impulsoperatoren aufgebaut ist, vertauscht der Spindrehimpulsoperator auch mit jedem Orts- und Impulsoperator.

Vertauschungsrelationen der Drehimpulsoperatoren

$$\hat{\vec{J}} = \hat{\vec{L}} + \hat{\vec{S}}$$

$[\hat{J}_1,\hat{J}_2] = i\hbar\hat{J}_3$ und zyklische Permutationen

$[\hat{L}_1,\hat{L}_2] = i\hbar\hat{L}_3$ und zyklische Permutationen

$[\hat{S}_1,\hat{S}_2] = i\hbar\hat{S}_3$ und zyklische Permutationen

$[\hat{L}_\nu,\hat{S}_\mu] = 0$ für alle $\nu,\mu = 1,2,3$

$[\hat{S}_\mu$, Ortsoperator$] = 0$ $[\hat{S}_\mu$, Impulsoperator$] = 0$

Aufgabe 3.2.2: Vertauschungsrelationen zwischen Bahndrehimpuls, Ort und Impuls*

Man zeige, dass der Bahndrehimpuls $\hat{\vec{\ell}} = \hat{\vec{q}} \times \hat{\vec{p}}$ eines Teilchens mit den Ortsoperatoren und den Impulsoperatoren nicht vertauscht. Es gilt vielmehr:

$[\hat{\ell}_1,\hat{q}_2] = i\hbar\hat{q}_3$ und zyklische Permutationen

$[\hat{\ell}_1,\hat{p}_2] = i\hbar\hat{p}_3$ und zyklische Permutationen

$[\hat{\ell}_\nu,\hat{q}_\nu] = [\hat{\ell}_\nu,\hat{p}_\nu] = 0$ $\nu = 1,2,3$.

Im Gegensatz zu den Heisenbergschen Vertauschungsrelationen für Ort und Impuls können die Drehimpulsvertauschungsrelationen auch durch *endliche* hermitesche Matrizen erfüllt werden. Diese Realisierungen können nicht die Form $\hat{\vec{q}} \times \hat{\vec{p}}$ haben, sie sind notwendigerweise Realisierungen des Drehimpulses $\hat{\vec{S}}$. Aus historischen Gründen heisst eine Realisierung der Drehimpulsvertauschungsrelationen mit Hilfe von $(n\times n)$-Matrizen eine Realisierung mit Spin S, mit $S \stackrel{\text{def}}{=} \frac{1}{2}(n-1)$. Für jedes $n=2,3,\ldots$ gibt es solche Realisierungen. Der Spin S kann also die Werte $S=\frac{1}{2},1,\frac{3}{2},2,\ldots$ annehmen.

Beispiel: $n=2$, $S=\frac{1}{2}$

$$\hat{S}_1 = \frac{\hbar}{2}\begin{pmatrix}0 & 1\\ 1 & 0\end{pmatrix}, \quad \hat{S}_2 = \frac{\hbar}{2}\begin{pmatrix}0 & -i\\ i & 0\end{pmatrix}, \quad \hat{S}_3 = \frac{\hbar}{2}\begin{pmatrix}1 & 0\\ 0 & -1\end{pmatrix},$$

$$\hat{S}^2 \stackrel{\text{def}}{=} \hat{S}_1^2 + \hat{S}_2^2 + \hat{S}_3^2 = \frac{3}{4}\hbar^2\begin{pmatrix}1 & 0\\ 0 & 1\end{pmatrix},$$

Eigenwerte von $\hat{S}_\nu/\hbar$: $\frac{1}{2}$, $-\frac{1}{2}$, $(\nu=1,2,3)$,

Eigenwerte von $\hat{S}^2/\hbar^2$: $(1+\frac{1}{2})/2 = S(S+1)$.

Beispiel: n=3, S=1

$$\hat{S}_1 = \frac{\hbar}{\sqrt{2}}\begin{pmatrix}0&1&0\\1&0&1\\0&1&0\end{pmatrix}, \quad \hat{S}_2 = \frac{\hbar}{\sqrt{2}}\begin{pmatrix}0&-i&0\\i&0&-i\\0&i&0\end{pmatrix}, \quad \hat{S}_3 = \hbar\begin{pmatrix}1&0&0\\0&0&0\\0&0&-1\end{pmatrix},$$

$$\hat{S}^2 \overset{\text{def}}{=} \hat{S}_1^2 + \hat{S}_2^2 + \hat{S}_3^2 = 2\hbar^2\begin{pmatrix}1&0&0\\0&1&0\\0&0&1\end{pmatrix},$$

Eigenwerte von $S_\nu/\hbar$: 1,0,-1 (ν=1,2,3) ,

Eigenwerte von $S^2/\hbar^2$: 1(1+1)=S(S+1) .

Beispiel: n=4, S=3/2

$$\hat{S}_1 = \frac{\hbar}{2}\begin{pmatrix}0&\sqrt{3}&0&0\\\sqrt{3}&0&2&0\\0&2&0&\sqrt{3}\\0&0&\sqrt{3}&0\end{pmatrix}, \quad \hat{S}_2 = i\,\frac{\hbar}{2}\begin{pmatrix}0&-\sqrt{3}&0&0\\\sqrt{3}&0&-2&0\\0&2&0&-\sqrt{3}\\0&0&\sqrt{3}&0\end{pmatrix}, \quad \hat{S}_3 = \frac{\hbar}{2}\begin{pmatrix}3&&&\\&1&&\\&&-1&\\&&&-3\end{pmatrix},$$

$$\hat{S}^2 \overset{\text{def}}{=} \hat{S}_1^2 + \hat{S}_2^2 + \hat{S}_3^2 = \frac{15}{4}\hbar^2\begin{pmatrix}1&&&\\&1&&\\&&1&\\&&&1\end{pmatrix},$$

Eigenwerte von $\hat{S}_\nu/\hbar$: $\frac{3}{2}$, $\frac{1}{2}$, $-\frac{1}{2}$, $-\frac{3}{2}$,

Eigenwerte von $\hat{S}^2/\hbar^2$: $\frac{3}{2}(1+\frac{3}{2})$=S(S+1)=$\frac{15}{4}$.

Im allgemeinen gilt: S=(n-1)/2, n=2,3,4,... . Der Wertbereich von S umfasst also die *halbganzen* Zahlen: $\frac{1}{2}$,1,$\frac{3}{2}$,... . Die Eigenwerte von $\hat{S}_3$ heissen $\hbar M$, wobei M die Werte -S,-S+1,...,S-1,S annimmt, insgesamt (2S+1) verschiedene Werte. Der Eigenwert von $\hat{S}^2$ ist $\hbar^2 S(S+1)$.

Zusammenfassung: Drehimpulsoperatoren

Operatoren $\hat{A}_1,\hat{A}_2,\hat{A}_3$ mit den Vertauschungsrelationen: $[\hat{A}_1,\hat{A}_2]=i\hbar\hat{A}_3$ und zyklisch, definieren einen quantenmechanischen Drehimpuls. Man unterscheidet zwischen dem Bahndrehimpulsoperator $\hat{\vec{L}}$, der sich über das Korrespondenzrezept aus dem klassischen Drehimpuls herleitet, dem Operator des Gesamtdrehimpulses $\hat{\vec{J}}$, der aus der Rotationsinvarianz abgeleitet wird, und dem Spinoperator $\hat{\vec{S}}=\hat{\vec{J}}-\hat{\vec{L}}$, der durch (n×n)-Matrizen dargestellt werden kann und kein klassisches Analogon besitzt.

3.2.5 PHYSIKALISCHE EIGENSCHAFTEN DES DREHIMPULSES

Tatsache: Jeder Drehimpuls ist mit einem magnetischen Moment verknüpft.

Der Bahndrehimpulsvektor $\hat{\vec{\ell}}$ und der Vektor $\hat{\vec{\mu}}_{mag}$ des zugehörigen magnetischen Momentes eines *Elementarsystems* haben dieselbe Richtung. Den dazwischenstehenden Proportionalitätsfaktor $\gamma^{(\ell)}$ nennt man *gyromagnetisches Verhältnis* des Bahndrehimpulses. Analoges gilt für den Spin.

$$\hat{\vec{\mu}}_{mag}^{Bahn} = \gamma^{(\ell)}\hat{\vec{\ell}} \quad , \quad \hat{\vec{\mu}}_{mag}^{Spin} = \gamma^{(s)}\hat{\vec{s}} \ .$$

Die gyromagnetischen Faktoren können je nach System positiv, negativ und ausnahmsweise auch Null sein. Somit sind auch Gesamtdrehimpuls $\hat{\vec{J}} = \hat{\vec{L}} + \hat{\vec{S}}$, Bahndrehimpuls $\hat{\vec{L}} = \Sigma_j \hat{\vec{\ell}}_j$ und Spindrehimpuls $\hat{\vec{S}} = \Sigma_j \hat{\vec{s}}_j$ nichtelementarer Systeme mit einem magnetischen Moment assoziiert. Der *Spinmagnetismus* ist als Ferromagnetismus seit der Antike bekannt. Thales von Milet, geboren um 625 v.Chr.,schrieb den Magnetismus einer "anziehenden Seele" im Magneten zu. Der *Bahndrehimpuls-Magnetismus* wurde am 21.Juli 1820 von Hans Christian Oersted als Elektromagnetismus entdeckt. Da der Bahndrehimpuls dem Korrespondenzprinzip zugänglich ist, können wir γ aus der klassischen Physik erraten. Man betrachte ein "klassisches Elektron" der Masse m_o und der Ladung $-e_o$, welches mit der Geschwindigkeit $v=|\vec{v}|$ auf einer Kreisbahn mit Radius r läuft. Der Betrag L des Bahndrehimpulses $\vec{L}$ ist dann $L=m_o vr$. Der mit der Bewegung verbundene elektrische Strom erzeugt ein magnetisches Moment von $\mu=-e_o vr/2$. Somit gilt klassisch $\vec{\mu}=-(e_o/2m_o)\vec{L}$, und das gyromagnetische Verhältnis für den Bahndrehimpuls eines Teilchens der Masse m_o und der Ladung $-e_o$ ist demnach gegeben durch

$$\gamma = \frac{-e_o}{2m_o} \ .$$

Da die Eigenwerte des Drehimpulsoperators halbganze Vielfache des Planckschen Wirkungsquantums $\hbar=1{,}05...\cdot 10^{-34}$ Js sind, ist es bequem, $\hbar$ zu γ zu schlagen

$$\mu_B \overset{\text{def}}{=} e_o\hbar/2m_o = 9.27 \ ... \ \cdot 10^{-24} \ JT^{-1} \ .$$

Man nennt μ_B das Bohrsche Magneton. Allgemein setzt man

$$\gamma\hbar = -g\mu_B$$

wobei der Faktor g Landéfaktor oder auch einfach g-Faktor heisst. Für den Bahndrehimpuls eines freien Elektrons gilt also g=1. Das Elektron hat Spin $\frac{1}{2}$ und für den Spindrehimpuls eines freien Elektrons gilt $g \approx 2$, genauer

$$g = 2{,}002319 \ ... \ .$$

Diese g-Faktoren können aus der Theorie der Elementarteilchen erhalten werden. Wir betrachten sie hier als *phänomenologische* Konstanten, welche experimentell zu bestimmen sind.

In der Chemie, und zwar in der Kernresonanzspektroskopie, spielt der *Kernspinmagnetismus* eine wichtige Rolle. Da die Masse der Kerne viel grösser ist als die Elektronenmasse, benutzt man die Protonenmasse M_P als Bezugspunkt und definiert ein Kernmagneton μ_K durch

$$\mu_K = \frac{m_0}{M_P} \mu_B = 5.05 \ldots \cdot 10^{-27} \ JT^{-1} .$$

Die spinmagnetischen Kernmomente aller Atomkerne sind mit grosser Genauigkeit bekannt und in Tabellenwerken zusammengetragen.

Bemerkung: Zusammenhang zwischen elektrischer Ladung und magnetischem Dipolmoment
Nur elektrisch geladene Teilchen geben Anlass zum Bahndrehimpuls-Magnetismus. Dagegen besteht beim Spinmagnetismus kein Zusammenhang zwischen elektrischer Ladung und magnetischem Dipolmoment. Alle bekannten Elementarteilchen und Atomkerne mit nichtverschwindendem Spin haben ein auch von Null verschiedenes magnetisches Moment. Zum Beispiel:

Proton: Ladung $+e_0$, Spin $\frac{1}{2}$, g=+2,792...

Neutron: Ladung 0 , Spin $\frac{1}{2}$, g=-1,913... .

Da magnetische Dipolmomente klassisch verständlich sind, können wir das Korrespondenzprinzip auf die Behandlung des Spindrehimpulses ausdehnen. Das wurde schon historisch immer so gemacht. Die Gesetze des Elektromagnetismus gelten gleichermassen für durch elektrische Ströme erzeugte Magnetfelder, den Bahnmagnetismus, wie für durch Ferromagneten erzeugte Magnetfelder, den Spinmagnetismus.

Beispiel: Energie in einem homogenen Magnetfeld
Die Energie E_{mag} der magnetischen Wechselwirkung zwischen dem magnetischen Dipolmoment $\vec{\mu}_{mag}$ eines N-Teilchensystems und einem homogenen äusseren Magnetfeld $\vec{B}$ ist bekanntlich gegeben durch

$$E_{mag} = -\vec{\mu}\cdot\vec{B} .$$

Den Wechselwirkungshamiltonoperator $\hat{H}_{mag}$ erhält man aus dem Korrespondenzprinzip

$$\hat{H}_{mag} = -\hat{\vec{\mu}}\cdot\vec{B} ,$$

wobei das äussere Magnetfeld weiterhin klassisch behandelt wird. Dabei ist der Operator $\hat{\vec{\mu}}$ des magnetischen Dipolmomentvektors für ein N-Teilchensystem gegeben durch

$$\hat{\vec{\mu}}_{mag} = \sum_{j=1}^{N} \left\{ \gamma_j^{(L)} \hat{\vec{\ell}}_j + \gamma_j^{(S)} \hat{\vec{s}}_j \right\} ,$$

und $\hat{\vec{\ell}}_j$ und $\hat{\vec{s}}_j$ sind die Bahndrehimpuls- und Spindrehimpuls-Operatoren des j-ten Teilchens.

Das einfachste chemisch relevante Experiment ist ein Kernresonanzexperiment mit einer Molekel, welche als magnetisch relevante Partikel ein Proton mit dem Sprindrehimpuls $\vec{S}$ enthält. Der Hamiltonoperator ist dann

$$\hat{H} = -\gamma \vec{B}(t) \cdot \hat{\vec{S}} ,$$

wobei das vom Experimentator angelegte Magnetfeld $\vec{B}$ auch zeitabhängig sein darf.

Beispiel: Magnetische Dipol-Dipolwechselwirkung
Klassisch ist das durch einen bei $\vec{r}=0$ plazierten magnetischen Dipol mit dem Dipolmomentvektor $\vec{\mu}_1$ erzeugte Magnetfeld $\vec{B}_1(\vec{r})$ am Ort $\vec{r}$ gegeben durch

$$\vec{B}_1(\vec{r}) = \frac{\mu_o}{4\pi} \left\{ \frac{3(\vec{\mu}_1 \cdot \vec{r})}{r^5} \vec{r} - \frac{1}{r^3} \vec{\mu}_1 + \frac{8\pi}{3} \delta(\vec{r}) \vec{\mu}_1 \right\}$$

mit $|\vec{r}|=r$. μ_o ist die Permeabilität des Vakuums, $\mu_o = 4\pi \cdot 10^{-7}$ Vs/Am $= 1/\varepsilon_o c^2$, und $c = 3 \cdot 10^8$ m/s die Lichtgeschwindigkeit. In der klassischen Physik wird meist der letzte Term mit der δ-Funktion weggelassen, da klassisch am gleichen Ort nicht zwei Teilchen sein können. Klassisch ist die Wechselwirkungsenergie E_{12} eines magnetischen Dipols $\vec{\mu}_2$ im Magnetfeld $\vec{B}_1$ eines anderen magnetischen Dipols $\vec{\mu}_1$ gegeben durch $E_{12} = \vec{\mu}_2 \cdot \vec{B}_1(\vec{q}_{12})$ wobei $\vec{q}_{12} = \vec{q}_1 - \vec{q}_2$ der Abstandsvektor zwischen beiden Dipolen ist. Damit folgt für den Dipol-Dipolwechselwirkungs-Hamiltonoperator $\hat{H}_{12}$

$$\hat{H}_{12} = \frac{\mu_o}{4\pi} \left\{ \frac{3(\hat{\vec{\mu}}_1 \cdot \hat{\vec{q}}_{12})(\hat{\vec{\mu}}_2 \cdot \hat{\vec{q}}_{12})}{\hat{q}_{12}^5} - \frac{(\hat{\vec{\mu}}_1 \cdot \hat{\vec{\mu}}_2)}{\hat{q}_{12}^3} + \frac{8\pi}{3} \delta(\hat{\vec{q}}_{12})(\hat{\vec{\mu}}_1 \cdot \hat{\vec{\mu}}_2) \right\} .$$

Je nachdem, ob die magnetischen Momente $\vec{\mu}_1$, $\vec{\mu}_2$ von Bahn- oder Spindrehimpulsen herrühren, spricht man von Bahn-Bahn, Spin-Bahn oder Spin-Spin Kopplung.

Zusammenfassung: Drehimpuls und Magnetismus

Jeder Drehimpuls ist mit einem magnetischen Moment verknüpft. Dementsprechend unterscheidet man zwischen Bahndrehimpuls- und Spinmagnetismus. Den Proportionalitätsfaktor γ zwischen Bahndrehimpuls $\vec{\ell}$, Spindrehimpuls $\vec{s}$ und den entsprechenden magnetischen Momenten bezeichnet man als gyromagnetisches Verhältnis: $\hat{\vec{\mu}}_{mag}^{(L)} = \gamma^{(L)} \hat{\vec{\ell}}$, $\hat{\vec{\mu}}_{mag}^{(S)} = \gamma^{(S)} \hat{\vec{s}}$. Beschreibt man den Spinmagnetismus klassisch durch einen magnetischen Dipol, so kann man mit dem Korrespondenzrezept magnetische Hamiltonoperatoren formulieren, obwohl es einen klassischen Spin nicht gibt.

3.2.6 EIGENWERTPROBLEME VON DREHIMPULSOPERATOREN

Da die Komponenten $\hat{J}_x$, $\hat{J}_y$ und $\hat{J}_z$ eines *beliebigen* Drehimpulsoperators $\hat{\vec{J}}$ nicht vertauschen, können sie nicht simultan diagonalisiert werden. Aus der Drehimpulsvertauschungsrelation $[\hat{J}_x,\hat{J}_y] = i\hbar\hat{J}_z$ und ihren zyklischen Permutationen folgt leicht, dass der Operator

$$\hat{J}^2 \overset{def}{=} \hat{J}_x^2 + \hat{J}_y^2 + \hat{J}_z^2$$

mit allen $\hat{J}_\nu$ vertauscht

$$[\hat{J}^2,\hat{J}_\nu] = 0 \quad \text{für } \nu = x,y,z \;,$$

so dass $\hat{J}^2$ und eines der $\hat{J}_\nu$ kompatible und simultan aktualisierbare Eigenschaften beschreiben. Wir können also erwarten, dass $\hat{J}^2$ und $\hat{J}_\nu$, ν=x *oder* y *oder* z, gemeinsam auf Diagonalform gebracht werden können. Dies präzisiert der folgende Satz:

Satz: Das gemeinsame Eigenwertproblem vertauschbarer Operatoren

Es seien A und B vertauschbare hermitesche Matrizen. Dann gibt es ein gemeinsames System von orthonormierten Eigenvektoren $\Psi_{n,m}$ für A und B

$$A\Psi_{n,m} = a_n\Psi_{n,m} \;, \quad B\Psi_{n,m} = b_m\Psi_{n,m}$$

$$\langle\psi_{n,m}|\Psi_{r,s}\rangle = \delta_{nr}\delta_{ms} \;.$$

Die von den Vektoren $\{\Psi_{n,m}\}$ gebildete Basis bezeichnet man als die gemeinsame Eigenbasis von A und B.

Beweis:

Sei Ψ ein Eigenvektor von A zum Eigenwert a, $A\Psi=a\Psi$. Dann ist wegen AB=BA auch $B\Psi$ Eigenfunktion von A zum Eigenwert a, denn es gilt $A\{B\Psi\}=B\{A\Psi\}=Ba\Psi=a\{B\Psi\}$. Ist nun a nicht entartet, existiert also bis auf Multiplikation mit einer Konstanten nur ein Eigenvektor zum Eigenwert a, so gilt $B\Psi=\text{const}\Psi$, d.h. Ψ ist selbst schon Eigenfunktion von B. Ist a hingegen n-fach entartet mit $1<n<\infty$, so gibt es n linear unabhängige Eigenvektoren $\Psi_1,\ldots,\Psi_n$ zum Eigenwert a. Trivialerweise ist auch jede Linearkombination der $\Psi_1,\ldots,\Psi_n$ Eigenvektor von A zum Eigenwert a, und umgekehrt ist jeder Eigenvektor von A zum Eigenwert a als Linearkombination der $\Psi_1,\ldots,\Psi_n$ darstellbar. Dann sagt ein unten bewiesener Hilfssatz, dass es n linear unabhängige Linearkombinationen der $\Psi_1,\ldots,\Psi_n$ gibt, welche Eigenvektoren von B sind. Führt man diese Betrachtung für alle Eigenwerte von A durch, so folgt die Behauptung.

Beweis des Hilfssatzes: Man definiert n^2 Zahlen $B_{ij}\overset{def}{=}\langle\Psi_i|B|\Psi_j\rangle$, $i,j=1,\ldots,n$, und betrachtet das Eigenwertproblem der n×n-Matrix $\tilde{B}=(B_{ij})$: $\tilde{B}\varphi = b\varphi$ mit dem Eigenwert b zum Eigenvektor φ. Im ganzen gibt es n linear unabhängige Eigenvektoren und n Eigenwerte. Der k-te Eigenwert sei mit $b^{(k)}$, der k-te Eigenvektor mit $\varphi^{(k)}$, und seine j-te Komponente mit $\varphi_j^{(k)}$ bezeichnet, $j=1,\ldots,n$. Dann sind die Linearkombinationen

$$\Phi_k \overset{\text{def}}{=} \sum_{j=1}^{n} \varphi_j^{(k)} \Psi_j, \qquad k=1,\ldots,n \ .$$

Eigenfunktionen von B, denn es gilt

$$B\Phi_k = \sum_{j=1}^{n} \varphi_j^{(k)} B\Psi_j = \sum_{j=1}^{n} \varphi_j^{(k)} \cdot \sum_{i=1}^{n} \langle\Psi_i|B|\Psi_j\rangle\Psi_i$$

$$= \sum_{i=1}^{n} \Psi_i \sum_{j=1}^{n} B_{ij}\varphi_j^{(k)} = \sum_{i=1}^{n} \Psi_i b^{(k)}\varphi_i^{(k)} = b^{(k)}\Phi_k \ .$$

Da B eine selbstadjungierte Matrix ist, können die Eigenvektoren Φ_k immer orthonormiert gewählt werden .

Der Satz gilt in gleicher Weise in unendlichdimensionalen Hilberträumen, falls die betreffenden Operatoren einen vollständigen Satz von eigentlichen Eigenvektoren besitzen.

Rein algebraisch folgt in elementarer aber recht mühsamer Weise aus den Vertauschungsrelationen für $\hat{J}_x$, $\hat{J}_y$, $\hat{J}_z$ das folgende Ergebnis*): Die Eigenwerte von $\hat{J}^2$ sind gegeben durch $\hbar^2 J(J+1)$ mit $J=0,\frac{1}{2},1,\frac{3}{2},2,\frac{5}{2}\ldots$. Bei festem J sind die Eigenwerte von $\hat{J}_z$ gegeben durch $\hbar M$, mit $M=-J, -J+1,\ldots, J-1, J$ (2J+1 mögliche Werte). Damit können wir das gemeinsame Eigenwertproblem für die Observablen $\hat{J}^2$ und $\hat{J}_z$ schreiben als

$$\boxed{\begin{aligned} \hat{J}^2\Psi_{J,M} &= \hbar^2 J(J+1)\Psi_{J,M} \\ \hat{J}_z\Psi_{J,M} &= \hbar M\Psi_{J,M} \\ J &= 0,\tfrac{1}{2},1,\tfrac{3}{2},2,\ldots \\ M &= -J,-J+1,\ldots, J-1,J \end{aligned}}$$

Zu jedem Wert von J gehören damit genau (2J+1) Werte von M.

*) Einen elementaren Beweis kann man finden in H.S.Green: "Quantenmechanik in algebraischer Darstellung", Springer-Verlag, Berlin 1966, Kap.5.

Insbesondere gilt für den Spindrehimpulsoperator $S^2 \overset{\text{def}}{=} \hat{S}_x^2+\hat{S}_y^2+\hat{S}_z^2$

$$\hat{S}^2\Psi_{S,M} = \hbar^2 S(S+1)\Psi_{S,M} \quad ,$$

$$\hat{S}_z\Psi_{S,M} = \hbar M\Psi_{S,M} \quad ,$$

$$S = 0,\tfrac{1}{2},1,\tfrac{3}{2},2,\ldots \quad ,$$

$$M = -S,-S+1,\ldots,S-1,S \quad , \quad 2S+1 \text{ Werte.}$$

Der Bahndrehimpulsoperator $\hat{L}$ lässt sich nicht als endliche Matrix darstellen. Als Folge davon treten für $\hat{L}^2 \overset{\text{def}}{=} \hat{L}_x^2+\hat{L}_y^2+\hat{L}_z^2$ *keine* halbganzen Werte von L und M auf

$$\hat{L}^2\Psi_{L,M} = \hbar^2 L(L+1)\Psi_{L,M} \quad ,$$

$$L_z\Psi_{L,M} = \hbar M\Psi_{L,M} \quad ,$$

$$L = 0,1,2,3,4,\ldots \quad ,$$

$$M = -L,-L+1,\ldots,L-1,L \quad , \quad 2L+1 \text{ Werte.}$$

Ist ein System aus N Elementarsystemen zusammengesetzt, so schreiben wir

$$\hat{\vec{S}} = \sum_{i=1}^{N} \hat{\vec{s}}_i \quad ,$$

$$\hat{\vec{L}} = \sum_{i=1}^{N} \hat{\vec{\ell}}_i \quad ,$$

und, falls wir mit $\hat{\vec{J}}=\hat{\vec{L}}+\hat{\vec{S}}$ *im speziellen* den Gesamtdrehimpuls bezeichnen,

$$\hat{\vec{J}} = \sum_{i=1}^{N} \hat{\vec{J}}_i \quad ,$$

wobei $\hat{\vec{J}}_\nu$ der Gesamtdrehimpuls des ν-ten Elementarsystems ist.

Zusammenfassung: Drehimpulseigenwerte

Jeder Drehimpulsoperator $\hat{J}^2=\hat{J}_x^2+\hat{J}_y^2+\hat{J}_z^2$ vertauscht mit seinen kartesischen Komponenten: $[\hat{J}^2,\hat{J}_\nu]=0$, und deshalb existiert ein System gemeinsamer Eigenfunktionen von $\hat{J}^2$ und $\hat{J}_\nu$, $\nu=x,y,z$. Die Eigenwerte von $\hat{J}^2$ sind gegeben durch $\hbar^2 J(J+1)$, mit $J=0,\tfrac{1}{2},1,\ldots$. Ist Ψ_J eine derartige Eigenfunktion von $\hat{J}^2$, so sind die möglichen Eigenwerte von $\hat{J}_z$ oder einem der anderen $\hat{J}_\nu$ gegeben durch die 2J+1 Zahlen -J, -J+1, ...,J-1, J. - Für den Bahndrehimpuls-

operator $\hat{L}^2$ treten nur die ganzzahligen Quantenzahlen $L=0,1,2,\ldots$ auf, die halbganzen Werte fehlen.

3.2.7 EIGENWERTPROBLEME SPEZIELLER DREHIMPULSOPERATOREN

Erstes Beispiel: Spin $\frac{1}{2}$

Für Spin-$\frac{1}{2}$-Systeme gilt in der üblichen Darstellung durch Paulimatrizen

$$\hat{s}_z = \frac{\hbar}{2}\begin{pmatrix}1 & 0\\ 0 & -1\end{pmatrix} \quad , \quad \hat{s}^2 = \tfrac{3}{4}\hbar^2\begin{pmatrix}1 & 0\\ 0 & 1\end{pmatrix} \quad ,$$

und damit

$$\hat{s}^2\Psi_{s,m} = \hbar^2 s(s+1)\Psi_{s,m} \quad , \quad s = \tfrac{1}{2} \, ,$$

$$\hat{s}_z\Psi_{s,m} = \hbar m\Psi_{s,m} \quad , \quad m = -\tfrac{1}{2},+\tfrac{1}{2} \, .$$

Die beiden Eigenfunktionen

$$\Psi_{\frac{1}{2},\frac{1}{2}} = \begin{pmatrix}1\\0\end{pmatrix} \overset{\text{def}}{=} \alpha \quad ,$$

$$\Psi_{\frac{1}{2},-\frac{1}{2}} = \begin{pmatrix}0\\1\end{pmatrix} \overset{\text{def}}{=} \beta \quad ,$$

bilden eine orthonormierte Basis für den 2-dimensionalen Zustandsraum der Spin-$\frac{1}{2}$-Systeme, denn es gilt $\langle\alpha|\beta\rangle=0$ und $||\alpha||=||\beta||=1$.

Zweites Beispiel: N Spins $\frac{1}{2}$

Betrachtet man zunächst den Fall von zwei unabhängigen Spins $\frac{1}{2}$, so sind offensichtlich vier Grundsituationen möglich

erster Spin	zweiter Spin	Gesamtsystem
α	α	$\alpha\otimes\alpha \overset{\text{def}}{=} \alpha\alpha$
α	β	$\alpha\otimes\beta \overset{\text{def}}{=} \alpha\beta$
β	α	$\beta\otimes\alpha \overset{\text{def}}{=} \beta\alpha$
β	β	$\beta\otimes\beta \overset{\text{def}}{=} \beta\beta$

Bei N Spins $\frac{1}{2}$ gibt es 2^N Möglichkeiten, Produktfunktionen aus α und β zu bilden, so dass der Zustandsraum von N Spins $\frac{1}{2}$ ein 2^N-dimensionaler Vektorraum ist.

Bemerkung: Tensorprodukt

Die vier Basisfunktionen $\alpha\otimes\alpha$, $\alpha\otimes\beta$, $\beta\otimes\alpha$, $\beta\otimes\beta$ erzeugen einen 4-dimensionalen Vektorraum $L_2(\mathbb{Z}_4)$, das Tensorprodukt der beiden Spin-$\frac{1}{2}$-Hilberträume $L_2(\mathbb{Z}_2)$. Die Vektoren in diesem Raum haben die Form

$$\Psi = c_1\alpha\otimes\alpha + c_2\alpha\otimes\beta + c_3\beta\otimes\alpha + c_4\beta\otimes\beta$$

$c_i \in \mathbb{C}$, $i=1,\ldots,4$. Das Tensorprodukt ist linear in beiden Faktoren

$$\Psi\otimes(c_1\Phi_1+c_2\Phi_2) = c_1\Psi\otimes\Phi_1 + c_2\Psi\otimes\Phi_2$$

$$\{c_1\Psi_1+c_2\Psi_2\}\otimes\Phi = c_1\Psi_1\otimes\Phi + c_2\Psi_1\otimes\Phi, \quad c_1,c_2 \in \mathbb{C} \quad .$$

Im Tensorprodukt lässt sich ein Skalarprodukt $\langle\cdot|\cdot\rangle$ mit Hilfe der Skalarprodukte $\langle\cdot|\cdot\rangle_{L_2(\mathbb{Z}_2)}$ in den Faktor-Hilberträumen definieren. Für Produktvektoren $\Psi\otimes\Phi$ ist es von der Form

$$\langle\Psi_i\otimes\Phi_j|\Psi_k\otimes\Phi_l\rangle \overset{\text{def}}{=} \langle\Psi_i|\Psi_k\rangle_{L_2(\mathbb{Z}_2)}\cdot\langle\Phi_j|\Phi_l\rangle_{L_2(\mathbb{Z}_2)}$$

und damit für die oben angegebenen Basisvektoren definiert. Mit diesem Skalarprodukt wird das Tensorprodukt zu einem Hilbertraum.

Wirkt ein Operator $\hat{A}$ nur auf den ersten und ein Operator $\hat{B}$ nur auf den zweiten Spin, so ist ihre Aktion auf Produktvektoren und damit im Tensorprodukt-Hilbertraum erklärt durch

$$\hat{A}_1(\Psi\otimes\Phi) \overset{\text{def}}{=} \{\hat{A}\Psi\}\otimes\Phi \quad ,$$

$$\hat{B}_2(\Psi\otimes\Phi) \overset{\text{def}}{=} \Psi\otimes\{\hat{B}\Phi\} \quad .$$

Damit ist zugleich die Wirkung des Produktes von $\hat{A}$ und $\hat{B}$ definiert

$$(\hat{A}_1\hat{B}_2)(\Psi\otimes\Phi) = \{\hat{A}\Psi\}\otimes\{\hat{B}\phi\} \overset{\text{def}}{=} (\hat{A}\otimes\hat{B})(\Psi\otimes\Phi) \quad .$$

*Aufgabe 3.2.3**

Man betrachte ein System von 2 ungekoppelten Spins $\frac{1}{2}$ mit den Spindrehimpulsoperatoren $\hat{\vec{s}}_1$ und $\hat{\vec{s}}_2$, definiere den Gesamtspindrehimpuls durch

$$\hat{\vec{S}} \overset{\text{def}}{=} \hat{\vec{s}}_1 + \hat{\vec{s}}_2 \overset{\text{def}}{=} (\hat{S}_x,\hat{S}_y,\hat{S}_z) \quad ,$$

$$\hat{S}^2 \overset{\text{def}}{=} \hat{\vec{S}}\cdot\hat{\vec{S}} = \hat{S}_x^2 + \hat{S}_y^2 + \hat{S}_z^2 \quad ,$$

und zeige, dass die Spinfunktionen $\Psi_{S,M}$

$$\Psi_{0,0} \overset{\text{def}}{=} \{\alpha\otimes\beta - \beta\otimes\alpha\}/\sqrt{2}$$

$$\Psi_{1,1} \overset{\text{def}}{=} \alpha\otimes\alpha$$

$$\Psi_{1,0} \overset{\text{def}}{=} \{\alpha\otimes\beta + \beta\otimes\alpha\}/\sqrt{2}$$

$$\Psi_{1,-1} \overset{\text{def}}{=} \beta\otimes\beta$$

eine orthonormierte Basis des 4-dimensionalen Zustandsraumes und zugleich Eigenvektoren von $\hat{S}^2$ und $\hat{S}_z$ sind

$$\hat{S}^2\Psi_{S,M} = \hbar^2 S(S+1)\Psi_{S,M}$$

$$\hat{S}_z\Psi_{S,M} = \hbar M\Psi_{S,M}$$

wobei $(S,M) \in \{(0,0),(1,1),(1,0),(1,-1)\}$.

Allgemein erhält man für die 2^N gemeinsamen Eigenfunktionen von $\hat{\vec{S}}^2$ und $\hat{S}_z$

$$\hat{\vec{S}} \overset{\text{def}}{=} \sum_{j=1}^{N} \hat{\vec{s}}_j \overset{\text{def}}{=} (\hat{S}_x,\hat{S}_y,\hat{S}_z) \quad ,$$

$$\hat{S}^2 \overset{\text{def}}{=} \hat{S}_x^2 + \hat{S}_y^2 + \hat{S}_z^2$$

eines Systems von N Spins $\frac{1}{2}$:

$$\hat{S}^2\Psi_{S,M} = \hbar^2 S(S+1)\Psi_{S,M}$$

$$\hat{S}_z\Psi_{S,M} = \hbar M\Psi_{S,M}$$

$$S = 0,1,2,\ldots,N/2 \qquad \text{falls N gerade}$$

$$S = \tfrac{1}{2},\tfrac{3}{2},\ldots,N/2 \qquad \text{falls N ungerade}$$

$$M = -S,-S+1,\ldots,S-1,S$$

Für geradzahliges N nimmt also S nur ganzzahlige Werte und für ungeradzahliges N nur halbzahlige Werte an. Für jedes S kann M die Werte von -S bis +S durchlaufen, das sind insgesamt 2S+1 mögliche Werte.

Der Fall S=0 impliziert das Fehlen eines spinmagnetischen Momentes. Es gibt dann keinen "Spinmagnetismus", d.h. keinen Paramagnetismus. Der Wert S=0 ist nur möglich in Systemen mit einer *geraden* Anzahl von Spins $\frac{1}{2}$. Der Elektronenspinmagnetismus ist verantwortlich für den Paramagnetismus von Molekeln. *Molekeln mit ungerader Elektronenzahl sind notwendigerweise paramagnetisch.*

Drittes Beispiel: Der Bahndrehimpuls eines Elektrons

Der Bahndrehimpulsoperator eines Elektrons oder eines anderen Elementarsystems mit Ortsoperator $\hat{\vec{q}}$ und Impulsoperator $\hat{\vec{p}}$ ist gegeben durch

$$\hat{\vec{\ell}} \overset{\text{def}}{=} \hat{\vec{q}}\times\hat{\vec{p}}$$

In der Schrödingerdarstellung gilt $\hat{\vec{q}}=\vec{q}$, $\hat{\vec{p}}= \frac{\hbar}{i}\frac{\partial}{\partial\vec{q}}$ und damit

$$\hat{\ell}_z = \frac{\hbar}{i}\left(x\frac{\partial}{\partial y} - y\frac{\partial}{\partial x}\right) \quad ,$$

wobei wir $\vec{q}=(x,y,z)$ gesetzt haben. In Kugelkoordinaten (r,θ,ϕ),

$$x = r \sin\theta \cos\phi$$
$$y = r \sin\theta \sin\phi$$
$$z = r \cos\theta$$

wird dieser Ausdruck wesentlich einfacher:

$$\hat{\ell}_z = \frac{\hbar}{i}\frac{\partial}{\partial\phi}, \quad 0 \le \phi < 2\pi \quad .$$

*Aufgabe 3.2.4**

Man zeige: $\hat{\ell}_z = \frac{\hbar}{i}\,\partial/\partial\phi$.

Die Eigenfunktionen von $\partial/\partial\phi$ sind offenbar von der Form $f(\phi)=\exp(c\phi)$ mit zunächst unbestimmter Konstante c. Die Funktion $\phi \to f(\phi)$ ist aber nur eindeutig, wenn gilt $f(\phi)=f(\phi+2\pi)$. Dies impliziert $\exp(2\pi c)=1$, so dass für c gerade die Werte $0,\pm i, \pm 2i, \pm 3i \ldots$ zulässig sind. Damit hat das Eigenwertproblem von $\hat{\ell}_z$ die Lösung:

$$\hat{\ell}_z \Phi_m = \hbar m \Phi_m \;, \quad m = 0,\pm 1,\pm 2,\ldots \;, \quad \Phi_m \in L_2(0,2\pi) \;,$$

$$\Phi_m(\phi) = (2\pi)^{-\frac{1}{2}} e^{im\phi} \;, \quad 0 \le \phi < 2\pi \;,$$

$$\langle \Phi_m | \Phi_n \rangle \overset{\text{def}}{=} \int_0^{2\pi} \Phi_m^*(\phi)\Phi_n(\phi)\,d\phi \quad .$$

Das gemeinsame Eigenwertproblem von $\hat{\ell}_z$ und $\hat{\ell}^2$ ist komplizierter. Eine elementare aber etwas mühselige Umformung liefert $\hat{\ell}^2$ in Kugelkoordinaten

$$\hat{\ell}^2 = -\frac{\hbar^2}{\sin^2\theta}\left\{\sin\theta\frac{\partial}{\partial\theta}\left(\sin\theta\frac{\partial}{\partial\theta}\right) + \frac{\partial^2}{\partial\phi^2}\right\}$$

Die Ausdrücke für $\hat{\ell}_z$ und $\hat{\ell}^2$ hängen nicht von der Radialkoordinate r ab, so dass die Operatoren $\hat{\ell}_z$ und $\hat{\ell}^2$ auf einer Kugeloberfläche agieren. Die gemeinsamen Eigenfunktionen von $\hat{\ell}_z$ und $\hat{\ell}^2$ heissen die *Kugelflächenfunktionen* $Y_{\ell,m}$ und sind gegeben durch

$$Y_{\ell m}(\theta,\phi) = N_{\ell m} P_\ell^{|m|}(\cos\theta) e^{im\phi}$$
$$0 \le \phi < 2\pi, \quad 0 \le \theta \le \pi \;,$$
$$\ell = 0,1,2,3,\ldots$$
$$m = -\ell,-\ell+1,\ldots,\ell-1,\ell$$

wobei $N_{\ell,m}$ eine Normierungskonstante ist. Die Funktionen $\xi \to P_\ell^{|m|}(\xi), |\xi| \le 1$, heissen assoziierte Legendrepolynome. Sie sind den Mathematikern seit langem wohlbekannt und in mathematischen Formelsammlungen ausführlich diskutiert.

Die Eigenwerte von $\hat{\ell}_z$ und $\hat{\ell}^2$ sind dann gegeben durch

$$\hat{\ell}^2 Y_{\ell,m} = \hbar^2 \ell(\ell+1) Y_{\ell,m}$$
$$\hat{\ell}_z Y_{\ell,m} = \hbar m Y_{\ell,m}$$
$$\ell = 0,1,2,3,\ldots$$
$$m = -\ell,-\ell+1,\ldots,\ell-1,\ell, \quad 2\ell+1 \text{ Werte}$$

Bemerkung: Die Differentialgleichung der Legendrepolynome
Die partielle Differentialgleichung $\hat{\ell}^2 Y(\theta,\phi)=\hbar^2\ell(\ell+1)Y(\theta,\phi)$ kann man mit dem Ansatz

$$Y(\theta,\phi) = \Theta(\theta)e^{im\phi}$$

in eine gewöhnliche Differentialgleichung überführen

$$-\frac{1}{\sin^2\theta}\sin\theta\frac{d}{d\theta}\sin\theta\frac{d\Theta(\theta)}{d\theta} + \frac{1}{\sin^2\theta}m^2\Theta(\theta) = \ell(\ell+1)\Theta(\theta).$$

Durch die Substitution $\xi = \cos\theta$ erhält man mit $\Theta(\theta) \stackrel{\text{def}}{=} P(\cos\theta)$.

$$(\xi^2-1)\frac{d^2P_\ell(\xi)}{d\xi^2} + 2\xi\frac{dP_\ell(\xi)}{d\xi} + \frac{m^2}{1-\xi^2}P(\xi) = \ell(\ell+1)P(\xi).$$

Für m=0 ist das die Differentialgleichung der Legendreschen Polynome P_ℓ

$$(\xi^2-1)\frac{d^2P_\ell(\xi)}{d\xi^2} + 2\xi\frac{dP_\ell(\xi)}{d\xi} = \ell(\ell+1)P_\ell(\xi).$$

Die zugeordneten Legendreschen Polynome P_ℓ^m können definiert werden durch

$$P_\ell^m(\xi) = (1-\xi^2)^{m/2}\frac{d^m}{d\xi^m}P_\ell(\xi), \quad m=0,1,\ldots,\ell .$$

Sie erfüllen die Differentialgleichung für P.

Eigenschaften der Kugelflächenfunktionen $Y_{\ell,m}$

(i) Die Funktionen $(\theta,\phi)\to Y_{\ell,m}(\theta,\phi)$, $0\le\theta\le\pi$, $0\le\phi<2\pi$, erfüllen die Differentialgleichungen

$$\left\{\frac{\partial^2}{\partial\theta^2} + \operatorname{ctg}\theta\frac{\partial}{\partial\theta} + \frac{1}{\sin^2\theta}\frac{\partial^2}{\partial\phi^2} + \ell(\ell+1)\right\}Y_{\ell,m}(\theta,\phi) = 0 ,$$

$$\frac{1}{i}\frac{\partial}{\partial\phi}Y_{\ell,m}(\theta,\phi) = mY_{\ell,m}(\theta,\phi) ,$$

$$\ell=0,1,2,\ldots, \quad m=-\ell,-\ell+1,\ldots,\ell .$$

(ii) Die Funktionen $(\theta,\phi)\to Y_{\ell,m}(\theta,\phi)$ sind orthonormiert, wobei die Integration über die Oberfläche einer Einheitskugel auszuführen ist:

$$\int_0^\pi d\theta \sin\theta \int_0^{2\pi} d\phi\; Y_{\ell,m}(\theta,\phi)^* Y_{\ell',m'}(\theta,\phi) = \delta_{\ell,\ell'}\delta_{m,m'} \quad ,$$

$$Y_{\ell,m}(\theta,\phi) = \tfrac{1}{2}\sqrt{\frac{(2\ell+1)}{\pi}\frac{(\ell-|m|)!}{(\ell+|m|)!}}\; P_\ell^{|m|}(\cos\theta)\, e^{im\phi} \quad .$$

(iii) Die ersten Kugelflächenfunktionen lauten explizit:

ℓ	$\|m\|$	Kugelflächenfunktion	Kode
0	0	$Y_{0,0}(\theta,\phi) = \sqrt{\frac{1}{4\pi}}$	s
1	0	$Y_{1,0}(\theta,\phi) = \sqrt{\frac{3}{4\pi}}\cos\theta$	pσ
	1	$Y_{1,\pm1}(\theta,\phi) = \sqrt{\frac{3}{8\pi}}\sin\theta\; e^{\pm i\phi}$	pπ
2	0	$Y_{2,0}(\theta,\phi) = \sqrt{\frac{5}{16\pi}}\,(3\cos^2\theta-1)$	dσ
	1	$Y_{2,\pm1}(\theta,\phi) = \sqrt{\frac{15}{8\pi}}\sin\theta\cos\theta\; e^{\pm i\phi}$	dπ
	2	$Y_{2,\pm2}(\theta,\phi) = \sqrt{\frac{15}{32\pi}}\sin^2\theta\; e^{\pm i2\phi}$	dδ

Durch geeignete Linearkombinationen erhält man *reelle* Funktionen, die nur noch Eigenfunktionen von $\hat{\ell}^2$ aber nicht mehr von $\hat{\ell}_z$ sind:

$$C_{\ell,m} \stackrel{\text{def}}{=} \text{const}(Y_{\ell,m}+Y_{\ell,-m})/2$$

$$S_{\ell,m} \stackrel{\text{def}}{=} \text{const}(Y_{\ell,m}-Y_{\ell,-m})/2i$$

Für die ersten Kugelflächenfunktionen ergibt sich dann gerade mit

$$x/r = \sin\theta\cos\phi$$
$$y/r = \sin\theta\sin\phi$$
$$z/r = \cos\theta$$

ℓ	$\|m\|$	$C_{\ell,m}$ (nicht normiert)	$S_{\ell,m}$ (nicht normiert)	$Y_{\ell,o}$ (nicht normiert)
0	0	----	----	1
1	0	----	----	$\frac{z}{r}$
	1	$\frac{x}{r}$	$\frac{y}{r}$	----
2	0	----	----	$\frac{2z^2-x^2-y^2}{r^2}$
	1	$\frac{xz}{r^2}$	$\frac{yz}{r^2}$	----
	2	$\frac{x^2-y^2}{r^2}$	$\frac{xy}{r^2}$	----

Weiterführende Literatur

Für weitere Eigenschaften und ausführliche Diskussionen konsultiere man die bekannten mathematischen Formelsammlungen wie etwa: E.Madelung: "Die Mathematischen Hilfsmittel des Physikers", Springer-Verlag, Berlin 1964, siebte Auflage. I.S.Gradshteyn, I.W.Ryzhik: "Table of Integrals, Series and Products", Academic Press, New York, 1965; Fourth edition, translated from the Russian. A.Korn, T.M.Korn: "Mathematical Handbook for Scientists and Engineers", McGraw-Hill, New York, 1961; second edition 1968. W.Magnus, F.Oberhettinger, R.P.Soni: "Formulas and Theorems for the Special Functions of Mathematical Physics", Springer-Verlag, Berlin 1966; third edition.

Historische Kodierung der Bahndrehimpulsquantenzahlen

Im Gegensatz zum Spin, wo auch halbganze Quantenzahlen vorkommen, treten bei den Bahndrehimpulsoperatoren $\hat{\ell}^2$ und $\hat{L}^2$, $\hat{\vec{L}} \stackrel{\text{def}}{=} \Sigma_j \hat{\vec{\ell}}_j$, nur ganzzahlige Quantenzahlen ℓ und L auf

$$\ell = 0,1,2,3,\ldots$$
$$L = 0,1,2,3,\ldots \quad .$$

Für die Eigenfunktionen zu den verschiedenen Drehimpulsquantenzahlen hat sich ein historischer, aus der Spektroskopie stammender Kode fest eingebürgert, so dass ein Chemiker folgende Bezeichnungen kennen sollte:

Quantenzahl ℓ Code	0 1 2 3 4 5 s p d f g h
Quantenzahl $\|m\|$ Code	0 1 2 3 σ π δ ϕ
Quantenzahl L Code	0 1 2 3 4 5 6 7 8 9 10 S P D F G H I K L M N

> *Zusammenfassung: Spezielle Drehimpulse*
>
> Der Spindrehimpulsoperator $\hat{S}^2$ hat die Eigenwerte $\hbar^2 S(S+1)$. In Systemen von N Spins $\frac{1}{2}$ kann S die ganzzahligen Werte 1,2,...,N/2 annehmen, falls N gerade ist, und die halbganzzahligen Werte $\frac{1}{2},\frac{3}{2},\ldots,N/2$, falls N ungerade ist. Bei festem S sind die möglichen Eigenwerte $\hbar M$ gegeben durch die 2S+1 Werte $M=-S,-S+1,\ldots,S-1,S$.
>
> Die gemeinsamen Eigenfunktionen des Bahndrehimpulsoperators $\hat{\ell}^2$ eines Elementarsystems und seiner z-Komponente $\hat{\ell}_z$ sind die Kugelflächenfunktionen $Y_{\ell,m}$. Die Eigenwerte von $\hat{\ell}^2$ sind $\hbar^2\ell(\ell+1)$ mit $\ell=0,1,2,\ldots$, im Gegensatz zum Spin, wo auch halbganze Werte vorkommen. Bei festem Wert von ℓ sind die möglichen Eigenwerte $\hbar m$ von $\hat{\ell}_z$ gegeben durch die $2\ell+1$ Werte $m=-\ell, -\ell+1,\ldots,\ell-1,\ell$. Dasselbe gilt für die Eigenfunktionen $Y_{L,M}$ des Bahndrehimpulses $\hat{L}^2=\Sigma\hat{\ell}_j^2$ zusammengesetzter Systeme und seiner z-Komponente $\hat{L}_z=\Sigma\hat{\ell}_{jz}$.

3.2.8 EINFACHE BEISPIELE FÜR DIE BEDEUTUNG DES DREHIMPULSES

Erstes Beispiel: Kernresonanz von zwei Atomkernen mit Spin $\frac{1}{2}$

Wir betrachten ein Kernresonanzexperiment mit zwei verschiedenen Spin $\frac{1}{2}$-Atomkernen, etwa einem Proton und einem C^{13}- Kohlenstoffkern. In einem äusseren homogenen Magnetfeld $\hat{B}=(0,0,B)$ ist die Zeemanenergie gegeben durch den Hamiltonoperator

$$-\gamma_1\vec{B}\hat{\vec{s}}_1 - \gamma_2\vec{B}\hat{\vec{s}}_2 = -\gamma_1 B\hat{s}_{1z} - \gamma_2 B\hat{s}_{2z} ,$$

wobei $\hat{\vec{s}}_j$ der Spinoprator und γ_j das gyromagnetische Verhältnis des j-ten Kerns ist. Die magnetische Dipol-Dipolkopplung zwischen den beiden Kernen wird in guter Näherung durch einen effektiven Kopplungsterm $J\hat{s}_{1z}\hat{s}_{2z}$ beschrieben werden, wobei $J\in\mathbb{R}$ eine effektive Kopplungskonstante ist. Damit heisst der für das Experiment relevante Hamiltonoperator $\hat{H}$

$$\hat{H} = \Omega_1\hat{s}_{1z} + \Omega_2\hat{s}_{2z} + (J/\hbar)\hat{s}_{1z}\hat{s}_{2z} ,$$

wobei wir bequemlichkeitshalber die Zeemanfrequenzen $\Omega_1 \stackrel{\text{def}}{=} -\gamma_1 B$ und $\Omega_2 \stackrel{\text{def}}{=} -\gamma_2 B$ eingeführt haben. Für die Spektroskopie sind die Energieeigenwerte E_j von $\hat{H}$ wichtig,

$$\hat{H}\Psi_j = E_j\Psi_j \quad , \quad j = 1,2,3,4 \quad .$$

Die Eigenfunktionen von $\hat{H}$ sind also zugleich auch Eigenfunktionen der z-Komponente des Spindrehimpulsoperators $\hat{S}=\hat{s}_1+\hat{s}_2$ zum Eigenwert m. Man findet leicht:

Eigenfunktion	m	Energieeigenwert
$\psi_1 = \alpha\otimes\alpha$	1	$E_1 = \frac{\hbar}{2}\Omega_1 + \frac{\hbar}{2}\Omega_2 + \frac{\hbar}{4}J$
$\psi_2 = \alpha\otimes\beta$	0	$E_2 = \frac{\hbar}{2}\Omega_1 - \frac{\hbar}{2}\Omega_2 - \frac{\hbar}{4}J$
$\psi_3 = \beta\otimes\alpha$	0	$E_3 = \frac{\hbar}{2}\Omega_1 + \frac{\hbar}{2}\Omega_2 - \frac{\hbar}{4}J$
$\psi_4 = \beta\otimes\beta$	-1	$E_4 = \frac{\hbar}{2}\Omega_1 - \frac{\hbar}{2}\Omega_2 + \frac{\hbar}{4}J$

Es sind 6 verschiedene Uebergänge von einem Energieeigenzustand zu einem andern möglich:

Uebergang	$\lvert\Delta m\rvert$	Art des Ueberganges
$\Psi_1\leftrightarrow\Psi_2$	1	1-Quantenübergang
$\Psi_1\leftrightarrow\Psi_3$	1	1-Quantenübergang
$\Psi_1\leftrightarrow\Psi_4$	2	2-Quantenübergang
$\Psi_2\leftrightarrow\Psi_3$	0	0-Quantenübergang
$\Psi_2\leftrightarrow\Psi_4$	1	1-Quantenübergang
$\Psi_3\leftrightarrow\Psi_4$	1	1-Quantenübergang

In erster Näherung sind nur 1-Quantenübergänge erlaubt, so dass man qualitativ das folgende Kernresonanzspektrum erhält:

Zweites Beispiel: Der starre Rotator

Das Modell eines starren Rotators kann klassisch durch eine Hantel charakterisiert werden: 2 Massenpunkte mit den Massen m_1 und m_2 sind durch einen festen Abstand r voneinander getrennt. Ein klassischer starrer Rotator mit dem Winkelgeschwindigkeitsvektor $\vec{\omega}$ und dem Drehimpuls $\vec{\ell}$ hat die kinetische Energie $T=\frac{1}{2}\vec{\ell}\cdot\vec{\omega}$. Dreht sich der Rotator um eine Hauptachse, so gilt $\vec{\omega}=\vec{\ell}/\mu r^2$, wobei $\mu=m_1m_2/(m_1+m_2)$ die reduzierte Masse des Rotators ist. Bezeichnet man mit $I \overset{\text{def}}{=} \mu r^2$ das Trägheitsmoment des Rotators, so erhält man mit

$$T = \frac{1}{2I}\ell^2, \quad \ell^2 \stackrel{\text{def}}{=} \vec{\ell}\cdot\vec{\ell}$$

die kinetische Energie in hamiltonscher Form. Da $\vec{\ell}=\vec{q}\times\vec{p}$ durch $\vec{q}$ und $\vec{p}$ ausgedrückt ist, kann man das Korrespondenzprinzip anwenden

$$\hat{T} = \frac{1}{2I}\,\hat{\ell}^2 .$$

Wirken keine äusseren Kräfte, so ist $\hat{T}$ der Hamiltonoperator des Systems. Damit hat das Energieeigenwertproblem $\hat{H}\Psi=E\Psi$ des quantenmechanischen starren Rotators

$$\frac{1}{2I}\,\hat{\ell}^2\Psi_{\ell,m} = E_\ell\Psi_{\ell,m}$$

die Lösung (vgl. 3.2.6)

$$\Psi_{\ell,m}(\theta,\phi) = Y_{\ell,m}(\theta,\phi) \quad ,$$

$$E_\ell = \frac{\hbar^2}{2I}\,\ell(\ell+1) \quad , \quad \ell = 0,1,2,\ldots \quad .$$

Da der Energieeigenwert E_ℓ nicht von m abhängig ist, ist das Energieniveau E_ℓ $(2\ell+1)$-fach entartet, d.h. zu jedem E_ℓ gibt es $(2\ell+1)$ linear unabhängige Eigenfunktionen. - Der quantenmechanische starre Rotator ist wichtig für die Diskussion der Rotationsspektren von Molekeln.

Drittes Beispiel: Wasserstoffähnliche Atome

Fixiert man den Atomkern, so ist die Dynamik der Elektronen invariant gegenüber Drehungen um den Kern. Daraus folgt, dass der Hamiltonoperator $\hat{H}$ eines Atoms mit fixiertem Kern mit dem Operator $\hat{\vec{J}}$ des atomaren Gesamtdrehimpulses vertauscht

$$[\hat{H},\hat{J}_x] = [\hat{H},\hat{J}_y] = [\hat{H},\hat{J}_z] = 0 .$$

Vernachlässigt man magnetische Wechselwirkungen, welche hier im Vergleich zur elektrostatischen Coulombwechselwirkung klein sind, so enthält $\hat{H}$ keine Spinoperatoren und vertauscht deshalb auch mit dem Bahndrehimpuls $\hat{\vec{L}}$ der Elektronen

$$[\hat{H},\hat{L}_x] = [\hat{H},\hat{L}_y] = [\hat{H},\hat{L}_z] = 0 .$$

Damit folgt:

$$[\hat{H},\hat{L}^2] = 0 \quad , \quad [\hat{H},\hat{L}_z] = 0 \quad , \quad [\hat{L}^2,\hat{L}_z] = 0 \quad ,$$

so dass die Operatoren $\hat{H}$, $\hat{L}^2$ und $\hat{L}_z$ gleichzeitig auf Diagonalform gebracht werden können:

$$\hat{H}\Psi_{n,L,M} = E_n\Psi_{n,L,M} \quad , \quad n = 1,2,3,\ldots$$

$$\hat{L}^2\Psi_{n,L,M} = \hbar^2 L(L+1)\Psi_{n,L,M} \quad , \quad L = 0,1,2,\ldots$$

$$\hat{L}_z\Psi_{n,L,M} = \hbar M\Psi_{n,L,M} \quad , \quad M = -L, -L+1, \ldots, L-1, L \quad .$$

In der historischen Atomtheorie von Bohr kamen diese "Quantenzahlen" auch vor: n hiess die "Hauptquantenzahl", L die "Nebenquantenzahl", und M die "magnetische Quantenzahl".

Die Vertauschbarkeit von $\hat{H}$, $\hat{L}^2$ und $\hat{L}_z$ vereinfacht die Lösung der Schrödingergleichung ganz erheblich. Dies wollen wir am Beispiel des Wasserstoffatoms etwas genauer verfolgen. Bei Vernachlässigung von magnetischen Wechselwirkungen ist der Hamiltonoperator $\hat{H}$ der elektronischen Bewegung um einen Atomkern der Ladung Ze_o in einem kernfesten Koordinatensystem mit Ursprung beim Kern gegeben durch

$$\hat{H} = \frac{1}{2\mu}\,\hat{p}^2 - \frac{Ze_o{}^2}{4\pi\varepsilon_o|\hat{\vec{q}}|} \quad .$$

Für das H-Atom ist Z=1, für das He^+-Ion ist Z=2, für das Li^{++}-Ion ist Z=3 und so fort. Die Konstante m ist im wesentlichen die Masse des Elektrons. Bei genauerer Rechnung ist die Mitbewegung des Atomkerns zu berücksichtigen. Es gilt dann nämlich $\mu = m_oM/(m_o+M) \approx m_o(1-m_o/M+\ldots) \approx m_o$, wobei m_o die Elektronenmasse und M die Kernmasse ist. Das Eigenwertproblem von $\hat{H}$ lautet in der Schrödingerdarstellung

$$-\frac{\hbar^2}{2\mu}\,\Delta\Psi(\vec{q}) - \frac{Ze_o{}^2}{4\pi\varepsilon_o|\vec{q}|}\,\Psi(\vec{q}) = E\Psi(\vec{q}) \quad .$$

Physikalisch ist es sinnvoll, Kugelkoordinaten einzuführen

$$q_x = r\,\sin\theta\,\cos\phi \ ,$$
$$q_y = r\,\sin\theta\,\sin\phi \ ,$$
$$q_z = r\,\cos\theta \quad .$$

Die Umrechnung des Laplaceoperators $\Delta = \partial^2/\partial q_x^2 + \partial^2/\partial q_y^2 + \partial^2/\partial q_z^2$ auf Kugelkoordinaten ist im Grunde einfach, in der Ausführung aber ziemlich mühsam, wie ein Blick in die mathematischen Formelsammlungen bestätigt. Man findet

$$\Delta = \frac{\partial^2}{\partial r^2} + \frac{2}{r}\frac{\partial}{\partial r} + \frac{1}{r^2\sin\theta}\frac{\partial}{\partial\theta}\left(\sin\theta\,\frac{\partial}{\partial\theta}\right) + \frac{1}{r^2\sin^2\theta}\frac{\partial^2}{\partial\phi^2} \ ,$$

was wir mit dem bekannten Ausdruck für $\hat{\ell}^2$

$$\hat{\ell}^2 = \frac{-\hbar^2}{\sin^2\theta}\left\{\sin\theta\,\frac{\partial}{\partial\theta}\left(\sin\theta\,\frac{\theta}{\partial\theta}\right) + \frac{\partial^2}{\partial\phi^2}\right\} \ ,$$

auch schreiben können als

$$\Delta = \frac{\partial^2}{\partial r^2} + \frac{2}{r}\frac{\partial}{\partial r} - \frac{1}{\hbar^2 r^2}\hat{\ell}^2 \quad .$$

Damit ergibt sich für die Schrödingergleichung wasserstoffähnlicher Atome

$$\left\{ \frac{\partial^2}{\partial r^2} + \frac{2}{r}\frac{\partial}{\partial r} + \frac{2\mu}{\hbar^2}\left(\frac{Ze_o{}^2}{4\pi\varepsilon_o r} + E \right) - \frac{1}{r^2\hbar^2}\hat{\ell}^2 \right\} \Psi(r,\theta,\phi) = 0 \ .$$

Da der Hamiltonoperator keine störenden Kreuzterme zwischen r, θ und ϕ enthält, kann man vermuten, dass die Schrödingergleichung mit einem Produktansatz

$$\Psi(r,\theta,\phi) = R(r)Y(\theta,\phi)$$

gelöst werden kann. Man findet in der Tat

$$\hbar^2 r^2 \left\{ \frac{\partial^2}{\partial r^2} + \frac{2}{r}\frac{\partial}{\partial r} + \frac{2\mu}{\hbar^2}\left(\frac{Ze_o{}^2}{4\pi\varepsilon_o r} + E \right)\right\} R(r)Y(\theta,\phi) = \hat{\ell}^2 R(r)Y(\theta,\phi) \quad .$$

Da die linke Seite keine Ableitung nach θ und nach ϕ und $\hat{\ell}^2$ keine Ableitung nach r enthält, kann man auch schreiben

$$\frac{\hbar^2 r^2}{R(r)} \left\{ \frac{\partial^2}{\partial r^2} + \frac{2}{r}\frac{\partial}{\partial r} + \frac{2\mu}{\hbar^2}\left(\frac{Ze_o{}^2}{4\pi\varepsilon_o r} + E \right)\right\} R(r) = \frac{1}{Y(\theta,\phi)}\hat{\ell}^2 Y(\theta,\phi) \ .$$

Die linke Seite ist nur eine Funktion von r und die rechte Seite nur eine Funktion von θ,ϕ. Deshalb müssen beide Seiten gleich einer Konstanten sein(vgl. a. 4.3.2)

$$\frac{1}{Y(\theta,\phi)}\hat{\ell}^2 Y(\theta,\phi) = \text{const} \ ,$$

$$\hat{\ell}^2 Y(\theta,\phi) = \text{const}Y(\theta,\phi) \quad ,$$

$$\text{const} = \hbar^2 \ell(\ell+1) \quad .$$

$Y(\theta,\phi)=Y_{\ell,m}(\theta,\phi)$ ist eine Kugelflächenfunktion. Damit ist der winkelabhängige Teil der Zustandsfunktion bestimmt. Für die Berechnung der Radialfunktion benützt man, dass auch die linke Seite gleich der Konstanten $\hbar^2\ell(\ell+1)$ist, dass also gilt

$$\left\{ \frac{\partial^2}{\partial r^2} + \frac{2}{r}\frac{\partial}{\partial r} + \frac{2\mu}{\hbar^2}\left(\frac{Ze_o{}^2}{4\pi\varepsilon_o r} + E \right)\right\} R(r) = \frac{\ell(\ell+1)}{r^2} R(r)$$

Die Einführung des Bohrschen Radius a vereinfacht die Notation

$$a \overset{\text{def}}{=} \frac{4\pi\varepsilon_o \hbar^2}{\mu e_o^2} \quad .$$

Ist μ gleich der Elektronenmasse m_o, so schreiben wir a_o

$$a_o \overset{\text{def}}{=} \frac{4\pi\varepsilon_o \hbar^2}{m_o e_o^2} = 1 \text{ at } E = 5{,}292\ldots\cdot 10^{-11} m = 0{,}5292\ldots \mathring{A}$$

und nennen a_o die atomare Einheit der Länge.

Damit folgt dann die sogenannte *Radialgleichung*

$$\left\{-\frac{d^2}{dr^2} - \frac{2}{r}\frac{d}{dr} - \frac{2Z}{a}\frac{1}{r} + \frac{\ell(\ell+1)}{r^2}\right\} R(r) = \frac{2\mu E}{\hbar^2} R(r)$$

für die Radialfunktion R und den Energiewert E. Die Lösungen dieser Differentialgleichung sind den Mathematikern schon lange bekannt, sie finden sich etwa in dem berühmten Werk von E.T.Whittaker, G.N.Watson: "A Course in Modern Analysis", 1902. Dies aber war Schrödinger 1925 nicht bekannt, und so hat er die Lösung mit Hilfe des Mathematikers Hermann Weyl selbst hergeleitet.

Die Lösungen der Radialgleichung hängen von zwei Quantenzahlen ℓ und n ab und lauten:

$$R_{n,\ell}(r) = N_{n,\ell}\, e^{-Zr/na} \left(\frac{2Z}{na} r\right)^{\ell} L^{2\ell+1}_{n-\ell-1}\left(\frac{2Z}{na} r\right)$$

$$n = 1,2,3,\ldots$$
$$\ell = 0,1,2,\ldots,n-1$$

Die Funktionen $L_n^{(s)}$ sind sogenannte *Laguerresche Polynome*, benannt nach dem französischen Mathematiker Edmond Laguerre, 1834-1886, und definiert durch*)

$$L_n^{(s)}(x) \overset{\text{def}}{=} \frac{1}{n!} e^x x^{-s} \frac{d^n}{dx^n}\{x^{n+s} e^{-x}\}$$

$$= \sum_{i=0}^{n} \binom{n+s}{n-i} \frac{(-x)^i}{i!} .$$

Die Normierungskonstanten $N_{n,\ell}$ sind festgelegt durch die Bedingung

$$\int_0^\infty |R_{n,\ell}(r)|^2 r^2 dr = 1 .$$

*) ***Warnung:*** Es gibt verschiedene Notationen für die Laguerreschen Polynome! Wir benützen hier die moderne Konvention nach M.Abramowitz und I.A.Stegun, "Handbook of Mathematical Functions", Dover, New York, 1965; und A.Erdély, W.Magnus, F.Oberhettinger, F.G.Tricomi, "Higher Transcendental Functions", Vol.2, MacGraw-Hill, New York, 1953.

Überraschenderweise hängen die Energieeigenwerte E nicht von ℓ, sondern nur von n ab. Es gilt

$$-E_1 = \frac{Z^2}{(4\pi\varepsilon_0)^2}\frac{\mu e_0^4}{2\hbar^2} \;, \quad E_n = E_1/n^2 \;, \quad n = 1,2,3,\ldots$$

$$\frac{1}{(4\pi\varepsilon_0)^2}\frac{m_0 e_0^4}{2\hbar^2} = 0{,}5 \text{ at } E \approx 13{,}6 \text{ eV} \approx 314 \text{ kcal Mol}^{-1} \approx 1313 \text{ kJ Mol}^{-1}$$

Für festes n kann ℓ die Werte $\ell = 0,1,2,\ldots,n-1$, für festes ℓ kann m die Werte $m = -\ell,-\ell+1,\ldots,+\ell$ annehmen. Somit ergeben sich für jedes E_n genau

$$\sum_{\ell=0}^{n-1} (2\ell+1) = n^2$$

linear unabhängige Eigenfunktionen $\Psi_{n,\ell,m}(r,\theta,\phi) = R_{n,\ell}(r)Y_{n,\ell}(\theta,\phi)$. Wir sagen daher, der Eigenwert E_n sei n^2-fach entartet.

Bemerkung: Lösung der Radialgleichung#

Für sehr grosse Werte von r reduziert sich die Radialgleichung wasserstoffähnlicher Atome zu

$$d^2R/dr^2 = \frac{1}{r_0^2} R \quad \text{mit} \quad -r_0^2 = \frac{\hbar^2}{2\mu E}$$

so dass wir für grosse r ein exponentielles Verhalten erwarten. Für sehr kleine Werte von r vereinfacht sich dagegen die Radialgleichung auf

$$\left\{-\frac{d^2}{dr^2} - \frac{2}{r}\frac{d}{dr} + \frac{\ell(\ell+1)}{r^2}\right\} R(r) = 0 \;.$$

Diese Gleichung wird durch r^ℓ gelöst, so dass wir

$$R(r) \sim r^\ell \quad \text{für} \quad r \to 0$$

erwarten. Diese grobe Diskussion des Funktionsverlaufs lässt den Ansatz

$$R(r) \overset{\text{def}}{=} \tilde{R}(x) = x^\ell e^{-x/2} F(x) \quad \text{mit} \quad x \overset{\text{def}}{=} 2r/r_0$$

plausibel erscheinen. Durch Einsetzen in die auf die dimensionslose Variable x umgeschriebene Radialgleichung

$$\left\{x\frac{d^2}{dx^2} + 2\frac{d}{dx} + Z\frac{r_0}{a} - \frac{1}{4}x - \ell(\ell+1)\frac{1}{x}\right\}\tilde{R}(x) = 0$$

erhalten wir eine Differentialgleichung für F

$$\left\{x\frac{d^2}{dx^2} + (2\ell+2-x)\frac{d}{dx} - \ell - 1 + Z\frac{r_0}{a}\right\} F(x) = 0 \;,$$

welche mit der Differentialgleichung

$$\left\{x\frac{d^2}{dx^2} + (s+1-x)\frac{d}{dx} + k\right\} L_k^{(s)}(x) = 0$$

für die Laguerrepolynome $L_k^{(s)}$ übereinstimmt. Mit $s = 2\ell+1$, $k = n-\ell-1$, $n = Z\frac{r_0}{a}$ folgt das Ergebnis

$$F(x) = L_{n-\ell-1}^{2\ell+1}(x),$$

und daraus

$$R(r) = \text{const.}\cdot e^{-r/r_0}\left(\frac{2r}{r_0}\right)^{\ell} L_{n-\ell-1}^{2\ell+1}\left(\frac{2r}{r_0}\right)$$

$$E_n = -\frac{\hbar^2}{2\mu r_0^2} = -\frac{Z^2\hbar^2}{2\mu a^2}\cdot\frac{1}{n^2},$$

wie behauptet.

*Aufgabe 3.2.5**
Man verifiziere durch Einsetzen in die Schrödingergleichung

$$-(\hbar^2/2\mu)\Delta\Psi - \frac{Ze_0}{4\pi\varepsilon_0 r}\Psi = E\Psi,$$

dass der 1s-Zustand durch $\Psi_{1s}(r,\theta,\phi) = \text{const.}\cdot\exp(-Zr/a)$, $E_{1s} = -Z^2\hbar^2/2\mu a^2$, gegeben ist.

Interessiert man sich für die Aufenthaltswahrscheinlichkeit als Funktion von r allein, so hat man über θ und ϕ zu integrieren und erhält damit die Wahrscheinlichkeit $W_{n,\ell}$, dass sich das Elektron mit $\Psi_{n,\ell,m}(r,\theta,\phi) = R_{n,\ell}(r)Y_{\ell,m}(\theta,\phi)$ als Zustandsfunktion in einer Kugelschale mit innerem Radius r und äusserem Radius r+dr befindet

$$W_{n,\ell}(r)dr = \int_0^{2\pi} d\phi \int_0^{\pi} \sin\theta\, d\theta\, r^2 dr |R_{n,\ell}(r)Y_{\ell,m}(\theta,\phi)|^2 = |R_{n,\ell}(r)|^2 r^2 dr.$$

Die ersten Eigenfunktionen wasserstoffähnlicher Atome

Kode	Quantenzahlen n	ℓ	m	Eigenfunktionen $\psi_{n\ell m}(r,\theta,\phi)$	Energie E_n / E_1	Entartung (ohne Spin) n^2
1s	1	0	0	$\psi_{100} = \frac{1}{\sqrt{\pi}} \left(\frac{Z}{a_0}\right)^{3/2} e^{-Zr/a_0}$	1	1
2s	2	0	0	$\psi_{200} = \frac{1}{4\sqrt{2\pi}} \left(\frac{Z}{a_0}\right)^{3/2} \left(2 - \frac{Zr}{a_0}\right) e^{-Zr/2a_0}$	1/4	4
$2p_0$	2	1	0	$\psi_{210} = \frac{1}{4\sqrt{2\pi}} \left(\frac{Z}{a_0}\right)^{3/2} \frac{Zr}{a_0} e^{-Zr/2a_0} \cos\theta$		
$2p_{\pm1}$	2	1	±1	$\psi_{21\pm1} = \frac{1}{8\sqrt{\pi}} \left(\frac{Z}{a_0}\right)^{3/2} \frac{Zr}{a_0} e^{-Zr/2a_0} \sin\theta e^{\pm i\phi}$		
3s	3	0	0	$\psi_{300} = \frac{1}{81\sqrt{3\pi}} \left(\frac{Z}{a_0}\right)^{3/2} \left(27 - 18 \frac{Zr}{a_0} + 2 \frac{Z^2r^2}{a_0^2}\right) e^{-Zr/3a_0}$	1/9	9
$3p_0$	3	1	0	$\psi_{310} = \frac{\sqrt{2}}{81\sqrt{\pi}} \left(\frac{Z}{a_0}\right)^{3/2} \left(6 - \frac{Zr}{a_0}\right) \frac{Zr}{a_0} e^{-Zr/3a_0} \cos\theta$		
$3p_{\pm1}$	3	1	±1	$\psi_{31\pm1} = \frac{1}{81\sqrt{\pi}} \left(\frac{Z}{a_0}\right)^{3/2} \left(6 - \frac{Zr}{a_0}\right) \frac{Zr}{a_0} e^{-Zr/3a_0} \sin\theta e^{\pm i\phi}$		
$3d_0$	3	2	0	$\psi_{320} = \frac{1}{81\sqrt{6\pi}} \left(\frac{Z}{a_0}\right)^{3/2} \frac{Z^2r^2}{a_0^2} e^{-Zr/3a_0} (3\cos^2\theta - 1)$		
$3d_{\pm1}$	3	2	±1	$\psi_{32\pm1} = \frac{1}{81\sqrt{\pi}} \left(\frac{Z}{a_0}\right)^{3/2} \frac{Z^2r^2}{a_0^2} e^{-Zr/3a_0} \sin\theta \cos\theta e^{\pm i\phi}$		
$3d_{\pm2}$	3	2	±2	$\psi_{32\pm2} = \frac{1}{162\sqrt{\pi}} \left(\frac{Z}{a_0}\right)^{3/2} \frac{Z^2r^2}{a_0^2} e^{-Zr/3a_0} \sin^2\theta e^{\pm 2i\phi}$		

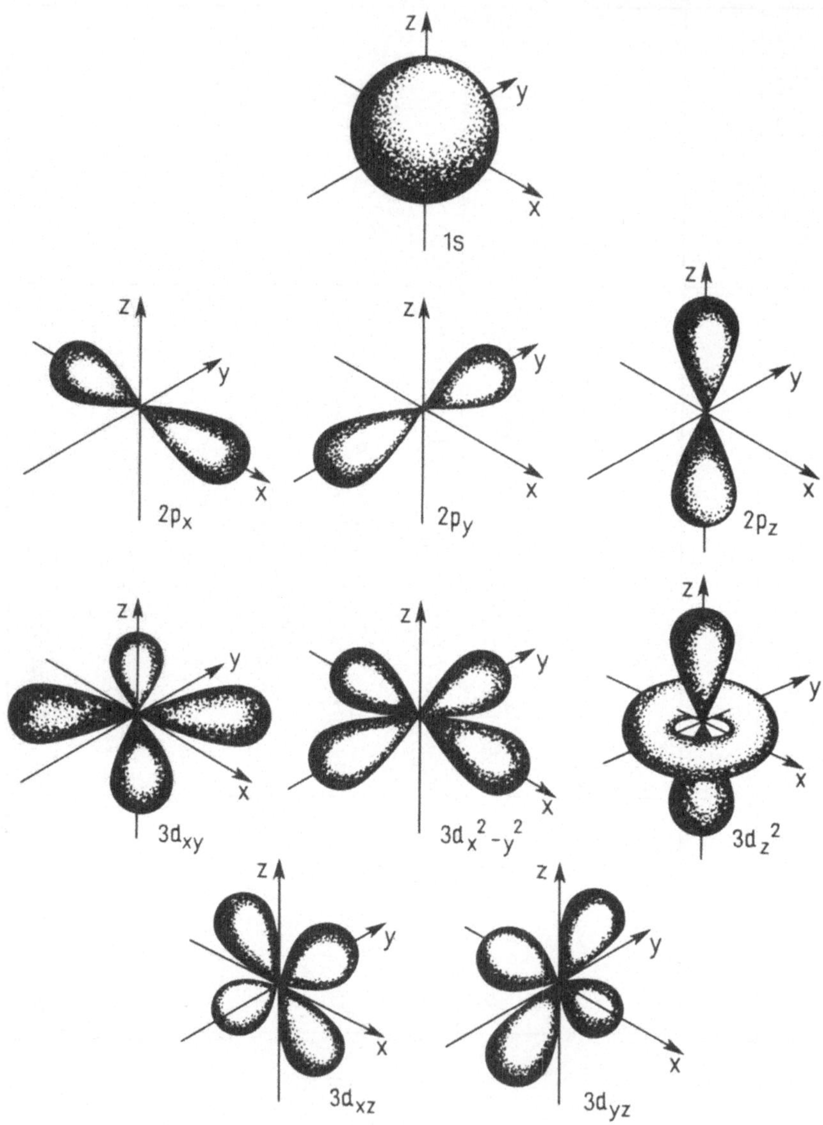
z
y
x
1s
2p_x
2p_y
2p_z
3d_xy
3d_x²-y²
3d_z²
3d_xz
3d_yz

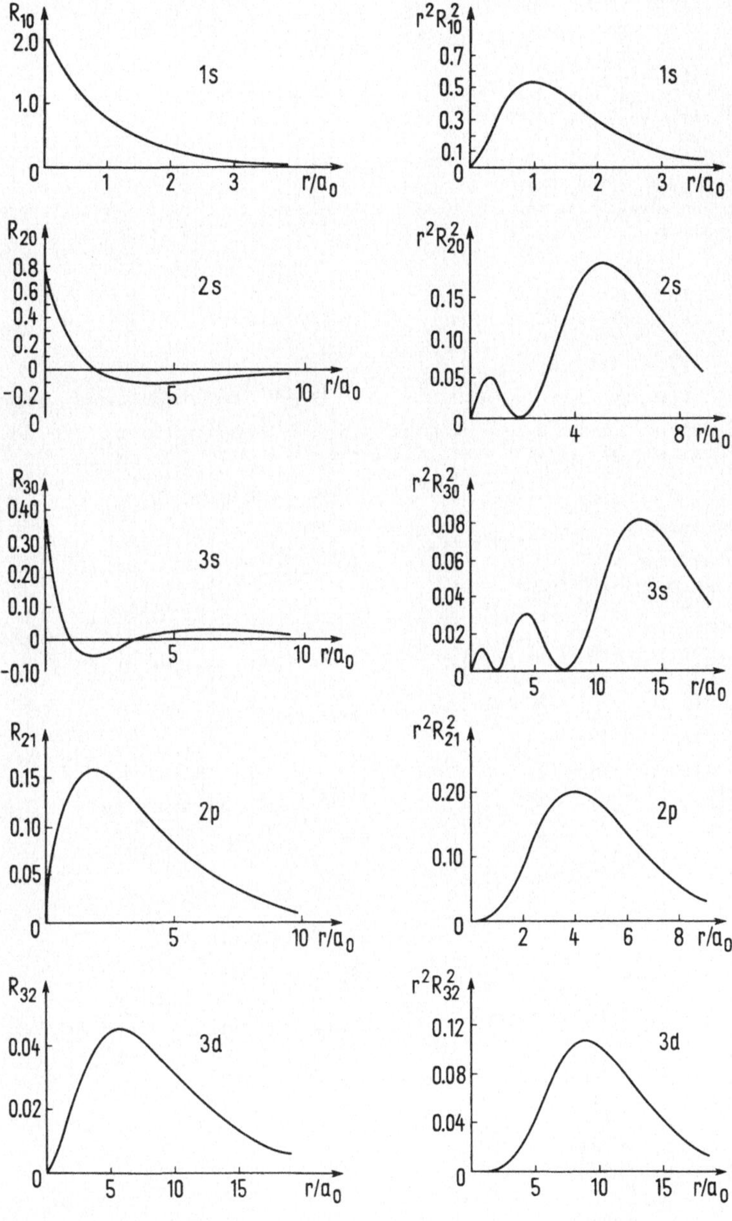

R_{10}
1s
$r^2R_{10}^2$
1s
R_{20}
2s
$r^2R_{20}^2$
2s
R_{30}
3s
$r^2R_{30}^2$
3s
R_{21}
2p
$r^2R_{21}^2$
2p
R_{32}
3d
$r^2R_{32}^2$
3d
r/a_0

3.2.9 WEITERE ÜBUNGSAUFGABEN

*Aufgabe 3.2.6**
Man zeige, dass die Matrixelemente des Operators $\hat{p} = \frac{\hbar}{i}\frac{d}{dx}$ eine selbstadjungierte Matrix bilden.

*Aufgabe 3.2.7**
Man zeige, dass der Operator $\hat{p}^2 = -\hbar^2 \frac{d^2}{dx^2}$ nur positive Erwartungswerte besitzt.

*Aufgabe 3.2.8**
Der Grundzustand des harmonischen Oszillators

$$\hat{H} = \frac{\hat{p}^2}{2m} + \frac{m\omega^2}{2}\hat{q}^2$$

ist gegeben durch die Funktion $\phi_0(x) = \left(\frac{2m\omega}{\pi\hbar}\right)^{1/4} \exp\{-(\frac{m\omega}{\hbar})x^2\}$. Man zeige, dass im Zustand ϕ_0 die Heisenbergsche Unschärferelation mit dem Gleichheitszeichen erfüllt wird, d.h. $\Delta p \cdot \Delta q = \hbar/2$, mit

$$\Delta p^2 = \langle\phi|(\hat{p}-\langle p\rangle)^2\phi\rangle \quad , \quad \Delta q^2 = \langle\phi|(\hat{q}-\langle q\rangle)^2\phi\rangle \, .$$

Aufgabe 3.2.9
In der folgenden Matrixdarstellung der Spinoperatoren

$$\hat{s}_x = \frac{\hbar}{2}\begin{pmatrix}0&1\\1&0\end{pmatrix} \quad , \quad \hat{s}_y = \frac{\hbar}{2}\begin{pmatrix}0&-i\\i&0\end{pmatrix} \quad , \quad \hat{s}_z = \frac{\hbar}{2}\begin{pmatrix}1&0\\0&-1\end{pmatrix}$$

sind $\alpha = \begin{pmatrix}1\\0\end{pmatrix}$ und $\beta = \begin{pmatrix}0\\1\end{pmatrix}$ die Eigenvektoren von $\hat{s}_z$. Man berechne:

(i) $\hat{s}_x^2 = ?$ $\hat{s}_y^2 = ?$

(ii) $\hat{s}_y\alpha = ?$ $\hat{s}_x\beta = ?$

(iii) $\langle\alpha|\hat{s}_y\beta\rangle = ?$; $\langle\beta|\hat{s}_x\beta\rangle = ?$; $\langle\beta|\hat{s}_z\beta\rangle = ?$

(iv) Sei $\hat{s}^+ \overset{\text{def}}{=} \hat{s}_x + i\hat{s}_y$ und $\hat{s}^- \overset{\text{def}}{=} \hat{s}_x - i\hat{s}_y$. Man berechne

$\hat{s}^+\alpha = ?$ $\hat{s}^+\beta = ?$

$\hat{s}^-\alpha = ?$ $\hat{s}^-\beta = ?$

*Aufgabe 3.2.10**
Sei $\Psi(x,s) = \begin{cases}\varphi(x) & \text{falls } s = 1/2\\ i\varphi(x) & \text{falls } s = -1/2\end{cases}$, $\phi(x,s) = \begin{cases}\varphi(x) & \text{falls } s = 1/2\\ -\varphi(x) & \text{falls } s = -1/2\end{cases}$

mit $\varphi(x) = \begin{cases}1 & \text{falls } 0 \le x \le 1\\ 0 & \text{sonst}\end{cases}$. Man berechne das Skalarprodukt $\langle\Psi|\phi\rangle$.

*Aufgabe 3.2.11****

Der effektive Protonen-Spin-Hamiltonoperator von 2-Bromo-5-Chloro-Thiophen in einem äusseren Magnetfeld $\vec{B} = (0,0,B)$ ist gegeben durch

$$\hat{H}_{\mathrm{mag}} = +\Omega_1 \hat{S}_{1z} + \Omega_2 \hat{S}_{2z} + \hbar^{-1} J \hat{\vec{S}}_1 \cdot \hat{\vec{S}}_2 \, .$$

Dabei ist $\hat{S}_i = (\hat{S}_{ix}, \hat{S}_{iy}, \hat{S}_{iz})$ der Spindrehimpulsoperator und $\Omega_i = \Omega(1-\delta_i)$ die Zeemanfrequenz des i-ten Protons. Ω ist die Zeemanfrequenz der Protonen in TMS, welche als Referenz dienen, und δ_i ist die chemische Verschiebung des i-ten Protons. J ist die Konstante der magnetischen Kopplung zwischen den beiden Protonenspins. Als Basis für den Spin-Hilbertraum verwende man

$$\alpha \otimes \alpha, \quad \alpha \otimes \beta, \quad \beta \otimes \alpha, \quad \beta \otimes \beta,$$

wobei α und β Eigenfunktionen von $\hat{S}_z$ zu den Eigenwerten $\hbar/2$ und $-\hbar/2$ sind. Die Spinoperatoren sind auf den Produktfunktionen $\Psi \otimes \Phi$ definiert durch

$$\hat{\vec{S}}_1\{\Psi \otimes \Phi\} \mathrel{\hat{=}} \{\hat{\vec{S}}\Psi\} \otimes \Phi \quad , \quad \hat{\vec{S}}_2\{\Psi \otimes \Phi\} \mathrel{\hat{=}} \Psi \otimes \{\hat{\vec{S}}\Phi\} \, .$$

Die vier Basisfunktionen sind damit Eigenfunktionen von $\hat{S}_{1z}$ und $\hat{S}_{2z}$.

1. Man stelle $\hat{H}_{\mathrm{mag}}$ in der angegebenen Basis dar.
2. Man gebe einen analytischen Ausdruck für die Eigenwerte von $\hat{H}_{\mathrm{mag}}$.
3. Man diskutiere die möglichen spektroskopischen Übergänge.
4. Man berechne die Übergangsfrequenzen numerisch für:
   $J = 3{,}9$ Hz , $\Omega_1 = 21200005{,}3$ Hz , $\Omega_2 = 21200000{,}0$ Hz.

*Aufgabe 3.2.12***

Man berechne das Matrixelement $\langle \Phi_1 | \hat{H} \Phi_2 \rangle$ des Operators

$$\hat{H} = \frac{\hat{p}^2}{2m} = \frac{-\hbar^2}{2m}\frac{d^2}{dx^2} \quad , \quad \Phi_j(x) = e^{-jx^2} \quad , \quad j = 1,2 \; .$$

Aufgabe 3.2.13: Normaler Zeeman-Effekt des Wasserstoff-Atoms*

Als normalen Zeeman-Effekt bezeichnet man die Aufspaltung der Spektrallinien in einem äusseren Magnetfeld bei vernachlässigbarer Spin-Bahn-Kopplung. - Man formuliere den Hamiltonoperator eines Wasserstoff-Atoms mit fixiertem Kern und Coulombwechselwirkung (vgl. 3.2.8) in einem klassischen äusseren Magnetfeld $\vec{B} = (0,0,B)$ in z-Richtung (vgl. 3.2.5). Spineffekte sollen nicht berücksichtigt werden. - Man bestimme die Eigenwerte dieses Hamiltonoperators und diskutiere das Ergebnis.

3.3 MEHRTEILCHENSYSTEME

3.3.1 QUANTENMECHANISCHE ELEMENTARSYSTEME

Ein quantenmechanisches Elementarteilchen hat grundsätzlich andere Eigenschaften als ein klassisches Punktteilchen. Dennoch diskutieren wir zunächst ein *klassisches* Punktteilchen, um dann über das Korrespondenzprinzip eine Beschreibung quantenmechanischer Elementarsysteme zu erhalten.

Bei einem *klassischen Punktteilchen* sind Masse und elektrische Ladung punktförmig konzentriert. Wir betrachten ein Punktteilchen der Masse M und der elektrischen Ladung Z (in atomaren Einheiten), das sich am Ort $\vec{q} \in \mathbb{R}^3$ befindet. Wir interessieren uns für die Ladungsdichte $\rho(\vec{r})$ am Ort $\vec{r}$. Für ein Punktteilchen gilt

$$\rho(\vec{r}) = 0 \qquad \text{falls } \vec{r} \neq \vec{q} \ ,$$

$$\rho(\vec{r}) = Z \cdot \infty \qquad \text{falls } \vec{r} = \vec{q} \ ,$$

und zwar so, dass das Integral über die Ladungsdichte die Ladung ergibt

$$Z = \int_{\mathbb{R}^3} \rho(\vec{r}) d^3r$$

Dies bedeutet, dass die Ladungsdichte eines Punktteilchens durch eine Deltafunktion zu beschreiben ist(vgl. 7.1.5)

$$\rho(\vec{r}) = Z\delta(\vec{r} - \vec{q})$$

Für ein System von N Punktteilchen mit den Ladungen $Z_1, Z_2, \ldots, Z_N$ folgt mit dem Superpositionsprinzip der Elektrostatik für die gesamte Ladungsdichte ρ

$$\rho(\vec{r}) = \sum_{n=1}^{N} Z_n \delta(\vec{r} - \vec{q}_n) \ ,$$

wobei $\vec{q}_n$ der Ortsvektor des n-ten Punktteilchens ist.

Die Ladungsdichte ρ eines N-Teilchensystems ist eine messbare physikalische Grösse. Mit Hilfe des Korrespondenzprinzips können wir diese Grösse in die Quantenmechanik transferieren. Der Operator $\hat{\rho}(\vec{r})$ der Ladungsdichte eines Systems von

N Elementarsystemen der Ladungszahl Z_n am Ort $\vec{r}$ ist damit gegeben durch

$$\hat{\rho}(\vec{r}) = \sum_{n=1}^{N} Z_n \delta(\vec{r} - \hat{\vec{q}}_n) \quad ,$$

wobei nun $\hat{\vec{q}}_n$ der Operator der Lagekoordinate des n-ten Teilchens ist.

Ein quantenmechanisches System mit dem Ladungsdichteoperator $Z\delta(\vec{r}-\hat{\vec{q}})$ heisst ein *elementares System* oder - üblicherweise aber irreführend - auch *Elementarteilchen*. Zusätzlich können solche elementaren Systeme auch noch einen *Spin* und damit magnetische Eigenschaften besitzen.

Zusammenfassung: Elementarsysteme

Ein quantenmechanisches elementares System ist charakterisiert durch Angabe seiner Masse m, seiner elektrischen Ladung Z, seines Spins s und seines gyromagnetischen Verhältnisses γ. Die Kinematik eines solchen Elementarteilchens ist durch die Operatoren $\hat{\vec{p}}$, $\hat{\vec{q}}$ und $\hat{\vec{s}}$ bestimmt, welche die Vertauschungsrelationen

$$[\hat{q}_\nu, \hat{p}_\mu] = i\hbar\,\delta_{\nu\mu}$$

$$[\hat{s}_1, \hat{s}_2] = i\hbar\,\hat{s}_3 \qquad \text{und zyklisch}$$

$$[\hat{q}_\nu, \hat{s}_\mu] = [\hat{p}_\nu, \hat{s}_\mu] = 0, \quad \nu,\mu = 1,2,3,$$

erfüllen. Der Operator der elektrischen Ladungsdichte ist gegeben durch $\hat{\rho}(\vec{r}) = Z\delta(\vec{r}-\hat{\vec{q}})$ und der Operator des spinmagnetischen Moments durch $\hat{\vec{\mu}} = \gamma\hat{\vec{s}}$.

3.3.2 BORNSCHE WAHRSCHEINLICHKEITSINTERPRETATION

Wir betrachten ein Quantensystem bestehend aus N unterscheidbaren elementaren Systemen mit den Ortsoperatoren

$$\hat{\vec{q}}_1, \hat{\vec{q}}_2, \ldots, \hat{\vec{q}}_N \quad ,$$

und den Spinoperatoren

$$\hat{\vec{s}}_1, \hat{\vec{s}}_2, \ldots, \hat{\vec{s}}_N \quad .$$

In der Schrödingerdarstellung können wir den Zustandsvektor Ψ des Systems darstellen durch eine Funktion

$$(\vec{q}_1, m_1, \ldots, \vec{q}_N, m_N) \to \Psi(\vec{q}_1, m_1, \ldots, \vec{q}_N, m_N) \quad ,$$

aus einem Hilbertraum mit innerem Produkt

$$\langle\Psi|\Phi\rangle = \sum_{m_1} \ldots \sum_{m_N} \int d^3q_1 \ldots \int d^3q_N \; \Psi(\vec{q}_1, m_1, \ldots, \vec{q}_N, m_N)^* \Phi(\vec{q}_1, m_1, \ldots, \vec{q}_N, m_N).$$

Die Schrödingerdarstellung ist charakterisiert durch

$$\{\hat{\vec{q}}_j \Psi\}(\vec{q}_1, m_1, \ldots, \vec{q}_N, m_N) = \vec{q}_j \Psi(\vec{q}_1, m_1, \ldots, \vec{q}_N, m_N)$$
$$\{\hbar^{-1} \hat{s}_{jz} \Psi\}(\vec{q}_1, m_1, \ldots, \vec{q}_N, m_N) = m_j \Psi(\vec{q}_1, m_1, \ldots, \vec{q}_N, m_N).$$

Der Erwartungswert des Ladungsdichteoperators

$$\hat{\rho}(\vec{r}) = \sum_{j=1}^{N} Z_j \delta(\vec{r} - \hat{\vec{q}}_j) \quad ,$$

vereinfacht sich im besonderen Fall eines 1-Teilchensystems zu

$$\langle\hat{\rho}(\vec{r})\rangle = Z \sum_m \int d^3q \; \Psi(\vec{q}, m)^* \delta(\vec{r} - \vec{q}) \Psi(\vec{q}, m)$$
$$= Z \sum_m |\Psi(\vec{r}, m)|^2$$

Wir können dieses Resultat wahrscheinlichkeitstheoretisch interpretieren:

$$|\Psi(\vec{r}, m)|^2 d^3r$$

ist die Wahrscheinlichkeit, das Teilchen im Volumenelement d^3r am Ort $\vec{r}$ in der Spinorientierung m anzutreffen.

Interessieren wir uns nicht für die Spinorientierung, so summieren wir die Wahrscheinlichkeitsdichte über alle möglichen Spinorientierungen und erhalten mit

$$\sum_m |\Psi(\vec{r},m)|^2 d^3r$$

die Wahrscheinlichkeit, das Teilchen im Volumenelement d^3r am Ort $\vec{r}$ anzutreffen (in irgendeiner Spinorientierung).

Um eine analoge Interpretation für ein 2-Teilchensystem, N=2, zu erhalten, führen wir den Paardichteoperator $\hat{\rho}_2(\vec{r}_1,\vec{r}_2)$ ein:

$$\hat{\rho}_2(\vec{r}_1,\vec{r}_2) \overset{\text{def}}{=} Z_1 Z_2 \delta(\vec{r}_1-\hat{\vec{q}}_1)\,\delta(\vec{r}_2-\hat{\vec{q}}_2)$$

mit dem Erwartungswert $\langle\Psi|\hat{\rho}_2(\vec{r}_1,\vec{r}_2)\Psi\rangle$ bezüglich einer 2-Teilchen-Zustandsfunktion Ψ

$$\begin{aligned}\langle\hat{\rho}(\vec{r}_1,\vec{r}_2)\rangle &= \langle\Psi|\hat{\rho}(\vec{r}_1,\vec{r}_2)\Psi\rangle = \\ &= \sum_{m_1}\sum_{m_2}\int d^3q_1 \int d^3q_2 \Psi(\vec{q}_1,m_1,\vec{q}_2,m_2)^* Z_1 Z_2\ \delta(\vec{r}_1-\hat{\vec{q}}_1)\cdot \\ &\qquad \cdot\delta(\vec{r}_2-\hat{\vec{q}}_2)\ \Psi(\vec{q}_1,m_1,\vec{q}_2,m_2) = \\ &= Z_1 Z_2 \sum_{m_1}\sum_{m_2} |\Psi(\vec{r}_1,m_1,\vec{r}_2,m_2)|^2\ .\end{aligned}$$

Auch dieser Ausdruck hat eine wahrscheinlichkeitstheoretische Interpretation:

$$|\Psi(\vec{r}_1,m_1,\vec{r}_2,m_2)|^2 d^3r_1 d^3r_2$$

ist die Wahrscheinlichkeit, im Volumenelement d^3r_1 bei $\vec{r}_1$ das erste Teilchen in der Spinorientierung m_1 und gleichzeitig im Volumenelement d^3r_2 bei $\vec{r}_2$ das zweite Teilchen in der Spinorientierung m_2 zu finden.

Beispiel: Wasserstoffatom
Ist $(\vec{q},m;\vec{Q},M) \rightarrow \Psi(\vec{q},m;\vec{Q},M)$ die Zustandsfunktion eines H-Atoms (mit nicht fixiertem Kern) und bezeichnet $(\vec{q},m)$ die Elektronen- und $(\vec{Q},M)$ die Kernkoordinaten, so ist $|\Psi(\vec{r},m,\vec{R},M|^2 d^3r\, d^3R$ die Wahrscheinlichkeit, das Elektron bei $\vec{r}$ in Spinorientierung m und zugleich das Proton bei $\vec{R}$ in Spinorientierung M anzutreffen.

Ohne Schwierigkeiten verallgemeinert man diese Ueberlegungen auf den N-Teilchenfall und erhält damit die folgende, von Max Born im Jahre 1926 eingeführte *Wahrscheinlichkeitsinterpretation der Zustandsfunktion* Ψ.

Zusammenfassung: Wahrscheinlichkeitsinterpretation
In einem System von N unterscheidbaren Elementarsystemen ("Teilchen") ist

$$|\Psi(\vec{r}_1,m_1,\vec{r}_2,m_2,\ldots,\vec{r}_N,m_N)|^2 d^3r_1 d^3r_2 \ldots d^3r_N$$

die Wahrscheinlichkeit, im Volumenelement d^3r_1 am Ort $\vec{r}_1$ das erste Teilchen in der Spinorientierung m_1, gleichzeitig im Volumenelement d^3r_2 am Ort $\vec{r}_2$ das zweite Teilchen in der Spinorientierung m_2, ... und gleichzeitig im Volumenelement d^3r_N am Ort $\vec{r}_N$ das N-te Teilchen in der Spinorientierung m_N zu finden.

3.3.3 IDENTISCHE TEILCHEN

Quantenmechanische Elementarsysteme wie Elektronen sind durch die Parameter Masse, Spin und elektromagnetische Multipolmomente wie elektrische Ladung, gyromagnetisches Verhältnis erschöpfend charakterisiert. Das heisst, Elementarsysteme mit denselben Parametern sind im strengsten Sinne des Wortes *identisch*. Diese Tatsache hat erstaunliche Konsequenzen.

Betrachten wir zunächst ein 2-Teilchensystem. Sind die beiden Teilchen identisch, so können wir sie nicht unterscheiden, d.h. die Erwartungswerte aller Observablen ändern sich nicht, wenn in der Zustandsfunktion Ψ die Koordinaten der beiden Teilchen vertauscht werden. Dies ist offensichtlich der Fall, wenn gilt

$$\Psi(\vec{q}_1,m_1;\vec{q}_2,m_2) = \pm\,\Psi(\vec{q}_2,m_2;\vec{q}_1,m_1)\ .$$

Steht das Pluszeichen, so heisst Ψ *symmetrisch*, und steht das Minuszeichen, so heisst Ψ *antisymmetrisch*.

Sei nun allgemeiner Ψ die Zustandsfunktion eines Systems von N ununterscheidbaren Elementarsystemen, und sei weiter $\hat{\Pi}_{jk}$ ein Permutationsoperator, welcher die Koordinaten des j-ten und des k-ten Elementarsystems miteinander vertauscht

$$\{\hat{\Pi}_{jk}\Psi\}(\vec{q}_1,m_1;\ldots;\vec{q}_j,m_j;\ldots;\vec{q}_k,m_k;\ldots;\vec{q}_N,m_N) \stackrel{\text{def}}{=}$$
$$\Psi(\vec{q}_1,m_1;\ldots;\vec{q}_k,m_k;\ldots;\vec{q}_j,m_j;\ldots;\vec{q}_N,m_N).$$

Definition: Symmetrie und Antisymmetrie

Eine Zustandsfunktion Ψ eines Systems von N ununterscheidbaren Elementarsystemen heisst *symmetrisch*, falls gilt

$$\hat{\Pi}_{jk}\Psi = +\Psi$$

und *antisymmetrisch*, falls gilt

$$\hat{\Pi}_{jk}\Psi = -\Psi$$

für alle Paare $j,k = 1,2,\ldots,N, j \neq k$.

Für derartige Systeme gilt das *verallgemeinerte Pauliprinzip*, welches besagt, dass die Zustandsfunktion eines Systems identischer Elementarteilchen immer entweder symmetrisch oder antisymmetrisch ist. Elementarsysteme, welche zu symmetrischen Zustandsfunktionen führen, heissen *Bosonen*, und Elementarsysteme, welche zu antisymmetrischen Zustandsfunktionen führen, heissen *Fermionen*.

Erfahrungstatsache
Bosonen haben ganzzahligen Spin: $s = 0,1,2,3\ldots$, und Fermionen haben halbganzzahligen Spin: $s = 1/2, 3/2, 5/2, \ldots$ Eine Erklärung dafür gibt die relativistische Quantenmechanik (***Pauli***, 1940).

Beispiele für Bosonen
Das Photon (Spin 1), He^4 (Spin 0), C^{12} (Spin 0).

Beispiele für Fermionen
Das Elektron, das Proton, das Neutron und das Neutrino haben Spin 1/2 ebenso wie He^3 und C^{13}.

Bosonen- und Fermionensysteme verhalten sich grundsätzlich verschieden. Die Symmetrie der Zustandsfunktion in Systemen identischer Bosonen ist die Grundlage für die Erklärung der Strahlung schwarzer Körper (*Planck*, 1900), der Supraleitung (*Bardeen*, *Cooper* und *Schrieffer*, 1957) und der Suprafluidität. So wird He^4 bei 2,186 K suprafluid. Es besitzt dann keinen Reibungswiderstand mehr und hat unendlich grosse Wärmeleitfähigkeit. Dagegen bleibt He^3 bis zu viel tieferen Temperaturen eine normale Flüssigkeit. Die Antisymmetrie der Zustandsfunktion von Fermionensystemen, das "Ausschliessungsprinzip" von Pauli (1925), ist die Grundlage für die Erklärung des periodischen Systems der Elemente und damit ein Grundpfeiler für die Erklärung des Verhaltens der molekularen Materie.

Im folgenden werden uns vor allem Elektronen interessieren. Da Elektronen Spin 1/2 besitzen und deshalb Fermionen sind, gilt:

Die Zustandsfunktion eines Mehrelektronensystems ist immer antisymmetrisch.

Dieses sogenannte Pauliprinzip ist von erstrangiger Bedeutung für die theoretische Chemie, es ist ein Naturgesetz. Es ist zugleich eines der wenigen Naturgesetze, die *rein qualitativ* formuliert werden können. Es erklärt unter anderem die bedeutsame Tatsache, dass "nicht zwei Körper am selben Ort sein können" (Aristoteles, "Physikvorlesung", Buch IV, vgl. Aristoteles, Werke, Bd. 11. Akademie-Verlag, 1979, S.94).

*Aufgabe 3.3.1**: Aufenthaltswahrscheinlichkeit*
Sei $(\vec{q}_1,m_1;\ldots;\vec{q}_N,m_N) \to \Psi(\vec{q}_1,m_1;\ldots;\vec{q}_N,m_N)$ die Zustandsfunktion eines N-Elektronen-Systems. Die Wahrscheinlichkeit, am Ort $\vec{r}\in\mathbb{R}^3$ ein Elektron anzutreffen, ist gegeben durch die Erwartungswerte des Operators $N^{-1}\hat{\rho}(\vec{r}) = N^{-1}\Sigma\delta(\vec{r}-\vec{q}_i)$, wobei $\delta(\cdot)$ die Deltafunktion bezeichnet. Man zeige, dass die Aufenthaltswahrscheinlichkeit bezüglich Ψ gegeben ist durch

$$\rho_\Psi(r) = \sum_{m_1=-\frac{1}{2}}^{+1/2}\cdots\sum_{m_N=-\frac{1}{2}}^{+1/2}\int_{\mathbb{R}^3} d^3q_2\ldots\int_{\mathbb{R}^3} d^3q_N |\Psi(\vec{r},m_1;\vec{q}_2,m_2;\ldots;\vec{q}_N,m_N)|^2 .$$

Aufgabe 3.3.2: Ladungsdichte*
Sei $\Phi(\vec{q}_1,m_1;\vec{q}_2,m_2) = \Psi(\vec{q}_1,\vec{q}_2)\cdot\chi(m_1,m_2)$, $\Psi(\vec{q}_1,\vec{q}_2) \stackrel{\text{def}}{=} (1/\sqrt{2})\{\phi_1(\vec{q}_1)\cdot\phi_2(\vec{q}_2) - \phi_1(\vec{q}_2)\phi_2(\vec{q}_1)\}$, $\chi(m_1,m_2) = \chi(m_2,m_1)$, die Zustandsfunktion eines 2-Elektronensystems und gelte

$$\int_{\mathbb{R}^3} d^3q\, \phi_i^*(\vec{q})\phi_j(\vec{q}) = \delta_{ij} , \quad i,j = 1,2 ,$$

$$\sum_{m_1=-\frac{1}{2}}^{1/2}\ \sum_{m_2=-\frac{1}{2}}^{1/2} \chi^*(m_1,m_2)\chi(m_1,m_2) = 1 .$$

a. Man zeige, dass Φ dem Pauliprinzip genügt.

b. Man berechne unter Verwendung des Ergebnisses der vorhergehenden Aufgabe den Erwartungswert des Ladungsdichteoperators

$$\hat{\rho}(\vec{r}) = \{\delta(\vec{r}-\vec{q}_1)+\delta(\vec{r}-\vec{q}_2)\}.$$

Zusammenfassung: Identische Teilchen

Die Zustandsfunktion eines Systems identischer Elementarsysteme ("Teilchen") ist entweder symmetrisch oder antisymmetrisch unter einer Permutation der Teilchenkoordinaten. Elementarsysteme mit ganzzahligem Spin führen zu symmetrischen Zustandsfunktionen und heissen Bosonen. Elementarsysteme mit halbganzzahligem Spin führen zu antisymmetrischen Zustandsfunktionen und heissen Fermionen. Elektronen haben Spin 1/2 und sind Fermionen. Zustandsfunktionen von Mehrelektronensystemen sind antisymmetrisch.

3.4 KLASSISCHE OBSERVABLE UND SUPERAUSWAHLREGELN

3.4.1 *KLASSISCHE OBSERVABLE IN DER CHEMIE*

Wir nennen eine Eigenschaft *quantenmechanisch*, wenn zu der ihr entsprechenden Observablen eine inkompatible Observable existiert, und *klassisch*, wenn dies nicht der Fall ist. Die klassischen Eigenschaften eines Systems sind bestimmt durch seine Observablenalgebra, deren Zentrum die klassischen Observablen bilden.

Definition: Observablenalgebra

Im Hilbertraumformalismus der Quantenchemie sind Observable lineare Operatoren, welche auf dem Hilbertraum der Zustandsvektoren agieren. Jedoch sind nicht notwendigerweise alle Operatoren auch Observable. Es sei $\{\hat{O}_1, \hat{O}_2, \ldots\}$ ein Satz von physikalisch erklärten Observablen. Bildet man alle möglichen Linearkombinationen $\hat{A}, \hat{B}$

$$\hat{A} \overset{\text{def}}{=} \sum_i \alpha_i \hat{O}_i \quad , \quad \alpha_i \in \mathbb{C}$$
$$\hat{B} \overset{\text{def}}{=} \sum_i \beta_i \hat{O}_i \quad , \quad \beta_i \in \mathbb{C}$$

sowie alle möglichen Produkte und Potenzen von $\hat{A}$ und $\hat{B}$, dann bildet die so erhaltene Menge A eine *Algebra*, d.h. eine Struktur, welche unter der Addition und Multiplikation abgeschlossen ist. Das Zentrum Z einer Algebra A ist definiert als die Menge derjenigen Elemente von A, welche mit *allen* Elementen von A vertauschen,

$$Z = \{\hat{Z} \mid \hat{Z} \in A \ , \ \hat{Z}\hat{A} = \hat{A}\hat{Z} \text{ für jedes } \hat{A} \in A\} \ .$$

Das Zentrum jeder Algebra ist eine Algebra mit kommutativer Multiplikation. Im physikalischen Kontext heisst A die *Algebra der Observablen*, die selbstadjungierten Elemente von A heissen *Observable*, die selbstadjungierten Elemente von Z heissen *klassische Observable*.

Beispiel einer Observablenalgebra mit Zentrum

Es sei $\{\sigma_1 \otimes \sigma_3, \ \sigma_2 \otimes \sigma_3, \ \sigma_3 \otimes \sigma_3\}$ ein Satz von physikalisch erklärten Observablen, wobei $\sigma_1, \sigma_2, \sigma_3$ die Paulimatrizen sind,

$$\sigma_1 = \begin{pmatrix} 0 & 1 \\ 1 & 0 \end{pmatrix} , \ \sigma_2 = \begin{pmatrix} 0 & -i \\ i & 0 \end{pmatrix} , \ \sigma_3 = \begin{pmatrix} 1 & 0 \\ 0 & -1 \end{pmatrix} .$$

Die von diesen drei Operatoren erzeugte Algebra heisse A. Dann können sämtliche Elemente von A durch 4×4-Matrizen der Form

$$\left(\begin{array}{cc|cc} + & + & 0 & 0 \\ + & + & 0 & 0 \\ \hline 0 & 0 & + & + \\ 0 & 0 & + & + \end{array}\right)$$

dargestellt werden. Die Elemente des Zentrums haben dann die allgemeine Form

$$\left(\begin{array}{cc|cc} a & 0 & 0 & 0 \\ 0 & a & 0 & 0 \\ \hline 0 & 0 & b & 0 \\ 0 & 0 & 0 & b \end{array}\right) \quad \text{mit} \quad a,b \in \mathbb{C} .$$

Aufgabe 3.4.1
Man beweise die im obenstehenden Beispiel aufgestellten Behauptungen.

Typischerweise besitzen chemische Systeme nebeneinander sowohl klassische als auch quantenmechanische Eigenschaften. Im Sinne einer Faustregel kann man sagen, dass mit der Grösse und Komplexität molekularer Systeme die Zahl ihrer klassischen Eigenschaften zunimmt. Ein Proton beispielsweise besitzt nur drei klassische Eigenschaften: Ladung, Masse und Spin. Bei einer Molekel wie Alanin kommen Chiralität und Kerngerüst hinzu, bei einem Eiweissmolekül die Faltungsstruktur und in makroskopischen Stoffsystemen Grössen wie Temperatur und chemisches Potential.

Im allgemeinen sind klassische Observable bzw. die mit ihnen assoziierten Superauswahlregeln nicht naturgesetzlich gegeben. Es ist eine nicht vollständig geklärte Frage, ob es überhaupt universell gültige Superauswahlregeln gibt. Als möglicher Kandidat käme am ehesten wohl die elektrische Ladung in Betracht. Die Masse hingegen ist nur in galileirelativistischen Theorien eine klassische Observable, nicht aber in lorentzrelativistischen Theorien wie etwa in der speziellen Relativitätstheorie. Typischerweise folgen klassische Observable aus einer speziellen Betrachtungsweise, welche den experimentellen Umgang mit dem betrachteten System idealisiert. Im mathematischen Formalismus können sie häufig durch geeignete Grenzübergänge gewonnen werden. So erzeugt beispielsweise der Limes Lichtgeschwindigkeit $c \to \infty$ mit dem Grenzübergang von der Lorentzgruppe zur Galileigruppe die Masse als klassische Observable. Temperatur und chemisches Potential, als klassische Observable, werden gewonnen durch den Übergang zu Systemen mit unendlich vielen Freiheitsgraden. Die für die Chemie so wichtige klassische Vorstellung eines Kerngerüstes entsteht durch eine asymptotische Entwicklung nach Potenzen des als klein betrachteten Verhältnisses von Elektronenmasse zur Kernmasse. In anderen Fällen entstehen Superauswahlregeln durch scheinbar vernachlässigbar kleine Wechselwirkung als isoliert betrachteter molekularer Systeme mit ihrer Umgebung. Ein Beispiel dafür ist möglicherweise die Entstehung der Chiralität von Molekeln unter dem Einfluss des elektromagnetischen Strahlungsfeldes.

Am leichtesten zugänglich sind jene klassischen Observablen, die sich ohne jeden Grenzübergang unmittelbar aus Symmetrieüberlegungen herleiten lassen. In derartigen Fällen ist die spezielle Betrachtungsweise, welche auf die klassischen Observablen führt, durch eine Symmetrieforderung im Formalismus der Theorie verankert. Die klassischen Observablen ergeben sich dann in besonders durchsichtiger, einfacher Weise, wofür wir in den Abschnitten 3.4.3 unf 3.4.4 drei einfache Beispiele anführen wollen.

3.4.2# INKOHÄRENTE SUPERPOSITIONEN UND SUPERAUSWAHLREGELN

Jeder klassischen Observablen entspricht eine Einschränkung des quantenmechanischen *Superpositionsprinzips* sowie ein Satz von *Superauswahlregeln*. Das Superpositionsprinzip besagt, dass *alle* Zustandsvektoren aus dem Hilbertraum eines quantenmechanischen Systems mit endlich vielen Freiheitsgraden *reine Zustände* beschreiben.

Definition: Reine Vektorzustände

Ein Vektor Ψ beschreibt einen reinen Zustand, falls die Gleichung

$$\langle\Psi|\hat{A}\Psi\rangle = \lambda_1\langle\Psi_1|\hat{A}\Psi_1\rangle + \lambda_2\langle\Psi_2|\hat{A}\Psi_2\rangle \text{ für alle Observablen } \hat{A}$$

impliziert

$$\lambda_1 = 0 \text{ oder } \lambda_2 = 0 \text{ oder } \Psi_1 = c\,\Psi_2\,,\ c \in \mathbb{C}\,.$$

Andernfalls beschreibt Ψ einen *gemischten* Zustand.

Gilt das Superpositionsprinzip, so folgt unmittelbar, dass *jede* Linearkombination zweier Zustandsvektoren Ψ_1 und Ψ_2

$$\Psi = c_1\Psi_1 + c_2\Psi_2 \quad , \quad c_1, c_2 \in \mathbb{C},$$

wieder einen reinen Zustand beschreibt. Man sagt dann, Ψ sei eine *kohärente Superposition* von Ψ_1 und Ψ_2. Berechnet man den Erwartungswert einer Observablen $\hat{A}$ bezüglich Ψ

$$\begin{aligned} \langle\Psi|\hat{A}\Psi\rangle &= \langle c_1\Psi_1 + c_2\Psi_2|\hat{A}(c_1\Psi_1 + c_2\Psi_2)\rangle \\ &= |c_1|^2\langle\Psi_1|\hat{A}\Psi_1\rangle + c_1^*c_2\langle\Psi_1|\hat{A}\Psi_2\rangle + c_2^*c_1\langle\Psi_2|\hat{A}\Psi_1\rangle + |c_2|^2\langle\Psi_2|\hat{A}\Psi_2\rangle \end{aligned}$$

so ist das Auftreten von Null verschiedener *Interferenzterme* $\langle\Psi_1|\hat{A}\Psi_2\rangle$ und $\langle\Psi_2|\hat{A}\Psi_1\rangle$ kennzeichnend für kohärente Superpositionen.

Definition: Inkohärente Superpositionen

Zwei Vektoren Ψ_1 und Ψ_2 heissen *inkohärent*, falls gilt

$$\langle c_1\Psi_1 + c_2\Psi_2|\hat{A}(c_1\Psi_1 + c_2\Psi_2)\rangle = |c_1|^2\langle\Psi_1|\hat{A}\Psi_1\rangle + |c_2|^2\langle\Psi_2|\hat{A}\Psi_2\rangle$$

für alle Observablen $\hat{A}$ und für alle $c_1, c_2 \in \mathbb{C}$. Die Linearkombination $\Psi = c_1\Psi_1 + c_2\Psi_2$ heisst dann eine *inkohärente Superposition* von Ψ_1 und Ψ_2.

Bei einer inkohärenten Superposition verschwinden also die Interferenzterme:

$$c_1^*c_2\langle\Psi_1|\hat{A}\Psi_2\rangle + c_2^*c_1\langle\Psi_2|\hat{A}\Psi_1\rangle = 0 \quad .$$

Ersetzt man in der Linearkombination c_2 durch ic_2 so ergibt sich

$$ic_1^*c_2\langle\Psi_1|\hat{A}\Psi_2\rangle - ic_2^*c_1\langle\Psi_2|\hat{A}\Psi_1\rangle = 0 \quad ,$$

und aus beiden Gleichungen zusammen folgt

$$\langle\Psi_1|\hat{A}\Psi_2\rangle = \langle\Psi_2|\hat{A}\Psi_1\rangle = 0$$

für alle Observablen $\hat{A}$.

Definition: Superauswahlregel

Verschwinden für zwei Vektoren Ψ und Φ die Matrixelemente *aller* Observablen $\hat{A}$, d.h. gilt

$$\langle\Psi|\hat{A}\Phi\rangle = \langle\Phi|\hat{A}\Psi\rangle = 0 \text{ für alle } \hat{A} \quad ,$$

so sagt man, es bestehe eine Superauswahlregel zwischen Ψ und Φ.

Bemerkung: Auswahlregeln
Verschwindet das Matrixelement $\langle\Psi|\hat{A}\Phi\rangle$ für einen Operator $\hat{A}$, so spricht man in der Spektroskopie von einer Auswahlregel und meint damit, dass in erster Näherung der Störoperator $\hat{A}$ das System nicht aus dem zu Ψ gehörigen Zustand in den zu Φ gehörigen Zustand überführen kann. Gilt dies für ***alle*** Operatoren $\hat{A}$, so spricht man von einer Superauswahlregel zwischen Ψ und Φ.

Die Menge aller Vektoren aus einem Hilbertraum H, welche durch eine Superauswahlregel von einem Vektor $\Psi \in H$ getrennt sind, ist abgeschlossen unter Addition und Multiplikation mit Skalaren, sie bildet einen Unter-Hilbertraum $H^{\perp}$ von H. Dann gibt es einen Projektionsoperator $\hat{P}^{\perp} = (\hat{P}^{\perp})^2 = (\hat{P}^{\perp})^*$, welcher von H auf $H^{\perp}$ projiziert:

$$\hat{P}^{\perp}\Phi \in H^{\perp} \quad \text{für alle } \Phi \in H \quad .$$

Ist $\hat{P}^{\perp}$ ein Projektionsoperator, so ist der Operator

$$\hat{P} \overset{\text{def}}{=} \hat{1} - \hat{P}^{\perp}$$

gleichfalls ein Projektionsoperator, d.h. $\hat{P} = \hat{P}^2 = \hat{P}^*$, welcher auf den Unterraum

$$H^{\|} \overset{\text{def}}{=} \hat{P} H$$

jener Vektoren projiziert, die mit Ψ kohärent superponiert werden können. Ein solcher Unterraum heisst ein *Sektor*.

Die Gültigkeit des Superpositionsprinzips ist auf die Sektoren eines Hilbertraumes eingeschränkt. In Systemen *ohne* Superauswahlregeln ist der *gesamte* Hilbertraum ein Sektor, d.h. das Superpositionsprinzip gilt uneingeschränkt. In Systemen mit Superauswahlregeln gilt das Superpositionsprinzip nicht mehr universell.

Wir wollen nun zeigen, dass jede Superauswahlregel einen Satz von klassischen Observablen erzeugt. Es sei $S \subset H$ $(S \neq H)$ ein Sektor, und $\hat{P}$ der dazugehörige Projektionsoperator

$$S = \hat{P} H .$$

Weiters seien $\Psi, \Phi \in H$ zwei beliebige Vektoren in H mit nichtverschwindender Norm, $\|\Psi\| \neq 0$, $\|\Phi\| \neq 0$. Dann besteht zwischen $\Psi^{\|} \overset{\text{def}}{=} \hat{P}\Psi$ und $\Phi^{\perp} \overset{\text{def}}{=} (\hat{1}-\hat{P})\Phi$ eine Superauswahlregel, ebenso zwischen $\Psi^{\perp} \overset{\text{def}}{=} (\hat{1}-\hat{P})\Psi$ und $\Phi^{\|} \overset{\text{def}}{=} \hat{P}\Phi$. Das heisst, es gilt für jede Observable $\hat{A}$

$$\langle\Psi^{\|}|\hat{A}\Phi^{\perp}\rangle = 0 \quad \text{und} \quad \langle\Psi^{\perp}|\hat{A}\Phi^{\|}\rangle = 0$$

oder, äquivalenterweise,

$$\langle\Psi|\hat{P}\hat{A}(\hat{1}-\hat{P})|\Phi\rangle = 0 \quad \text{und} \quad \langle\Psi|(\hat{1}-\hat{P})\hat{A}\hat{P}|\Phi\rangle = 0$$

für jedes Paar $\Psi,\Phi \in H$. Da sämtliche Matrixelemente eines Operators nur dann verschwinden, wenn der Operator gleich dem Nulloperator ist, folgt

$$\hat{P}\hat{A} = \hat{P}\hat{A}\hat{P} \quad \text{und} \quad \hat{A}\hat{P} = \hat{P}\hat{A}\hat{P}$$

oder

$$\hat{P}\hat{A} = \hat{A}\hat{P}$$

und damit

$$(\hat{1}-\hat{P})\hat{A} = \hat{A}(\hat{1}-\hat{P})$$

für jede Observable $\hat{A}$. Damit ist gezeigt, dass zu der Superauswahlregel ein Satz von Observablen $\hat{Z}$ existiert

$$\hat{Z} = \alpha\hat{P} + \beta(\hat{1}-\hat{P}) \quad , \alpha,\beta \in \mathbb{R} ,$$

welche mit allen anderen Observablen vertauschen und mithin klassische Observable sind.

Zusammenfassung: Inkohärente Superpositionen, Superauswahlregeln und klassische Observable

Die folgenden Aussagen sind gleichwertig:

- Das quantenmechanische Superpositionsprinzip gilt nicht für den gesamten Hilbertraum der Zustandsvektoren eines Systems.
- Es gibt Superauswahlregeln.
- Die Algebra der Observablen hat ein Zentrum, d.h. es gibt klassische Observable.
- Nicht alle auf dem Hilbertraum der Zustandsvektoren definierten linearen Operatoren sind Observable.

3.4.3# FERMIONEN UND BOSONEN

Wir betrachten wiederum das System von 2 ununterscheidbaren Teilchen des

Abschnitts 3.3.3 mit Zustandsfunktion Ψ und einem Permutationsoperator $\hat{\Pi}_{12}$, der die Koordinaten beider Teilchen vertauscht. Offensichtlich gewinnt man durch eine nochmalige Vertauschung der Koordinaten die ursprüngliche Funktion zurück: $\hat{\Pi}_{12}\hat{\Pi}_{12}\Psi = \Psi$ für alle 2-Teilchen-Zustandsfunktionen Ψ. Damit gilt allgemein $\hat{\Pi}_{12}\cdot\hat{\Pi}_{12} = \hat{1}$ oder

$$\hat{\Pi}_{12}^{-1} = \hat{\Pi}_{12} \ .$$

Weiter folgt, dass $\hat{\Pi}_{12}$ symmetrisch, beschränkt und damit selbstadjungiert ist (vgl. 3.1.8)

$$\hat{\Pi}_{12}^{\star} = \hat{\Pi}_{12} \,.$$

Beides zusammen impliziert, dass der Permutationsoperator auch unitär ist

$$\hat{\Pi}_{12}^{\star} = \hat{\Pi}_{12}^{-1} \ .$$

*Aufgabe 3.4.2**
Man zeige durch explizite Rechnung, dass der Permutationsoperator $\hat{\Pi}_{12}$ symmetrisch und beschränkt ist.

In unserem Beispiel besteht die besondere Betrachtungsweise in der Annahme der *experimentellen Ununterscheidbarkeit* beider Teilchen. Sie wird im Formalismus durch die Forderung ausgedrückt, dass die Matrixelemente aller Observablen bei Vertauschung der Teilchen invariant bleiben, d.h. dass gilt

$$\langle\hat{\Pi}_{12}\Psi|\hat{A}\hat{\Pi}_{12}\Phi\rangle = \langle\Psi|\hat{A}\Phi\rangle$$

für alle Observablen $\hat{A}$ und alle Zustandsfunktionen Ψ und Φ. Wegen $\langle\hat{\Pi}_{12}\Psi|\hat{A}\hat{\Pi}_{12}\Phi\rangle = \langle\Psi|\hat{\Pi}_{12}^{\star}\hat{A}\hat{\Pi}_{12}\Phi\rangle$ ist dies gleichbedeutend mit

$$\hat{\Pi}_{12}^{\star}\hat{A}\hat{\Pi}_{12} = \hat{A}$$

und aus $\hat{\Pi}_{12}^{\star} = \hat{\Pi}_{12}^{-1} = \hat{\Pi}_{12}$ folgt damit, dass $\hat{\Pi}_{12}$ *mit allen Observablen vertauscht,*

$$\hat{\Pi}_{12}\hat{A} = \hat{A}\hat{\Pi}_{12} \quad \text{für alle } \hat{A} \ ,$$

und damit eine klassische Observable ist.

Es ergibt sich aus den früher aufgeführten Eigenschaften von $\hat{\Pi}_{12}$, dass die Operatoren

$$\hat{P}_{\pm} \overset{\text{def}}{=} \tfrac{1}{2}\{\hat{1} \pm \hat{\Pi}_{12}\}$$

gerade die Selektionsoperatoren einer Klassifikation darstellen (vgl. 3.1.2 und 3.1.5)

$$\text{(i)} \quad \hat{P}_+ + \hat{P}_- = \hat{1}$$

$$\text{(ii)} \quad \hat{P}_\pm = \hat{P}^2_\pm = \hat{P}^*_\pm$$

$$\text{(iii)} \quad \hat{P}_+\hat{P}_- = \hat{P}_-\hat{P}_+ = 0$$

*Aufgabe 3.4.3**
Man zeige, dass $\hat{P}_+$ und $\hat{P}_-$ die Beziehungen (i) - (iii) erfüllen.

Die Operatoren $\hat{P}_\pm$ projizieren gerade auf die Eigenfunktionen des Permutationsoperators $\hat{\Pi}_{12}$. Es gilt nämlich für eine beliebige 2-Teilchenfunktion

$$\begin{aligned} \hat{\Pi}_{12}\hat{P}_\pm\Psi &= \hat{\Pi}_{12}\tfrac{1}{2}\{\hat{1} \pm \hat{\Pi}_{12}\}\Psi \\ &= \tfrac{1}{2}\{\hat{\Pi}_{12} \pm \hat{1}\}\Psi \\ &= \pm\hat{P}_\pm\Psi . \end{aligned}$$

Die Funktion $\Psi_+ \mathrel{\hat{=}} \hat{P}_+\Psi$ ist demnach eine Bosonenzustandsfunktion, und $\Psi_- \mathrel{\hat{=}} \hat{P}_-\Psi$ ist eine Fermionenzustandsfunktion.

Da $\hat{1}$ und $\hat{\Pi}_{12}$ mit allen Observablen vertauschen und damit dasselbe auch für $\hat{P}_+$ und $\hat{P}_-$ gilt, *ist die Einteilung von Systemen von zwei identischen Teilchen in Fermionen- und Bosonensysteme mit jeder anderen Klassifikation verträglich* (vgl.3.1.4). Man kann also jederzeit störungsfrei feststellen, ob zwei identische Teilchen Fermionen oder Bosonen sind (vgl. 3.1.8).

Mit den Projektoren $\hat{P}_+$ und $\hat{P}_-$ liegen auch die aus ihnen gebildeten Observablen

$$\hat{Z} \overset{\text{def}}{=} \lambda_+\hat{P}_+ + \lambda_-\hat{P}_- \quad , \quad \lambda_\pm \in \mathbb{R} ,$$

im Zentrum der Observablenalgebra. Auch sie sind klassische Observable, welche mit jeder anderen Observablen zugleich scharf gemessen werden können.

Die Projektoren $\hat{P}_+$ und $\hat{P}_-$ teilen den Hilbertraum H der 2-Teilchen-Zustandsfunktionen in zwei Unterräume H_+ und H_- auf

$$\hat{P}_\pm H = H_\pm ,$$

welche Sektoren heissen und die Bosonen- bzw. Fermionen-Zustandsfunktionen enthalten. Es gilt nun für beliebige Funktionen $\Psi_\pm = \hat{P}_\pm\Psi_\pm \in H_\pm$ und alle Observablen $\hat{A}$

$$\begin{aligned}\langle\Psi_-|\hat{A}\Psi_+\rangle &= \langle\Psi_-|\hat{A}\hat{\Pi}_{12}\Psi_+\rangle \\ &= \langle\Psi_-|\hat{\Pi}_{12}\hat{A}\Psi_+\rangle \\ &= \langle\hat{\Pi}_{12}\Psi_-|\hat{A}\Psi_+\rangle \\ &= -\langle\Psi_-|\hat{A}\Psi_+\rangle .\end{aligned}$$

Für alle Observablen $\hat{A}$ verschwindet damit das Übergangsmatrixelement zwischen Vektoren aus verschiedenen Sektoren

$$\langle\Psi_-|\hat{A}\Psi_+\rangle = \langle\Psi_+|\hat{A}\Psi_-\rangle = 0 \quad \text{für alle } \Psi_\pm \in H_\pm ,$$

d.h. es gibt eine Superauswahlregel zwischen Bosonen- und Fermionenzustandsfunktionen.

Dasselbe Ergebnis erreicht man auch auf einem anderen, beweistechnisch im Abschnitt 3.4.3 beschrittenen Weg. Wendet man nämlich den Permutationsoperator auf eine Linearkombination von Fermionen- und Bosonenzustandsfunktionen an

$$\Pi_{12}\{\Psi_+ + \Psi_-\} = \Psi_+ - \Psi_- \neq \text{const}\,\{\Psi_+ + \Psi_-\}$$

so ändert sich die Linearkombination um mehr als einen Phasenfaktor, d.h. sie wird in einen linear unabhängigen Vektor überführt. Da die Teilchen als ununterscheidbar angesehen werden, müssen die Matrixelemente aller Observablen invariant bleiben bei der Permutation. Vergleicht man die Matrixelemente der ursprünglichen und der transformierten Linearkombination

$$\langle\Psi_+ \pm \Psi_-|\hat{A}(\Psi_+ \pm \Psi_-)\rangle = \langle\Psi_+|\hat{A}\Psi_+\rangle \pm \langle\Psi_+|\hat{A}\Psi_-\rangle \pm \langle\Psi_-|\hat{A}\Psi_+\rangle + \langle\Psi_-|\hat{A}\Psi_-\rangle ,$$

so ist dies nur möglich falls gilt

$$\langle\Psi_+|\hat{A}\Psi_-\rangle + \langle\Psi_-|\hat{A}\Psi_+\rangle = 0.$$

Wiederholt man die Rechnung mit $i\Psi_-$ anstelle von Ψ_-, so erhält man

$$\langle\Psi_+|\hat{A}\Psi_-\rangle - \langle\Psi_-|\hat{A}\Psi_+\rangle = 0$$

und daraus wiederum die Superauswahlregel $\langle\Psi_+|\hat{A}\Psi_-\rangle = \langle\Psi_-|\hat{A}\Psi_+\rangle = 0$ für alle Observablen $\hat{A}$.

Bemerkung
Grundsätzlich wäre es denkbar, dass zwei identische Teilchen in einem Fermionen und einem Bosonenzustand existieren, d.h. in einem +1- und einem -1-Eigenzustand des Permutationsoperators, ebenso wie ein Spin-$\frac{1}{2}$-Teilchen sich im +1/2- und im -1/2-Eigenzustand des Spinoperators $\hat{S}_3$ befinden kann. Im Gegensatz zum Spin-Beispiel sind die Linearkombination der entsprechen-

den Zustandsvektoren aber inkohärente Superpositionen, d.h. sie beschreiben keine reinen Zustände, denn dies wäre im Widerspruch zur Ununterscheidbarkeit der Teilchen. - Die ganze Argumentation lässt sich in geeigneter Weise auch auf Systeme von mehr als 2 identischen Teilchen übertragen, wobei analoge Superauswahlregeln und klassische Observable auftreten.

Zusammenfassung: Fermionen und Bosonen

In Systemen von 2 identischen Teilchen besteht eine Superauswahlregel zwischen den symmetrischen und den antisymmetrischen Eigenfunktionen des Permutationsoperators $\hat{\Pi}_{12}$: $\langle\Psi_+|\hat{A}\Psi_-\rangle = 0$ für alle Observablen $\hat{A}$ und alle Funktionen $\Psi_\pm = \pm\hat{\Pi}_{12}\Psi_\pm \in H_\pm$. Der Superauswahlregel entspricht ein Satz von klassischen Observablen $\lambda_+\hat{P}_+ + \lambda_-\hat{P}_-$, $\lambda_\pm \in \mathbb{R}$, deren Spektralprojektoren $\hat{P}_\pm = (\hat{1} \pm \hat{\Pi}_{12})/2$ auf den Bosonen- bzw. Fermionen-Sektor des Hilbertraumes projizieren und im Zentrum der Observablenalgebra liegen. Dementsprechend lässt sich störungsfrei feststellen, ob zwei Teilchen Fermionen oder Bosonen sind. Diese Superauswahlregel schränkt die Gültigkeit des Superpositionsprinzips auf den Bosonen- bzw. auf den Fermionensektor ein. Das heisst: zwei identische Teilchen sind entweder Bosonen oder Fermionen. Analoge Resultate gelten für Systeme von mehr als zwei identischen Teilchen.

3.4.4## MASSE UND TEILCHENZAHL

Indem die Kinematik molekularer Systeme Annahmen über die Verknüpfung von Raum und Zeit enthält, reflektiert auch sie spezielle Betrachtungsweisen, aus denen Superauswahlregeln und klassische Observable folgen. Sei $(\vec{q},t)$, $\vec{q} \in \mathbb{R}^3$, $t \in \mathbb{R}$, ein Raum-Zeit-Punkt. Dann fordert man für die - chemisch massgebliche - galileirelativistische Kinematik

(i)	die Homogenität der Zeit	$t \to t' = t + \tau$
(ii)	die Homogenität des Raumes	$\vec{q} \to \vec{q}\,' = \vec{q} + \vec{r}$
(iii)	die Isotropie des Raumes	$\vec{q} \to \vec{q}\,' = R\vec{q}$
(iv)	das Relativitätsprinzip von Galilei	$\vec{q} \to \vec{q}\,' = \vec{q} + \vec{v}t$.

Dabei beschreibt τ eine Zeitverschiebung, $\vec{r}$ eine Raumverschiebung, $\vec{v}$ die Geschwindigkeit einer reinen Galileitransformation und die orthogonale (3×3)-Matrix R eine Drehung. Die obigen Transformationen sind spezielle *Galileitransformationen.* Eine allgemeine Galileitransformation

$$g \overset{\text{def}}{=} (\tau,\vec{r},\vec{v},R)$$

überführt den Raum-Zeit-Punkt $(\vec{q},t)$ in den Raum-Zeit-Punkt $(\vec{q}\,',t') = (\vec{r}+\vec{v}t+R\vec{q},\ t+\tau)$. Zwei Galileitransformationen g' und g ergeben, hintereinander ausgeführt, eine neue Galileitransformation $g'' = g' \circ g$, wobei sich die Verknüpfungsregel aus der physikalischen Anschauung ergibt

$$(\tau',\vec{r}\,',\vec{v}\,',R') \circ (\tau,\vec{r},\vec{v},R) \overset{\text{def}}{=} (\tau'+\tau,\vec{r}\,'+R'\vec{r}+\vec{v}\,'t,v'+R'v,R'R).$$

Aus der Verknüpfungsregel ergibt sich, dass das Hintereinanderausführen der Transformationen $(0,\vec{0},\vec{v},1)$, $(0,\vec{r},\vec{0},1)$, $(0,\vec{0},-\vec{v},1)$ und $(0,-\vec{r},\vec{0},1)$ wieder die Einheitsformation $(0,\vec{0},\vec{0},1)$ erzeugt

$$(0,-\vec{r},\vec{0},1) \circ (0,\vec{0},-\vec{v},1) \circ (0,\vec{r},\vec{0},1) \circ (0,\vec{0},\vec{v},1) = (0,\vec{0},\vec{0},1) \quad ,$$

welche $(\vec{q},t)$ invariant lässt, d.h. physikalisch trivial agiert.

In der Quantenmechanik werden Galileitransformationen durch unitäre Operatoren $U(\cdot)$ dargestellt. Es gilt

$$U(g')U(g) = \exp\{i\,\sigma(g',g)\}\,U(g'\circ g) \quad , \quad \sigma(g',g) \overset{\text{def}}{=} \exp\{im(\tfrac{1}{2}\,\tau\vec{v}\,'^2 + \vec{v}\,'\circ R'\vec{r})\}$$

$$U^*(g) = U^{-1}(g)$$

für alle Galileitransformationen g und g'. Raumverschiebungen und reine Galileitransformationen eines spinfreien Teilchens der Masse m mit Zustandsfunktion $\vec{q} \to \Psi(\vec{q})$ sind gegeben durch

$$\{U(0,\vec{r},\vec{0},1)\Psi\}(\vec{q}) = \Psi(\vec{q}-\vec{r})$$

$$\{U(0,\vec{0},\vec{v},1)\Psi\}(\vec{q}) = \exp\{i\vec{v}\vec{q}m\}\,\Psi(\vec{q}).$$

Die Einheitstransformation $(0,-\vec{r},\vec{0},1) \circ (0,\vec{0},-\vec{v},1) \circ (0,\vec{r},\vec{0},1) \circ (0,\vec{0},\vec{v},1)$ überführt $\Psi(\vec{q})$ in

$$\{U(0,-\vec{r},\vec{0},1)U(0,\vec{0},-\vec{v},1)U(0,\vec{r},\vec{0},1)U(0,\vec{0},\vec{v},1)\Psi\}(\vec{q}) = e^{-im\vec{r}\vec{v}}\,\Psi(\vec{q}).$$

Beide Funktionen unterscheiden sich nur um den Phasenfaktor $e^{-im\vec{r}\vec{v}}$, so dass sie identische Erwartungswerte für alle Observablen liefern und damit die physikalisch triviale Einheitstransformation $U(0,\vec{0},\vec{0},1)$ den physikalischen Zustand des

Systems in der Tat nicht verändert. Wie im vorhergehenden Beispiel lässt sich daraus eine Superauswahlregel für die Masse herleiten. Eine Linearkombination Ψ von Zustandsfunktionen Ψ_i von Teilchen der Masse m_i, $i = 1,2$,

$$\Psi = \Psi_1 + \Psi_2$$

transformiert unter der obigen Einheitstransformation zu

$$\Psi' = e^{-im_1\vec{v}\vec{r}}\Psi_1 + e^{-im_2\vec{v}\vec{r}}\Psi_2 \quad .$$

Sind $\vec{v}$ und $\vec{r}$ verschieden von $\vec{0}$, so unterscheiden sich Ψ und Ψ' um einen Phasenfaktor falls $m_1 = m_2$, anderenfalls sind sie linear unabhängig. Daraus kann man, wie beim Fermionen-Bosonen-Beispiel,die Superauswahlregel für Zustände verschiedener Masse herleiten: Da die Einheitstransformation für alle Werte von $\vec{r}$ und $\vec{v}$ physikalisch trivial sein muss, müssen die Interferenzterme zwischen Ψ_1 und Ψ_2 verschwinden. Nur so können die Matrixelemente aller Observablen invariant bleiben. Superpositionen zwischen Zustandsfunktionen zu verschiedenen Massen sind inkohärent. Die Masse ist dementsprechend eine klassische Observable in der galileirelativistischen Quantenmechanik.

*Aufgabe 3.4.4**

In der Schrödingerdarstellung transformiert die Zustandsfunktion eines Systems von n identischen Teilchen der Masse m unter Ortsverschiebungen und reinen Galileitransformationen wie

$$\{U(0,\vec{0},\vec{v},1)\,\Psi\}\,(\vec{q}_1,\ldots,\vec{q}_n) = \exp\{i\sum_j \vec{q}_j\,\vec{v}m\}\,\Psi(\vec{q}_1,\ldots,\vec{q}_n)$$

$$\{U(0,\vec{r},\vec{0},1)\,\Psi\}\,(\vec{q}_1,\ldots,\vec{q}_n) = \Psi(\vec{q}_1-\vec{r},\ldots,\vec{q}_n-\vec{r}) \quad .$$

Man zeige, dass für Zustände mit verschiedener Teilchenzahl eine Superauswahlregel besteht.

Weiterführende Literatur: Eine köstliche, elementare Diskussion findet man in F.A.Kaempffer: "Concepts in Quantum Mechanics"; Academic Press, New York, 1965, App.7. Die Referenz des Experten ist: V.Bargmann: "On unitary ray representations of continuous groups"; Annals of Mathematics 59, 1-46 (1954).

Zusammenfassung

Die Galileikinematik impliziert, dass Masse und Teilchenzahl klassische Observable sind.

3.5 SCHRÖDINGERGLEICHUNG UND VARIATIONSPRINZIP

3.5.1 *DIE ENERGIE-ZEIT UNSCHÄRFE-RELATION*

Abgeschlossene Systeme werden in der Quantenmechanik durch zeitunabhängige Hamiltonoperatoren charakterisiert. Befindet sich ein abgeschlossenes quantenmechanisches System zur Zeit t=0 in einem durch den Zustandsvektor Ψ bestimmten Zustand, so besagt das *dynamische Postulat* der Quantenmechanik, dass der Zustandsvektor Φ_t zu einem späteren Zeitpunkt gegeben ist durch die *zeitabhängige Schrödingergleichung*

$$i\hbar\frac{\partial\Phi_t}{\partial t} = \hat{H}\,\Phi_t \quad , \quad \Phi_0 \overset{\text{def}}{=} \Psi \quad .$$

Dabei ist $\hat{H}$ der Hamiltonoperator des Systems. Diese Gleichung gilt auch für zeitabhängige Hamiltonoperatoren $\hat{H}(t)$. Sie reflektiert, dass Zeit und Energie im Hamiltonschen Sinn kanonisch konjugierte Grössen sind wie Ort und Impuls. In *formaler Analogie* zu den Heisenbergschen Unbestimmtheitsrelationen ergibt sich daraus die Ungleichung $\Delta t \cdot \Delta E \geq \hbar/2$, wobei die "Dispersion bezüglich der Zeit" als minimale Messzeit T zu interpretieren ist: Liegt ein System in einem der Zustände Ψ_n und Ψ_m mit scharfer Energie E_n und E_m vor, und soll durch eine Energiemessung zwischen Ψ_n und Ψ_m unterschieden werden, so ist für die Messzeit durch die Energiedifferenz $\Delta E = |E_n - E_m|$ eine untere Schranke gegeben durch

$$\Delta E \cdot T \geq \hbar/2.$$

Heuristische Begründung

Da die zeitabhängige Schrödingergleichung für alle Vektoren gilt, haben wir die formale Entsprechung $i\hbar\partial/\partial t = \hat{H}$. Formal ergibt sich daraus die Vertauschungsrelation $[i\hbar\partial/\partial t, t] = [\hat{H}, t] = i\hbar$ und damit in Analogie zu Ort und Impuls

$$\Delta t \cdot \Delta E \geq \hbar/2.$$

Die Vertauschungsrelation zwischen t und $\hat{H}$ ist deshalb nur formal, weil wir einen Zeitoperator nicht definiert haben. Es ist ein noch offenes Problem der Forschung, wie man im allgemeinen einen geeigneten Zeitoperator für quantenmechanische Systeme zu definieren hat.

Setzt man $\Delta E = h\Delta\nu$, so erhält man die Frequenz-Zeit-Unschärferelation

$$\Delta\nu \cdot \Delta t \geq 1/4\pi \quad ,$$

ein wohlbekanntes Resultat der Fourieranalyse von zeitlichen Signalen. Diese Ungleichung ist in der Nachrichtentechnik grundlegend (Küpfmüller, 1924) und besagt, dass man das Produkt aus Bandbreite und Einschwingzeit eines Filters nicht beliebig klein machen kann.

> *Zusammenfassung: Energie-Zeit-Unschärfe*
> Energie und Zeit sind im Sinne der Hamiltonschen Mechanik kanonisch konjugiert. Daraus folgt, dass die Entscheidung, ob sich ein System in einem Energie-Eigenzustand der Energie E_n oder E_m befindet, nicht in beliebig kurzer Zeit erfolgen kann, sondern eine Mindestmesszeit $T = \frac{1}{2}\hbar/|E_n - E_m|$ erfordert.

3.5.2 *STATIONÄRE ZUSTÄNDE*

Setzt man in die zeitabhängige Schrödingergleichung $i\hbar\partial\Phi_t/\partial t = \hat{H}\Phi$ eine Eigenfunktion Ψ des Hamiltonoperators $\hat{H}$ als Anfangsbedingung Φ_0 ein,

$$\Phi_0 = \Psi \quad \text{mit} \quad \hat{H}\Psi = E\Psi \quad ,$$

so ergibt sich als Lösung

$$\Phi_t = e^{-itE/\hbar}\Psi \quad , \quad t \in \mathbb{R} \quad .$$

In diesem Fall wird die Zustandsfunktion des Systems durch die Zeitevolution nur um einen komplexen Phasenfaktor $e^{-itE/\hbar}$ verändert. Daraus folgt unmittelbar, dass die *Erwartungswerte aller Observablen zeitlich konstant* bleiben. Es gilt nämlich

$$\langle\Phi_t|\hat{A}\,\Phi_t\rangle = \langle e^{-itE/\hbar}\Psi|\hat{A}\,e^{-itE/\hbar}\Psi\rangle = \langle\Psi|\hat{A}\,\Psi\rangle$$

für alle $t \in \mathbb{R}$ und alle Operatoren $\hat{A}$. Man bezeichnet deshalb den durch Ψ beschriebenen Zustand als *stationär*.

Setzt man umgekehrt die Zustandsvektoren stationärer Zustände in die zeitabhängige Schrödingergleichung ein, so erhält man aus

$$i\hbar\frac{\partial}{\partial t}e^{-itE/\hbar}\Psi = Ee^{-itE/\hbar}\Psi = \hat{H}e^{-itE/\hbar}\Psi$$

nach Multiplikation mit $e^{itE/\hbar}$ gerade wieder das Eigenwertproblem des Hamiltonoperators

$$\hat{H}\Psi = E\Psi ,$$

welches man aus diesem Grunde auch als die *zeitunabhängige Schrödingergleichung* bezeichnet.

Bemerkung
Da den Eigenfunktionen des Hamiltonoperators Quantenzustände scharfer Energie entsprechen, folgt bereits aus der Energie-Zeit-Unschärfe, dass diese Zustände stationär sein müssen.

Ohne Zweifel sind die interessanteren der chemischen Erscheinungen zeitabhängig. Theoretisch werden solche Phänomene durch *nichtstationäre* Lösungen der zeitabhängigen Schrödingergleichung erfasst. Aber schon in der beschreibenden Chemie werden seit jeher zunächst *zeitunabhängige* Entitäten, etwa "chemische Stoffe", eingeführt und erst danach zeitabhängige Phänomene diskutiert wie die Kinetik chemischer Reaktionen. Denselben Weg beschreitet man in der Quantenmechanik auch. Die stationären Lösungen der zeitabhängigen Schrödingergleichung werden deshalb so ausführlich untersucht, weil sie die Bausteine für die Theorie nichtstationärer Prozesse sind.

Zusammenfassung: Zeitunabhängige Schrödingergleichung
Die stationären Zuständen abgeschlossener Quantensysteme mit (zeitunabhängigem) Hamiltonoperator entsprechenden Zustandsvektoren haben die Form

$$\Phi_t = e^{-itE/\hbar}\Psi ,$$

wobei Ψ ein Eigenvektor und E der entsprechende Eigenwert des Hamiltonoperators $\hat{H}$ ist: $\hat{H}\Psi = E\Psi$. Die Gleichung

$$\hat{H}\Psi = E\Psi$$

bezeichnet man als *zeitunabhängige Schrödingergleichung*.

3.5.3 EINIGE MATHEMATISCHE EIGENSCHAFTEN DER LÖSUNGEN DER ZEITUNABHÄNGIGEN SCHRÖDINGERGLEICHUNG

Die mathematische Struktur der Schrödingergleichung molekularer Systeme, $\hat{H}\Psi = E\Psi$ mit ausschliesslich Coulombwechselwirkungen,

$$\hat{H} = \frac{1}{2}\sum_j \frac{1}{m_j}\hat{p}_j^2 + \frac{1}{4\pi\varepsilon_0}\sum_{j<k}\sum \frac{e_j e_k}{|\hat{\vec{q}}_j - \hat{\vec{q}}_k|} \quad ,$$

(vgl. 2.10, 3.2.2), ist heute genau bekannt. Die entsprechenden mathematischen Sätze sind recht tiefliegend und bereits ihre präzise Formulierung liegt weit ausserhalb des Rahmens dieser Darstellung*). Wir begnügen uns daher mit einer heuristischen Formulierung.

Satz: Jeder molekulare Hamiltonoperator hat ein vollständiges System verallgemeinerter Eigenfunktionen.

Eine Funktion Ψ mit $\hat{H}\Psi = E\Psi$ und $\langle\Psi|\Psi\rangle < \infty$ heisst eine *eigentliche Eigenfunktion* von $\hat{H}$ und die reelle Zahl E heisst ein *eigentlicher Eigenwert* von $\hat{H}$. Eine nichtnormierte Funktion Ψ mit $\hat{H}\Psi = E\Psi$ und $\langle\Psi|\Psi\rangle = \infty$ heisst eine *uneigentliche Eigenfunktion* von $\hat{H}$ und die reelle Zahl E heisst ein *uneigentlicher Eigenwert* von $\hat{H}$. Die Gesamtheit aller verallgemeinerten Eigenwerte, der eigentlichen und der uneigentlichen, heisst das *Spektrum* von $\hat{H}$. Die Gesamtheit aller eigentlichen Eigenwerte heisst das *Punktspektrum*, die Gesamtheit aller uneigentlichen Eigenwerte heisst das *kontinuierliche Spektrum*.

Beispiele für eigentliche und uneigentliche Eigenfunktionen

a) Die Funktion Ψ mit $\Psi(\varphi) = \exp(im\varphi)$, $0 \le \varphi < 2\pi$, $m = 0,1,2,\ldots$, ist eine eigentliche Eigenfunktion des Operators $\hat{\ell}_z = (\hbar/i)d/d\varphi$ mit dem Eigenwert $m\hbar$,

$$(\hbar/i)d\Psi(\varphi)/d\varphi = m\hbar\Psi(\varphi) \quad , \quad \int_0^{2\pi} |\Psi(\varphi)|^2 d\varphi = 2\pi \quad .$$

Das Spektrum von $\hat{\ell}_z$ ist rein diskret und gleich $\mathbb{Z}$.

b) Die Funktion Ψ mit $\Psi(q) = \exp(ikq)$, $q \in \mathbb{R}$, $k \in \mathbb{R}$, ist eine nichtnormierbare und daher uneigentliche Eigenfunktion von $\hat{p} = (\hbar/i)d/dq$ mit dem uneigentlichen Eigenwert $\hbar k$,

---

*) Für mathematisch Interessierte gibt der Studientext von *S. Grossmann*, Funktionalanalysis I, II (Akademische Verlagsgesellschaft, Frankfurt a.M.,1970) eine brauchbare erste Einführung in die funktionalanalytischen Grundlagen.

$$(\hbar/i)d\Psi(q)/dq = k\hbar\Psi(q) \quad , \quad \int_{-\infty}^{\infty}|\Psi(q)|^2 dq = \infty \quad .$$

Das Spektrum von $\hat{P}$ ist rein kontinuierlich und gleich $\mathbb{R}$.

Bemerkung#
Es ist möglich, das kontinuierliche Spektrum eines selbstadjungierten Operators $\hat{H}$ mit Hilfe von normierbaren Funktionen zu ermitteln. Diese Methode beruht auf dem Begriff des approximativen Spektrums. Eine Zahl λ liegt im ***approximativen Spektrum*** eines Operators $\hat{H}$, falls es zu jedem $\varepsilon > 0$ eine normierbare Funktion Ψ_ε gibt, so dass

$$\|(H-\lambda)\Psi_\varepsilon\|^2 < \varepsilon\|\Psi_\varepsilon\|^2 \quad .$$

Ist $\hat{H}$ selbstadjungiert, so ist das approximative Spektrum von $\hat{H}$ gleich dem Spektrum von $\hat{H}$. Gehört λ zum Punktspektrum, so gibt es ein Ψ mit $\|(H-\lambda)\Psi\|^2 = 0$, sonst nicht. (Für einen einfachen Beweis vgl. etwa B.Friedman, "Principles and Techniques of Applied Mathematics", Wiley, New York, 1956).

Die eigentlichen Eigenfunktionen molekularer Hamiltonoperatoren entsprechen gebundenen, stationären Zuständen des Systems, falls sie dem verallgemeinerten Pauliprinzip genügen, d.h. falls sie bei der Vertauschung der Koordinaten identischer Teilchen das richtige Verhalten zeigen. *Wir sprechen dann von einer Molekel.* Die eigentlichen Eigenfunktionen können orthonormiert gewählt werden. Die uneigentlichen, dem verallgemeinerten Pauliprinzip genügenden Eigenfunktionen entsprechen den nichtgebundenen sogenannten Streuzuständen, den Analoga zur Hyperbelbahn der Kometen im Keplerproblem.

Satz: Molekulare Hamiltonoperatoren sind nach unten beschränkt.

Der Satz besagt, dass es zu jedem Hamiltonoperator $\hat{H}$ eine Zahl $\mathcal{E}$ gibt, so dass alle verallgemeinerten Eigenwerte E von $\hat{H}$ grösser als $\mathcal{E}$ sind

$$\hat{H}\Psi = E\Psi \text{ impliziert } \mathcal{E} \leq E \; .$$

Die zum kleinsten Eigenwert E gehörige Eigenfunktion ist immer *symmetrisch* bezüglich der Vertauschung identischer Teilchen. Unter den Eigenfunktionen, welche das verallgemeinerte Pauliprinzip erfüllen, beschreibt diejenige mit dem kleinsten Energieeigenwert E_1 den Grundzustand der dem molekularen Hamiltonoperator assoziierten Molekel.

Anmerkung#
Üblicherweise relaxieren energetisch höher liegende Zustände in den Grundzustand dank der Wechselwirkung des molekularen Systems mit dem elektromagnetischen Strahlungsfeld, die wir im Rahmen dieses Buches

nicht behandeln. Ist der Grundzustand nicht entartet und liegt seine Energie deutlich tiefer als der nächste angeregte Zustand oder die untere Schranke des kontinuierlichen Spektrums, so ist er stabil gegenüber Störungen durch das Strahlungsfeld.

Zusammenfassung: Molekulare Hamiltonoperatoren
Molekulare Hamiltonoperatoren haben ein vollständiges System verallgemeinerter Eigenfunktionen. Ihr Spektrum ist nach unten beschränkt. Eigentliche Eigenfunktionen, welche dem verallgemeinerten Pauliprinzip genügen, repräsentieren gebundene stationäre Zustände.

3.5.4 VARIATIONSPRINZIP FÜR DEN GRUNDZUSTAND

Wir beweisen hier das Variationsprinzip nur für den Spezialfall eines Hamiltonoperators $\hat{H}$ mit rein diskretem Spektrum. (Diese Einschränkung ist an sich unnötig und dient nur zur beweistechnischen Vereinfachung.) In diesem Fall können alle Eigenfunktionen Ψ_n von $\hat{H}$: $\hat{H}\Psi_n = E_n\Psi_n$, $E_1 \le E_2 \le E_3 \ldots$, orthonormiert gewählt werden: $\langle\Psi_n|\Psi_m\rangle = \delta_{nm}$, $n,m = 1,2,3\ldots.$. Sie bilden dann ein vollständiges System, so dass jede Versuchsfunktion Φ nach den Ψ_n entwickelt werden kann,

$$\Phi = \sum_{n=1}^{\infty} c_n\Psi_n \ , \quad c_n \in \mathbb{C} .$$

Ist Φ auf 1 normiert, $\langle\Phi|\Phi\rangle = 1$, so gilt für die Entwicklungskoeffizienten c_n

$$\sum_{n=1}^{\infty} |c_n|^2 = \langle\Phi|\Phi\rangle = 1 \quad .$$

Wir berechnen den Erwartungswert von $\hat{H}$ bezüglich der normierten Versuchsfunktion Φ und finden

$$\begin{aligned} \langle\Phi|\hat{H}\Phi\rangle &= \langle \sum_{n=1}^{\infty} c_n\Psi_n|\hat{H}\sum_{m=1}^{\infty} c_m\Psi_m\rangle \\ &= \sum_{n=1}^{\infty}\sum_{m=1}^{\infty} c_n^* c_m \langle\Psi_n|\hat{H}\Psi_m\rangle \\ &= \sum_{n=1}^{\infty}\sum_{m=1}^{\infty} c_n^* c_m E_m \langle\Psi_n|\Psi_m\rangle \end{aligned}$$

$$= \sum_{n=1}^{\infty} |c_n|^2 E_n$$

$$= E_1 + \sum_{n=1}^{\infty} |c_n|^2 (E_n - E_1) \geq E_1 \quad .$$

Somit ist $\langle\Phi|\hat{H}\Phi\rangle \geq E_1$. Falls E_1 nicht entartet ist, gilt offensichtlich $\langle\Phi|\hat{H}\Phi\rangle = E_1$ genau falls $\Phi = \text{const.}\Psi_1$.- Das Variationsprinzip gilt allgemein für *beliebige* molekulare Hamiltonoperatoren, falls E_1 kleiner ist als die untere Schranke des kontinuierlichen Spektrums.

Bei den Anwendungen interessieren wir uns nur für Lösungen der Schrödingergleichung mit der richtigen Symmetrie bezüglich der Vertauschung identischer Teilchen. Erlegen wir der Versuchsfunktion Φ diese Symmetrieforderung auf, so erhalten wir das gewünschte, physikalisch relevante Resultat.

Das Variationsprinzip kann verwendet werden, um eine Näherung Φ für den Grundzustand Ψ_1 zu konstruieren: $\Phi \approx \Psi_1$. Voraussetzung ist, dass man von irgendwoher eine brauchbare Idee für den Ansatz einer Versuchsfunktion Φ hat. Solche Ideen können aus der Erfahrung früherer Rechnungen, aus einfachen Modellbeispielen und aus der chemischen Erfahrung stammen. Andererseits lassen mathematisch-numerische Ueberlegungen gewisse Funktionenklassen als besonders geeignet erscheinen. Rechentechnisch ist die Berechnung der Integrale im Skalarprodukt häufig sehr aufwendig. Daher werden oft Funktionen gewählt, welche keine allzu grossen Integrationsprobleme stellen.

Zusammenfassung: Variationsprinzip

Sei $\hat{H}$ ein molekularer Hamiltonoperator und Ψ_1 eine eigentliche, dem verallgemeinerten Pauliprinzip genügende Eigenfunktion von $\hat{H}$ mit kleinstmöglichem Eigenwert E_1. Sei E_1 kleiner als die untere Schranke des kontinuierlichen Spektrums von $\hat{H}$ und sei Φ eine beliebige, dem verallgemeinerten Pauliprinzip genügende, normierbare Versuchsfunktion. Dann gilt

$$\frac{\langle\Phi|\hat{H}\Phi\rangle}{\langle\Phi|\Phi\rangle} \geq E_1 .$$

3.5.5 DAS RITZ-VERFAHREN

Im allgemeinen wird man die Versuchsfunktion Φ mit endlich vielen frei wählbaren komplexen Parametern $c_1, c_2, \ldots, c_m$ versehen und diese mit Hilfe des Variationsprinzips so bestimmen, dass $\langle\Phi|\hat{H}\Phi\rangle/\langle\Phi|\Phi\rangle$ minimal wird. Da die Variationen von c_j und c_j^* voneinander unabhängig betrachtet werden dürfen, ist eine notwendige Bedingung für ein Minimum die Stationaritätsforderung

$$\frac{\partial}{\partial c_j}\frac{\langle\Phi|\hat{H}\Phi\rangle}{\langle\Phi|\Phi\rangle} = 0 \quad , \quad \frac{\partial}{\partial c_j^*}\frac{\langle\Phi|\hat{H}\Phi\rangle}{\langle\Phi|\Phi\rangle} = 0, \; j = 1,2,..,m \quad .$$

Durch Differenzieren des Quotienten erhalten wir

$$\frac{\langle\Phi|\Phi\rangle\partial\langle\Phi|\hat{H}\Phi\rangle/\partial c_j^* - \langle\Phi|\hat{H}\Phi\rangle\partial\langle\Phi|\Phi\rangle/\partial c_j^*}{\{\langle\Phi|\Phi\rangle\}^2} = 0 \quad ,$$

oder

$$\frac{\partial\langle\Phi|\hat{H}\Phi\rangle}{\partial c_j^*} = \varepsilon[\Phi]\,\frac{\partial\langle\Phi|\Phi\rangle}{\partial c_j^*} \quad , \quad j = 1,..,m \quad , \quad \varepsilon[\Phi] \overset{\text{def}}{=} \frac{\langle\Phi|\hat{H}\Phi\rangle}{\langle\Phi|\Phi\rangle} \quad ,$$

und die dazu konjugiert komplexen Gleichungen.

Die so entstehenden Gleichungen sind im allgemeinen *nichtlinear* und daher schwierig zu lösen. Kann man die Versuchsfunktion Φ so parametrisieren, dass bei m Parametern $c_1, c_2, \ldots, c_m$ genau m *lineare* Gleichungen für die m Unbekannten entstehen? Eine positive Antwort wurde von dem Schweizer Mathematiker und Physiker Walther Ritz im Jahre 1906 gefunden. In unserem Kontext beinhaltet das sogenannte *Ritzsche Verfahren* den Ansatz von Φ als *Linearkombination* von m linear unabhängigen festen Funktionen $\Phi_1, \Phi_2, \ldots, \Phi_m$

$$\Phi = \sum_{j=1}^{m} c_j\Phi_j \quad ,$$

wobei die m komplexen Zahlen $c_1, c_2, .., c_m$ durch das Variationsprinzip optimal zu bestimmen sind. Die formalen Rechnungen vereinfachen sich etwas, wenn man die Funktionen $\Phi_1, .., \Phi_m$ orthonormiert wählt. In der Praxis ist diese Vereinfachung aber nicht lohnend: die Funktionen $\Phi_1,..,\Phi_m$ sollte man möglichst klug wählen, und dabei ist eine Orthogonalitätsforderung hinderlich und der Intuition im Weg. Wir verlangen daher nur, dass $\Phi_1,\Phi_2,..,\Phi_m$ quadratisch integrierbar sind und dem verallgemeinerten Pauliprinzip genügen, und verzichten auf jede weitergehende Forderung. Für ein Mehrelektronenproblem kann man beispielsweise m linear unabhängige Slaterdeterminanten wählen.

Zur Auswertung des Ritzschen Ansatzes führen wir folgende Matrixelemente ein

$$H_{jk} \overset{\text{def}}{=} \langle\Phi_j|\hat{H}\Phi_k\rangle = H^*_{kj} \quad , \quad S_{jk} \overset{\text{def}}{=} \langle\Phi_j|\Phi_k\rangle = S^*_{kj} \quad .$$

Es gilt dann

$$\langle\Phi|\hat{H}\Phi\rangle = \sum_{j=1}^{m}\sum_{k=1}^{m} c_j^* c_k H_{jk} \quad , \quad \langle\Phi|\Phi\rangle = \sum_{j=1}^{m}\sum_{k=1}^{m} c_j^* c_k S_{jk} \quad ,$$

sowie

$$\partial\langle\Phi|\hat{H}\Phi\rangle/\partial c_j^* = \sum_{k=1}^{m} c_k H_{jk} \quad , \quad \partial\langle\Phi|\Phi\rangle/\partial c_j^* = \sum_{k=1}^{m} c_k S_{jk} \quad .$$

Die Stationaritätsbedingung $\partial\langle\Phi|\hat{H}\Phi\rangle/\partial c_j^* = \varepsilon[\Phi]\ \partial\langle\Phi|\Phi\rangle/\partial c_j^*$ für den Ritzschen Ansatz lautet dann

$$\sum_{k=1}^{m} H_{jk} c_k = \varepsilon \sum_{k=1}^{m} S_{jk} c_k \quad .$$

Mit der selbstadjungierten (m×m)-Energiematrix $H=(H_{jk})$ und der selbstadjungierten (m×m)-Überlappungsmatrix $S=(S_{jk})$ erhalten wir das folgende verallgemeinerte Matrix-Eigenwertproblem

$$H(c) = \varepsilon S(c) \quad ,$$

wobei (c) der Kolonnenvektor $(c) = (c_1,c_2,...,c_m)^T$ ist. Das optimale $\varepsilon[\Phi]$ ist dann gerade durch den kleinsten Eigenwert ε_1 gegeben.

Bemerkung

Das Matrixeigenwertproblem $H(c)=\varepsilon S(c)$ heisst "verallgemeinert", da es noch eine Gewichtsmatrix S enthält. Da S eine positiv definite Matrix ist, existieren $S^{1/2}$ und $S^{-1/2}$, sodass die Transformation

$$\tilde{H} \stackrel{\text{def}}{=} S^{-1/2}\, H\, S^{-1/2} \quad , \quad \widetilde{(c)} \stackrel{\text{def}}{=} S^{1/2}(c) \quad ,$$

das verallgemeinerte Eigenwertproblem $H(c)=\varepsilon S(c)$ in das gewöhnliche Eigenwertproblem $\tilde{H}\widetilde{(c)}=\varepsilon\widetilde{(c)}$ transformiert. Im allgemeinen empfiehlt es sich aber nicht, diese Transformation durchzuführen; es ist einfacher, das verallgemeinerte Eigenwertproblem ***direkt*** zu lösen.

Beispiel
Sei $\hat{H} = \hat{S}_3 = \frac{\hbar}{2}\begin{pmatrix}1 & 0\\ 0 & -1\end{pmatrix}$. Verwendet man als Versuchsfunktionen $\Phi_1 = \begin{pmatrix}1\\0\end{pmatrix}$ und $\Phi_2 = \begin{pmatrix}1\\1\end{pmatrix}$, so erhält man: $H_{11} = H_{12} = H_{21} = \hbar/2$, $H_{22} = 0$, $S_{11} = S_{12} = S_{21} = 1$, $S_{22} = 2$. Die Eigenwerte des Ritz-Problems sind dann gegeben durch

$$\begin{aligned} 0 &= \det\left|\frac{\hbar}{2}\begin{pmatrix}1 & 1\\ 1 & 0\end{pmatrix} - \varepsilon\begin{pmatrix}1 & 1\\ 1 & 2\end{pmatrix}\right| \\ &= \det\begin{vmatrix}\hbar/2-\varepsilon & \hbar/2-\varepsilon\\ \hbar/2-\varepsilon & -2\,\varepsilon\end{vmatrix} \\ &= \varepsilon^2 - \hbar^2/4. \end{aligned}$$

Mit $\varepsilon_1 = -\hbar/2$ und $\varepsilon_2 = \hbar/2$ erhält man in diesem Fall sogar die genauen Eigenwerte von $\hat{H}$.

Aufgabe 3.5.1
Warum führte das Ritz-Verfahren im obigen Beispiel exakt auf die Eigenwerte von $\hat{H}$?

Zusammenfassung: Ritz-Verfahren

Bei der Ritzschen Version des Variationsprinzips setzt man die Versuchsfunktion als Linearkombination einer Menge fest gegebener, linear unabhängiger Funktionen $\Phi_1, \Phi_2, \ldots, \Phi_m$ an: $\Phi = \Sigma\, c_j \Phi_j$, und bestimmt die optimalen Koeffizienten mit dem Variationsprinzip. Die approximative Grundzustandsenergie ist dann gegeben durch den kleinsten Eigenwert des verallgemeinerten Matrix-Eigenwertproblems

$$\sum_{k=1}^{m} H_{jk} c_k = \varepsilon \sum_{k=1}^{m} S_{jk} c_k$$

mit $H_{jk} = \langle\Phi_j|\hat{H}\Phi_k\rangle$, $S_{jk} = \langle\Phi_j|\Phi_k\rangle$ und $j = 1,\ldots,m$.

3.5.6 WEITERE ÜBUNGSAUFGABEN

Aufgabe 3.5.2

Die Matrix $\hat{H} = \begin{pmatrix} 4 & 2 \\ 0 & 3 \end{pmatrix}$ hat die Eigenwerte 4 und 3. Man berechne den Erwartungswert

$$\frac{\langle\Psi|\hat{H}\Psi\rangle}{\langle\Psi|\Psi\rangle} = ? \qquad \Psi = \begin{pmatrix} 1 \\ -1 \end{pmatrix} .$$

Ist das Variationsprinzip erfüllt? Man begründe die Antwort.

*Aufgabe 3.5.3**

Sei $\Phi_1 = \begin{pmatrix} 2 \\ 1 \\ 2 \end{pmatrix}$, $\Phi_2 = \begin{pmatrix} 0 \\ 1 \\ 1 \end{pmatrix}$ und sei $\hat{H} = \hbar^{-2}\hat{S}_1^2 = \frac{1}{2}\begin{bmatrix} 1 & 0 & 1 \\ 0 & 2 & 0 \\ 1 & 0 & 1 \end{bmatrix}$ der Hamiltonoperator eines Spin-1-Systems. Man gebe mit Hilfe des Ritz-Verfahrens eine Näherung für die Energie des Grundzustandes und verwende dabei Φ_1 und Φ_2 als Basisfunktionen. Man kommentiere das Ergebnis.

*Aufgabe 3.5.4***: Der Grundzustand des Helium-Atoms in der B.O.-Näherung*

Der Born-Oppenheimer-Hamiltonoperator des Helium-Atoms mit im Ursprung des Koordinatensystems fixiertem Kern lautet in atomaren Einheiten

$$\hat{H} = -\tfrac{1}{2}\Delta_q - \tfrac{1}{2}\Delta_{r_2} - \frac{z}{|\vec{r}_1|} - \frac{z}{|\vec{r}_2|} + \frac{1}{|\vec{r}_1-\vec{r}_2|} .$$

Ausgehend von den 1s-Funktionen des Wasserstoffatoms $\psi(\vec{r}) = e^{-c|\vec{r}|}$ setzen wir als Versuchsfunktion an

$$\Phi(\vec{r}_1,m_1;\vec{r}_2,m_2) = \frac{1}{\sqrt{2}}\begin{vmatrix} \psi(\vec{r}_1)\alpha(m_1) & \psi(\vec{r}_2)\alpha(m_2) \\ \psi(\vec{r}_1)\beta(m_1) & \psi(\vec{r}_2)\beta(m_2) \end{vmatrix}$$

$$= \Psi(\vec{r}_1,\vec{r}_2)\chi(m_1,m_2)$$

$$\Psi(r_1,r_2) = \exp\{-c|\vec{r}_1|-c|\vec{r}_2|\},$$

wobei c ein reeller Variationsparameter ist und die antensorierte antisymmetrische Spinfunktion

$$\chi(m_1,m_1) = \frac{1}{\sqrt{2}}\begin{vmatrix} \alpha(m_1) & \beta(m_1) \\ \alpha(m_2) & \beta(m_2) \end{vmatrix}$$

auf 1 normiert ist: $\langle\chi|\chi\rangle = ||\chi||^2 = \sum_{m_1}\sum_{m_2}|\chi(m_1,m_2)|^2 = 1$.

Man führe eine Variationsrechnung für den Grundzustand aus mit c als Variationsparameter (d.h. man finde jenes c, für welches der Erwartungswert des Hamiltonoperators minimal wird). Man gebe das numerische Schlussergebnis für den minimalen Energiewert in Joule Mol^{-1} an und vergleiche es mit dem experimentellen Wert für die Grundzustandsenergie von $-7621\ kJ\cdot Mol^{-1}$.

Hinweis

$$\iiint_{-\infty}^{+\infty} d^3r_1 \iiint_{-\infty}^{+\infty} d^3r_2\, e^{-2c|\vec{r}_1|}\frac{1}{|\vec{r}_1-\vec{r}_2|}e^{-2c|\vec{r}_2|} = \frac{5}{8}\frac{\pi^2}{c^5} .$$

4. MOLEKÜLSTRUKTUR

4.1 MOLEKELN ALS HIERARCHISCHE SYSTEME

4.1.1 DER HISTORISCHE ANSATZ VON BORN UND OPPENHEIMER

Die historisch bedeutsamste Arbeit zur Theorie der Molekeln stammt von Max Born und Julius Robert Oppenheimer und ist 1927 in den Annalen der Physik erschienen (Bd.84, S.457-484). Die Autoren beginnen ihre Veröffentlichung mit den Worten: "Die Terme der Molekelspektren setzen sich bekanntlich aus Anteilen verschiedener Grössenordnung zusammen; der grösste Beitrag rührt von der Elektronenbewegung um die Kerne her, dann folgt ein Beitrag der Kernschwingungen, endlich die von den Kernrotationen erzeugten Anteile. Der Grund für die Möglichkeit einer solchen Ordnung liegt offensichtlich in der Grösse der Masse der Kerne, verglichen mit der der Elektronen."

Das Vorgehen Borns und Oppenheimers wurde durch Überlegungen aus der klassischen Mechanik inspiriert, welche sie durch einen störungstheoretischen Ansatz in die Quantenmechanik übertrugen. Sie gehen davon aus, dass Atomkerne eine um wenigstens 1800 mal, bei einem mittleren Atomkern wie Kohlenstoff sogar eine um 20'000 mal grössere Masse haben als ein Elektron. Bei klassischer Betrachtung erwartet man daher, dass sich ein C-Kern um den Faktor $\sqrt{20'000}$, d.h. um etwa 150 mal langsamer bewegt als die Elektronen. Man wird daher vermuten, dass die Kerne bei der Beschreibung der Elektronenbewegung als ruhend betrachtet werden dürfen. In anderen Worten: die Elektronen stellen sich augenblicklich auf jede neue Kernkonstellation ein und folgen jederzeit den Kernen. Die Situation entspricht recht gut der Dynamik des Sonnensystems: die leichten Planeten folgen der langsamen Bewegung der Sonne. Wir sagen daher häufig, dass sich die Erde um die Sonne bewegt, anstatt pedantisch, dass sich die Erde um den Schwerpunkt des Systems Erde-Sonne bewegt.

Der störungstheoretische Ansatz von Born und Oppenheimer wurde historisch - und wird gelegentlich auch heute noch - einfach als eine Näherungsmethode betrachtet, welche die quantenmechanische Diskussion molekularer Systeme vereinfacht. Eine derartige Sicht ist weder mathematisch noch begrifflich korrekt. Mathematisch betrachtet ist die Born-Oppenheimersche Störungsrechnung der Versuch einer asymptotischen Entwicklung um den *wesentlich singulären* Punkt $m_o/M=0$, wobei m_o die Elektronenmasse und M eine mittlere Kernmasse ist. An diesem Punkt ändert sich jedoch das Verhalten des molekularen Systems *qualitativ*, so dass die Born-Oppenheimer Entwicklung bestenfalls eine divergente asymptotische Entwicklung im Sinne von Poincaré sein kann.

Beispiel: Semikonvergente Reihen
Die Funktion

$$x \to f(x) \overset{\text{def}}{=} e^x \int_x^\infty t^{-1} e^{-t}\, dt$$

ist für alle $x > 0$ wohldefiniert. Durch sukzessive partielle Integration erhält man für $n = 1,2,3,\ldots.$

$$f(x) = \sum_{k=0}^{n} (-1)^k k!\, x^{-k-1} + (-1)^n n!\, e^x \int_x^t t^{-n-1} e^{-t} dt \;.$$

Bereits Leonhard Euler untersuchte 1739 die mit dieser Entwicklung assoziierte Reihe

$$\sum_{k=0}^{\infty} (-1)^k k!\, z^{-k-1} \;,$$

welche für ***alle*** komplexen Zahlen $z \in \mathbb{C}$ divergiert. Für grosse Werte von $|z|$ verhält sich jedoch diese Reihe anfänglich wie eine vorzüglich konvergente Reihe. Beispielsweise gilt für $z = 100$

$$\frac{1}{100}\{1 - 10^{-2} + 2\cdot 10^{-4} - 6\cdot 10^{-6} + \ldots\} \;.$$

Für $z = 100$ werden die ersten hundert Terme sukzessive immer kleiner, erst nach dem hundersten Term beginnen die Summanden wieder grösser zu werden. Solche Reihen heissen ***semikonvergent***. Für $x \geq 2n$ gilt

$$\left| f(x) - \sum_{k=0}^{n} (-1)^k k!\, x^{-k-1} \right| < 2^{-n-1} n^{-2} \;,$$

was für grosse Werte von n eine sehr kleine Zahl ist. Somit kann für grosse Werte von x die Funktion $x \to f(x)$ mit grosser Genauigkeit aus den ersten n Summanden der divergenten Reihe $\Sigma_{k=0}^{\infty}(-)^k k!\, x^{-k-1}$ berechnet werden. Diese ***divergente*** Reihe heisst eine ***asymptotische Entwicklung im Sinne von Poincaré*** der Funktion $x \to f(x)$ um den singulären Punkt $x = \infty$.

Weiterführende Literatur: E.T. Whittaker, G.N. Watson, "A Course of Modern Analysis". Fourth Edition, Cambridge University Press, 1952; Chapt.VIII.

Die asymptotische Entwicklung eines physikalischen Problems um eine wesentlich singuläre Grenzsituation konvergiert nie für *alle* physikalisch relevanten Grössen und impliziert daher eine *neue Betrachtungsweise*. Es ist das Verdienst von Born und Oppenheimer, eine für die Chemie prinzipiell wichtige Betrachtungsweise in die Quantentheorie molekularer Systeme eingeführt zu haben. Die rechnerischen Einzelheiten der in dieser Arbeit vorgeschlagenen Störungstheorie haben heute allerdings nur noch historisches Interesse.

4.1.2 DIE ERZEUGUNG QUALITATIV NEUER EIGENSCHAFTEN

Ohne Abstraktionen gibt es keine Pattern und damit keine Naturwissenschaften. Verschiedene naturwissenschaftliche Theorien sind durch verschiedene Abstraktionen charakterisiert. Es ist in keiner Weise *a priori* festgelegt, was als relevant und was als irrelevant zu gelten hat. Die Relevanzfrage hängt vom Kontext ab. Bestimmte Betrachtungsweisen sind immer mit der Abstraktion von als nicht relevant betrachteten Effekten verknüpft. Eine Betrachtungweise ist niemals *wahr*. Sie kann *richtig* sein, wenn sie zweckmässig ist und wenn sie mit einer spezifizierten Klasse von Experimenten übereinstimmt. Ein System, das viele richtige aber wesensverschiedene Betrachtungsweisen zulässt, nennen wir *komplex*. Für den *Chemiker* sind Molekeln komplexe Systeme, Elektronen dagegen nicht.

Wie kommt man von einer fundamentalen Theorie zu verschiedenartigen Betrachtungsweisen? Genau wie in der bildenden Kunst. Eine Photographie kann niemals eine gute Karikatur ersetzen, "die Karikatur ist die Voraussetzung aller objektiven Kunst"*). In mathematisch formulierten Theorien sind asymptotische Entwicklungen um wesentlich singuläre Punkte geeignet, Karikaturen und damit neue Perspektiven zu gewinnen. Die singuläre Situation legt die neue Sicht fest, die asymptotische Entwicklung bringt die Anpassung an die Erfordernisse der fundamentalen Theorie.

Die adiabatische Beschreibung molekularer Systeme im Sinne von Born und Oppenheimer wählt als singuläre Grenzsituation eine *klassische Beschreibung der Kernbewegungen*. Das ist keine Näherung, sondern eine Karikatur, welche die in der Chemie übliche Betrachtungsweise erzeugt. Die asymptotische Entwicklung ("Quantisierung um die klassischen Trajektorien") führt dann zu den Korrekturen, welche für eine richtige Beschreibung spektroskopischer und kinetischer Experimente notwendig sind.

Die *chemisch* bedeutsamen Aspekte molekularer Systeme werden erst in der adiabatischen Karikatur manifest. Begriffe wie Molekülstruktur, Kerngerüst, Kernkonfiguration, Schwingung oder Rotation sind *quasiklassisch* und in einer rein quantenmechanischen Beschreibung ohne klassische Observable überhaupt nicht erklärt. Daher ist die Born-Oppenheimersche asymptotische Entwicklung erst in zweiter Linie als numerisches Näherungsverfahren zu verstehen. Sie ist vor allem

---

*) E. Fuchs, "Die Karikatur der europäischen Völker", 1921.

eine Methode, um in einer mathematisch wohldefinierten Weise *qualitativ neue Eigenschaften* zu erzeugen, welche dann durch sogenannte *klassische Observable* beschrieben werden (vgl. 3.4).

4.1.3 HIERARCHISCHE SYSTEME

Adiabatische asymptotische Entwicklungen sind genau dann möglich, wenn Vorgänge betrachtet werden, die sich unterschiedlich schnell abspielen, so dass zwei oder mehrere deutlich voneinander getrennte Zeitskalen ins Spiel kommen. Im chemisch-biologischen Bereich klassifizieren wir phänomenologische Bewegungsformen häufig nach ihren charakteristischen Zeiten. Als Beispiel seien angeführt:

Bewegungsform	*typische charakteristische Zeit etwa*
Elektronenbewegung	$10^{-16} \ldots 10^{-14}$ s
Molekülvibration	$10^{-14} \ldots 10^{-11}$ s
Molekülrotation	$10^{-13} \ldots 10^{-9}$ s
biochemische Reaktion	$\leq 10^{-1}$ s
metabolische Stufe	10^{2} s
epigenetische Stufe	10^{4} s
ontogenetische Stufe	$10^{6} \ldots 10^{8}$ s
evolutionäre Stufe	$10^{11} \ldots 10^{14}$ s

Solche gemäss ihren Zeitskalen nach *Rangstufen* geordneten Systeme heissen *hierarchische Systeme*. Dabei steuern hierarchisch höher liegende Stufen über eine *Befehlsrelation* die hierarchisch tiefer liegenden Stufen. In jedem hierarchischen System *muss* das hierarchisch höhere System, die "Regierung", notwendigerweise langsam sein: "Regierungen sind immer konservativ", sonst bricht die hierarchische Struktur, die "Sozialordnung", zusammen: es gibt eine "Revolution". Dabei ist zu beachten, dass es keine Regierung ohne Volk gibt. Mit anderen Worten: *hierarchisch hochliegende Ebenen haben nie eine eigenständige Realität.*

Die Born-Oppenheimer Karikatur beschreibt Molekeln als hierarchische Systeme: die rein quantenmechanisch zu beschreibenden Elektronen stellen das Fussvolk dar, welches den Befehlen der hierarchisch höheren "Regierung", hier der klassischen Kernkonfiguration, sofort nachkommt. Werden die Kerne durch äussere Einwirkungen gezwungen, sich schnell, d.h. nichtadiabatisch, zu bewegen, gibt es eine "molekulare Revolution" und die adiabatische Beschreibung bricht zusammen. Dass es keine Regierung ohne Volk gibt, heisst im molekularen Bereich, dass es kein Kerngerüst ohne Elektronen gibt.

Die hierarchische Auffächerung der verschiedenen Bewegungsformen in der Born-Oppenheimerschen Betrachtungsweise ist insbesondere auch wichtig für ein anschauliches Verständnis der chemischen Spektroskopien. Sie führt etwa zur Unterscheidung folgender spektroskopischer Verfahren: Kernresonanzspektroskopie (im Radiofrequenzbereich), Elektronenresonanzspektroskopie (im Mikrowellenbereich), Rotationsspektroskopie (im Mikrowellenbereich und im fernen Infrarot), Schwingungsspektroskopie (im Infrarot), Elektronenspektroskopie (im Sichtbaren und Ultravioletten). Eine solche hierarchische Klassifikation von Molekülspektren ist äusserst bequem, jedoch ist zu bedenken, dass diese hierarchischen Stufen keineswegs scharf getrennt sind. Diese unvollkommene Hierarchisierung gibt Anlass zur Diskussion der recht komplizierten Wechselwirkungseffekte zwischen den einzelnen hierarchischen Stufen, wie etwa den rotatorisch-vibratorischen Wechselwirkungen. Für die Diskussion extrem genauer spektroskopischer Messungen kann es daher mathematisch einfacher sein, die Born-Oppenheimer-Karikatur als Ausgangspunkt aufzugeben und zu einer rein quantenmechanischen Beschreibung zurückzugehen. Doch wird dies nur in Ausnahmefällen gemacht, weil dabei die intuitiv so nützliche hierarchische Gliederung verlorengeht. Jedoch ist zu beachten, dass beide Betrachtungsweisen legitim sind und, sofern sie nur richtig gehandhabt werden, zur Übereinstimmung mit den experimentellen Daten führen.

Man kann eine hierarchisch höherliegende Stufe immer auch in der Sprache beschreiben, die einer tieferliegenden Stufe angemessen ist. In der Regel ist diese Beschreibung sehr kompliziert und fast unverständlich. Die angemessene Beschreibung einer höheren hierarchischen Stufe verlangt eine *neue Sprache*, welche üblicherweise eine enorme deskriptive Vereinfachung mit sich bringt. Sie enthält neue *Begriffe*, welche es auf einer fundamentaleren, hierarchisch tieferen Stufe *nicht gibt*.

Aufgabe 4.1.1
Man diskutiere die Begriffe Masse, molekulares Kerngerüst, optischer Schatten, elektrische Kapazität, Induktivität, elektrisches Feld, magnetisches Feld, Temperatur, Druck, Gene, Zellen, Zellgewebe, Organismen, Art, Sozialsystem, Ökosystem als Begriffe hierarchischer Beschreibungen und gebe jeweils eine fundamentalere Theorie an, in welcher diese Begriffe nicht mehr vorkommen.

Zusammenfassung Hierarchische Systeme und Quantenchemie

Eine rein quantenmechanische Beschreibung molekularer Systeme ist möglich und reproduziert alle Resultate *physikalischer* Messungen perfekt. Die *chemisch* relevanten Aspekte werden aber erst in der adiabatischen Karikatur manifest. Die *Molekülstruktur* wird durch eine klassische Observable beschrieben, welche durch die Hierarchisierung der Kern- und Elektronendynamik entsteht. Die *Quantenchemie* ist charakterisiert als die quantenmechanische Diskussion von Kern-Elektronen-Systemen, welche von der adiabatischen Karikatur ausgeht, d.h. von dem singulären Grenzfall eines durch die klassische Mechanik beschreibbaren Kerngerüstes.

4.2 ADIABATISCHE BESCHREIBUNG VON MOLEKELN

4.2.1 DIE TRENNUNG VON KERN- UND ELEKTRONENBEWEGUNG NACH BORN UND OPPENHEIMER

Der Ausgangspunkt für die adiabatische Beschreibung einer Molekel aus K Kernen und N Elektronen ist der volle Hamiltonoperator $\hat{H}$ der Molekel, wobei der Einfachheit halber nur die elektrostatischen Coulombwechselwirkungen berücksichtigt werden:

$$\hat{H} = \hat{T}_K + \hat{T}_E + \hat{V} \quad .$$

Dabei ist $\hat{T}_K$ die kinetische Energie der Kerne

$$\hat{T}_K = \sum_{\alpha=1}^{K} \frac{1}{2M_\alpha} \hat{p}_\alpha^2 \quad ,$$

und $\hat{T}_E$ die kinetische Energie der Elektronen

$$\hat{T}_E = \sum_{j=1}^{N} \frac{1}{2m_o} \hat{p}_j^2 \quad .$$

Die potentielle Energie $\hat{V}$ ist eine Funktion der K Kernkoordinatenvektoren $\hat{\vec{Q}}_1,..,\hat{\vec{Q}}_K$, und der N Elektronenkoordinatenvektoren $\hat{\vec{q}}_1,..,\hat{\vec{q}}_N$,

$$\begin{aligned}\hat{V} &= V(\hat{\vec{q}}_1,..,\hat{\vec{q}}_N;\hat{\vec{Q}}_1,..,\hat{\vec{Q}}_K) \\ &= \sum_{j<k}^{N}\sum \frac{e_o^2}{4\pi\varepsilon_o|\hat{\vec{q}}_j-\hat{\vec{q}}_k|} + \sum_{\alpha<\beta}^{K}\sum \frac{Z_\alpha Z_\beta e_o^2}{4\pi\varepsilon_o|\hat{\vec{Q}}_\alpha-\hat{\vec{Q}}_\beta|} - \sum_{j=1}^{N}\sum_{\alpha=1}^{K} \frac{Z_\alpha e_o^2}{4\pi\varepsilon_o|\hat{\vec{q}}_j-\hat{\vec{Q}}_\alpha|} \quad .\end{aligned}$$

Zur Vereinfachung der Notation schreiben wir

$$\hat{q} = (\hat{\vec{q}}_1,..,\hat{\vec{q}}_N) \quad ,$$

$$\hat{Q} = (\hat{\vec{Q}}_1,..,\hat{\vec{Q}}_K) \quad ,$$

und erhalten

$$\hat{V} = V(\hat{q},\hat{Q}) \quad .$$

In der Schrödingerdarstellung hängt die Zustandsfunktion Ψ von den Elektronenkoordinaten q und den Kernkoordinaten Q ab. Ein stationärer Zustand Ψ erfüllt die zeitunabhängige Schrödingergleichung

$$\{\hat{T}_K + \hat{T}_E + V(q,Q)\}\,\Psi(q,Q) = E\,\Psi(q,Q) \quad .$$

Der *erste Schritt* zu einer adiabatischen Beschreibung ist die *Born-Oppenheimer-Karikatur:*

B.O.-Karikatur:

- die kinetische Energie T_K der Kerne wird vernachlässigt
- der α-te Kern wird am Ort $\vec{R}_\alpha$ fixiert, d.h. es gilt

$$\hat{\vec{Q}}_\alpha = \vec{R}_\alpha$$

Bemerkung
Diese Karikatur führt zu einer ***klassischen Beschreibung***. Das Einfrieren fixiert einen wohlbestimmten Wert $\vec{R}_\alpha$ für die α-te Ortsobservable $\hat{\vec{Q}}_\alpha$. Anderseits impliziert $\hat{T}_K = 0$ auch $\hat{\vec{P}}_\alpha = 0$, so dass auch die α-te Impulsobservable $\hat{\vec{P}}_\alpha$ einen scharfen Wert hat, während in der Quantenmechanik die Heisenbergsche Unbestimmtheitsrelation $\Delta Q \cdot \Delta P \geq \hbar/2$ erfüllt sein muss. Im Rahmen der Quantenmechanik kann diese Karikatur mathematisch konsistent durch den asymptotischen Limes $\hbar^2/M_\alpha \to 0$, d.h. im Grenzfall grosser Kernmassen $(M_\alpha \to \infty)$ erhalten werden.

In der Born-Oppenheimer-Karikatur entsprechen die Kerne der Regierung und eine Kernkonfiguration $R = (\vec{R}_1, \vec{R}_2, \ldots, \vec{R}_K)$ enspricht einem Satz von Anweisungen der Regierung, an denen sich das Fussvolk der Elektronen ausrichtet, indem es einer Schrödingergleichung mit starrem Kerngerüst $(\hat{T}_K = 0,\ Q = R)$ gehorcht:

$$\boxed{\mathrm{I}} \qquad \{\hat{T}_E + V(q,R)\}\Phi_n(q|R) = U_n(R)\Phi_n(q|R)$$

Man beachte, dass Gleichung $\boxed{\mathrm{I}}$ eine *rein elektronische* Schrödingergleichung ist. Die klassische Kernfiguration R kann *beliebig* gewählt werden, muss aber für die Lösung der Gleichung $\boxed{\mathrm{I}}$ festgehalten werden. Die Funktion $q \to \Phi_n(q|R)$ ist die n-te elektronische Born-Oppenheimer-Zustandsfunktion, und die reelle Zahl $U_n(R)$ ist der n-te elektronische Energieeigenwert der Kernkonfiguration $R = (\vec{R}_1, \ldots, \vec{R}_K)$.

Man denke sich nun die Gleichung $\boxed{\mathrm{I}}$ für alle denkbaren Kernkonfigurationen $R = (R_1, \ldots, R_K)$ gelöst, so die elektronische Zustandsfunktion $q \to \Phi_n(q|R)$ für alle Kernkonfigurationen R bekannt ist. Wir machen nun den folgenden Variationsansatz für die vollständige Zustandsfunktion Ψ

$$\Psi_n(q,Q) \overset{\text{def}}{=} \Phi_n(q|Q)\,\Xi^{(n)}(Q)\,,$$

und bestimmen die beste Funktion Ψ_n durch das Variationsprinzip

$$\frac{\langle\Psi_n|\hat{H}\Psi_n\rangle}{\langle\Psi_n|\Psi_n\rangle} = \min\;.$$

Zur Auswertung berechnen wir zunächst $\hat{H}\Psi_n$:

$$\hat{H}\Psi_n(q,Q) = \{\hat{T}_K + \hat{T}_E + V(q,Q)\}\,\Phi_n(q|Q)\,\Xi^{(n)}(Q) = \{\hat{T}_K + U_n(Q)\}\,\Phi_n(q|Q)\,\Xi^{(n)}(Q)\;.$$

Mit

$$\hat{T}_K = -\hbar^2\sum_\alpha \frac{1}{2M_\alpha}\frac{\partial^2}{\partial\vec{Q}_\alpha^2}$$

und

$$\frac{\partial}{\partial\vec{Q}_\alpha^2}\left\{\Phi_n(q|Q)\Xi^{(n)}(Q)\right\} = \Phi_n(q|Q)\frac{\partial^2}{\partial\vec{Q}_\alpha^2}\Xi^{(n)}(Q) + 2\left(\frac{\partial\Phi_n(q|Q)}{\partial\vec{Q}_\alpha}\right)\left(\frac{\partial\Xi^{(n)}(Q)}{\partial\vec{Q}_\alpha}\right) + \Xi^{(n)}(Q)\,\frac{\partial^2\Phi_n(q|Q)}{\partial\vec{Q}_\alpha^2}\,,$$

folgt

$$\begin{aligned}\hat{H}\Psi_n(q,Q) = {} & \Phi_n(q|Q)\{\hat{T}_K + U_n(Q)\}\Xi^{(n)}(Q) + \Xi^{(n)}(Q)\hat{T}_K\{\Phi_n(q|Q)\} \\ & + 2\sum_\alpha \frac{1}{2M_\alpha}\{\hat{\vec{P}}_\alpha\Phi_n(q|Q)\}\cdot\{\hat{\vec{P}}_\alpha\Xi^{(n)}(Q)\}\;.\end{aligned}$$

Wir definieren eine sogenannte adiabatische Korrektur $\hat{C}_n$ durch

$$\hat{C}_n \overset{\text{def}}{=} \langle\Phi_n|\hat{T}_K\Phi_n\rangle_E + \sum_{\alpha=1}^{K}\frac{1}{M_\alpha}\langle\Phi_n|\hat{\vec{P}}_\alpha\Phi_n\rangle_E\cdot\hat{\vec{P}}_\alpha\,.$$

Dabei bezeichnet $\langle|\rangle_E$ das Skalarprodukt bezüglich der elektronischen Variablen. Sei weiter $\langle|\rangle_K$ das Skalarprodukt bezüglich der Kernvariablen. Dann folgt:

$$\langle\Psi_n|\hat{H}\Psi_n\rangle = \langle\Xi^{(n)}|(\hat{T}_K + U_n(\hat{Q}) + \hat{C}_n)\Xi^{(n)}\rangle_K\;.$$

Die Funktionen Ξ, welche diesen Ausdruck extremal machen, erfüllen die folgende, *effektive* Schrödingergleichung:

$$\boxed{\text{II}}_{\text{Ad}}\quad \{\hat{T}_K + U_n(\hat{Q}) + \hat{C}_n\}\Xi_j^{(n)} = E_j^{(n)}\Xi_j^{(n)}$$

Wie aus numerischen Rechnungen bekannt ist (vgl. z.B. W. Kolos, J.Chem. Phys. 41, 3663-3674, 1964), ist die adiabatische Korrektur $\hat{C}_n$ häufig vernachlässigbar klein. Lässt man die adiabatische Korrektur $\hat{C}_n$ weg, so erhält man die *Born-Oppenheimer Näherung*

$$\boxed{\text{II}}_{BO} \qquad \{\hat{T}_K + U_n(\hat{Q})\}\Xi_j^{(n)} = E_j^{(n)}\Xi_j^{(n)}$$

Diese Gleichung hat die Form einer üblichen Schrödingergleichung mit der kinetischen Energie $\hat{T}_K$ und der potentiellen Energie $\hat{U}_n$. Das effektive Potential $U_n(Q) = U_n(\vec{Q}_1,..,\vec{Q}_K)$ ist im Gegensatz zum Coulombpotential V nicht von vorneherein bekannt, sondern muss aus der Eigenwertgleichung $\boxed{\text{I}}$ mühsam punktweise ermittelt werden. Man beachte, dass jeder elektronische Zustand $\Phi_n(n = 1,2,...)$ auf ein *anderes* Kernpotential U_n führt. Die Gleichung $\boxed{\text{II}}$ beschreibt die möglichen Kernbewegungen wie Translation, Rotation und Vibration, doch muss man für eine solche ab-initio Diskussion zunächst die elektronische Schrödingergleichung I für alle denkbaren, eingefrorenen Kernkonfigurationen $\vec{R}_1,..,\vec{R}_K$ lösen, um das Potential der Schrödingergleichung $\boxed{\text{II}}$ zu erhalten. Diese Situation ist typisch für hierarchische Systeme: *In einer fundamentalen Beschreibung bedingt die theoretische Diskussion eines hierarchisch höheren Systems immer die vorangehende Lösung der Bewegungsgleichungen für die hierarchisch tieferen Stufen.* Allerdings kann man durchaus auf eine durchgehende ab-initio Berechnung verzichten und im Born-Oppenheimer-Problem das Kernpotential U_n phänomenologisch ansetzen. Von dieser Möglichkeit wird insbesondere in der Infrarotspektroskopie ausgiebig Gebrauch gemacht.

4.2.2 DIE BORN-OPPENHEIMER-HYPERFLÄCHE

Das effektive Kernpotential U_n hängt nur von den paarweisen Abständen und den relativen Orientierungen der K Atomkerne ab, nicht aber von der Lage und der Orientierung des Kerngerüsts bezüglich eines laboratoriumsfesten Koordinatensystems. Es ist daher zweckmässig, ein *molekülfestes Koordinatensystem* einzuführen. Für die Umrechnungen zwischen einem laboratoriumsfesten und einem molekülfesten Koordinatensystem brauchen wir für nichtaxiale Molekeln 6 Koordinaten und für axiale Molekeln 5 Koordinaten. Diese 6 bzw. 5 Koordinaten beschreiben die Translation und die Rotation der Molekel als Ganzes,

nichtlineare Molekeln:	Translation:	3 Freiheitsgrade
	Rotation:	3 Freiheitsgrade
lineare Molekeln:	Translation:	3 Freiheitsgrade
	Rotation:	2 Freiheitsgrade.

Die Zahl $F = 3K-6$ (für nichtaxiale Molekeln) oder $F = 3K-5$ (für axiale Molekeln) heisst die Anzahl der *inneren Freiheitsgrade*, welche durch F *interne Koordinaten* $R_1, R_2, .., R_F$ beschrieben werden können. Als interne Koordinaten können beispielsweise verwendet werden:

(i) internukleare Abstände, z.B. $|\vec{R}_1-\vec{R}_2|$,
(ii) Bindungswinkel, z.B. $\measuredangle(\vec{R}_1-\vec{R}_2, \vec{R}_2-\vec{R}_3)$,
(iii) Torsionswinkel.

Wenn wir das effektive Kernpotential U_n statt in laboratoriumsfesten Koordinaten $\vec{R}_1, \vec{R}_2, .., \vec{R}_K$ in internen Koordinaten $R_1, R_2, .., R_F$ ausdrücken, schreiben wir $\mathcal{U}_n$

$$U_n(\vec{R}_1, \vec{R}_2, ..., \vec{R}_K) = \mathcal{U}_n(R_1, R_2, .., R_F).$$

Jede zweikernige Molekel ist axial, so dass $F = 3K-5 = 6-5 = 1$. Als interne Koordinate R kann der Kern-Kern-Abstand gewählt werden, $R = |\vec{R}_1-\vec{R}_2|$. In diesem Falle ist $R \to \mathcal{U}_n(R)$ eine 1-dimensionale Fläche, welche im 2-dimensionalen Raum $(\mathcal{U}_n, R)$ als sogenannte *Potentialkurve* dargestellt werden kann. Allgemein ist $(R_1, .., R_F) \to \mathcal{U}_n(R_1, .., R_F)$ eine F-dimensionale Hyperfläche in einem F+1-dimensionalen Raum und wird die *Born-Oppenheimer-Hyperfläche* genannt.

Warnung: Born-Oppenheimer-Hyperflächen grosser Molekeln können nicht punktweise berechnet werden

Die Berechnung einer ganzen Born-Oppenheimer-Hyperfläche bereitet schon bei kleinen Molekeln immense Schwierigkeiten. Wollen wir beispielsweise für jeden 1-dimensionalen Schnitt durch die Born-Oppenheimer-Hyperfläche nur 10 Punkte berechnen, so haben wir die folgende Gesamtzahl von Punkten zu berechnen:

Anzahl der Kerne K	$F = 3K - 6$	Anzahl der Punkte $= 10^F$
3	3	10^3
10	24	10^{24}
100	294	10^{294}

Die Berechnung ***eines*** Punktes auf der Born-Oppenheimer-Hyperfläche bedingt die Lösung ***einer*** elektronischen Schrödingergleichung. Unabhängig davon, ob die numerische Lösung einer Schrödingergleichung auf dem Computer 1 Stunde, 1 Sekunde oder 1 ns lang dauert, 10^{294} Punkte können wir nicht ausrechnen, da unser Weltall nicht älter als 10^{18} sec ist.

Der vollständige Hamiltonoperator einer Molekel ist durch die Angabe der *Bruttoformel* eindeutig festgelegt, denn sie bestimmt

die Anzahl der Elektronen	:	N
die Anzahl der Kerne	:	K
die Kernmassen	:	$M\ ,..,M$
die Kernladungen	:	$Z_1 e_0,..,Z_K e_0$.

Für einen bestimmten elektronischen Zustand $\Phi_n (n = 1,2,..)$ liefert die elektronische Born-Oppenheimer-Schrödingergleichung [I] ein eindeutiges Born-Oppenheimer-Potential $R \to U_n(R)$ als Funktion der Kernkoordinaten $R = (R_1,..,R_F)$. Da in der Schrödingergleichung [I] die Kernmassen nicht vorkommen, folgt, dass *isotope Molekeln dieselbe Born-Oppenheimer-Hyperfläche* U_n haben. Dies ist vor allem wichtig für die Anwendung der Isotopensubstitution in der chemischen Reaktionskinetik.

Jede Kernkonfiguration R charakterisiert ein molekulares System. *Ein molekulares System heisst stabil, wenn bei einer beliebigen, infinitesimal kleinen Verschiebung der Kernkoordinaten* $R_1, R_2, \ldots, R_F$ *nur rücktreibende Kräfte auftreten.* Diese Stabilitätsbedingung ist offensichtlich für alle lokalen Minima auf einer Born-Oppenheimer-Hyperfläche erfüllt. Die zu einem lokalen Minimum gehörige Kernkonfiguration heisst die Gleichgewichtsstruktur einer Born-Oppenheimer-Molekel. Man beachte, dass es auf ein und derselben Born-Oppenheimer-Fläche viele lokale Minima gibt, jedem dieser Minima ordnet man eine spezielle Molekel zu.

Aufgabe 4.2.1
Man betrachte die Born-Oppenheimer-Fläche des elektronischen Grundzustandes von C_6H_6 und diskutiere einige lokale Minima samt ihrer konventionellen chemischen Bezeichnung.

Zusammenfassung: Born-Oppenheimer-Molekeln

Eine Born-Oppenheimer-Hyperfläche ist charakterisiert durch die Angabe der chemischen Bruttoformel und des elektronischen Zustandes. Isotope Molekeln haben dieselbe Born-Oppenheimer-Fläche. Jedes lokale Minimum einer Born-Oppenheimer-Fläche definiert eine Born-Oppenheimer-Molekel. Die zu diesem lokalen Minimum gehörige Kernkonfiguration heisst Gleichgewichtsstruktur (r_e-Struktur), sie definiert die chemische Strukturformel der Born-Oppenheimer-Molekel.

4.3 ZWEIKERNIGE MOLEKELN

4.3.1 DIE ELEKTRONENSTRUKTUR DER EINFACHSTEN MOLEKEL

Zweikernige Molekeln sind ganz besonders einfach, da ihr Kerngerüst nur einen einzigen internen Freiheitsgrad hat ($F = 1$). Als interne Koordinate wählen wir den Kern-Abstand $R = |\vec{R}_1 - \vec{R}_2|$. Um ein explizites Beispiel für eine Born-Oppenheimer-Potentialkurve $R \to U(R)$ zu erhalten, diskutieren wir zunächst die einfachste Molekel, die es gibt, das Wasserstoffmolekülion H_2^+, ein 3-Körperproblem mit zwei identischen schweren und einem leichten Teilchen. Der elektrostatische Coulomb-Hamiltonoperator ist gegeben durch:

$$\hat{H} = \frac{1}{2M}(\hat{P}_1^2 + \hat{P}_2^2) + \frac{1}{2m_o}\hat{p}^2 - \frac{e_o^2}{4\pi\varepsilon_o}\left\{\frac{1}{|\hat{\vec{q}} - \hat{\vec{Q}}_1|} + \frac{1}{|\hat{\vec{q}} - \hat{\vec{Q}}_2|}\right\} + \frac{e_o^2}{4\pi\varepsilon_o}\frac{1}{|\hat{\vec{Q}}_1 - \hat{\vec{Q}}_2|} \quad .$$

In der Born-Oppenheimer Karikatur werden die Kerne als unvergleichlich viel schwerer als die Elektronen angesehen, so dass sich die schnelle Elektronenbewegung um ein bei

$$\vec{Q}_1 = \vec{R}_1 \quad \text{und} \quad \vec{Q}_2 = \vec{R}_2$$

eingefrorenes Kerngerüst abspielt. Für eingefrorene Kernpositionen ist die kinetische Energie $\frac{1}{2M}(\hat{P}_1^2 + \hat{P}_2^2)$ der Kerne null, so dass sich der Hamiltonoperator reduziert auf

$$\hat{H}_E = \frac{1}{2m_o}p^2 - \frac{e_o^2}{4\pi\varepsilon_o}\left\{\frac{1}{|\hat{\vec{q}} - \vec{R}_1|} + \frac{1}{|\hat{\vec{q}} - \vec{R}_2|} - \frac{1}{R}\right\} \quad .$$

Bei festem Kerngerüst sind die stationären Zustände des Elektrons gegeben durch eine Zustandsfunktion $\vec{q} \to \varphi_n(\vec{q}|R)$, welche parametrisch noch vom Kernabstand R abhängt*):

$$\hat{H}_E \varphi_n(\vec{q}|R) = U_n(R)\varphi_n(\vec{q}|R) \quad .$$

Die Zahl U_n ist der n-te Eigenwert dieser zeitunabhängigen Schrödingergleichung, sie hängt parametrisch vom gewählten Kernabstand R ab. Die Funktion $R \to U_n(R)$ heisst die Potentialkurve des n-ten elektronischen Zustandes. Die Minima von U_n entsprechen Kernabständen minimaler Energie und charakterisieren stabile Kern-

---

*) Da es sich um ein 1-Elektronenproblem handelt und der Hamiltonoperator keine Spinwechselwirkungen enthält, dürfen wir die Spinvariable unterdrücken.

lagen der Molekel im n-ten elektronischen Zustand. Die H_2^+-Molekel existiert im Grundzustand (n=1) als stabile Molekel, wobei der Gleichgewichtsabstand R_e die Gleichung

$$(\partial U_1/\partial R)_{R=R_e} = 0$$

erfüllt. Die Energiedifferenz $U_1(\infty)-U_1(R_e)$ heisst die *Bindungsenergie* des Grundzustandes.

In der Schrödingerdarstellung und in atomaren Einheiten (vgl. 7.2.2) ergibt sich die folgende partielle Differentialgleichung

$$-\tfrac{1}{2}\Delta\varphi_n(\vec{q}|R) - \left\{\frac{1}{|\vec{q}-\vec{R}_1|} + \frac{1}{|\vec{q}-\vec{R}_2|} - \frac{1}{R}\right\}\varphi_n(\vec{q}|R) = U_n(R)\varphi_n(\vec{q}|R),$$

welche in rotationselliptischen Koordinaten separierbar ist. Die aus der Variablentrennung hervorgehenden gewöhnlichen Differentialgleichungen können durch Reihenentwicklung rekursiv gelöst werden. Die Lösungen zeigen, dass die Potentialkurve des elektronischen Grundzustandes bei einem Kernabstand von 2,000 atomaren Längeneinheiten ein Minimum von -0,602625 atomaren Energieeinheiten aufweist, woraus mit $U_1(\infty) = -\frac{1}{2}$ at.EH, der Zustandsenergie des Wasserstoffatoms, für die Bindungsenergie ein Wert von 0,102625 atomaren Einheiten folgt.

Es ist eine Besonderheit der Molekel H_2^+, dass ihre Schrödingergleichung in der Born-Oppenheimer Näherung geschlossen lösbar ist. Da das dabei benützte Verfahren zur Variablentrennung nicht allgemein anwendbar ist, wollen wir versuchen, den üblichen Weg zu gehen und die Potentialkurve des Grundzustandes aus dem Variationsprinzip abzuleiten. Das Variationsprinzip erfordert vor allem einen Satz guter Versuchsfunktionen für die Variation. Es zeigt sich, dass die Betrachtung von H_2^+ bei grossen Kernabständen einen sehr einfachen aber brauchbaren Ansatz liefert. Für $R\to\infty$ erscheinen aus energetischen Gründen die beiden folgenden Möglichkeiten naheliegend:

1. Das Elektron befindet sich bei Kern 1 in einem 1s Zustand:

$$\chi_1(\vec{q}) = \pi^{-1/2}\exp\{-|\vec{q}-\vec{R}_1|\} \quad ,$$

2. Das Elektron befindet sich bei Kern 2 in einem 1s Zustand:

$$\chi_2(\vec{q}) = \pi^{-1/2}\exp\{-|\vec{q}-\vec{R}_2|\} \quad .$$

Für endliches R wählen wir eine Linearkombination dieser asymptotischen Zustände und setzen an

$$\varphi(\vec{q}\,|\,R) = c_1\chi_1(\vec{q}) + c_2\chi_2(\vec{q}) \quad .$$

Aus Symmetriegründen müssen die Koeffizienten dem Betrage nach gleich sein: $|c_1| = |c_2|$. Für eine reellwertige Versuchsfunktion χ muss also gelten $c_1 = \pm c_2$.

$$\varphi^+(\vec{q}) = \chi_1(\vec{q}) + \chi_2(\vec{q}) \quad ,$$
$$\varphi^-(\vec{q}) = \chi_1(\vec{q}) - \chi_2(\vec{q}) \quad .$$

*Aufgabe 4.3.1****

Man berechne analytisch die zu den Versuchsfunktionen $\varphi^\pm$ gehörigen Näherungen

$$U^\pm(R) \overset{\text{def}}{=} \frac{\langle\varphi^\pm|\hat{H}_E\varphi^\pm\rangle}{\langle\varphi^\pm|\varphi^\pm\rangle}$$

für die exakten Born-Oppenheimer Potentialkurven des Grundzustandes und des ersten angeregten Zustandes von H_2^+. Man trage die Funktionen $R \rightarrow U(R)$ graphisch auf und vergleiche die daraus erhaltenen Werte für die Grundzustandsenergie $U^+(R_e)$, für den Gleichgewichtsabstand R_e und für die Bindungsenergie mit den vorher angegebenen genauen Werten.

Ergebnis

$$U^\pm(R) = -\tfrac{1}{2} - \frac{1/R - e^{-2R}(1+1/R) \pm e^{-R}(R+1)}{1 \pm e^{-R}(1+R+R^2/3)} + \frac{1}{R}$$

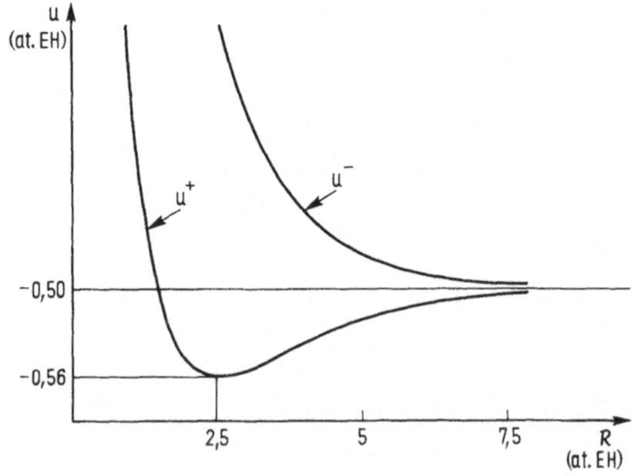

Schon dieser einfache Ansatz liefert also eine Potentialkurve, welche die *qualitativen* Eigenschaften der exakten Lösung zutreffend wiedergibt, wenn das Ergebnis auch *numerisch* noch nicht befriedigt: H_2^+ besitzt im Grundzustand ein Potentialminimum und existiert daher als stabile Molekel. Die Potentialkurve $R \to U^-(R)$ besitzt kein solches Minimum. Man wird deshalb erwarten, dass die Molekel im ersten elektronisch angeregten Zustand zerfällt. Durch Verwendung grösserer Sätze von Versuchsfunktionen kann man das Resultat in beliebigem Masse verbessern.

Ohne grosse Mühe kann der eben diskutierte Ansatz verbessert werden, indem man die Versuchsfunktionen skaliert, d.h. indem man ansetzt

$$\varphi_1(\vec{q}) = \lambda^{3/2}\chi_1(\lambda\vec{q}) = \lambda^{3/2}\pi^{-1/2}\exp\{-\lambda|\vec{q}-\vec{R}_1|\} ,$$

$$\varphi_2(\vec{q}) = \lambda^{3/2}\chi_2(\lambda\vec{q}) = \lambda^{3/2}\pi^{-1/2}\exp\{-\lambda|\vec{q}-\vec{R}_2|\} ,$$

und dann den energetisch besten Skalierungsparameter $\lambda (0 < \lambda < \infty)$ mit Hilfe des Variationsprinzips bestimmt. Für den Grundzustand erhält man beim Gleichgewichtsabstand R_e den Wert $\lambda = 1{,}228$. Wie die folgende Tabelle zeigt, ergibt eine optimale Skalierung eine wesentliche Verbesserung.

	Gesamtenergie at.EH	Bindungsenergie at.EH	Gleichgewichts-Kernabstand at.EH
exakte Lösung	-0,602'625	0,102'625	2,000
Ansatz ohne Skalierung χ^+	-0,565	0,065	2,50
Ansatz mit Skalierung χ^+	-0,583	0,083	2,00
Experiment	-0,602'2	0,102'2	2,0

*Aufgabe 4.3.2**
Man diskutiere das energetische Resultat der beiden Methoden in $kcal \cdot Mol^{-1}$ (bzw. $kJ \cdot Mol^{-1}$).Ist die Abweichung vom richtigen Wert (i) vom chemischen Standpunkt, (ii) vom spektroskopischen Standpunkt, als gross oder klein zu betrachten?

Zusammenfassung: Elektronenstruktur von H_2^+
Die Linearkombination zweier Wasserstoff-1s-Funktionen kann als einfacher Ansatz für elektronische Zustandsfunktionen des Wasserstoffmolekülions H_2^+ verwendet werden. Sie führt auf eine approximative Born-Oppenheimer-Potentialkurve für den Grundzustand, welche die Existenz der Molekel H_2^+ beweist.

4.3.2 DIE SEPARATION DER KERNBEWEGUNGEN ZWEIKERNIGER MOLEKELN

In der Born-Oppenheimer-Beschreibung lautet der effektive Hamiltonoperator für die Kernbewegung einer zweikernigen Molekel in einem bestimmten stationären elektronischen Zustand

$$\hat{H}_{BO} = \frac{1}{2M_1}\hat{\vec{P}}_1^2 + \frac{1}{2M_2}\hat{\vec{P}}_2^2 + U(\hat{\vec{Q}}_1,\hat{\vec{Q}}_2) \quad ,$$

wobei das Born-Oppenheimer-Potential U nur vom Kern-Abstand $|\vec{Q}_1-\vec{Q}_2|$ abhängt

$$U(\hat{\vec{Q}}_1,\hat{\vec{Q}}_2) = \mathcal{U}(|\hat{\vec{Q}}_1-\hat{\vec{Q}}_2|) \; .$$

Definieren wir die Gesamtmasse als die Summe der Massen beider Kerne

$$M_S = M_1 + M_2$$

und den Gesamtimpuls als die Summe der Impulse beider Kerne

$$\vec{P}_S = \vec{P}_1 + \vec{P}_2$$

so erwarten wir, dass der Gesamtimpuls $\vec{P}_S$ gleich Gesamtmasse M_S mal Schwerpunktsgeschwindigkeit $\dot{\vec{Q}}_S$ ist

$$\vec{P}_s = M_s \dot{\vec{Q}}_s \; .$$

Mit $\vec{P}_1 = M_1\dot{\vec{Q}}_1$ und $\vec{P}_2 = M_2\dot{\vec{Q}}_2$ ergibt sich $M_s\dot{\vec{Q}}_s = M_1\dot{\vec{Q}}_1 + M_2\dot{\vec{Q}}_2$, was für die *Schwerpunkts-koordinate* die Definition bedingt

$$\vec{Q}_s \overset{\text{def}}{=} \frac{M_1}{M_s}\vec{Q}_1 + \frac{M_2}{M_s}\vec{Q}_2 \quad .$$

Die interne Bewegung hängt über die potentielle Energie U nur von der Relativkoordinate $\vec{Q}$ ab

$$\vec{Q} \overset{\text{def}}{=} \vec{Q}_1 - \vec{Q}_2 \quad .$$

In der Schrödingerdarstellung ist der Impulsoperator des ersten Kernes gegeben durch

$$\hat{P}_{1\nu} = \frac{\hbar}{i}\frac{\partial}{\partial Q_{1\nu}} = \frac{\hbar}{i}\sum_{\mu=1}^{3}\left\{\frac{\partial Q_{s\mu}}{\partial Q_{1\nu}}\frac{\partial}{\partial Q_{s\mu}} + \frac{\partial Q_\mu}{\partial Q_{1\nu}}\frac{\partial}{\partial Q_\mu}\right\}$$

$$= \frac{\hbar}{i}\left\{\frac{M_1}{M_s}\frac{\partial}{\partial Q_{s\nu}} + \frac{\partial}{\partial Q_\nu}\right\} \quad .$$

Mit den Definitionen

$$\hat{\vec{P}}_s = \frac{\hbar}{i}\frac{\partial}{\partial \vec{Q}_s} \quad , \quad \hat{\vec{P}} = \frac{\hbar}{i}\frac{\partial}{\partial \vec{Q}}$$

ergibt sich

$$\hat{\vec{P}}_1 = \frac{M_1}{M_s}\hat{\vec{P}}_s + \hat{\vec{P}} \quad ,$$

und ganz analog

$$\hat{\vec{P}}_2 = \frac{M_2}{M_s}\hat{\vec{P}}_s - \hat{\vec{P}} \quad .$$

Damit folgt für die kinetische Energie des Systems

$$\frac{1}{2M_1}\hat{\vec{P}}_1^2 + \frac{1}{2M_2}\hat{\vec{P}}_2^2 = \frac{1}{2M_1}\left\{\frac{M_1^2}{M_s^2}\hat{\vec{P}}_s^2 + \hat{\vec{P}}^2 + \frac{2M_1}{M_s}\hat{\vec{P}}_s\hat{\vec{P}}\right\} + \frac{1}{2M_2}\left\{\frac{M_2^2}{M_s^2}\hat{\vec{P}}_s^2 + \hat{\vec{P}}^2 - \frac{2M_2}{M_s}\hat{\vec{P}}_s\hat{\vec{P}}\right\}$$

$$= \frac{1}{2M_s}\hat{P}_s^2 + \frac{1}{2}\frac{M_1+M_2}{M_1M_2}\hat{P}^2$$

und daraus für den Hamiltonoperator

$$\hat{H}_{BO} = \frac{1}{2M_s}\hat{P}_s^2 + \frac{1}{2M}\hat{P}^2 + U(|\hat{\vec{Q}}|)$$

$$M_s = M_1 + M_2\,,\; M \overset{def}{=} \frac{M_1M_2}{M_1+M_2}\quad .$$

Aufgabe 4.3.3
Man zeige, dass aus den Vertauschungsrelationen $[\hat{Q}_{j\nu},\hat{P}_{k\mu}] = i\hbar\delta_{jk}\delta_{\nu\mu}$; $j,k = 1,2$; $\nu,\mu = 1,2,3$, folgt

$$[\hat{Q}_{s\nu},\hat{P}_{s\mu}] = i\hbar\delta_{\nu\mu}$$
$$[\hat{Q}_{\nu},\hat{P}_{\mu}] = i\hbar\delta_{\nu\mu}$$
$$[\hat{Q}_{s\nu},\hat{P}_{\mu}] = [\hat{Q}_{\nu},\hat{P}_{s\mu}] = 0$$

In den Koordinaten $\vec{Q}$ und $\vec{Q}_s$ entkoppeln die Kernbewegungen, d.h. man kann die Schrödingergleichung mit einem Produktansatz in zwei unabhängige Schrödingergleichungen separieren. Geht man mit dem Ansatz $\Psi = \Phi\otimes\Xi$, d.h. mit

$$\Psi(\vec{Q}_s,\vec{Q}) = \Phi(\vec{Q}_s)\,\Xi(\vec{Q})$$

in die Schrödingergleichung $\hat{H}_{BO}\Psi = E_{BO}\Psi$ ein, so erhält man

$$-\frac{\hbar^2}{2M_s}\Delta_{Q_s}\Phi(\vec{Q}_s)\,\Xi(\vec{Q}) - \frac{\hbar^2}{2M}\Delta_Q\Phi(\vec{Q}_s)\,\Xi(\vec{Q}) + U(|\hat{\vec{Q}}|)\Phi(\vec{Q}_s)\,\Xi(\vec{Q}) = E_{BO}\Phi(\vec{Q}_s)\,\Xi(\vec{Q}).$$

Division der Gleichung durch $\Phi(\vec{Q}_s)\,\Xi(\vec{Q})$ und Umordnung der Terme ergibt

$$\frac{-\hbar^2}{2M_s}\frac{\Delta_{Q_s}\Phi(\vec{Q}_s)}{\Phi(\vec{Q}_s)} = E_{BO} + \frac{\hbar^2}{2M}\frac{\Delta_Q\Xi(\vec{Q})}{\Xi(\vec{Q})} - U(|\hat{\vec{Q}}|)\;.$$

Die linke Seite dieser Gleichung hängt nur von $\vec{Q}_s$ und die rechte Seite nur von $\vec{Q}$ ab. Beide Seiten müssen daher gleich einer Konstanten sein, welche wir mit E_s bezeichnen. Wir erhalten damit zwei getrennte Schrödingergleichungen für die Schwerpunktsbewegung und die interne Bewegung:

$$\frac{1}{2M_s}\hat{\vec{P}}_s^2\ \Phi = E_s\ \Phi\ ,$$

$$\left\{\frac{1}{2M}\hat{\vec{P}}^2 + U(|\hat{\vec{Q}}|)\right\}\Xi = E\ \Xi\ .$$

Dabei ist $E_{BO} = E_s + E$ die Gesamtenergie des Systems, E_s die translatorische Bewegungsenergie des Schwerpunktes und E die Energie der internen Bewegungen beider Kerne.

Sind Φ bzw. Ξ Lösungen der translatorischen bzw. der internen Schrödingergleichung, so ist $\Phi\otimes\Xi$ eine Eigenfunktion des vollständigen Hamiltonoperators $\hat{H}_{BO}$. Man kann zeigen, dass alle Eigenfunktionen von $\hat{H}_{BO}$ auf diese Weise gewonnen werden können.

Die Methode der Variablentrennung ist allgemein von grosser praktischer Bedeutung. Eine Reihe quantenmechanischer Probleme wird durch Separation vereinfacht, und die Lösung der meisten geschlossen lösbaren Probleme wird auf diesem Weg erreicht. Insbesondere lässt sich bei n-Teilchenproblemen mit abstandsabhängigen Paarwechselwirkungen, etwa den Coulombwechselwirkungen, die Dynamik des Schwerpunktes stets exakt abtrennen, genau wie in der klassischen Mechanik.

Zusammenfassung: Variablentrennung

Die Kernbewegung zweikerniger Molekeln mit dem effektiven Hamiltonoperator $\hat{H}_{BO} = \hat{\vec{P}}_1^2/2M_1 + \hat{\vec{P}}_2^2/2M_2 + U(|\vec{Q}_1-\vec{Q}_2|)$ lässt sich in zwei unabhängige Teile separieren, in die translatorische Bewegung des Schwerpunktes mit der Gesamtmasse $M_s = M_1 + M_2$ und dem Hamiltonoperator

$$\hat{H}_s = \frac{1}{2M_s}\hat{\vec{P}}_s^2$$

und in die interne Bewegung mit dem Hamiltonoperator

$$\hat{H} = \frac{1}{2M}\hat{\vec{P}}^2 + U(|\hat{\vec{Q}}|)$$

und der reduzierten Masse $M = M_1M_2/(M_1+M_2)$. Durch die Wahl der neuen Variablen $\vec{Q}_s = \vec{Q}_1M_1/M_s + \vec{Q}_2M_2/M_s$ und $\vec{Q} = \vec{Q}_1 - \vec{Q}_2$ erreicht man, dass die Zustandsfunktion faktorisiert: $\Psi = \Phi\otimes\Xi$ mit $\vec{Q}_s \to \Phi(\vec{Q}_s)$,

$\vec{Q} \to \Xi(Q)$. Aus $\hat{H}_s\Phi = E_s\Phi$ und $\hat{H}\Xi = E\Xi$ erhält man dann die Eigenfunktionen und Eigenwerte von $\hat{H}_{BO} = \hat{H}_s + \hat{H}$

$$\hat{H}_{BO}\Psi = (\hat{H}_s + \hat{H})(\Phi\otimes\Xi) = (E_s + E)(\Phi\otimes\Xi) = E_{BO}\Psi .$$

4.3.3 DIE SCHWERPUNKTSBEWEGUNG

Die translatorische Schrödingergleichung

$$\hat{H}_s\Phi = E_s\Phi , \quad \hat{H}_s = \frac{1}{2M_s}\hat{P}_s^2 ,$$

beschreibt die Bewegung des Schwerpunktes in einem potentialfreien Gebiet. Die Eigenfunktionen von $\hat{H}_s$ sind alle von der Form

$$\vec{Q}_s \to \Phi(\vec{Q}_s) = \text{const}\cdot e^{i\vec{k}\vec{Q}_s} \quad , \quad \vec{k}\in\mathbb{R}^3$$

und damit nicht normierbar, wenn man als Gebiet ganz $\mathbb{R}^3$ zulässt. Denn offensichtlich gilt

$$\|\Phi\|^2 = \int_{\mathbb{R}^3} d^3Q_s\Phi^*(\vec{Q}_s)\Phi(\vec{Q}_s) = \int_{\mathbb{R}^3} d^3Q_s = \infty$$

Würde man versuchen Φ zu normieren, so erhielte man $\Phi/\|\Phi\| = 0$, was ja auch anschaulich verständlich ist. Denn wenn sich der Schwerpunkt frei durch den ganzen Raum bewegen kann, so wird die Wahrscheinlichkeit, ihn in einem endlichen Volumenelement anzutreffen, gleich Null. Man beschränkt die Bewegung des Schwerpunkts deshalb auf ein endliches Teilgebiet von $\mathbb{R}^3$ und erhält dadurch eigentliche, d.h. normierbare Eigenfunktionen von $\hat{H}_s$.

Dazu betrachte man ein Parallelepiped mit den Kantenlängen L_1,L_2 und L_3. Der Schwerpunkt darf diesen Kasten nicht verlassen, d.h. es gilt $|\Phi(\vec{Q}_s)|^2 = 0$ ausserhalb des Kastens. Für die dynamischen Variablen gilt damit $0 \le Q_{s\nu} \le L_\nu$, $\nu = 1,2,3$. Durch Einführung eines Potentials

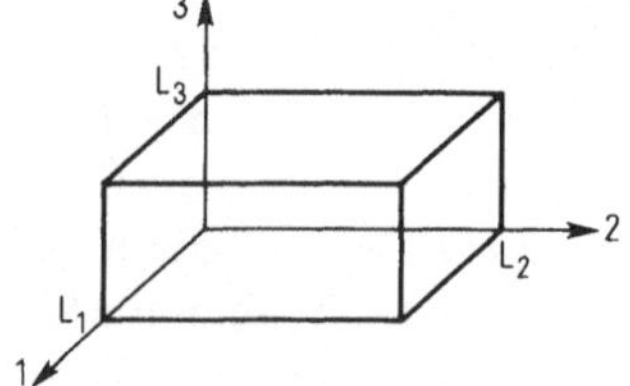

$$V(\vec{Q}_s) \overset{\text{def}}{=} \begin{cases} 0 \text{ falls } 0 \le Q_{s\nu} \le L_\nu, \nu = 1,2,3 \\ \infty \text{ sonst} \end{cases}$$

erhält man eine neue Schrödingergleichung für die Bewegung des Schwerpunktes "im Potentialkasten"

$$\{-\frac{\hbar^2}{2M} \Delta_{Q_s} + V(\vec{Q}_s)\} \, \Phi(\vec{Q}_s) = E\,\Phi(\vec{Q}_s) \, ,$$

deren Lösungen sich geschlossen angeben lassen und die gewünschten Eigenschaften besitzen. Man verifiziert unmittelbar, dass die Funktionen

$$\Phi^{n_1,n_2,n_3}(\vec{Q}_s) = \begin{cases} \sqrt{8/L_1L_2L_3} \cdot \prod_{\nu=1}^{3} \sin\frac{n_\nu \pi}{L_\nu} Q_{s\nu} & \text{falls } 0 \le Q_{s\nu} \le L_\nu \\ 0 \text{ sonst} \end{cases}$$

auf dem Rand des Kastens den Wert Null annehmen und normierte Eigenfunktionen sind mit den Energieeigenwerten

$$E^{n_1,n_2,n_3} = \frac{h^2}{8M_s} \left\{ \frac{n_1^2}{L_1^2} + \frac{n_2^2}{L_2^2} + \frac{n_3^2}{L_3^2} \right\}, \; n_\nu = 1,2,\ldots, \; \nu = 1,2,3 \quad .$$

Bemerkung
Die Energieeigenwerte von "Teilchen im Potentialkasten" sind wichtig für die Berechnung von translatorischen Zustandssummen in der statistischen Thermodynamik. Man erhält daraus die translatorischen Beiträge zu den thermodynamischen Zustandsfunktionen.

*Aufgabe 4.3.4**
Man löse die Schrödingergleichung eines Teilchens der Masse M in einem 1-dimensionalen Potentialkasten der Länge L.

*Aufgabe 4.3.5**
Man löse die Schrödingergleichung eines Teilchens der Masse M in einem 3-dimensionalen Potentialkasten mit Kantenlängen L_1, L_2 und L_3 durch Trennung der Variablen.

*Aufgabe 4.3.6**
Man diskutiere die Energieniveaus eines Teilchens der Masse M in einem 2-dimensionalen Kasten und vergleiche die beiden Fälle eines quadratischen, $L_1 = L_2$, und eines rechteckigen, $L_1 \neq L_2$, Kastens.

Zusammenfassung: Schwerpunktsbewegung

Nur bei Einschränkung der Schwerpunktsbewegung auf ein endliches Gebiet erhält man normierbare Eigenfunktionen des translatorischen Hamiltonoperators $\hat{H}_s = \frac{1}{2M_s}\hat{P}_s^2$. Für einen Kasten der Kantenlänge L_1, L_2 und L_3 erhält man als Eigenfunktionen

$$\Phi^{n_1,n_2,n_3}(\vec{Q}_s) = \sin\frac{n_1\pi}{L_1}Q_{s_1}\;\sin\frac{n_2\pi}{L_2}Q_{s_2}\;\sin\frac{n_3\pi}{L_3}Q_{s_3}$$

mit den Energieeigenwerten

$$E_s^{n_1,n_2,n_3} = \frac{h^2}{8M_s}\left\{\frac{n_1^2}{L_1^2}+\frac{n_2^2}{L_2^2}+\frac{n_3^2}{L_3^2}\right\}$$

$n_\nu = 1,2,3,\ldots.$; $\nu = 1,2,3$; $M_s = M_1 + M_2$.

4.3.4 *DIE INTERNE KERNBEWEGUNG ZWEIKERNIGER MOLEKELN*

Die Schrödingergleichung der internen Kernbewegung (vgl. 4.3.2)

$$\frac{-\hbar^2}{2M}\Delta_Q\,\Xi(\vec{Q}) + U(|\vec{Q}|)\,\Xi(\vec{Q}) = E\,\Xi(\vec{Q}) \quad ,$$

mit der reduzierten Masse $M = M_1M_2/(M_1+M_2)$, überführt man durch die Einführung von Kugelkoordinaten (vgl. 7.1.1)

$$Q_1 = R\sin\vartheta\,\sin\varphi\,, \qquad Q_2 = R\sin\vartheta\,\cos\varphi\,, \qquad Q_3 = R\cos\varphi$$

$$\Delta = \frac{2}{R}\frac{\partial}{\partial R} + \frac{\partial^2}{\partial R^2} - \frac{1}{\hbar^2}\frac{1}{R^2}\hat{L}^2$$

$$\hat{L}^2 = -\hbar^2\left\{\frac{1}{\sin\vartheta}\frac{\partial}{\partial\vartheta}\sin\vartheta\frac{\partial}{\partial\vartheta} + \frac{1}{\sin^2\vartheta}\frac{\partial^2}{\partial\varphi^2}\right\}$$

in die Form

$$\left\{-\frac{\hbar^2}{2M}\frac{1}{R^2}\frac{\partial}{\partial R}R^2\frac{\partial}{\partial R} + \frac{1}{R^2}\frac{1}{2M}\hat{L}^2 + U(R) - E\right\}\Xi(R,\vartheta,\varphi) = 0,$$

von welcher man durch erneute Variablentrennung (vgl. 4.3.2) zu einer weiteren Vereinfachung gelangt. Mit dem Ansatz

$$\Xi(R,\vartheta,\varphi) = \frac{1}{R}\,G(R)\,Y_{\ell,m}(\vartheta,\varphi)$$

folgt für die Radialkomponente

$$- \frac{\hbar^2}{2M} \frac{d^2G(R)}{d^2R} + \frac{\hbar^2}{2M} \ell(\ell+1) \frac{1}{R^2} G(R) + U(R) = E\,G(R)$$

wobei die Funktionen $Y_{\ell,m}$ die Kugelflächenfunktionen sind (vgl. S.99 ff.)

$$\hat{L}^2 Y_{\ell,m}(\vartheta,\varphi) = \hbar^2 \ell(\ell+1) Y_{\ell,m}(\vartheta,\varphi) , \quad \ell = 0,1,2,\ldots, \quad m = 0,\pm1,\pm2,\ldots,\pm\ell .$$

Eine Born-Oppenheimer-Molekel ist durch ein lokales Minimum der Born-Oppenheimer-Fläche $R \to U(R)$ definiert. Dieses Minimum charakterisiert eine Gleichgewichtslage R_e ("e" für "equilibrium") und ist definiert durch

$$\{dU(R)/dR\}_{R=R_e} = 0 \quad \text{und} \quad \{d^2U(R)/dR^2\}_{R=R_e} \overset{\text{def}}{=} f > 0 .$$

Sind die Kernmassen M_1, M_2 gross im Vergleich zur Elektronenmasse, $m/M \ll 1$, so erwarten wir, dass der Kernabstand R nur wenig um R_e, die Lage mit der tiefsten Energie, schwankt, so dass eine Taylorentwicklung von $R \to U(R)$ und $R \to R^{-2}$ um R_e angebracht ist. Wir setzen an

$$R \overset{\text{def}}{=} R_e + \rho \quad \text{mit} \quad -R_e \le \rho < \infty ,$$

und entwickeln bis zum ersten nicht verschwindenden Term

$$U(R) = U(R_e) + 0 + \tfrac{1}{2} f \rho^2 + \text{höhere Terme},$$

$$R^{-2} = R_e^{-2} - 2\rho R_e^{-3} + \text{höhere Terme} .$$

Da der R^{-2} enthaltende Term auch die Kernmasse enthält, wird der Term $-2M^{-1}\rho R_e^{-3}$ in der Entwicklung von $M^{-1}R^{-2}$ sehr klein sein, so dass wir ihn in erster Näherung vernachlässigen. Damit ergibt sich die Differentialgleichung für die Radialkomponente in erster Näherung

$$- \frac{\hbar^2}{2M} \frac{d^2 g(\rho)}{d\rho^2} + \left\{ \frac{\hbar^2}{2I} \ell(\ell+1) + U(R_e) + \tfrac{1}{2} f \rho^2 - E \right\} g(\rho) = 0 ,$$

$$g(\rho) \overset{\text{def}}{=} G(R_e + \rho) .$$

Dabei ist I das Trägheitsmoment eines speziell einfachen starren Rotators, und zwar einer Hantel mit den Punktmassen M_1 und M_2 im Abstand R_e

$$I \overset{\text{def}}{=} M R_e^2 = \frac{M_1 M_2}{M_1 + M_2} R_e^2 .$$

Der Hamiltonoperator eines starren Rotators ist gegeben durch (vgl. 3.2.8)

$$\hat{H}^{rot} = \frac{1}{2I}\hat{L}^2 ,$$

und die dazugehörige Schrödingergleichung $\hat{H}^{rot}\Psi^{rot} = E^{rot}\Psi^{rot}$ hat die Lösungen

$$\Psi^{rot}_{\ell,m}(\vartheta,\varphi) = Y_{\ell,m}(\vartheta,\varphi) \quad \text{mit} \begin{cases} \ell = 0,1,2,3,\dots \\ m = -\ell,-\ell+1,\dots,\ell-1,\ell \end{cases}$$

$$E^{rot}_{\ell} = \frac{\hbar^2}{2I}\ell(\ell+1), \qquad (2\ell+1)\text{-fach entartet !}$$

Damit kann man die approximative Radialgleichung auch schreiben als

$$-\frac{\hbar^2}{2M}\frac{d^2g(\rho)}{d\rho^2} + \frac{1}{2}f\rho^2 g(\rho) = \{E - U(R_e) - E^{rot}_{\ell}\}\, g(\rho) .$$

Im Grenzfall $\rho \ll R_e$ darf man den Wertebereich $-R_e \leq \rho < \infty$ von ρ auf $-\infty < \rho < \infty$ ausdehnen, so dass sich die Schrödingergleichung des harmonischen Oszillators

$$\hat{H}^{vib} g_n = E^{vib}_n g_n$$

ergibt mit

$$E^{vib} \stackrel{def}{=} E - U(R_e) - E^{rot}_{\ell} ,$$

und

$$\hat{H}^{vib} = \frac{1}{2M}\hat{P}^2 + \frac{1}{2}f\hat{Q}^2 .$$

Aufgabe 4.3.7: Harmonischer Oszillator*

(i) Man zeige, dass das Eigenwertproblem des Hamiltonoperators $\hat{H} = (1/2m)\hat{P}^2 + (f/2)\hat{Q}^2$ durch die Schrödingergleichung

$$-\frac{\hbar^2}{2m}\Psi''(q) + \frac{f}{2}q^2\Psi(q) = E\,\Psi(q), \quad q \in \mathbb{R}$$

oder einfacher durch

$$-\frac{1}{2}\Phi''(x) + \frac{1}{2}x^2\,\Phi(x) = \lambda\,\Phi(x), \quad x \in \mathbb{R}$$

gegeben ist, mit: $x \mathrel{\hat{=}} \alpha q$, $\Phi(\alpha q) = \Psi(q)$, $\lambda = E/\hbar\omega$, $\alpha^4 = \hbar^2/mf$ und $\omega = \sqrt{f/m}$.

(ii) Man benütze die erzeugende Funktion der Hermiteschen Polynome (vgl. 7.1.6)

$$\exp\{-t^2 + 2xt\} = \sum_{n=0}^{\infty} H_n(x)t^n/n!$$

um zu zeigen, dass die (nicht normierten) Hermiteschen Orthogonalfunktionen

$$\Phi_n(x) = H_n(x)e^{-x^2/2}$$

die Differentialgleichung des harmonischen Oszillators erfüllen.

$$-\tfrac{1}{2}\Phi_n''(x) + \tfrac{1}{2}x^2\,\Phi_n(x) = \lambda_n\Phi_n$$

mit $\lambda_n = n + 1/2$, $n = 0,1,2,\ldots$.

(iii) Man zeige, dass die Eigenwerte E_n und die orthonormierten Eigenfunktionen Ψ_n von $\hat{H} = (1/2m)\hat{P}^2 + (f/2)\hat{Q}^2$ gegeben sind durch

$$E_n = \hbar\omega(n + \tfrac{1}{2}), \quad n = 0,1,2,\ldots$$

$$\Psi_n(q) = (\sqrt{2\pi}\,\sigma\, 2^n n!)^{-1/2} H_n(q/\sqrt{2}\sigma)\, e^{-q^2/4\sigma^2}$$

mit $\omega = \sqrt{f/m}$ und $\sigma^2 = \hbar/2m\omega$.

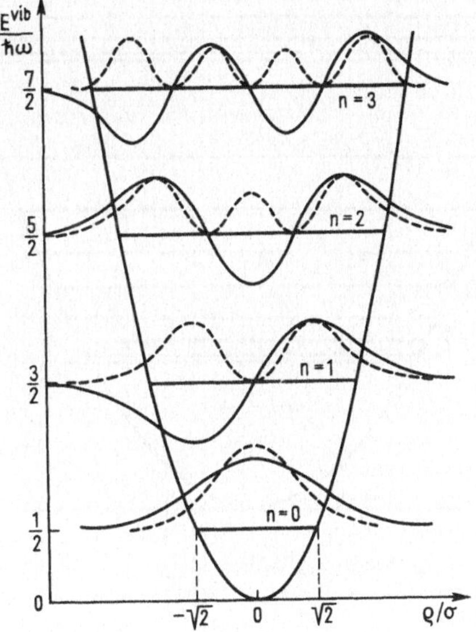

Die ersten Energieniveaus des harmonischen Oszillators sind in obenstehender Abbildung schematisch mit den Eigenfunktionen (ausgezogene Kurven) und den Wahrscheinlichkeitsdichten (punktierte Kurven) dargestellt.

Bemerkung
Man beachte, dass die Amplitude der Grundzustandsfunktion des harmonischen Oszillators, $q \to |g_0(q)|^2 = (2\pi\sigma^2)^{-1/2}\exp(-q^2/2\sigma^2)$, eine Gaussische Wahrscheinlichkeitsverteilung mit Mittelwert Null und Varianz σ^2 ist.

Sieht man vom translatorischen Anteil ab, so ist die Gesamtenergie der Kernbewegungen einer zweikernigen Molekel gegeben durch

$$E = U(R_e) + E_{n,\ell} \quad .$$

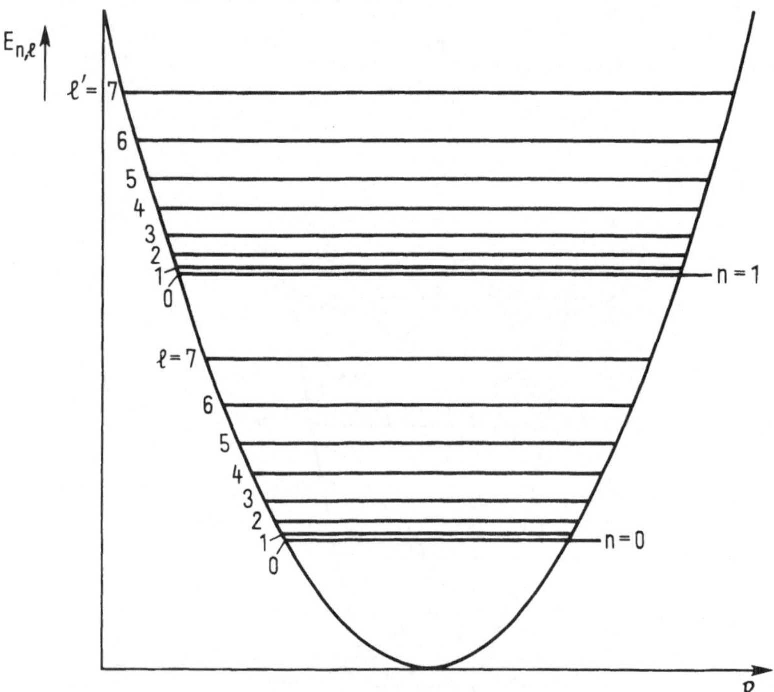

Die obenstehende Figur zeigt schematisch einige der rotatorischen Energieniveaus in den beiden tiefsten Schwingungszuständen einer zweikernigen Molekel.

Im Grundzustand hat eine zweikernige Molekel die Energie $U(R_e) + E_{o,o}$ mit $E_{o,o} = \frac{1}{2}\hbar\omega$. Es ist theoretisch bemerkenswert und praktisch wichtig, dass dieser Wert nicht null sondern $\frac{1}{2}\hbar\omega$ ist. Man bezeichnet ihn auch als die *Nullpunktsenergie*. Die Berücksichtigung der Nullpunktsenergie ist wichtig für die Diskussion molekularer Dissoziationsenergien. Die Dissoziationsenergie D_e, welche man oft auch als Bindungsenergie bezeichnet, ist definiert durch $D_e = U(\infty) - U(R_e)$, während die experimentelle Dissoziationsenergie D_o durch $D_o = U(\infty) - U(R_e) - \frac{1}{2}\hbar\omega$ gegeben ist (vgl. die untenstehende Abbildung).

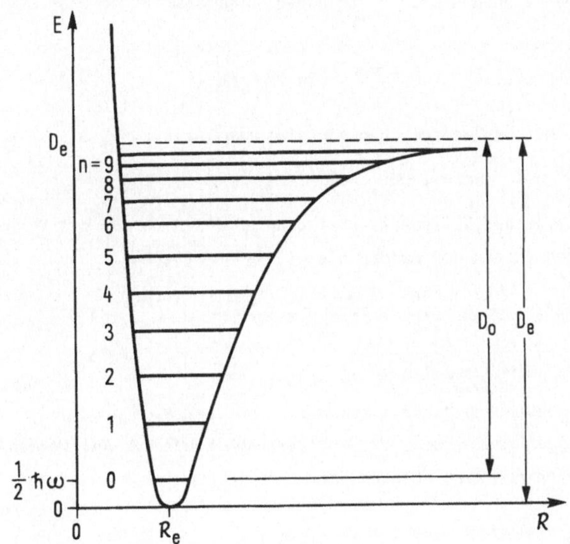

Aufgabe 4.3.8
Für den elektronischen Grundzustand von H_2 gilt experimentell $\omega/2\pi c$ = 4400,39 cm^{-1} und D_o = 4,4773 eV. Man schätze die entsprechenden Werte für HD und D_2 in der harmonischen Born-Oppenheimer-Approximation und vergleiche die Ergebnisse mit den experimentellen Werten $\omega/2\pi c$ =3812,29 cm^{-1}, D_o = 4,5128 eV für HD und $\omega/2\pi c$ = 3117,0 cm^{-1}, D_o = 4,5553 eV für D_2.

Wegen der unterschiedlichen Abhängigkeit von M ist im Grenzfall grosser Kernmassen, $M \gg m_o$, die Rotationsenergie

$$E_\ell^{rot} = \frac{\hbar^2}{2I}\,\ell(\ell+1) = \frac{\hbar^2}{2MR_e^2}\,\ell(\ell+1)$$

sehr viel kleiner als die Schwingungsenergie

$$E_n^{vib} = \hbar\omega\,(n+\tfrac{1}{2}) = \hbar\sqrt{f/M}\,(n+\tfrac{1}{2}) \ .$$

Somit sind in der Born-Oppenheimer-Karikatur Schwingungs- und Drehbewegungen von Molekeln hierarchisch voneinander getrennt. Die Molekülschwingungen liegen hierarchisch tiefer und sind gekennzeichnet durch eine charakteristische Zeit T^{vib}

$$T^{vib} = 2\pi/\omega = 2\pi \sqrt{M/f} \,,$$

während die Molekülrotationen hierarchisch höher liegen und durch eine charakteristische Zeit T^{rot}

$$T^{rot} = h/E_1^{rot} = 2\pi \; 2M R_e^2/\hbar$$

gekennzeichnet sind. Mit der weiter oben eingeführten Varianz

$$\sigma^2 = \tfrac{1}{2}\hbar/M\omega = \tfrac{1}{2}\hbar \, (fM)^{-1/2}$$

der Schwingungsamplitude der Nullpunktsschwingung ergibt sich für das Verhältnis der charakteristischen Zeiten der beiden hierarchischen Ebenen

$$\frac{T^{rot}}{T^{vib}} = \frac{2M R_e^2 \sqrt{f}}{\hbar \sqrt{M}} = \frac{R_e^2}{\sigma^2} .$$

Rotation und Schwingung einer zweikernigen Molekel sind also genau dann sauber hierarchisch geschieden, wenn die mittlere Amplitude der Nullpunktsschwingung klein im Vergleich zum Kern-Abstand ist.

Aufgabe 4.3.9
Für die Molekel $^{12}C^{16}O$ gilt experimentell $\omega/2\pi c$ = 2169,82 cm^{-1} und R_e = 1,1283 Å. Man berechne T^{vib} und T^{rot} und diskutiere den Grad der hierarchischen Trennung von Schwingung und Rotation.

Aufgabe 4.3.10
Die Born-Oppenheimer Potentialkurve einer zweikernigen Molekel mit reduzierter Kernmasse M = 1/2 sei gegeben durch

$$U(R) = e^{-2(R-R_e)} - 2\,e^{-(R-R_e)}$$

Man berechne die Kreisfrequenz ω in der harmonischen Näherung.

Bemerkung Kernspin und Kernresonanzspektroskopie
Die hierarchische Auffächerung der molekularen Energien ist wichtig bei der Deutung von Molekülspektren. Wählt man die Elektronenenergien als Bezugspunkt, so sind die Schwingungsenergien von der Grössenordnung $(m_o/M)^{1/2}$ und die Rotationsenergien von der Grössenordnung (m_o/M), wobei m_o wie üblich die Elektronenmasse und M eine mittlere Kernmasse ist. Typische Schwingungsspektren liegen im Infrarot- und typische Rotationsspektren im Mikrowellenbereich.Noch viel tiefere Frequenzen kommen in der Kernresonanzspektroskopie vor, wo man meist im Bereich der Ultrakurzwellen arbeitet. Es ist aber zu beachten, dass die Kernspinenergien von der Grössenordnung

m_0/M sind und damit hierarchisch auf der Stufe der Rotationsspektren stehen. Diese Energien sind proportional zu $B e_0 \hbar/2M$, wobei B die Stärke des vom Experimentator angelegten äusseren Magnetfeldes ist. Dass in der Praxis Kernresonanzspektren energetisch viel tiefer liegen als Rotationsspektren, liegt ausschliesslich daran, dass wir im Laboratorium nur vergleichsweise schwache Magnetfelder erzeugen können, typischerweise von einigen Tesla. Eine atomare Einheit von B ist gegeben durch $\hbar a_0^{-2} e_0^{-1} \sim 2{,}35\ldots \cdot 10^5\,\mathrm{T}$.

Zusammenfassung: Interne Kernbewegung zweikerniger Molekeln

Die Kerndynamik zweikerniger Molekeln manifestiert sich auf zwei hierarchischen Ebenen. Die Molekülrotationen liegen auf der höheren Ebene. Ihre Energie ist gegeben durch

$$E_\ell^{rot} = \frac{\hbar^2}{2I}\,\ell(\ell+1) \quad , \quad \ell = 0,1,2,\ldots ,$$

wobei $I = M R_e^2$ das Trägheitsmoment des Kernpaares bezeichnet. Die Molekülschwingungen liegen auf der tieferen Ebene. Ihre Energie ist in erster Näherung gegeben durch

$$E_n^{vib} = \hbar\omega\,(n + 1/2) \ , \quad n = 0,1,2,\ldots ,$$

wobei $\omega = \sqrt{f/M}$ die charakterisierende Kreisfrequenz ist. Das Verhältnis der charakteristischen Zeiten ist ein Mass für den Grad der hierarchischen Trennung

$$\frac{T^{rot}}{T^{vib}} = \frac{2\,E_0^{vib}}{E_1^{rot}} = \frac{R_e^2}{\sigma^2}$$

wobei R_e den Kernabstand im Born-Oppenheimer-Minimum und σ^2 die Varianz der Schwingungsamplitude der Nullpunktsschwingung ist. $M = M_1 M_2/(M_1+M_2)$ bezeichnet die reduzierte Masse und $f = \partial^2 U(R)/\partial R^2 |_{R_e}$ die Federkonstante.

4.3.5 SPEKTREN ZWEIKERNIGER MOLEKELN

Bei der Born-Oppenheimer-Beschreibung zweikerniger Molekeln setzt sich die Energie eines stationären Molekülzustands in erster Näherung aus drei Beiträgen zusammen

$$E_{k,n,\ell} = E_k^{e\ell} + E_n^{vib} + E_\ell^{rot} \quad ,$$

wobei $E_1^{e\ell} \geq E_2^{e\ell} \geq E_3^{e\ell} \geq \ldots$ die Energieeigenwerte der elektronischen Schrödingergleichung bezeichnen. Betrachtet man in weiterer Näherung den molekularen Oszillator als harmonisch und den molekularen Rotator als starr, so gilt

$$E_n^{vib} = \hbar\omega_k (n_k + \tfrac{1}{2}) \quad , \quad n_k = 0,1,2,3,\ldots \quad ,$$

$$E_\ell^{rot} = \frac{\hbar^2}{2I_k} \ell_k(\ell_k+1) \quad , \quad \ell_k = 0,1,2,3,\ldots \quad ,$$

wobei zu jedem elektronischen Zustand eine besondere Schwingungsfrequenz ω_k und ein besonderes Trägheitsmoment I_k gehören. Wir können das Energiespektrum hierarchisch ordnen, falls sich die Energiedifferenzen in der Grössenordnung klar unterscheiden, d.h. falls $E_2^{e\ell} - E_1^{e\ell} \gg E_1^{vib} - E_o^{vib} \gg E_1^{rot} - E_o^{rot}$.

In nebenstehender Darstellung sind zwei elektronische Zustände $E_1^{e\ell}$ und $E_2^{e\ell}$ mit einigen ihrer vibratorischen und rotatorischen Niveaus schematisch skizziert. Die drei Doppelpfeile bezeichnen Übergänge, wie sie in reinen Rotationsspektren, in Vibrations-Rotationsspektren und in Elektronenspektren zweikerniger Molekeln vorkommen.

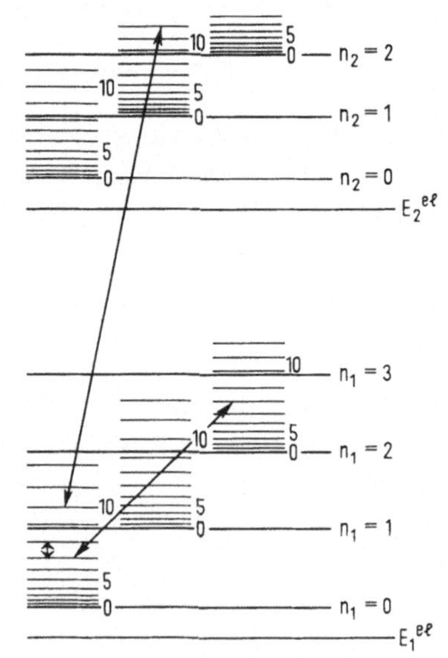

$$E_{1,n,\ell}^{e\ell} = E_1^{e\ell} + \hbar\omega_1(n_1+\tfrac{1}{2}) + (\hbar^2/2I_1)\ell_1(\ell_1+1)$$

$$E_{2,n,\ell}^{e\ell} = E_2^{e\ell} + \hbar\omega_2(n_2+\tfrac{1}{2}) + (\hbar^2/2I_2)\ell_2(\ell_2+1)$$

Die traditionelle Energieeinheit der Molekülspektroskopie sind Wellenzahlen (Dimension: cm^{-1}). Folgende Notation ist durch eine Jahrzehnte alte Tradition etabliert:

$$E_n^{vib}/hc = \omega_e(n+\tfrac{1}{2}) \qquad \text{(harmonischer Oszillator)} ,$$

$$E_\ell^{rot}/hc = B\,\ell(\ell+1) \qquad \text{(starrer Rotator)} ,$$

wobei ω_e die durch die Lichtgeschwindigkeit c dividierte Schwingungsfrequenz, und B die sogenannte Rotationskonstante ist,

$$\omega_e \overset{\text{def}}{=} \frac{\omega}{2\pi c} ,$$

$$B \overset{\text{def}}{=} \frac{h}{8\pi^2 c M R^2} = \frac{1}{2\pi c}\frac{\hbar}{2I} .$$

Da die Born-Oppenheimer-Potentialkurve zweikerniger Molekeln nie eine Parabel ist, sind die Kernschwingungen nie harmonisch:

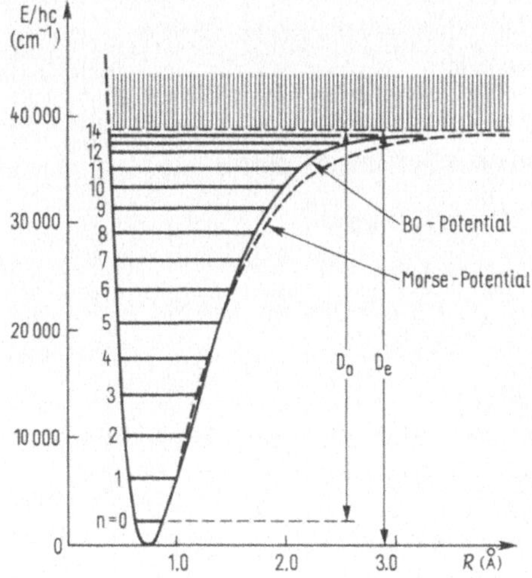

Die obenstehende Figur zeigt die Potentialkurve des Grundzustandes der Molekel H_2 und die dazugehörigen Schwingungsniveaus. (Nach G.Herzberg, L.L.Howe, Can.J.Phys.37, 636 (1959) und T.Weissman, J.T.Vanderslice, R.Battino, J.Chem.Phys.39, 2226 (1963).)

Die Schwingungsenergie eines solchen anharmonischen Oszillators wird in der Molekülspektroskopie traditionell durch die Formel

$$E_n^{vib}/hc = \omega_e(n+\tfrac{1}{2}) - \omega_e x_e(n+\tfrac{1}{2})^2 + \omega_e y_e(n+\tfrac{1}{2})^3 + \omega_e z_e(n+\tfrac{1}{2})^4 + \ldots$$

erfasst, wobei die Schwingungsquantenzahl n wiederum die Werte 0,1,2,... annehmen kann. Häufig gilt

$$\omega_e|z_e| \ll \omega_e|y_e| \ll \omega_e|x_e| \ll \omega_e \;,$$

und viele Experimente können mit $\omega_e z_e \approx 0$ und $\omega_e y_e \approx 0$ befriedigend beschrieben werden. Für zweikernige Molekeln modelliert man die Born-Oppenheimer-Potentialkurve $R \to U(R)$ gern durch das sogenannte Morsepotential $R \to U_M(R)$,

$$U_M(R) \overset{\text{def}}{=} D_e \left\{1 - e^{-\beta(R-R_e)}\right\}^2$$

worin D_e,β molekülspezifische Konstanten sind. Offensichtlich gilt $U_M(R_e) = 0$ und $U_M(\infty) = D_e$, so dass D_e die durch $D_e = U_M(\infty) - U(R_e)$ definierte Dissoziationsenergie ist. Die zum Morsepotential gehörige Radialgleichung ist für den Rotationsgrundzustand (ℓ=0) geschlossen lösbar und ergibt folgende Energieeigenwerte für die Schwingungen

$$E_n^{vib}/hc = \beta(D_e/2\pi^2c^2M)^{1/2}(n+\tfrac{1}{2}) - (h\beta^2/8\pi^2cM)\,(n+\tfrac{1}{2})^2 \;,$$

so dass für das Morsepotential folgende Beziehungen gelten

$$\begin{aligned} \beta &= \omega_e(2\pi^2c^2M/D_e)^{1/2} \;, \\ x_e\omega_e &= h\beta^2/8\pi^2cM \;, \\ D_e &= hc\,\omega_e/4x_e \;. \end{aligned}$$

Ein molekularer Rotator ist ebensowenig starr wie ein molekularer Oszillator harmonisch. Wir erwarten, dass sich der Kernabstand durch den Einfluss der Zentrifugalkraft geringfügig vergrössert, wenn die Molekel rotiert. Die Spektroskopiker berücksichtigen diesen Effekt durch die Entwicklung

$$E_\ell^{rot}/\hbar c = B\,\ell(\ell+1) - D\,\ell^2(\ell+1)^2 + \ldots \;.$$

Dabei ist B die für den starren Rotator eingeführte Rotationskonstante und D eine Konstante, welche die Effekte der Zentrifugalkräfte berücksichtigt. Es gilt näherungsweise

$$D \cong 4B^3/\omega_e^2$$

Da Schwingung und Rotation nur im Grenzfall unendlich grosser Massen hierarchisch sauber getrennt sind, gibt es in realen Molekeln Wechselwirkungen zwischen diesen beiden Bewegungsformen. Wenn eine Molekel rotiert, ändert sich mit dem Kernabstand auch das Trägheitsmoment. Die effektive Rotationskonstante B_n einer zweikernigen Molekel im n-ten Schwingungszustand ergibt sich aus

$$B_n = \frac{h}{8\pi^2 cM} \langle \frac{1}{R^2} \rangle_n \approx B_e - \alpha_e(n+\tfrac{1}{2}) + \ldots$$

$$B_e \overset{\text{def}}{=} \frac{h}{8\pi^2 cM} \frac{1}{R_e^2}$$

wobei $\langle\ldots\rangle_n$ der Erwartungswert bezüglich des n-ten Schwingungszustandes und $\alpha_e \ll B_e$ eine molekülspezifische Konstante ist. Ganz entsprechend erhält man auch eine Korrektur für die Zentrifugalkonstante D

$$D_n = D_e + \beta_e(n+\tfrac{1}{2}) + \ldots .$$

Für die Energie eines anharmonisch oszillierenden, nichtstarren Rotators in einem bestimmten elektronischen Zustand ergibt sich damit in höherer Näherung

$$\begin{aligned} E_{n,\ell}/hc = \text{const} &+ \omega_e(n+\tfrac{1}{2}) - \omega_e x_e(n+\tfrac{1}{2})^2 + \ldots \\ &+ B_e\, \ell(\ell+1) - D_e\, \ell^2(\ell+1)^2 + \ldots \\ &- \alpha_e(n+\tfrac{1}{2})\ell(\ell+1) - \beta_e(n+\tfrac{1}{2})\ell^2(\ell+1)^2 + \ldots . \end{aligned}$$

Eine störungstheoretische Analyse zeigt, dass die Energie $E_{n,\ell}$ beliebiger zweikerniger Born-Oppenheimer-Molekeln durch die Entwicklung

$$E_{n,\ell}/hc = \text{const} + \sum_{\nu=1}^{\infty} \sum_{\mu=1}^{\infty} Y_{\nu\mu}(n+\tfrac{1}{2})^{\nu}[\ell(\ell+1)]^{\mu}$$

dargestellt werden kann, worin die sogenannten Dunham-Koeffizienten*) $Y_{\nu\mu}$ molekülspezifische Konstanten sind, welche wesentlich vom betrachteten elektronischen Zustand abhängen.

---

*) J.L. Dunham, "The energy levels of a rotating vibrator", Phys.Rev.41, 721-731 (1932).

In der Molekülspektroskopie untersucht man spontane oder induzierte Übergänge zwischen molekularen Energiezuständen. Es folgt aus der Energieerhaltung, dass die Frequenz ν der dabei aufgenommenen oder abgestrahlten Energie durch $h\nu = |\Delta E|$ gegeben ist. Dabei ist ΔE die Differenz der zwei beteiligten Energieeigenwerte. Für zweikernige Moleküle gilt somit

$$\Delta E = E_{k,n,\ell} - E_{k',n',\ell'} .$$

Die Quantenzahlen (k,n,ℓ) beziehen sich auf den Ausgangszustand und die Quantenzahlen (k',n',ℓ') auf den Endzustand des betrachteten Übergangs.

Die dominanten elektronischen Terme bestimmen den Frequenzbereich eines Überganges. Ist $k \neq k'$, so sprechen wir von einem *Elektronenspektrum*. Das Elektronenspektrum hat stets eine vibratorische und rotatorische Feinstruktur. Bleibt das System auf ein und derselben Born-Oppenheimer-Fläche, d.h. ist $k=k'$, so erhält man für $n \neq n'$ die *Schwingungsspektren*, welche ihrerseits noch eine rotatorische Feinstruktur haben. *Reine Rotationsspektren* ergeben sich bei $k=k', n=n'$ und $\ell \neq \ell'$. Diese traditionell übliche Klassifizierung von Molekülspektren ist nur möglich im Rahmen der hierarchischen Beschreibung von Molekeln im Sinne von Born und Oppenheimer. Häufig überlappen sich die Frequenzgebiete dieser Spektroskopien nur wenig. Elektronenspektren liegen typischerweise im ultravioletten und im sichtbaren Bereich, Schwingungsspektren liegen meist im nahen Infrarot, während reine Rotationsspektren im fernen Infrarot und im Mikrowellenbereich liegen.

Die Struktur der beobachtbaren Molekülspektren hängt nicht nur von Energiedifferenzen, sondern auch ganz entschieden von den sogenannten *Auswahlregeln* ab. Je nach Art der elektromagnetischen Ankoppelung der Molekel an das Strahlungsfeld sind gewisse Übergänge häufig, andere selten und wieder andere "verboten". Entscheidend dafür ist die Übergangswahrscheinlichkeit

$$p(k,n,\ell \rightarrow k',n',\ell') \stackrel{\mathrm{def}}{=} |\langle\Psi_{k,n,\ell}|\hat{V}\Psi_{k',n',\ell'}\rangle|^2$$

wobei $\hat{V}$ von der Art der betrachteten Koppelung abhängt. Die stärksten Spektrallinien kommen, in der Regel, von der elektrischen Dipolstrahlung. In diesem Fall ist $\hat{V}$ der Operator des molekularen elektrischen Dipolmoments. Ohne auf die Einzelheiten der Auswahlregeln weiter einzugehen, wollen wir hier nur erwähnen, dass sich für vibratorische elektrische Dipolübergänge das molekulare elektrische Dipolmoment bei einer Schwingung ändern muss; Beispiele dafür sind CO, NO und HCl; Gegenbeispiele sind homonukleare Molekeln wie H_2, N_2 und O_2. Für harmonische Oszillationen gilt zudem die Auswahlregel $\Delta n \overset{def}{=} n - n' = \pm 1$, so dass dann die Energiedifferenz zwischen zwei vibratorischen Energieniveaus E_n^{vib}, $E_{n'}^{vib}$

$$|E_n^{vib} - E_{n'}^{vib}| = \hbar\omega ,$$

nicht von der Schwingungsquantenzahl n abhängt. Das Schwingungsspektrum eines *harmonischen* Oszillators besteht also aus einer einzigen Linie der Frequenz $\omega/2\pi$.

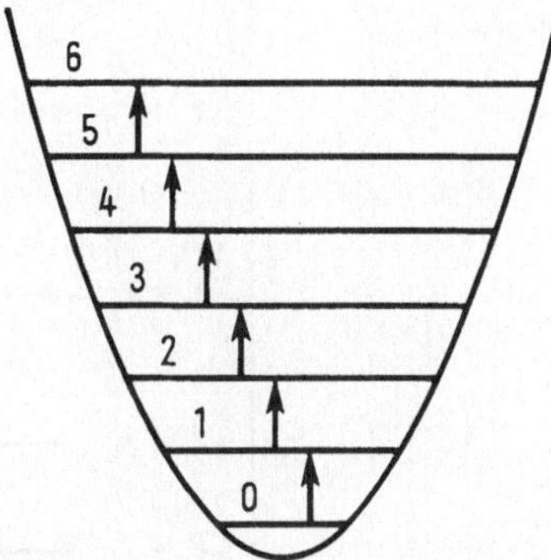

Erlaubte elektrische Dipolübergänge eines harmonischen Oszillators

Ähnliche Überlegungen gelten für reine Rotationsspektren: in erster Näherung zeigen nur Molekeln mit einem permanenten elektrischen Dipolmoment (d.h. Molekeln ohne Symmetriezentrum) reine Rotationsübergänge. Für starre Rotatoren gilt zudem die Auswahlregel $\Delta\ell \overset{def}{=} \ell - \ell' = \pm 1$. Aus den Energiedifferenzen reiner Rotationsübergänge

$$(E_\ell^{rot} - E_{\ell'}^{rot}) / hc = B_e \{\ell(\ell+1) - \ell'(\ell'+1)\} ,$$

erhält man für den Übergang $\ell \to \ell' = \ell+1$ Emissionslinien der Frequenzen

$$2B_e \, \ell \quad [cm^{-1}] \quad , \quad \ell = 1,2,3,\ldots \quad ,$$

und für den Übergang $\ell \to \ell-1$ erhält man Absorptionslinien der Frequenzen

$$2B_e (\ell+1) \, [cm^{-1}] \, , \quad \ell = 0,1,2,\ldots \quad .$$

In beiden Fällen besteht das reine Rotationsspektrum in dieser Näherung aus einer Folge äquidistanter Spektrallinien mit dem Abstand $2\,B_e$.

0 $4B_e$ $8B_e$ $12B_e$ cm^{-1}

$2B_e$ $6B_e$ $10B_e$

Reines Rotationsspektrum eines starren Rotators.

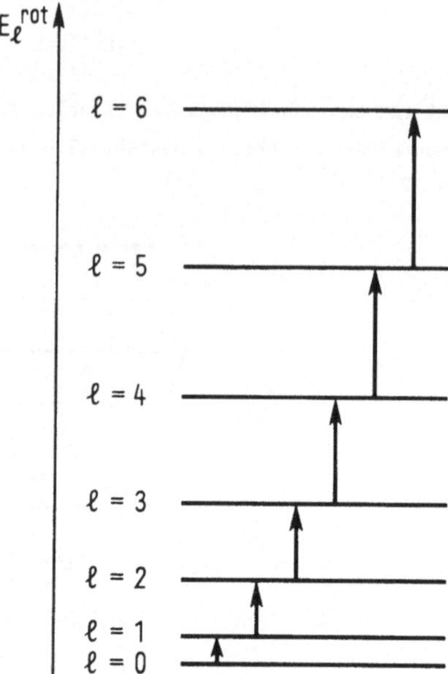

Erlaubte rotatorische Absorptionsübergänge eines starren Rotators.

Die Rotation zweikerniger Molekeln kann vielfach auch bequem als Rotationsfeinstruktur auf einer hierarchisch tieferen Stufe beobachtet werden. Betrachten wir beispielsweise den Schwingungsübergang $n \to n'$, $|n-n'| = 1$ eines rotierenden harmonischen Oszillators, so gilt

$$|E_{n,\ell} - E_{n',\ell'}|/hc = \omega_e + B_e\{\ell(\ell+1) - \ell'(\ell'+1)\} + \text{kleine Korrekturterme}$$

Setzen wir $\ell = \ell'+1$, so erhalten wir den positiven oder *R-Zweig* der Rotationsfeinstruktur mit den Frequenzen

$$\omega_e + 2\,B_e\,\ell + \text{kleine Korrekturterme} \quad , \quad \ell = 1,2,3,\ldots \quad .$$

und

setzen wir $\ell' = \ell+1$, so erhalten wir den negativen oder *P-Zweig* der Rotationsfeinstruktur mit den Frequenzen

$$\omega_e - 2B_e\ell + \text{kleine Korrekturterme} \quad , \quad \ell = 0,1,2,\ldots \quad .$$

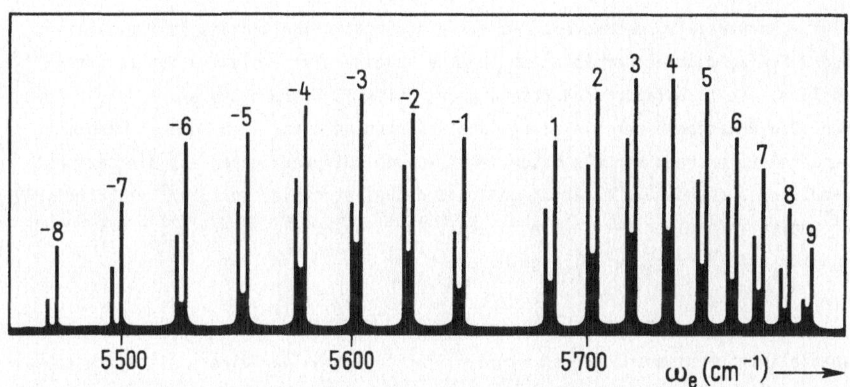

Als Beispiel zeigt obenstehende Abbildung die Rotationsschwingungsbande von HCl bei 5670 cm^{-1}. Die Lücke bei 5670 cm^{-1} entspricht dem verbotenen Übergang $\Delta\ell = 0$ und gibt den Bandenursprung an. Die schwächeren Begleiter jeder Linie gehören dem schwereren Chlorisotop an.

Weiterführende Literatur:
Eine leichtfassliche Einführung in die chemische Spektroskopie am Beispiel freier Radikale gibt G.Herzberg "The Spectra and Structures of Simple Free Radicals", Cornell University, Ithaca and London, 1971. Das Standardwerk ist G.Herzberg, "Molecular Spectra on Molecular Structure.I.Spectra of Diatomic Molecules". Van Nostrand, New York, Second Edition 1950.

4.4 MEHRKERNIGE MOLEKELN

4.4.1 MOLEKELN UND ÜBERGANGSZUSTÄNDE

Nichtaxiale, mehrkernige Molekeln haben 3 Freiheitsgrade der Translation und 3 Freiheitsgrade der Rotation. Wie bei zweikernigen Molekeln ist es immer möglich, die translatorische Bewegung des Molekülschwerpunktes exakt abzuseparieren. Die Rotation einer als starr idealisierten, nichtaxialen Molekel kann mit den drei Eulerschen Winkeln beschrieben werden. Wir verzichten auf die dazu notwendigen, aufwendigen Umrechnungen*) und diskutieren hier nur die F vibratorischen Freiheitsgrade einer K-kernigen Molekel. Für nichtaxiale Molekeln ist $F = 3K-6$ und für axiale, d.h. geradlinige Molekeln ist $F = 3K-5$.

Da wir uns für die Translation und die Rotation der Molekel hier nicht speziell interessieren, können wir der Einfachheit halber direkt mit einem laboratoriumsfesten Koordinatensystem arbeiten. Das hat den Vorteil, dass wir die komplizierten nichtlinearen Transformationen umgehen, muss aber mit dem Mitschleppen der Translations- und Rotationsbewegungen bezahlt werden, welche dann als Oszillatoren der Frequenz Null erscheinen, d.h. als Oszillatoren ohne rücktreibende Kräfte.

Für die Kerndynamik einer K-kernigen Molekel in einem bestimmten elektronischen Born-Oppenheimer-Zustand ist gemäss Abschnitt 4.2.1 die Schrödingergleichung

$$\left\{-\hbar^2 \sum_{\alpha=1}^{K} \sum_{j=1}^{3} \frac{1}{2M_\alpha} \frac{\partial^2}{\partial Q_{\alpha j}^2} + U(\vec{Q}_1,\ldots,\vec{Q}_K)\right\} \Xi(\vec{Q}_1,\ldots,\vec{Q}_K) = E\, \Xi(\vec{Q}_1,\ldots,\vec{Q}_K)$$

zuständig, worin $\vec{Q}_1,\ldots,\vec{Q}_K$ die kartesischen Koordinaten der K-Kerne bezüglich eines laboratoriumsfesten Koordinatensystems sind. Der Einfachheit halber verzichten wir auf eine Indizierung der jeweiligen elektronischen Zustände.

Von besonderem Interesse ist das Verhalten des Kerngerüsts in der Nähe

---

*) Eine einfache Darstellung findet sich in Kapitel 9 "Mechanics of Molecules" von: H. Margenau, G.M. Murphy, "The Mathematics of Physics and Chemistry", van Nostrand, New York, 1943. [Deutsche Übersetzung:"Die Mathematik für Physik und Chemie", Bd 1, Harry Deutsch, Frankfurt, 1965.]

eines *stationären Punktes* $R = (\vec{R}_1,..,\vec{R}_K)$ der Born-Oppenheimer-Hyperfläche. An einem stationären Punkt der Born-Oppenheimer-Hyperfläche verschwinden sämtliche ersten Ableitungen des Born-Oppenheimer-Potentials U,

$$\left.\frac{\partial U(\vec{Q}_1,..,\vec{Q}_K)}{\partial Q_{\alpha j}}\right|_{Q=R} = 0 \quad \text{für } \alpha = 1,..,\kappa \;;\; j = 1,2,3 \;.$$

Für die Diskussion der Stabilität eines molekularen Systems in der Nähe eines stationären Punktes R entwickeln wir das Potential U um R in eine Taylorreihe

$$U(\vec{Q}_1,..,\vec{Q}_K) = U(\vec{R}_1,..,\vec{R}_K) + \frac{1}{1!}\sum_{\alpha=1}^{K}\sum_{j=1}^{3}\left.\frac{\partial U(Q_1,..,Q_K)}{\partial Q_{\alpha j}}\right|_{Q=R}(Q_{\alpha j} - R_{\alpha j})$$

$$+ \frac{1}{2!}\sum_{\alpha=1}^{K}\sum_{\beta=1}^{K}\sum_{j=1}^{3}\sum_{k=1}^{3}\left.\frac{\partial^2 U(\vec{Q}_1,..,\vec{Q}_K)}{\partial Q_{\alpha j}\,\partial Q_{\beta k}}\right|_{Q=R}(Q_{\alpha j} - R_{\alpha j})(Q_{\beta k} - R_{\beta k})$$

$$+ \text{ höhere Terme.}$$

Wegen der Stationarität von R verschwindet der zweite Term dieser Entwicklung. Beschränkt man sich bei der Entwicklung auf die ersten drei Terme, so spricht man von der *harmonischen Näherung*.

In der harmonischen Näherung lässt sich die Kerndynamik bequemer diskutieren, wenn man zunächst massegewogene Verrückungskoordinaten (X) einführt durch

$$X_1 \overset{\text{def}}{=} \sqrt{M_1}\,(Q_{11} - R_{11})$$

$$X_2 \overset{\text{def}}{=} \sqrt{M_1}\,(Q_{12} - R_{12})$$

$$\vdots$$

$$X_{3K} \overset{\text{def}}{=} \sqrt{M_K}\,(Q_{K3} - R_{K3})$$

d.h. allgemein durch

$$X_{3\alpha+j-3} \overset{\text{def}}{=} \sqrt{M_\alpha}\,(Q_{\alpha j} - R_{\alpha j}) \;;\; \alpha = 1,..,\kappa \;;\; j = 1,2,3 \;.$$

Damit lautet die Schrödingergleichung für die Kernbewegung in der Nähe eines stationären Punktes in der harmonischen Näherung

$$\left\{-\frac{\hbar^2}{2}\sum_{j=1}^{3K}\frac{\partial^2}{\partial X_j^2}+\frac{1}{2}\sum_{j=1}^{3K}\sum_{k=1}^{3K}f_{jk}X_jX_k\right\}\chi(X_1,\ldots,X_{3K}) = E^{vib}\chi(X_1,\ldots,X_{3K})$$

wobei $f = (f_{jk})$ die Matrix der massegewogenen zweiten Ableitungen des Born-Oppenheimer-Potentials am betrachteten stationären Punkt ist

$$f_{3\alpha+j-3,3\beta+k-3} \stackrel{\text{def}}{=} (M_\alpha M_\beta)^{-1/2} \left.\frac{\partial^2 U(\vec{Q}_1,\ldots,\vec{Q}_K)}{\partial Q_{\alpha j}\partial Q_{\beta k}}\right|_{Q=R} .$$

Weiter haben wir die vibratorische Energie E^{vib} durch

$$E^{vib} \stackrel{\text{def}}{=} E - U(\vec{R}_1,\ldots,\vec{R}_K)$$

und die vibratorische Zustandsfunktion χ durch

$$\chi(X_1,\ldots,X_{3K}) \stackrel{\text{def}}{=} \Xi(\vec{Q}_1,\ldots,\vec{Q}_K)$$

eingeführt.

Das Verhalten der Kerne in der Nähe eines stationären Punktes der Born-Oppenheimer-Fläche wird entscheidend von den Eigenwerten der Matrix f bestimmt. Die (3K×3K)-Matrix f ist reell und symmetrisch und hat daher 3K reelle Eigenwerte λ_1, $\lambda_2,\ldots,\lambda_{3K}$. Da wir die Molekel in einem laboratoriumsfesten Koordinatensystem beschreiben, wird in unserer Näherung die Translation durch 3, die Rotation nichtaxialer Molekeln gleichfalls durch 3 und diejenige axialer Molekeln durch 2 "Oszillatoren" ohne rücktreibende Kräfte beschrieben. Das heisst, dass f immer 6 bzw. 5 Eigenwerte Null hat. Wir numerieren die Eigenwerte von f so, dass

$$\lambda_{F+1} = \lambda_{F+2} = \ldots = \lambda_{3K} = 0$$

ist, so dass

$$F = 3K-6 \quad \text{bzw.} \quad F = 3K-5$$

die Anzahl der eigentlichen vibratorischen Freiheitsgrade ist.

Für die weitere Diskussion interessieren nur die Eigenwerte $\lambda_1,\ldots,\lambda_F$. Sind alle diese Eigenwerte strikte positiv, so treten bei einer infinitesimalen Verrükkung aus dem stationären Punkt (R) nur rücktreibende Kräfte auf, so dass die entsprechende Kernfiguration *lokal stabil* ist. Dem stationären Punkt (R) entspricht dann eine lokal stabile Molekel, die man als *Born-Oppenheimer-Molekel* bezeichnet.

Für die chemische Kinetik sind auch partiell instabile Kernkonfigurationen von Interesse. Der einfachste Fall liegt vor, wenn ein Eigenwert strikt negativ ist, alle übrigen dagegen strikt positiv sind, also etwa wenn gilt

$$\lambda_j > 0 \quad \text{für } j = 1,2,..,F-1 \quad ,$$

$$\lambda_F < 0 \quad .$$

Für $F = 2$ kann man sich diese Situation leicht geometrisch veranschaulichen. Die Funktion

$$(X_1, X_2) \to V(X_1, X_2) = \lambda_1 X_1^2 + \lambda_2 X_2^2 \quad \text{mit } \lambda_1 > 0, \lambda_2 < 0 \quad ,$$

beschreibt im $\mathbb{R}^3$ eine zweidimensionale Fläche, welche bei $X_1 = X_2 = 0$ einen *Sattelpunkt* besitzt. Die Potentialkurve

$$X_1 \to V(X_1, X_2)$$

hat bei $X_1 = 0$ für jeden Wert des Parameters X_2 ein Minimum, während die Potentialkurve

$$X_2 \to V(X_1, X_2)$$

bei $X_2 = 0$ für jeden Wert des Parameters X_1 ein Maximum hat.

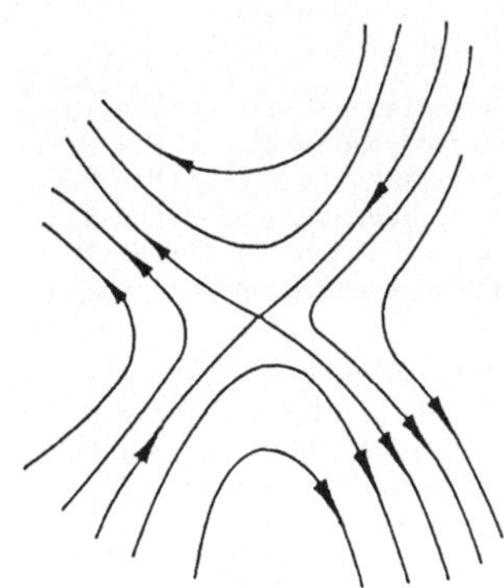

Sattelpunkt
Gradientenlinien

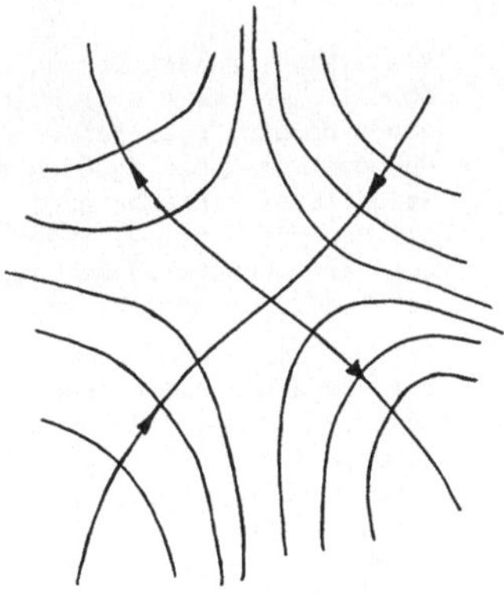

Sattelpunkt
Höhenlinien

Ein solches, durch einen Sattelpunkt charakterisiertes, bedingt stabiles molekulares Gebilde heisst in der Theorie der chemischen Reaktionen ein *Übergangskomplex*, Englisch: transition complex, häufig und nicht ganz richtig "Übergangszustand" bzw. "transition state" genannt. Seine Kenntnis erlaubt eine einfache Abschätzung von Geschwindigkeitskonstanten chemischer Reaktionen.

Es ist bequem, die dem Alltagsleben entnommene geometrische Sprechweise auch für die Diskussion von Born-Oppenheimer-Hyperflächen beizubehalten. Ein stationärer Punkt auf einer F-dimensionalen Hyperfläche heisst ein *Sattelpunkt n-ter Ordnung* falls F-n der Eigenwerte von f strikt positiv und n Eigenwerte strikt negativ sind.

Anzahl der strikt positiven Eigenwerte von f	Anzahl der strikt negativen Eigenwerte von f	geometrische Bedeutung	molekulare Interpretation
F	0	lokales Minimum	stabile Molekel
0	F	lokales Maximum	keine
F-n	n (n=1,2,..,F-1)	Sattelpunkt n-ter Ordnung	Übergangskomplex

Bemerkung: Grenzen der adiabatischen Beschreibung
Obwohl sich die hierarchische und die rein quantenmechanische Beschreibung einer Molekel ***qualitativ*** voneinander unterscheiden, approximiert die Born-Oppenheimer-Näherung doch spektroskopische Experimente in kontrollierbarer Weise. Eine einfache aber strenge Diskussion der energetischen Schranken der Born-Oppenheimer-Näherung findet man in Kap. 4.6 von W. Thirring, "Lehrbuch der mathematischen Physik", Bd.3, "Quantenmechanik von Atomen und Molekülen"; Springer-Verlag, Wien, 1979.

Es ist jedoch wohl zu beachten, dass unter widrigen Umständen jede Hierarchie zusammenbrechen kann. So kann die Born-Oppenheimer-Beschreibung versagen, falls der elektronische Grundzustand einer Molekel fast-entartet ist, da dann auch sehr langsame Elektronenbewegungen auftreten können. Ein berühmtes Beispiel ist die freie Molekel NH_3. Der Grundzustand von NH_3 ist ***nicht*** gegeben durch eine pyramidale Struktur mit dem Zustandsvektor Ψ_L, sondern durch $\Psi_1 \approx \frac{1}{\sqrt{2}}(\Psi_L + \Psi_R)$, wobei Ψ_R das Spiegelbild von Ψ_L repräsentiert. Der erste angeregte Zustand ist $\Psi_2 \approx \frac{1}{\sqrt{2}}(\Psi_L - \Psi_R)$. Dabei sind die zu Ψ_1 und Ψ_2 gehörigen Energieeigenwerte nahezu gleich.

Bemerkung: Effekte von Strahlung und Temperatur
Die bisherige Diskussion bezieht sich auf ideal isolierte Molekeln. Jede reale Molekel steht aber in Wechselwirkung mit dem elektromagnetischen Strahlungsfeld. Diese Wechselwirkung bewirkt, dass Molekeln in angeregten Energiezuständen unter Emission elektromagnetischer Strahlung in den Grundzustand übergehen können.
In chemisch relevanten Situationen gibt es wegen der Molekülzusammenstösse immer einen Energieaustausch mit der Umgebung. Derartige Effekte könnten wir global durch thermodynamische Betrachtungen berücksichtigen, wollen dies jedoch hier nicht tun. (Thermodynamisch gesprochen bezieht sich unsere Diskussion auf molekulare Zustände beim absoluten Temperaturnullpunkt.)

Zusammenfassung

Ist die adiabatische Beschreibung zulässig, so repräsentiert jedes lokale Minimum einer Born-Oppenheimer-Hyperfläche eines bestimmten Zustands eine beim absoluten Nullpunkt der Temperatur *lokal stabile Molekel*. Dabei wurde von Wechselwirkungen mit dem Strahlungsfeld abgesehen. Die zu einem solchen Minimum gehörige Konformation heisst eine r_e-Struktur der betreffenden Born-Oppenheimer-Molekel.

Die Sattelpunkte einer Born-Oppenheimer-Hyperfläche heissen *Übergangskomplexe*, sie haben genau wie Born-Oppenheimer-Molekeln eine wohldefinierte Konformation, sind aber nur bedingt stabil und spielen in der chemischen Kinetik eine wichtige Rolle.

4.4.2 NORMALKOORDINATEN

Wir wollen nun die Schrödingergleichung

$$\{-\frac{\hbar^2}{2}\sum_{j=1}^{3K}\frac{\partial^2}{\partial X_j^2} + \tfrac{1}{2}\sum_{j=1}^{3K}\sum_{k=1}^{3K} f_{jk}X_jX_k\}\,\chi(X_1,..,X_{3K}) = E^{vib}\chi(X_1,..,X_{3K})$$

der Kernbewegung in der harmonischen Näherung um einen stationären Punkt der Born-Oppenheimerfläche im einzelnen diskutieren. Dazu bringen wir die reelle und symmetrische (3K×3K)-Matrix $f = (f_{jk})$ mit einer orthogonalen (3K×3K)-Matrix T ($T^* = T^{-1}$, T reell) auf Diagonalform,

$$T f T^{\star} = \Lambda \stackrel{\text{def}}{=} \begin{pmatrix} \lambda_1 & & & \\ & \lambda_2 & & \\ & & \ddots & \\ & & & \lambda_{3K} \end{pmatrix} .$$

In Komponentenschreibweise lautet diese Transformation

$$\sum_{j=1}^{3K} \sum_{k=1}^{3K} T_{nj} f_{jk} T_{mk} = \delta_{nm} \lambda_m \quad ; \; n,m = 1,..,3K .$$

Die mit der orthogonalen Matrix T transformierten massegewogenen Verrückungskoordinaten X heissen die *Normalkoordinaten* Y

$$(Y) \stackrel{\text{def}}{=} T(X) \quad \text{oder} \quad Y_n \stackrel{\text{def}}{=} \sum_{j=1}^{3K} T_{nj} X_j .$$

Damit folgt

$$\sum_{j=1}^{3K} \sum_{k=1}^{3K} f_{jk} X_j X_k = ((X)|f(X)) = ((X)|T^{\star}\Lambda T(X)) = ((Y)|\Lambda(Y)) = \sum_{n=1}^{3K} \lambda_n Y_n^2 ,$$

wobei $(\cdot|\cdot)$ das Skalarprodukt in $\mathbb{R}^F$ bezeichnet (vgl. 7.1.2). Weiter folgt

$$\frac{\partial}{\partial X_j} = \sum_{n=1}^{3K} \frac{\partial Y_n}{\partial X_j} \frac{\partial}{\partial Y_n} = \sum_{n=1}^{3K} T_{nj} \frac{\partial}{\partial Y_n}$$

und damit

$$\frac{\partial^2}{\partial X_j^2} = \sum_{n=1}^{3K} \sum_{m=1}^{3K} T_{nj} T_{mj} \frac{\partial^2}{\partial Y_n \partial Y_m} ,$$

so dass die Summe der zweiten Ableitungen invariant bleibt

$$\sum_{j=1}^{3K} \frac{\partial^2}{\partial X_j^2} = \sum_{n=1}^{3K} \sum_{m=1}^{3K} \{ \sum_{j=1}^{3K} T_{nj} (T^{\star})_{jm} \} \frac{\partial^2}{\partial Y_n \partial Y_m} = \sum_{n=1}^{3K} \frac{\partial^2}{\partial Y_n^2} .$$

In Normalkoordinaten zerfällt also der Hamiltonoperator der Kernbewegung in eine Summe von 3K Hamiltonoperatoren $\hat{H}_1, \ldots, \hat{H}_{3K}$ nicht-wechselwirkender Freiheitsgrade,

$$-\frac{\hbar^2}{2} \sum_{j=1}^{3K} \frac{\partial^2}{\partial X_j^2} + \frac{1}{2} \sum_{j=1}^{3K} \sum_{k=1}^{3K} f_{jk} X_j X_k = \sum_{j=1}^{3K} \hat{H}_j$$

mit

$$\hat{H}_j \stackrel{\text{def}}{=} -\frac{\hbar^2}{2} \frac{\partial^2}{\partial Y_j^2} + \frac{1}{2} \lambda_j Y_j^2 .$$

Die zur Translation und Rotation gehörigen Eigenwerte $\lambda_{F+1}, \ldots, \lambda_{3K}$ sind gleich Null, so dass wir uns auf die Diskussion der nichtverschwindenden Eigenwerte

$\lambda_1, \lambda_2, \ldots, \lambda_F$ beschränken können.

Für eine *lokal stabile* Molekel gilt

$$\lambda_j > 0 \quad \text{für} \quad j = 1,2,..,F \quad ,$$

so dass $\hat{H}_j$ der Hamiltonoperator eines *harmonischen Oszillators* ist,

$$\hat{H}_j = -\frac{\hbar^2}{2}\frac{\partial^2}{\partial Y_j^2} + \tfrac{1}{2}\omega_j^2 Y_j^2 ,$$

wobei

$$\omega_j^2 \overset{\text{def}}{=} \lambda_j$$

die Kreisfrequenz des j-ten Oszillators ist. Die Eigenwerte $E^{(j)}$ und die Eigenfunktionen $\varphi^{(j)}$ von $\hat{H}_j$ sind gegeben durch (vgl. Aufgabe 4.3.7)

$$E_{n_j}^{(j)} = \hbar\omega_j(\tfrac{1}{2} + n_j) \quad \text{mit} \quad n_j = 0,1,2,\ldots \quad ,$$

$$\varphi_{n_j}^{(j)}(y) = (\sqrt{2\pi}\,\sigma_j 2^n n!)^{-1/2} H_{n_j}(y/\sqrt{2}\,\sigma_j)\exp(-y^2/4\sigma_j^2) \quad ,$$

mit

$$\sigma_j^2 \overset{\text{def}}{=} \hbar/2\omega_j \quad .$$

Der Hamiltonoperator $\Sigma_{j=1}^F \hat{H}_j$ beschreibt somit ein System von *F ungekoppelten harmonischen Oszillatoren*. Die Eigenfunktionen Φ und die Eigenwerte E^{vib} dieses Hamiltonoperators sind gegeben durch

$$\Phi_{n_1,n_2,..,n_F}(Y_1,Y_2,..,Y_F) = \varphi_{n_1}^{(1)}(Y_1)\varphi_{n_2}^{(2)}(Y_2)\ldots\varphi_{n_F}^{(F)}(Y_F)$$

$$E_{n_1,n_2,..,n_F}^{vib} = E_{n_1}^{(1)} + E_{n_2}^{(2)} + \ldots + E_{n_F}^{(F)} \quad ,$$

wobei die Schwingungsquantenzahlen $n_1, n_2, .., n_F$ unabhängig voneinander die Werte 0,1,2,... annehmen können. Die mit den F Normalkoordinaten $Y_1, Y_2, .., Y_F$ assoziierten harmonischen Schwingungen heissen *Normalschwingungen*.

Molekeln ohne wesentliche innere Bewegungen, etwa innere Rotationen, heissen *quasistarr*. Für quasistarre Molekeln beschreiben die F Normalkoordinaten näherungsweise das Schwingungsverhalten einer Molekel. Zu jeder Normalkoordinate Y_j $(j = 1,2,..,F)$ gehört eine harmonische Normalschwingung der Frequenz $\nu_j = \omega_j/2\pi$. Bei einer Normalschwingung bewegen sich grundsätzlich *alle* Kerne der Molekel in phasenkohärenter Weise. In der harmonischen Näherung sind die verschiedenen Normalschwingungen unabhängig, das heisst, jede Normalschwingung kann unabhängig von allen übrigen Normalschwingungen angeregt werden. Die untenstehenden Abbildungen zeigen die Normalschwingungen einer nichtlinearen und einer linearen dreikernigen Molekel.

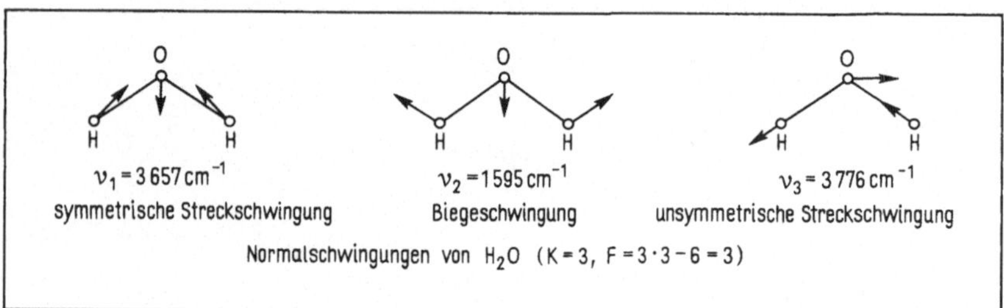

Normalschwingungen von H_2O ($K = 3$, $F = 3 \cdot 3 - 6 = 3$)

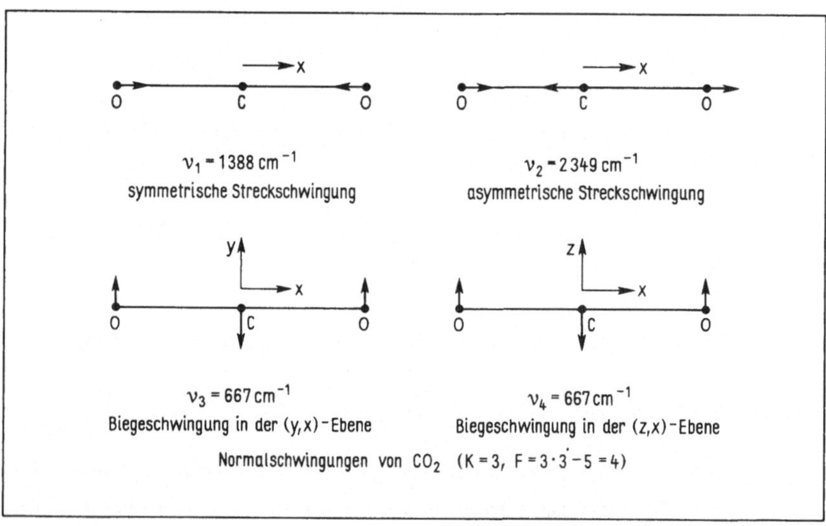

Normalschwingungen von CO_2 ($K = 3$, $F = 3 \cdot 3 - 5 = 4$)

Jede Schwingung kleiner Amplitude kann als Linearkombination von Normalschwingungen dargestellt werden. Genau wie im Fall zweikerniger Molekeln (vgl. 4.3.5) geben die Normalschwingungen mehrkerniger Molekeln Anlass zu Schwingungsspektren, welche z.B. über die Infrarotspektroskopie experimentell leicht zugänglich sind. Es ist aber zu beachten, dass eine Normalkoordinatenanalyse von Schwingungsspektren nur für kleine Schwingungsamplituden approximativ richtig ist. Ausser den bereits bei zweikernigen Molekülen ($F = 1$) erwähnten Anharmonizitätseffekten wie Obertönen ergibt eine über die harmonische Näherung hinausgehende Analyse bei mehrkernigen Molekeln ($F > 1$) auch Wechselwirkungen zwischen verschiedenen Normalschwingungen, was zu kleinen Frequenzverschiebungen, zu Kombinationstönen und zu teilweise beträchtlichen Intensitätsübertragungen führen kann. Anharmonizitäten können auch eine Lockerung der Auswahlregeln zur Folge haben.

Weiterführende Literatur

G.Herzberg, "Molecular Spectra and Molecular Structure. II. Infrared and Raman Spectra of Polyatomic Molecules", van Nostrand, New York, 1945. E.B. Wilson, J.C.Decius, P.C.Cross, "Molecular Vibrations. The Theory of Infrared and Raman Vibrational Spectra", McGraw-Hill, New York, 1955.

Zusammenfassung

Eine Molekel mit K Kernen hat F Normalkoordinaten (mit $F = 3K-6$ bei nichtlinearen und $F = 3K-5$ bei linearen Molekeln). Bei quasistarren Molekeln kann jede Molekülschwingung näherungsweise durch eine Linearkombination der F voneinander unabhängigen harmonischen Normalschwingungen dargestellt werden. Bei einer Normalschwingung bewegen sich grundsätzlich alle Kerne der Molekel. Normalschwingungen geben Anlass zu Vibrationsspektren im infraroten Frequenzbereich, so dass man ihre Schwingungsfrequenzen experimentell direkt bestimmen kann.

4.4.3* *DIE MOLEKÜLSTRUKTUR WIRD DURCH KLASSISCHE OBSERVABLE BESCHRIEBEN*

Moleküle haben eine Gestalt, und viele Chemiker sehen in der Erforschung dieser Gestalt eine entscheidend wichtige Aufgabe. Die Ermittlung der Konstitution von Naturstoffen und des räumlichen Baues von Biomolekeln ist von grosser

Bedeutung für die Aufklärung ihrer Rolle im biologischen Geschehen. Es sei etwa an die Reaktionsselektivität von Enantiomeren und die Stereoselektivität von Enzymen erinnert.

All das ist dem Chemiker wohlvertraut, aber vom quantenmechanischen Standpunkt aus gesehen ist es höchst merkwürdig. Wie kommt der Chemiker dazu, Molekülen Eigenschaften wie Gestalt, Struktur, Chiralität zuzuschreiben? Eigenschaften, die eine Molekel einfach "hat". Das ist nach den Spielregeln der Quantenmechanik zumindest im allgemeinen nicht zulässig.

Beispielsweise existieren in der Quantenmechanik die Observablen "Ort eines Elektrons" und "Impuls eines Elektrons", aber im allgemeinen "hat" ein Elektron weder einen wohlbestimmten Ort noch einen wohlbestimmten Impuls. Daher ist es sinnlos, zu fragen, ob die vier Elektronen im Berylliumatom axial angeordnet seien oder etwa einen Vierring bilden. Dagegen ist dieselbe Frage bei der C_4-Molekel für die vier Kohlenstoffkerne sinnvoll, und wir wissen empirisch, dass im Grundzustand C_4 eine axiale Molekel ist. Warum beschreiben wir Elektronen so anders als Kerne?

Allerdings "hat" ein Elektron auch Eigenschaften, und zwar genau vier: eine Masse, einen Spin, eine elektrische Ladung und ein magnetisches Dipolmoment. In der neueren Theorie beschreibt man solche Eigenschaften durch *klassische Observable*, die mit allen übrigen Observablen vertauschen und jederzeit unabhängig vom Systemzustand einen wohlbestimmten Wert *haben* (3.4).

Will man gewisse Eigenschaften an Molekülen objektiv fixieren, so muss man in der theoretischen Beschreibung klassische Observable einführen. Wenn die Chemiker also der Meinung sind, Moleküle hätten eine Gestalt in einem objektiven Sinne, so muss der Theoretiker dafür passende *klassische* Observable bereitstellen. Beispielsweise ist die Chiralität eine klassische Eigenschaft einer Alaninmolekel. An der Alaninmolekel kann die Charalität simultan mit jeder anderen Grösse scharf gemessen werden. Unabhängig von einer etwaigen Chiralitätsmessung können wir einer individuellen Molekel der Strukturformel

$$
\begin{array}{c}
COOH \\
| \\
CH_3 - C - H \\
| \\
NH_2
\end{array}
$$

immer einen bestimmten "Wert" der Chiralität zuordnen (konventionellerweise als "links" oder "rechts" bezeichnet).

Wie kann die Quantenmechanik das Auftreten objektivierbarer klassischer Eigenschaften erklären? In einer fundamentalen Beschreibung existieren ja nur ganz wenige meist gruppentheoretisch begründete klassische Observable (Masse, Spin, elektromagnetische Momente). Die Antwort auf diese Frage ist nicht einfach. Summarisch darf man sagen, dass die *Dynamik* des Systems durchaus einen *Standpunktwechsel* nahelegen kann. Wenn sich *im Rahmen einer speziellen Fragestellung* ein System so verhält, *als ob* es Superauswahlregeln (vgl. 3.4) hätte, dann ist eine a posteriori Einführung von klassischen Observablen gerechtfertigt. Diese Situation tritt bei der Beschreibung hierarchischer Strukturen auf. Eigenschaften, welche erst auf einer höheren hierarchischen Stufe auftreten, heissen *emergent* und werden im Rahmen einer quantentheoretischen Beschreibung durch neue klassische Observable beschrieben. Beispiele dafür sind etwa Masse, Chiralität, Molekülstruktur, Temperatur und chemisches Potential.

Im molekularen Fall ist die Möglichkeit einer hierarchischen Auffächerung der Moleküldynamik in rotatorische, vibratorische und elektronische Bewegungsformen eine Frage der Gesamtdynamik eines Systems. Falls eine adiabatische Beschreibung gut ist, was häufig aber keineswegs immer der Fall ist, dann kann man auch die hierarchisch höher liegende Beschreibungsweise der Chemiker konsistent in die Quantemechanik einführen. Die Einführung der deskriptivien Sprache der Chemie in die Quantentheorie ist nicht zwingend aber in einem wohlverstandenen Sinn verträglich mit der Quantenmechanik, denn sie kann im *Grenzfall unendlich grosser Kernmassen hergeleitet werden.*

Die Entwicklung um einen stationären Punkt der Born-Oppenheimer-Hyperfläche ist eine singuläre asymptotische Entwicklung, welche zur *Individualität* von Molekeln mit einem bestimmten Kerngerüst führt. In der Sprechweise der modernen Quantenmechanik sind die Parameter $R_1,\ldots,R_F$, welche die Konformation des molekularen Kerngerüstes bestimmen, spezielle Werte von klassischen Observablen $\hat{R}_1,\ldots,\hat{R}_F$. Die Gestalt einer Molekel ist eine klassische Eigenschaft, welche in der Theorie durch diese klassischen Observablen beschrieben wird.

4.5 ADIABATISCHE CHEMISCHE REAKTIONEN

4.5.1 *REAKTIONSKOORDINATEN*

Wir setzen die Normalkoordinatenanalyse von Abschnitt 4.4.2 fort und betrachten nun Übergangskomplexe. Der Einfachheit halber diskutieren wir einen Sattelpunkt *erster* Ordnung, d.h. einen Übergangskomplex mit *einem* negativen Eigenwert λ_1 und F-1 positiven Eigenwerten $\lambda_2,..,\lambda_F$ der Matrix f,

$$\lambda_1 < 0 \quad ,$$

$$\lambda_2 > 0 \ , \ \lambda_3 > 0 \ , \ldots , \ \lambda_F > 0 \ .$$

In der harmonischen Näherung sind die F Normaloszillatoren entkoppelt, es bestehen also keinerlei Wechselwirkungen zwischen ihnen, so dass ihre Bewegungen unabhängig voneinander diskutiert werden können.

Um die Notation zu vereinfachen, unterdrücken wir die Numerierung der Normaloszillatoren und schreiben den Hamiltonoperator eines bestimmten Normaloszillators als

$$\hat{H} = \tfrac{1}{2}\hat{P}^2 + \tfrac{1}{2}\lambda\hat{Q}^2 \quad ,$$

wobei in der Schrödingerdarstellung gilt

$$\{\hat{Q}\Psi\}(Y) = Y\Psi(Y) \quad ,$$

$$\{\hat{P}\Psi\}(Y) = \frac{\hbar}{i}\frac{d\Psi(Y)}{dY} \quad .$$

Im Rahmen der klassischen Newtonschen Mechanik ist die zur potentiellen Energie $U(Q) = \frac{1}{2}\lambda Q^2$ gehörige Kraft K gegeben durch

$$K \overset{\text{def}}{=} -\frac{dU(Q)}{dQ} = -\lambda Q \ .$$

Am stationären Punkt $Q = 0$ verschwindet diese Kraft, und ausserhalb des stationären Punktes ist die Kraft K rücktreibend, falls λ positiv ist. Wird also der klassische Oszillator etwas aus dem stationären Punkt $Q = 0$ verschoben, so treten stabilisierende Kräfte auf, welche das System wieder in den stationären Punkt zurücktreiben. Ist λ aber negativ, so wirkt die bei einer kleinen Verrückung aus dem stationären Punkt $Q = 0$ auftretende Kraft K destabilisierend. Das System wird sich daher in diesem Fall bei der kleinsten äusseren Störung von dem stationären Punkt wegbewegen.

Um diese aus der klassischen Mechanik inspirierte Diskussion auf die Quantenmechanik zu übertragen, müssen wir das zeitliche Verhalten des quantenmechanischen Oszillators betrachten, welches bekanntlich durch die zeitabhängige Schrödingergleichung

$$i\hbar\dot{\Psi}(t) = \hat{H}\Psi(t)$$

gegeben ist (vgl. 3.5.1). Der Erwartungswert a(t) einer Observablen $\hat{A}$ zur Zeit t

$$a(t) \overset{\text{def}}{=} \langle\Psi(t)|\hat{A}\Psi(t)\rangle$$

genügt damit der Beziehung

$$\dot{a}(t) = \langle\dot{\Psi}(t)|\hat{A}\Psi(t)\rangle + \langle\Psi(t)|\hat{A}\dot{\Psi}(t)\rangle = \frac{i}{\hbar}\langle\Psi(t)|[\hat{H},\hat{A}]\Psi(t)\rangle \quad .$$

Für die Observablen $\hat{P}$ und $\hat{Q}$ erhalten wir mit

$$[\hat{H},\hat{Q}] = -i\hbar\hat{P} \quad ,$$

$$[\hat{H},\hat{P}] = i\hbar\lambda\hat{Q}$$

und

$$p(t) \overset{\text{def}}{=} \langle\Psi(t)|\hat{P}\Psi(t)\rangle \quad ,$$

$$q(t) \overset{\text{def}}{=} \langle\Psi(t)|\hat{Q}\Psi(t)\rangle$$

das folgende Differentialgleichungssystem für die Erwartungswerte q(t) und p(t):

$$\dot{q}(t) = p(t) \quad ,$$

$$\dot{p}(t) = -\lambda q(t) \ .$$

Bemerkenswerterweise können diese Gleichungen in der Newtonschen Form als "Kraft gleich Masse mal Beschleunigung" geschrieben werden,

$$\ddot{q}(t) = -\lambda q(t) \ ,$$

so dass unsere Vorbetrachtungen aus der Newtonschen Mechanik auch für die Erwartungswerte q,p der Observablen $\hat{Q}$ und $\hat{P}$ Gültigkeit haben.

Man rechnet leicht nach, dass die Lösung im Falle rücktreibender Kräfte ($\lambda > 0$) gegeben ist durch

$$q(t) = q(0)\cdot\cos(\omega t) + \frac{1}{\omega}\dot{q}(0)\cdot\sin(\omega t) \quad ,$$

mit

$$\omega^2 \overset{\text{def}}{=} \lambda \quad , \quad \omega > 0 \quad .$$

Für vorwärtstreibende Kräfte ($\lambda < 0$) lautet die Lösung

$$q(t) = q(0)\cosh(t/T) + T\dot{q}(0)\cdot\sinh(t/T)$$

mit

$$T^{-2} \overset{\text{def}}{=} -\lambda \quad , \quad T > 0 \quad .$$

Im Falle rücktreibender Kräfte ($\lambda > 0$) gibt es stationäre Lösungen. Die Hermiteschen Orthogonalfunktionen φ_n (vgl. 7.1.6) sind Eigenfunktionen von $\hat{H} = \frac{1}{2}\hat{P}^2 + \frac{\lambda}{2}\hat{Q}^2$ und es gilt

$$q(0) = \langle\varphi_n|\hat{Q}\varphi_n\rangle = 0 \quad ,$$

$$\dot{q}(0) = \langle\varphi_n|\hat{P}\varphi_n\rangle = 0 \quad ,$$

was $q(t) = 0$ für alle Zeiten t impliziert. Ist das System nicht in einem Eigenzustand von $\hat{H}$, so sind im allgemeinen $q(0)$ und $\dot{q}(0)$ verschieden von Null, so dass dann der Erwartungswert der Normalkoordinate $\hat{Q}$ mit der Kreisfrequenz ω und der Amplitude

$$\sqrt{\{(q(0)\}^2 + \{\dot{q}(0)/\omega\}^2}$$

oszilliert.

Für vorwärtstreibende Kräfte ($\lambda < 0$) sieht die Situation völlig anders aus. Es gibt dann keine gebundenen Zustände und somit auch keine stationären Lösungen. Für jeden beliebigen Zustandsvektor $\Psi(0)$ bewegt sich der Normaloszillator längs der Normalkoordinate weg vom stationären Punkt. Aus der exakten Lösung

$$q(t) = q(0)\cdot\cosh(t/T) + T\dot{q}(0)\cdot\sinh(t/T)$$

folgt durch eine Taylorentwicklung für kleine Zeiten

$$q(t) = q(0) + \dot{q}(0)\cdot t + O(t^2) \quad ,$$

d.h. je nach dem Vorzeichen der Anfangsgeschwindigkeit $\dot{q}(0)$ bewegt sich das System in der positiven oder negativen Richtung der Normalkoordinate weg vom stationären Punkt $q = 0$. Die geschlossene Lösung mit den Hyperbelfunktionen ist praktisch nicht sehr interessant, da das System sich rasch aus dem Sattelpunkt heraus bewegt und in Bereiche der Born-Oppenheimerfläche kommt, wo die harmonische Approximation nicht mehr gilt. Den Weg, den das System beim Verlassen des Sattelpunkts durchläuft, nennt man *Reaktionsweg*, er beginnt auf dem Sattelpunkt in Richtung einer Normalkoordinate mit vorwärtstreibender Kraft ($\lambda < 0$) und endet in einer zu einem Minimum gehörigen Normalkoordinate mit rücktreibenden Kräften ($\lambda > 0$). Deshalb nennt man Normalkoordinaten mit vorwärtstreibender Kraft auch *Reaktionskoordinaten*.

> *Zusammenfassung*
> Normalkoordinaten mit negativer Kraftkonstante heissen Reaktionskoordinaten; sie entsprechen der Richtung von Kräften, welche das System aus dem stationären Punkt heraustreiben und Anlass zu Reaktionen geben. Der Reaktionsweg beginnt auf einem Sattelpunkt längs einer Reaktionskoordinate und endet in einem lokalen Minimum in der Richtung einer zu diesem Minimum gehörigen Normalkoordinate.

4.5.2 ADIABATISCHE REAKTIONEN

Man sagt, die Bewegung eines molekularen Systems verlaufe *adiabatisch*, wenn die Kerne sich so langsam bewegen, dass die Elektronen der Kernbewegung unmittelbar nachfolgen können. In diesem Falle bleibt die hierarchische Strukturierung des molekularen Systems in jedem Zeitpunkt gewahrt, so dass selbst molekulare chemische Reaktionen quasiklassisch durch Trajektorien auf der entsprechenden Born-Oppenheimer-Hyperfläche beschrieben werden können. Eine molekulare chemische Reaktion heisst daher adiabatisch, wenn sie durch eine oder mehrere Trajektorien auf ein und derselben Born-Oppenheimerfläche beschrieben werden kann.

Chemische Reaktionen lassen die Anzahl der Elektronen sowie die Art und die Anzahl der beteiligten Kerne unverändert. Somit gehört zu einer molekularen chemischen Reaktion immer ein Hamiltonoperator, welcher durch die Gesamtzahl N der Elektronen und durch die Massen M_α und die Kernladungszahlen Z_α der beteiligten K Kerne ($\alpha = 1,..,K$) vollständig charakterisiert ist. Eine *adiabatische* molekulare Reaktion kann durch die Angabe des dazugehörigen elektronischen Zustandes noch genauer spezifiziert werden. Edukte und Produkte sind dann durch

Minima auf der zugehörigen Born-Oppenheimer-Hyperfläche charakterisiert.

Kräftesparende Wanderungen gehen nicht über Berggipfel, sondern über Pässe. Man darf erwarten, dass eine energetisch günstige Bewegung auf der Born-Oppenheimer-Fläche von den Edukten zu den Produkten ebenfalls über Passwege führt. Die Passhöhe, d.h. der Sattelpunkt, wird dann durch einen Übergangskomplex charakterisiert. Wie auch bei Bergwanderungen gibt es bei adiabatischen chemischen Reaktionen mehrere energetisch (und probabilistisch) konkurrierende Möglichkeiten mit ganz verschiedenen Reaktionswegen und Übergangskomplexen. Die dynamisch instabilen Übergangskomplexe werden in der Nähe des Sattelpunkts in Richtung der instabilen Normalkoordinate zerfallen.

Auf diesen Grundvorstellungen basiert die sogenannte "Theorie der Übergangskomplexe" von Eyring, welche man als "transition state theory" und als "Theorie der absoluten Reaktionsgeschwindigkeit" bezeichnet. Diese theoretische Modellvorstellung geht von einer näherungsweise berechneten Potentialfläche aus (vgl. die untenstehende, dem klassischen Lehrbuch*) dieser Methode entnommene Abbildung).

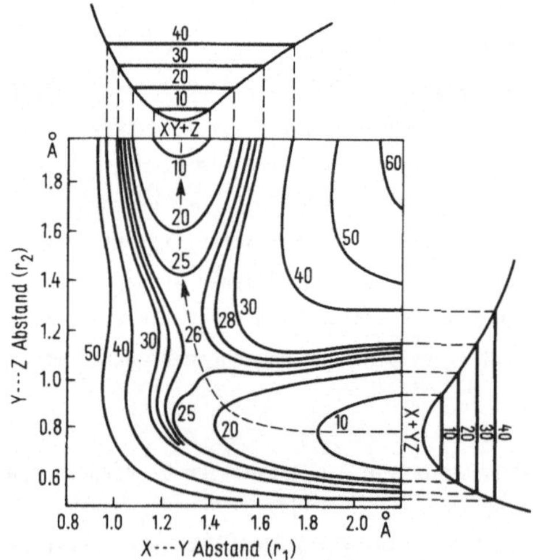

*) S.Glasstone, K.Laidler, H.Eyring, "The theory of rate processes", Mc-Graw-Hill, New York, 1941, (Abb. 15 auf S.96).

Sie kombiniert diese in geschickter Weise mit Überlegungen aus der phänomenologischen Thermodynamik und gelangt so zu einer Abschätzung von Reaktionsgeschwindigkeitskonstanten elementarer Reaktionen. Die entscheidenden Annahmen sind dabei:

a) Der Zerfall des Übergangskomplexes in die Edukte bestimmt die Reaktionsgeschwindigkeit.

b) Der Übergangskomplex befindet sich im thermodynamischen Gleichgewicht mit den Edukten.

Diese (durchaus nicht unproblematischen!) Annahmen erlauben es, eine einfache explizite Formel für die Reaktionsgeschwindigkeitskonstante anzugeben. Trotz schwerwiegender theoretischer Bedenken ist die Eyringsche Theorie für den Chemiker zu einem nützlichen Hilfsmittel geworden, das vielfach mit grossem Erfolg eingesetzt worden ist.

Da uns in dieser Einführung die dazu notwendigen Methoden der statistischen Thermodynamik nicht zur Verfügung stehen, verzichten wir auf eine ausführliche Diskussion der Eyringschen Theorie. Es sei aber bemerkt, dass die zentralen (und wenig problematischen) Begriffsbildungen der Eyringschen Theorie sich auf die Born-Oppenheimer-Hyperfläche beziehen und uns nun wohlvertraut sind.

Als einfachstes Beispiel für eine molekulare adiabatische Reaktion betrachten wir den Übergang einer isomeren Verbindung in eine andere. Wir wählen die Cis-Trans-Isomerisierung eines Äthylens, etwa von Fumarsäure in Maleinsäure.

```
A       A      A       H
 \     /        \     /
  C = C    ⇄     C = C
 /     \        /     \
H       H      H       A
```

Wir nehmen an, was in jedem einzelnen Fall sorgfältig überprüft werden muss, dass im kritischen Bereich des Reaktionsweges die Born-Oppenheimer-Fläche des ersten elektronisch angeregten Zustandes *wesentlich* über der Potentialfläche des Grundzustandes liegt. Da der Reaktionsweg beim Edukt und beim Produkt (lokal) mit einer Normalkoordinate zusammenfällt und die Torsionsschwingung um die Doppelbindung in etwa den Charakter einer Normalschwingung hat, liegt es nahe, die $C = C$ - Bindung als Reaktionskoordinate anzusetzen. Diese Bewegung kann durch einen Drehwinkel φ beschrieben werden, wobei etwa $\varphi = 0$ das Cis-Edukt, $\varphi = \pi$ das Trans--Produkt und $\varphi \approx \pi/2$ den Übergangskomplex bezeichnet.

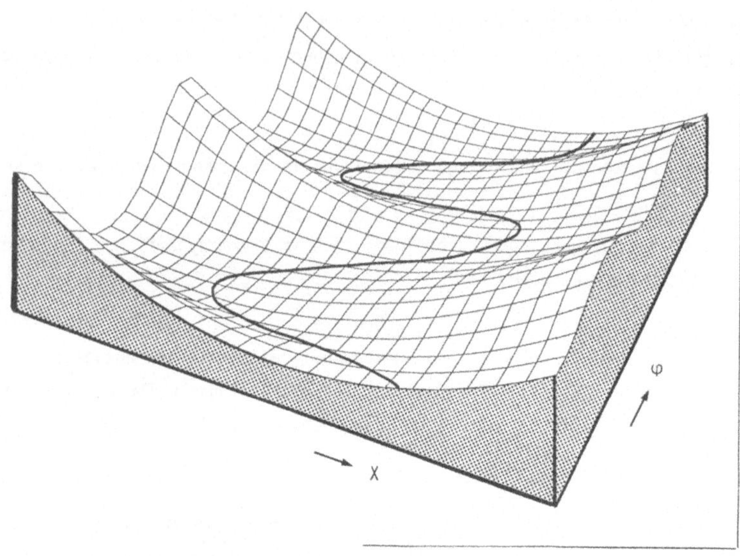

Potentialfläche für eine Torsionsschwingung; φ = Koordinate der Drehung, X = Koordinate der Schwingung.

Da eine Torsionsschwingung mit grosser Amplitude stark anharmonisch ist, ist sie mit anderen Normalschwingungen energetisch gekoppelt. Ähnlich wie bei einem Doppelpendel kann daher die Energie zwischen der Torsionsschwingung und anderen Normalschwingungen hin und her fluktuieren. Dabei kann es geschehen, dass sich für kurze Zeit soviel Energie in der Torsionsbewegung konzentriert, dass die Potentialschwelle zwischen der Cis- und der Trans-Molekel überwunden werden kann. Eine quantitative Verschärfung dieser qualitativen Beschreibung würde eine genaue Kenntnis der Born-Oppenheimer-Hyperfläche sowie der verschiedenen anharmonischen Kopplungen erfordern.

Zusammenfassung

Verläuft eine molekulare chemische Reaktion auf ein und derselben Born-Oppenheimer-Hyperfläche, dann nennt man sie adiabatisch. Adiabatische Reaktionswege führen über Sattelpunkte, denen man sogenannte Übergangskomplexe zuordnet. Im allgemeinen sind mehrere adiabatische Reaktionswege möglich. Häufig erlaubt bereits eine Plausibilitätsbetrachtung über die Struktur der Übergangskomplexe qualitativ interessante Aussagen über den möglichen Verlauf molekularer chemischer Reaktionen.

5. ELEKTRONISCHE STRUKTUR MOLEKULARER SYSTEME

5.1 ORBITALMETHODEN DER QUANTENCHEMIE

5.1.1 MODELLE MIT EFFEKTIVEN WECHSELWIRKUNGEN

Eine leistungsfähige, theoretisch gut untersuchte und häufig verwendete Näherungsmethode für die Behandlung quantenmechanischer Vielteilchenprobleme ist das Verfahren der effektiven Wechselwirkungen. Je nach Anwendungsgebiet ist dieses Verfahren auch unter den Namen "self-consistent field method", SCF-Methode, Molekularfeld-Modell, "random phase approximation", "mean field theory" bekannt.

Alle Näherungsverfahren auf der Grundlage effektiver Wechselwirkungen beruhen auf dem Ersatz der Zweiteilchenwechselwirkung zwischen den einzelnen Teilchen durch ein globales Feld. Dieses effektive Feld ist im Gegensatz zu den fundamentalen binären Wechselwirkungen nicht von vorneherein bekannt, kann aber iterativ numerisch bestimmt werden. In der Praxis führt man die Iterationen so lange weiter, bis sich die Ergebnisse innerhalb der gewünschten numerischen Genauigkeit nicht mehr ändern. Man spricht dann von *selbstkonsistenten* Methoden und nennt das so errechnete Feld "a self-consistent field".

Ohne sie deutlich auszusprechen benützte Johannes Diderik van der Waals die Idee der effektiven Wechselwirkung schon 1873 in seiner Dissertation "Over de continuiteit van den gas- en vloeistoftoestand" in höchst genialer und erfolgreicher Weise und wurde dafür 1910 mit dem Nobelpreis ausgezeichnet. Die heuristische, aber aussergewöhnlich erfolgreiche allgemeine Theorie der Phasenübergänge von L.D. Landau (Phys.Z.Sowjetunion 11, 26, 1937) beruht gleichfalls auf einem Modell mit effektiven Wechselwirkungen. Andere berühmte Anwendungen sind die Debyesche Theorie der Elektrolytlösungen, die Weiss'sche Theorie der Ferromagnetika und die Bogoljubovsche Theorie der Supraleitung.

Erste Versuche, die Bewegung der Elektronen in Atomen durch effektive Wechselwirkungen zu beschreiben, wurden bereits im Rahmen des Bohrschen Atommodells angestellt (E. Fues, Z.Physik 11, 364, 1922; D.R. Hartree, Proc.Cambr.Phil.Soc. 21, 625, 1923). Hartree übertrug dann diese Idee in die Quantenmechanik (Proc.Cambr. Phil.Soc. 24, 89, 111, 246, 1928) und unabhängig voneinander verbesserten V. Fock

(Z.Physik 61, 126, 1930) und J.C. Slater (Phys.Rev. 35, 210, 1930) die Hartreesche Methode durch die Einarbeitung des Pauliprinzips. Zu Ehren dieser Pioniere nennen wir daher das Modell der effektiven elektrostatischen Elektronenwechselwirkungen im Atomen und Molekülen die *Hartree-Fock-Methode* und die dazugehörigen antisymmetrischen Zustandsfunktionen die *Slaterdeterminanten*.

Aus moderner Sicht widerspiegeln quantenmechanische Modelle mit effektiven Wechselwirkungen *partiell klassische Betrachtungsweisen*, welche die typisch quantentheoretischen Korrelationen zwischen den Teilsystemen ausser acht lassen, ohne dabei die langreichweitigen Wechselwirkungskräfte zu vernachlässigen. Theoretisch sind diese Methoden vor allem deshalb interessant, weil sie als erster Schritt in einer Folge systematischer Näherungen aufgefasst werden können und, im Gegensatz zu den viel schlechteren störungstheoretischen Methoden, ein zwar fiktives, aber in sich konsistentes Bild ergeben[*)].

Da die besondere Struktur des Problems für die Methode der effektiven Wechselwirkungen keine wesentliche Rolle spielt, ist es am durchsichtigsten, das Verfahren ganz allgemein zu erläutern. Dazu betrachten wir zwei Systeme "A" und "B", welche für sich allein durch die Hamiltonoperatoren $\hat{H}_A$ und $\hat{H}_B$ beschrieben wären. Setzt man die beiden Systeme zusammen, so erhält man den Gesamthamiltonoperator $\hat{H}$ als

$$\hat{H} = \hat{H}_A \otimes \hat{1} + \hat{1} \otimes \hat{H}_B + \hat{V}$$

(zur Notation vgl. 3.2.7 und 2.11), wobei der Operator $\hat{V}$ die Wechselwirkung zwischen den beiden Teilsystemen beschreibt. Die einfachste denkbare Form für $\hat{V}$ ist $\hat{A} \otimes \hat{B}$, wobei $\hat{A}$ ein selbstadjungierter Operator des Systems "A" und $\hat{B}$ ein selbstadjungierter Operator des Systems "B" ist. Damit hat der Hamiltonoperator des Gesamtsystems die Form

$$\hat{H} = \hat{H}_A \otimes \hat{1} + \hat{1} \otimes \hat{H}_B + \hat{A} \otimes \hat{B} \quad .$$

---

*) Systematische Korrekturen können aus einer asymptotischen Entwicklung des sogenannten "Masseoperators" der Theorie der zeitabhängigen Greenfunktionen erhalten werden. Wir kennen keine befriedigende elementare Darstellung dieser Methoden. Für den Fachmann ist der Klassiker "Quantum Statistical Mechanics" von L.P. Kadanoff und G. Baym, Benjamin, New York, 1962, immer noch unentbehrlich.

Wir betrachten nun einen beliebigen Zustand, charakterisiert durch den Zustandsvektor Ψ bzw. durch die zugehörigen Erwartungswerte $\langle\cdot\rangle$ und schreiben

$$\begin{aligned} \langle \hat{A} \otimes \hat{B} \rangle &\overset{\text{def}}{=} \langle \Psi | \hat{A} \otimes \hat{B} \Psi \rangle , \\ \langle \hat{A} \rangle &\overset{\text{def}}{=} \langle \Psi | \hat{A} \otimes \hat{1} \Psi \rangle , \\ \langle \hat{B} \rangle &\overset{\text{def}}{=} \langle \Psi | \hat{1} \otimes \hat{B} \Psi \rangle . \end{aligned}$$

Damit folgt für den Erwartungswert von $\hat{H}$

$$\langle \hat{H} \rangle = \langle \hat{H}_A \rangle + \langle \hat{H}_B \rangle + \langle \hat{A} \rangle \langle \hat{B} \rangle + \langle (\hat{A} - \langle \hat{A} \rangle) \otimes (\hat{B} - \langle \hat{B} \rangle) \rangle .$$

Im Modell der effektiven Wechselwirkungen wird nun $\langle \hat{A} \rangle \langle \hat{B} \rangle$ als dominanter Anteil von $\langle \hat{A} \otimes \hat{B} \rangle$ betrachtet, während die Korrelationsenergie $\langle (\hat{A} - \langle \hat{A} \rangle) \otimes (\hat{B} - \langle \hat{B} \rangle) \rangle$ als vernachlässigbar klein angesehen wird. Wie in jedem Modell effektiver Wechselwirkungen wird die grundlegende Fiktion erzeugt durch eine Faktorisierungsannahme für die Erwartungswerte, in unserem Beispiel also durch den Ansatz

$$\langle \hat{A} \otimes \hat{B} \rangle \simeq \langle \hat{A} \rangle \langle \hat{B} \rangle .$$

Zu Ehren von Hartree sprechen wir auch von der *Hartree-Faktorisierung*. In der Hartree-Faktorisierung ersetzt man den Hamiltonoperator $\hat{H}$ durch den Hartree-Hamiltonoperator $\hat{H}^H$

$$\hat{H}^H \overset{\text{def}}{=} \hat{H}_A^H \otimes 1 + 1 \otimes \hat{H}_B^H ,$$

mit

$$\begin{aligned} \hat{H}_A^H &\overset{\text{def}}{=} \hat{H}_A + \langle \hat{B} \rangle \hat{A} , \\ \hat{H}_B^H &= \hat{H}_B + \langle \hat{A} \rangle \hat{B} . \end{aligned}$$

*Aufgabe 5.1.1**
Man zeige, dass sich der ursprüngliche Hamiltonoperator $\hat{H}$ vom Hartree-Hamiltonoperator $\hat{H}^H$ durch den Korrelationsanteil $(\hat{A} - \langle \hat{A} \rangle) \otimes (\hat{B} - \langle \hat{B} \rangle)$ des Wechselwirkungsoperators $\hat{A} \otimes \hat{B}$ und die Zahl $\langle \hat{A} \rangle \langle \hat{B} \rangle$ unterscheidet.

Der springende Punkt bei der Hartreemethode ist die Tatsache, dass $\hat{H}^H$ einen grossen Teil der Wechselwirkung zwischen den beiden Teilsystemen enthält, ohne noch Wechselwirkungs*operatoren* zu enthalten. Damit kann man das Eigenwertproblem des Hartree-Hamiltonoperators

$$\hat{H}^H \Phi = E^H \Phi$$

durch den *Produktansatz* $\Phi = \varphi_A \otimes \varphi_B$ in zwei Einzelprobleme aufspalten:

$$\hat{H}^H_A \varphi_A = E_A \varphi_A \quad , \quad \hat{H}^H_B \varphi_B = E_B \varphi_B$$

mit $E^H = E_A + E_B$. Dabei tritt allerdings eine Schwierigkeit auf: $\hat{H}^H_A$ und $\hat{H}^H_B$ sind uns ja gar nicht bekannt, da sie bereits die Erwartungswerte $\langle\hat{A}\rangle$ und $\langle\hat{B}\rangle$ enthalten, welche im Rahmen unseres Produktansatzes gegeben sind durch

$$\langle\hat{A}\rangle \overset{\text{def}}{=} \langle\Phi|\hat{A}\otimes\hat{1}\Phi\rangle = \langle\varphi_A|\hat{A}\varphi_A\rangle ,$$

$$\langle\hat{B}\rangle \overset{\text{def}}{=} \langle\Phi|\hat{B}\otimes\hat{1}\Phi\rangle = \langle\varphi_B|\hat{B}\varphi_B\rangle .$$

Mit anderen Worten: hätten wir das Eigenwertproblem von $\hat{H}^H_A$ gelöst, so könnten wir φ_A bestimmen, daraus $\hat{H}^H_B$ berechnen und so φ_B bestimmen, und damit wiederum $\hat{H}^H_A$ berechnen. Die Schlange beisst sich also in den Schwanz, was ein Iterationsverfahren nahelegt: man beginne mit irgendeiner groben Näherung für φ_B, berechne damit in nullter Näherung $\hat{H}^H_A$ und berechne φ_A und $\hat{H}^H_B$, gleichfalls in nullter Näherung. Durch Lösen des Eigenwertproblems von $\hat{H}^H_B$ kann man eine nächste, bessere Näherung für φ_B bestimmen und der Zyklus kann aufs Neue beginnen. Hat man Glück, so werden die Näherungen mit jedem Schritt besser, und man kann das Spiel abbrechen, wenn die Eingangsdaten mit den Ausgangsdaten in der gewünschten numerischen Genauigkeit übereinstimmen. Das Verfahren ist zwar geisttötend,aber wie alle iterativen Methoden ist es computerfreundlich und erfordert wenig Programmierarbeit.

5.1.2 BEISPIEL: DAS SCF-MODELL DES HELIUMS

Betrachtet man die Masse des Heliumkerns als unendlich gross und berücksichtigt von den Wechselwirkungen nur die dominanten elektrostatischen Wechselwirkungen, so erhält man den elektronischen Modellhamiltonoperator in der üblichen Schreibweise:

$$\hat{H} = \frac{1}{2m}\hat{p}_1^2 + \frac{1}{2m}\hat{p}_2^2 + \frac{-2e_0^2}{4\pi\varepsilon_0}\frac{1}{|\hat{\vec{q}}_1|} + \frac{-2e_0^2}{4\pi\varepsilon_0}\frac{1}{|\hat{\vec{q}}_2|} + \frac{e_0^2}{4\pi\varepsilon_0}\frac{1}{|\hat{\vec{q}}_1-\hat{\vec{q}}_2|} .$$

Da die Ununterscheidbarkeit der Elektronen noch zusätzliche Probleme bringt, betrachten wir zunächst einmal die Fiktion zweier unterscheidbarer Elektronen mit den Massen m_A und m_B sowie den Ladungen $-e_A$ und $-e_B$ mit dem entsprechenden relevanten Hamiltonoperator

$$\hat{H} = \frac{1}{2m_A}\hat{p}_1^2 + \frac{1}{2m_B}\hat{p}_2^2 + \frac{-2e_0e_A}{4\pi\varepsilon_0}\frac{1}{|\hat{\vec{q}}_1|} + \frac{-2e_0e_B}{4\pi\varepsilon_0}\frac{1}{|\hat{\vec{q}}_2|} + \frac{e_Ae_B}{4\pi\varepsilon_0}\frac{1}{|\hat{\vec{q}}_1-\hat{\vec{q}}_2|} .$$

Den Anschluss an die Notation des vorangehenden Abschnitts erhalten wir durch die Schreibweise

$$\hat{\vec{p}}_1 = \hat{\vec{p}}\otimes\hat{1} \ , \quad \hat{\vec{p}}_2 = \hat{1}\otimes\hat{\vec{p}} \ ,$$
$$\hat{\vec{q}}_1 = \hat{\vec{q}}\otimes\hat{1} \ , \quad \hat{\vec{q}}_2 = \hat{1}\otimes\hat{\vec{q}} \ .$$

Mit Hilfe der Ladungsdichteoperatoren $\hat{\rho}_A$ und $\hat{\rho}_B$ (vgl. 3.3.2)

$$\hat{\rho}_A(\vec{r}) \overset{\text{def}}{=} -e_A\delta(\vec{r}-\hat{\vec{q}}) \ ,$$
$$\hat{\rho}_B(\vec{r}) \overset{\text{def}}{=} -e_B\delta(\vec{r}-\hat{\vec{q}}) \ ,$$

können wir $\hat{H}$ auch schreiben als

$$\hat{H} = \hat{H}_A\otimes\hat{1} + \hat{1}\otimes\hat{H}_B + \frac{1}{4\pi\varepsilon_0}\int_{\mathbb{R}^3} d^3r\int_{\mathbb{R}^3} d^3r'\,\frac{1}{|\vec{r}-\vec{r}'|}\,\hat{\rho}_A(\vec{r})\otimes\hat{\rho}_B(\vec{r}'),$$

mit

$$\hat{H}_A \overset{\text{def}}{=} \frac{1}{2m_A}\hat{p}^2 - \frac{2e_0e_A}{4\pi\varepsilon_0}\frac{1}{|\hat{\vec{q}}|} \ ,$$
$$\hat{H}_B \overset{\text{def}}{=} \frac{1}{2m_B}\hat{p}^2 - \frac{2e_0e_B}{4\pi\varepsilon_0}\frac{1}{|\hat{\vec{q}}|} \ .$$

Aus den allgemeinen Relationen von Abschnitt 5.1.1 erhält man den Hartree-Hamiltonoperator des Heliumatoms

$$\hat{H}^H = \hat{H}_A^H\otimes\hat{1} + \hat{1}\otimes\hat{H}_B^H$$

mit

$$\hat{H}_A^H = \hat{H}_A + \frac{1}{4\pi\varepsilon_0}\int_{\mathbb{R}^3}\hat{\rho}_A(\vec{r})\phi_B(\vec{r})d^3r$$
$$\hat{H}_B^H = \hat{H}_B + \frac{1}{4\pi\varepsilon_0}\int_{\mathbb{R}^3}\hat{\rho}_B(\vec{r})\phi_A(\vec{r})d^3r$$

wobei wir die klassischen elektrostatischen Potentiale ϕ_A,ϕ_B eingeführt haben durch

$$\phi_{A,B}(\vec{r}) \overset{\text{def}}{=} \int_{\mathbb{R}^3} d^3r'\,\frac{1}{|\vec{r}-\vec{r}'|}\,\rho_{A,B}(\vec{r}')$$

und die Erwartungswerte der Ladungsdichteoperatoren mit ρ_A und ρ_B bezeichnen:

$$\rho_{A,B}(\vec{r}) = \langle\hat{\rho}_{A,B}(\vec{r})\rangle.$$

ϕ_B ist von der Form eines elektrostatischen Potentials, welches von einer klassischen Ladungsdichte ρ_B herrührt, so dass $\hat{H}_A^H$ als Hamiltonoperator des Elektrons A in einem äusseren klassischen elektrostatischen Feld interpretiert werden kann. Dieses Feld stammt von der Punktladung des Atomkerns und der kontinuierlichen, effektiven Ladungsverteilung ρ_B des Elektrons B. Das Eigenwertproblem des Hartree-Hamiltonoperators $\hat{H}^H$ löst man durch einen Produktansatz

$$\Phi = \varphi_A \otimes \varphi_B,$$

wobei $(\vec{q},m) \to \varphi_A(\vec{q},m)$ und $(\vec{q},m) \to \varphi_B(\vec{q},m)$ Einelektronen-Zustandsfunktionen sind. Damit folgt für die Ladungsverteilungen ρ_A und ρ_B

$$\rho_A(\vec{r}) \stackrel{\text{def}}{=} \langle\Phi|\hat{\rho}_A(\vec{r})\Phi\rangle = -e_A \sum_m |\varphi_A(\vec{r},m)|^2 \quad ,$$

$$\rho_B(\vec{r}) \stackrel{\text{def}}{=} \langle\Phi|\hat{\rho}_B(\vec{r})\Phi\rangle = -e_B \sum_m |\varphi_B(\vec{r},m)|^2 \quad .$$

Damit können wir den Hartree-Hamiltonoperator des Heliums, $\hat{H}^H = \hat{H}_A^H \otimes \hat{1} + \hat{1} \otimes \hat{H}_B^H$, in die folgende, explizite Form bringen

$$\hat{H}_A^H = \frac{1}{2m_A}\hat{p}^2 - \frac{2e_0 e_A}{4\pi\varepsilon_0}\frac{1}{|\hat{\vec{q}}|} + \frac{e_A e_B}{4\pi\varepsilon_0}\int_{\mathbb{R}^3}\frac{1}{|\hat{\vec{q}}-\vec{r}|}\sum_m |\varphi_B(\vec{r},m)|^2 d^3r \ ,$$

$$\hat{H}_B^H = \frac{1}{2m_B}\hat{p}^2 - \frac{2e_0 e_B}{4\pi\varepsilon_0}\frac{1}{|\hat{\vec{q}}|} + \frac{e_B e_A}{4\pi\varepsilon_0}\int_{\mathbb{R}^3}\frac{1}{|\hat{\vec{q}}-\vec{r}|}\sum_m |\varphi_A(\vec{r},m)|^2 d^3r \ .$$

Die Gleichung $\hat{H}_A^H \varphi_A = E_A \varphi_A$ ist eine Einelektronen-Schrödingergleichung und beschreibt das Elektron A im Coulombfeld des Heliumkerns und in dem vom Elektron B erzeugten Coulombfeld. Das vom Elektron B erzeugte Coulombfeld ist durch die Einelektronenfunktion φ_B gegeben, welche ihrerseits Lösung der Schrödingergleichung $\hat{H}_B^H \varphi_B$ sein muss. Zur Lösung dieses verkoppelten Gleichungssystems bietet sich ein numerisches Iterationsverfahren an, wie im letzten Abschnitt dargelegt.

Dieses Hartreemodell des Heliumatoms liefert eine durchaus brauchbare Näherung für die Grundzustandsenergie, verletzt aber ein wichtiges Prinzip der Quantenmechanik: die prinzipielle Ununterscheidbarkeit der Elektronen. Denn erstens ist $m_A = m_B$ und $e_A = e_B$, und zudem muss die Zustandsfunktion eines Elektronensystems *antisymmetrisch* sein. Die Hartreesche Produktfunktion $\varphi_A \otimes \varphi_B$ ist jedoch *nicht* antisymmetrisch, kann aber leicht antisymmetrisiert werden, indem man die Produktfunktion $\varphi_B \otimes \varphi_A$ davon subtrahiert:

$$\Phi = \varphi_A \otimes \varphi_B - \varphi_B \otimes \varphi_A .$$

Solche *antisymmetrisierten Produktfunktionen* sind der Ausgangspunkt für die SCF-Methoden zur Approximation von Mehrelektronenproblemen der Quantenchemie. Wie bei der Hartreemethode können dabei die Zustandsfunktionen dieser Modelle durch *Einelektronenfunktionen* erzeugt werden. Nach einem Vorschlag von R.S.Mulliken (Phys. Rev. 41, 49, 1932) nennen wir Einelektronenfunktionen auch *Orbitale*.

5.1.3 ORBITALE UND GEMINALE

Im historischen Bohrschen Atommodell wurde angenommen, Elektronen seien klassische Punktteilchen, die sich auf bestimmten Bahnen bewegen, den *orbits*. Im quantenmechanischen Modell des Wasserstoffatoms wird das eine Elektron durch eine Zustandsfunktion $\vec{q} \to \Psi(\vec{q})$ beschrieben, deren Betragsquadrat $|\Psi(\vec{r})|^2 d^3r$ die Wahrscheinlichkeit dafür angibt, das Elektron in einem Volumenelement d^3r am Ort $\vec{r}$ anzutreffen. Die Funktion $\vec{q} \to \Psi(\vec{q})$ nennt man ein *Wasserstofforbital*. Die Orbitale der stationären Zustände des Wasserstoffatoms dienen als Ausgangspunkt für die Konstruktion von (Orts-)Orbitalen für die übrigen Atome. Ursprünglich hat man den Orbitalbegriff der Chemie immer in einen engeren oder weiteren Zusammenhang mit den Orbitalen des Wasserstoffs oder anderer spezieller Systeme gebracht. Der damit verbundene Standpunkt liess sich aber *nicht* aufrecht erhalten. In der heutigen Quantenchemie gilt folgende

Definition: Orbital

Ein Orbital ist eine quadratisch integrierbare Einelektronenfunktion.

Man beachte, dass diese Definition den Orbitalbegriff auf einen *rein mathematischen* Begriff zurückführt. Orbitale, welche für die Beschreibung von Atomen oder Molekülen verwendet werden, bezeichnet man - etwas vage - als *Atom-* bzw. *Molekülorbitale*.

Orbitale haben durchaus *keine* fundamentale Bedeutung. In der heutigen Quantenchemie sind sie aber wichtige Hilfsmittel geworden, um auf dem Umweg über Slaterdeterminanten antisymmetrische Zustandsfunktionen für Mehrelektronensysteme aufzubauen. Warum sie darüber hinaus für viele qualitative Überlegungen der chemischen Praxis von Nutzen sind, ist eine trotz mancher Teilerfolge noch weitgehend offene Frage, deren Abklärung zu den aktuellen Aufgaben der theoretischen Chemie gehört.

Da die Zustandsfunktion eines Elektrons in der Schrödingerdarstellung von einer Ortsvariablen $\vec{q}$ und einer Spinvariablen m ($m = \pm 1/2$) abhängt, bezeichnet man diese Funktion

$$(\vec{q},m) \to \varphi(\vec{q},m) \in \mathbb{C}$$

mit

$$\|\varphi\|^2 \overset{\text{def}}{=} \sum_{m=-1/2}^{+1/2} \int_{\mathbb{R}^3} |\varphi(\vec{q},m)|^2 d^3q < \infty$$

auch als *Spinorbital*. Jedes Spinorbital φ kann man mit Hilfe der Eigenfunktionen α und β von $\hat{s}_z$

$$\hat{s}_z \alpha = \tfrac{1}{2}\hbar\alpha \quad , \quad \hat{s}_z \beta = -\tfrac{1}{2}\hbar\beta$$

in zwei *Ortsorbitale* $\vec{q} \to \chi_1(\vec{q})$ und $\vec{q} \to \chi_2(\vec{q})$ zerlegen

$$\varphi(\vec{q},m) = \chi_1(\vec{q})\alpha(m) + \chi_2(\vec{q})\beta(m)$$

was kürzer auch als Tensorprodukt geschrieben werden kann

$$\varphi = \chi_1 \otimes \alpha + \chi_2 \otimes \beta .$$

Dabei sind die Funktionen $m \to \alpha(m)$ und $m \to \beta(m)$ definiert durch

$$\begin{aligned} \alpha(+1/2) &= 1 \quad , \quad \beta(+1/2) = 0 \quad , \\ \alpha(-1/2) &= 0 \quad , \quad \beta(-1/2) = 1 \quad . \end{aligned}$$

Die Ortsorbitale χ_i erhält man durch Bilden des Skalarproduktes im Spin-Hilbertraum

$$\chi_1(\vec{q}) = \sum_{m=-1/2}^{+1/2} \varphi(\vec{q},m)\alpha(m)$$

$$\chi_2(\vec{q}) = \sum_{m=-1/2}^{+1/2} \varphi(\vec{q},m)\beta(m).$$

Das Arbeiten mit Orbitalen bringt nicht nur Vorteile. Um gewisse Nachteile wir Konvergenzprobleme oder rechnerische Komplexität zu umgehen, wurden in der Quantenchemie neben anderen insbesondere die Geminalmethoden eingehend untersucht. Ein *Geminal* ist eine quadratisch integrierbare Zweielektronenfunktion. Obwohl die Geminalmethoden in mancher Hinsicht attraktiv erscheinen, ist ein eigentlicher

Durchbruch bisher nicht gelungen.

> *Zusammenfassung: Orbitale und Geminale*
> Ein Orbital ist eine quadratisch integrierbare Einelektronenfunktion (nichts mehr und auch nichts weniger). Ein Geminal ist eine quadratisch integrierbare, antisymmetrische Zweielektronenfunktion.

5.1.4 SLATERDETERMINANTEN

Aus N Orbitalen $\varphi_1, \varphi_2, .., \varphi_N$ kann man in folgender Weise eine N-Elektronen-Produktfunktion Φ bilden:

$$\Phi(\vec{q}_1, m_1; \vec{q}_2, m_2; \ldots; \vec{q}_N, m_N) \overset{\text{def}}{=} \varphi_1(\vec{q}_1, m_1)\varphi_2(\vec{q}_2, m_2)\ldots\varphi_N(\vec{q}_N, m_N) \ ,$$

wofür man auch schreibt

$$\Phi = \varphi_1 \otimes \varphi_2 \otimes \ldots \otimes \varphi_N = \bigotimes_{j=1}^{N} \varphi_j \ ,$$

und dann sagt, Φ sei das *Tensorprodukt* der Orbitale $\varphi_1, \varphi_2, .., \varphi_N$. Das Tensorprodukt ist nicht antisymmetrisch bezüglich einer Vertauschung von zwei Elektronenkoordinaten, so dass die Produktfunktion Φ keine zulässige N-Elektronen-Zustandsfunktion ist. Die Produktfunktion Φ kann aber leicht antisymmetriert werden.

Dazu betrachten wir zunächst den einfachen Fall $N = 2$,

$$\Phi = \varphi_1 \otimes \varphi_2 \ .$$

Vertauscht man die Koordinaten der beiden Elektronen, so erhält man

$$\hat{P}_{12}\Phi = \varphi_2 \otimes \varphi_1 \ ,$$

so dass $\varphi_1 \otimes \varphi_2 - \varphi_2 \otimes \varphi_1$ eine antisymmetrische Funktion ist

$$\hat{P}_{12}\{\varphi_1 \otimes \varphi_2 - \varphi_2 \otimes \varphi_1\} = -\{\varphi_1 \otimes \varphi_2 - \varphi_2 \otimes \varphi_1\} \ .$$

Die antisymmetrische Produktfunktion

$$S \overset{\text{def}}{=} (1 - \hat{P}_{12})\Phi = \varphi_1 \otimes \varphi_2 - \varphi_2 \otimes \varphi_1 \ ,$$

$$S(\vec{q}_1, m_1; \vec{q}_2, m_2) = \varphi_1(\vec{q}_1, m_1)\varphi_2(\vec{q}_2, m_2) - \varphi_2(\vec{q}_1, m_1)\varphi_1(\vec{q}_2, m_2) \ ,$$

heisst die aus den zwei Spinorbitalen φ_1 und φ_2 gebildete *Slaterdeterminante*

$$S(\vec{q}_1,m_1;\vec{q}_2,m_2) = \begin{vmatrix} \varphi_1(\vec{q}_1,m_1) & \varphi_2(\vec{q}_1,m_1) \\ \\ \varphi_1(\vec{q}_2,m_2) & \varphi_2(\vec{q}_2,m_2) \end{vmatrix} ,$$

was wir kürzer auch schreiben als

$$S = \det\{\varphi_1 \otimes \varphi_2\} .$$

Diese Definitionen können leicht für den Fall eines N-Teilchensystems verallgemeinert werden ($N = 2,3,\ldots$). Wir gehen aus von N Orbitalen $\varphi_1,\varphi_2,\ldots,\varphi_N$, bilden zunächst die Produktfunktionen $\varphi_1 \otimes \varphi_2 \otimes \ldots \otimes \varphi_N$. Die Antisymmetrierung dieser Produktfunktion ist gegeben durch

$$S = \sum (-)^p \varphi_{j_1} \otimes \varphi_{j_2} \otimes \ldots \otimes \varphi_{j_N} ,$$

wobei sich die Summe über alle N! Permutationen $(j_1,j_2,\ldots,j_N)$ der Zahlen (1,2,.., N) erstreckt. Dabei ist p die Parität der entsprechenden Permutation, d.h.

$(-)^p = 1$ falls $(j_1,j_2,\ldots,j_N)$ eine gerade Permutation ist,
$(-)^p = -1$ falls $(j_1,j_2,\ldots,j_N)$ eine ungerade Permutation ist.

Die antisymmetrische Funktion S kann als Determinante geschrieben werden

$$S(\vec{q}_1,m_1;\vec{q}_2,m_2;\ldots;\vec{q}_N,m_N) = \begin{vmatrix} \varphi_1(\vec{q}_1,m_1) & \varphi_2(\vec{q}_1,m_1) & \ldots & \varphi_N(\vec{q}_1,m_1) \\ \varphi_1(\vec{q}_2,m_2) & \varphi_2(\vec{q}_2,m_2) & \ldots & \varphi_N(\vec{q}_2,m_2) \\ \vdots & \vdots & & \vdots \\ \varphi_1(\vec{q}_N,m_N) & \varphi_2(\vec{q}_N,m_N) & \ldots & \varphi_N(\vec{q}_N,m_N) \end{vmatrix}$$

Wiederum schreiben wir verkürzt

$$S = \det\{\varphi_1 \otimes \varphi_2 \otimes \ldots \otimes \varphi_N\}$$

Vertauscht man in einer Determinante zwei Zeilen, so ändert die Determinante ihr Vorzeichen. Damit folgt, dass S eine antisymmetrische N-Elektronenfunktion ist. Zu Ehren des amerikanischen Physikers John Slater wird S heute allgemein als Slaterdeterminante bezeichnet. Eingeführt wurden die Slaterdeterminanten jedoch von P.A.M.Dirac.

Der Wert einer Determinante ist gleich Null, wenn eine ihrer Kolonnen als Linearkombination der übrigen Kolonnen ausgedrückt werden kann. Daraus folgt, dass eine Slaterdeterminante aus linear abhängigen Orbitalen identisch verschwindet und daher keine physikalisch nichttriviale N-Elektronenfunktion ist. Die Orbitale einer physikalisch sinnvollen Slaterdeterminante müssen also linear unabhängig sein. Sie können insbesondere paarweise orthogonal gewählt werden. Bequemlichkeitshalber werden wir in Zukunft die Ausgangsorbitale $\varphi_1, \varphi_2, .., \varphi_N$ einer Slaterdeterminante immer orthonormiert ansetzen,

$$\langle \varphi_j | \varphi_k \rangle = \delta_{jk} \quad ; \quad j,k = 1,2,..,N \quad .$$

Da eine Slaterdeterminante aus N orthonormierten Orbitalen eine Summe von N! normierten paarweise orthogonalen Produktfunktionen ist, erreichen wir mit der Umdefinition

$$S = \frac{1}{\sqrt{N!}} \det\{\varphi_1 \otimes \varphi_2 \otimes \ldots \otimes \varphi_N\},$$

dass auch S auf 1 normiert ist: $\langle S|S \rangle = 1$.

Bemerkung: Zusammenhang mit der historischen Formulierung des Pauliprinzips
Im Bohrschen Atommodell wird jedem Elektron eine Bahn zugeordnet. Dem entspricht in der Quantenmechanik die Zuordnung von genau ***einem*** Orbital zu jedem Elektron, d.h. die Approximation der Zustandsfunktion durch ***eine*** Slaterdeterminante, und in der historischen Formulierung des "Ausschlussprinzips" durch Pauli (1925), dass sich in einem Atom besetzte Elektronenbahnen in mindestens einer Quantenzahl unterscheiden müssen.

Wegen der Coulomb-Wechselwirkung zwischen den Elektronen sind die Zustandsfunktionen stationärer Zustände von N-Elektronensystemen keine Slaterdeterminanten. Es ist aber immer möglich, N-Elektronen-Zustandsfunktionen als Linearkombination von Slaterdeterminanten zu entwickeln. Dazu gilt der folgende Satz:

Satz: Die Slaterdeterminanten bilden eine Basis

Es sei Ψ eine normierte antisymmetrische N-Elektronenfunktion und $\{\varphi_1, \varphi_2, ..\}$ ein vollständiger Satz von (unendlich vielen) orthonormalen Orbitalen,

$$\langle \varphi_j | \varphi_k \rangle = \delta_{jk} \quad , \quad j,k = 1,2,\ldots .$$

Dann kann Ψ entwickelt werden gemäss

$$\Psi = \sum_{j=1}^{\infty} c_j S_j \quad ,$$

wobei die Entwicklungskoeffizienten c_j komplexe Zahlen sind mit $\Sigma|c_j|^2=1$. Die Summe geht über alle möglichen verschiedenen Slaterdeterminanten S_j,

$$S_j = \frac{1}{\sqrt{N!}} \det\{\varphi_{j_1} \otimes \varphi_{j_2} \otimes \ldots \otimes \varphi_{j_N}\} .$$

Dieser Satz ist der Ausgangspunkt für alle in der heutigen Quantenchemie üblichen Näherungsverfahren. Die vollständige Entwicklung einer N-Elektronen-Zustandsfunktion Ψ erfordert unendlich viele Slaterdeterminanten. Praktisch ist man darauf angewiesen, mit endlich vielen Slaterdeterminanten eine brauchbare Näherung zu erreichen

$$\Psi \approx \sum_{j=1}^{n} c_j S_j ,$$

und wird versuchen, n möglichst klein zu halten. Die extreme Näherung mit $n=1$ ist Ausgangspunkt der sogenannten Hartree-Fock-Methode (vgl.5.1.6), sie spielt in der praktischen Quantenchemie eine wichtige Rolle.

Zusammenfassung: Slaterdeterminanten
Eine Slaterdeterminante ist ein antisymmetrisiertes Produkt von Orbitalen. Jede antisymmetrische N-Elektronenfunktion kann nach Slaterdeterminanten entwickelt werden.

5.1.5 DIE STRUKTUR VON MEHRELEKTRONEN-OBSERVABLEN

Stationäre Zustände von N-Elektronen-Systemen könnten genau dann durch *eine* Slaterdeterminante beschrieben werden, wenn der Hamiltonoperator $\hat{H}$ des Systems eine Summe von N Einteilchenoperatoren $\hat{H}_1, \hat{H}_2, \ldots, \hat{H}_N$ wäre, wenn also gälte

$$\hat{H} = \sum_{j=1}^{N} \hat{H}_j \quad , \quad N = 2,3,\ldots \quad ,$$

wobei der j-te Einteilchenoperator $\hat{H}_j$ als Funktion der - das j-te Elektron charakterisierenden - Operatoren $\hat{\vec{p}}_j, \hat{\vec{q}}_j$ und $\hat{\vec{s}}_j$ aufzufassen wäre. Im Rahmen einer N-Elektronenbeschreibung definiert man diese Operatoren über ein N-faches Tensorprodukt mit (N-1) Einheitsoperatoren $\hat{1}$,

$$\hat{p}_{1\nu} = \hat{p}_\nu \otimes \hat{1} \otimes \hat{1} .. \otimes \hat{1}, \quad \hat{p}_{2\nu} = \hat{1} \otimes \hat{p}_\nu \otimes \hat{1} .. \otimes \hat{1}, \ .. ;$$
$$\hat{q}_{1\nu} = \hat{q}_\nu \otimes \hat{1} \otimes \hat{1} .. \otimes \hat{1}, \quad \hat{q}_{2\nu} = \hat{1} \otimes \hat{q}_\nu \otimes \hat{1} .. \otimes \hat{1}, \ .. ;$$
$$\hat{s}_{2\nu} = \hat{s}_\nu \otimes \hat{1} \otimes \hat{1} .. \otimes \hat{1}, \quad \hat{s}_{2\nu} = \hat{1} \otimes \hat{s}_\nu \otimes \hat{1} .. \otimes \hat{1}, \ .. .$$

Dabei genügen die Operatoren $\hat{p}_\nu, \hat{q}_\nu, \hat{s}_\nu$ $(\nu = 1,2,3)$ den üblichen Vertauschungsrelationen

$$[\hat{q}_\nu, \hat{p}_\mu] = i\hbar \delta_{\nu\mu} \hat{1}, \quad [\hat{s}_\nu, \hat{s}_\mu] = i\hbar \hat{s}_\kappa ,$$
$$[\hat{q}_\nu, \hat{q}_\mu] = [\hat{p}_\nu, \hat{p}_\mu] = [\hat{s}_\nu, \hat{p}_\mu] = [\hat{s}_\nu, \hat{q}_\mu] = \hat{0} \quad ,$$

$\nu, \mu = 1,2,3$, wobei (ν, μ, κ) eine gerade Permutation von $(1,2,3)$ ist. Die Einelektronenoperatoren $\hat{H}_1, .., \hat{H}_N$ haben wegen der Ununterscheidbarkeit der Elektronen notwendigerweise die folgende Tensorproduktstruktur

$$\hat{H}_1 = \hat{h} \otimes \hat{1} \otimes \hat{1} .. \otimes \hat{1}, \quad \hat{H}_2 = \hat{1} \otimes \hat{h} \otimes \hat{1} .. \otimes \hat{1}, \quad ...., \quad \hat{H}_N = \hat{1} \otimes \hat{1} \otimes \hat{1} .. \otimes \hat{h} .$$

mit *demselben* Operator $\hat{h}$ für *alle* $\hat{H}_i$.

Eine Slaterdeterminante

$$S = \frac{1}{\sqrt{N!}} \det \{\varphi_1 \otimes \varphi_2 \otimes .. \otimes \varphi_N\}$$

mit N orthonormierten Orbitalen $\varphi_1, \varphi_2, .., \varphi_N$ ist genau dann Lösung der Schrödingergleichung

$$\hat{H} S = E S \quad ,$$

$\hat{H} = \Sigma \hat{H}_j$, wenn die Orbitale $\varphi_1, .., \varphi_N$ Lösungen des Eigenwertproblems

$$\hat{h} \varphi_j = \varepsilon_j \varphi_j \quad , \quad j = 1, .., N$$

sind. Die Gesamtenergie E ist in diesem Fall - und *nur* in diesem Fall! - die Summe der Orbitalenergien ε_j

$$E = \varepsilon_1 + \varepsilon_2 + .. + \varepsilon_N .$$

Dem Grundzustand des N-Elektronensystems mit Hamiltonoperator $\hat{H}$ entspricht dann genau die Slaterdeterminante $\det \{\varphi_1 \otimes \varphi_2 \otimes .. \otimes \varphi_N\}$, welche sich aus den ersten N energetisch tiefstliegenden, paarweise orthogonalen Orbitalen $\varphi_1, \varphi_2, .., \varphi_N$ bilden lässt.

Aufgabe 5.1.2: Beweis der eben formulierten Behauptungen*
Man beweise den folgenden Satz: Sei $\hat{H}$ der Hamiltonoperator eines Systems N nicht-wechselwirkender Elektronen und sei $\{\varphi_j\}$ eine Menge von N beliebigen, paarweise orthogonalen Eigenfunktionen des Einelektronen-Hamiltonoperators $\hat{h}$: $\hat{h}\varphi_j = \varepsilon_j \varphi_j$, $j = 1,\ldots,N$. Dann ist die Slaterdeterminante $\det\{\varphi_1 \otimes \varphi_2 \otimes \ldots \otimes \varphi_N\}$ Eigenfunktion von $\hat{H}$ zum Eigenwert $E = \Sigma_{j=1}^{N} \varepsilon_j$.

Chemisch relevante N-Elektronensysteme haben allerdings nicht die oben diskutierte Struktur. Jedes Elektron steht mit jedem anderen Elektron in Wechselwirkung, wobei die elektrostatische Coulombwechselwirkung den dominanten Anteil ausmacht. Auch bei Mitberücksichtigung feinerer Effekte, etwa der Spin-Bahn-Kopplung, magnetischer Wechselwirkungen oder relativistischer Retardierungseffekte, kommt man aber immer mit einer Summe von *Zweiteilchenoperatoren* aus: Alle fundamentalen Hamiltonoperatoren der molekularen Quantenmechanik haben die bemerkenswert einfache Form

$$\hat{H} = \sum_{j=1}^{N} \hat{H}_j + \sum_{j<k}\sum \hat{H}_{jk}$$

wobei $\hat{H}_j$ ein Einteilchen- und $\hat{H}_{jk}$ ein Zweiteilchenoperator ist (d.h. $\hat{H}_j$ hängt lediglich von $\hat{\vec{p}}_j, \hat{\vec{q}}_j$ und $\hat{\vec{s}}_j$ und $\hat{H}_{jk}$ hängt von $\hat{\vec{p}}_j, \hat{\vec{p}}_k, \hat{\vec{q}}_j, \hat{\vec{q}}_k, \hat{\vec{s}}_j$ und $\hat{\vec{s}}_k$ ab).

Wenn auch die Elektron-Elektron-Wechselwirkung dazu führt, dass Slaterdeterminanten keiner realistischen N-Elektronen-Schrödingergleichung genügen können, so darf man daraus nicht schliessen, dass Slaterdeterminanten nur im Falle schwacher interelektronischer Wechselwirkungen vertretbare Näherungen für die Schrödingersche Eigenfunktion abgeben. In Molekeln ist die interelektronische Wechselwirkung immer stark und kann niemals vernachlässigt werden. Trotzdem liefern gut gewählte Eindeterminanten-Näherungen häufig brauchbare Resultate. Die *energetisch beste* Näherung mit einer einzigen Slaterdeterminante führt auf die sogenannte Hartree-Fock-Methode, welche wir im folgenden beschreiben werden. Dabei wird es sich herausstellen, dass die optimalen Orbitale sogar eine effektive Einelektronen-Schrödingergleichung erfüllen.

Zusammenfassung: Mehrelektronen-Observable
In Mehrelektronensystemen lassen sich die wesentlichen Observablen und insbesondere die Hamiltonoperatoren als Summen von Einelektronen- und Zweielektronenoperatoren darstellen. Enthält der Hamiltonoperator keine interelektronischen

Wechselwirkungen, so ist er eine Summe von gleichartigen Einelektronen-Hamiltonoperatoren. Die Eigenfunktionen sind dann Slaterdeterminanten aus den Eigenorbitalen des Einelektronen-Hamiltonoperators. Enthält der Hamiltonoperator interelektronische Wechselwirkungen, so können Slaterdeterminanten die zugehörige Schrödingergleichung nicht erfüllen aber in manchen Fällen deren Lösungen befriedigend approximieren.

5.1.6 DAS MODELL DER UNABHÄNGIGEN TEILCHEN: DIE HARTREE-FOCK-METHODE

Verwendet man eine einzige Slaterdeterminante

$$S = \frac{1}{\sqrt{N!}} \det\{\varphi_1 \otimes \varphi_2 \otimes \ldots \otimes \varphi_N\}$$

für die Beschreibung eines N-Elektronensystems, so ist der Erwartungswert $\langle S|\hat{H} S\rangle$ des zugehörigen N-Elektronen-Hamiltonoperators $\hat{H}$ eine Funktion der N Orbitale

$$\langle S|\hat{H} S\rangle = E[\varphi_1,\varphi_2,\ldots,\varphi_N] .$$

Man denke sich E für alle Sätze von N normierten, paarweise orthogonalen Orbitalen $\varphi_1,\varphi_2,\ldots,\varphi_N$ berechnet. Unter diesen Energieerwartungswerten gibt es einen kleinsten - genauer: ein Infimum, also eine grösste untere Schranke -, den wir als *Hartree-Fock-Energie* E^{HF} bezeichnen

$$E^{HF} \overset{\text{def}}{=} \underset{\varphi_1,\ldots,\varphi_N}{\text{Infimum}}\, E[\varphi_1,\varphi_2,\ldots,\varphi_N] .$$

Das Variationsprinzip garantiert, dass die Hartree-Fock-Energie über der Energie des Grundzustandes liegt (vgl. 3.5.4)

$$E_1 \leq E^{HF} \quad .$$

Die Extremalbedingung $E^{HF} \leq E[\varphi_1,\varphi_2,\ldots,\varphi_N]$ bedingt, dass sich E^{HF} bei kleinen Änderungen $\delta\varphi_j$ eines der N Orbitale φ_j nicht ändert, wofür wir symbolisch schreiben

$$\delta E^{HF}[\varphi_1,\varphi_2,\ldots,\varphi_N]/\delta\varphi_j = 0, \quad j=1,2,\ldots,N.$$

Die mathematische Auswertung dieser Bedingung wird möglich durch eine Verallgemeinerung des Ritz-Verfahrens (vgl. 3.5.5) auf unendlich viele Variationsparameter. Sie führt auf das bemerkenswerte Resultat, dass die energetisch besten

N Orbitale Eigenfunktionen eines effektiven Hamiltonoperators, des sogenannten Hartree-Fock-Operators $\hat{h}^{HF}$, sein müssen (vgl. 5.4.1)

$$\hat{h}^{HF}\varphi_j = \varepsilon_j\varphi_j \quad , \quad j=1,\ldots,N .$$

Im Gegensatz zu einem fiktiven N-Elektronenproblem ohne interelektronische Wechselwirkungen ist die Hartree-Fock-Energie E^{HF} aber *nicht* gleich der Summe der N Orbitalenergien $\varepsilon_1,\ldots,\varepsilon_N$.

In einem elektronischen Born-Oppenheimer-Problem mit ausschliesslich Coulombwechselwirkungen hat der Hamiltonoperator die Form

$$\hat{H} = \sum_{r=1}^{N}\hat{H}_r + \frac{1}{2}\sum_{r=1}^{N}\sum_{\substack{s=1\\ r\neq s}}^{N}\hat{H}_{rs}$$

mit

$$\hat{H}_r = \frac{1}{2m_0}\hat{p}_r^2 - e_0V(\hat{\vec{q}}_r),$$

$$\hat{H}_{rs} = \frac{e_0^2}{4\pi\varepsilon_0|\hat{\vec{q}}_r-\hat{\vec{q}}_s|} .$$

Darin ist ε_0 die Dielektrizitätskonstante des Vakuums und V das von den fixiert gedachten Kernen herrührende elektrostatische Potential

$$V(\vec{q}) = \sum_{\alpha=1}^{K}\frac{Z_\alpha e_0}{4\pi\varepsilon_0|\vec{q}-\vec{R}_\alpha|} ,$$

wobei $Z_\alpha e_0$ die Ladung und $\vec{R}_\alpha$ der Ortsvektor des α-ten Kerns ist. Die Hartree-Fock-Energie ist dann gegeben durch den Ausdruck (vgl. 5.4.1)

$$E^{HF} = \sum_{r=1}^{N}\varepsilon_r^0 + \frac{1}{2}\sum_{r=1}^{N}\sum_{s=1}^{N}(J_{rs}-K_{rs}) ,$$

worin ε^0 der Erwartungswert des Einteilchenoperators $\hat{h}^0$

$$\hat{h}^0 \overset{\text{def}}{=} \frac{1}{2m_0}\hat{p}^2 - e_0V(\hat{\vec{q}})$$

bezüglich des r-ten Hartree-Fock-Orbitals φ_r ist

$$\varepsilon_r^0 \overset{\text{def}}{=} \langle\varphi_r|\hat{h}^0\varphi_r\rangle .$$

Das sogenannte *Coulombintegral* J_{rs} ist definiert durch

$$J_{rs} = \frac{e_0^2}{4\pi\varepsilon_0} \sum_m \sum_{m'} \int_{\mathbb{R}^3} d^3q \int_{\mathbb{R}^3} d^3q' \frac{\varphi_r^*(\vec{q},m)\, \varphi_s^*(\vec{q}\,',m')\, \varphi_r(\vec{q},m)\, \varphi_s(\vec{q}\,',m')}{|\vec{q}-\vec{q}\,'|} .$$

Ähnlich, aber mit einer anderen Reihenfolge der Indizes, ist das *Austauschintegral* K_{rs} definiert

$$K_{rs} = \frac{e_0^2}{4\pi\varepsilon_0} \sum_m \sum_{m'} \int_{\mathbb{R}^3} d^3q \int_{\mathbb{R}^3} d^3q' \frac{\varphi_r^*(\vec{q},m)\, \varphi_s^*(\vec{q}\,',m')\, \varphi_s(\vec{q},m)\, \varphi_r(\vec{q}\,',m')}{|\vec{q}-\vec{q}\,'|} .$$

Bemerkung
Da die Diagonalelemente J_{rr} und K_{rr} offensichtlich übereinstimmen ergibt sich die Beziehung

$$\sum_{r=1}^{N} \sum_{s=1}^{N} (J_{rs}-K_{rs}) = \sum_{r=1}^{N} \sum_{\substack{s=1 \\ r\neq s}}^{N} (J_{rs}-K_{rs}) ,$$

von der man beim Lokalisieren der Orbitale wesentlich Gebrauch macht.

Es ist bequem, die Integrale J_{rs} und K_{rs} als Erwartungswerte von Operatoren $\hat{j}_r$, $\hat{k}_r$ bezüglich des Hartree-Fock-Orbitals φ_s aufzufassen. Dazu definieren wir diese Operatoren durch ihre Wirkung auf ein beliebiges Spinorbital φ:

$$\{\hat{j}_r\varphi\}(\vec{q}\,',m') = \frac{e_0^2}{4\pi\varepsilon_0}\, \varphi(\vec{q}\,',m') \sum_m \int_{\mathbb{R}^3} d^3q \frac{\varphi_r^*(\vec{q},m)\, \varphi_r(\vec{q},m)}{|\vec{q}-\vec{q}\,'|}$$

$$\{\hat{k}_r\varphi\}(\vec{q}\,',m') = \frac{e_0^2}{4\pi\varepsilon_0}\, \varphi_r(\vec{q}\,',m') \sum_m \int_{\mathbb{R}^3} d^3q \frac{\varphi_r(\vec{q},m)\, \varphi(\vec{q},m)}{|\vec{q}-\vec{q}\,'|}$$

Es gilt:

$$J_{rs} = \langle\varphi_s|\hat{j}_r\,\varphi_s\rangle = \langle\varphi_r|\hat{j}_s\,\varphi_r\rangle$$

$$K_{rs} = \langle\varphi_s|\hat{k}_r\,\varphi_s\rangle = \langle\varphi_r|\hat{k}_s\,\varphi_r\rangle$$

Der Hartree-Fock-Operator hat dann die Form

$$\hat{h}^{HF} = \hat{h}^0 + \hat{j} - \hat{k}$$

mit $\hat{j} \overset{\text{def}}{=} \sum_{r=1}^{N} \hat{j}_r$ und $\hat{k} \overset{\text{def}}{=} \sum_{r=1}^{N} \hat{k}_r$.

*Aufgabe 5.1.3**
Man verifiziere die folgenden Beziehungen zwischen den Hartree-Fock Orbitalenergien $\varepsilon_1,\ldots,\varepsilon_N$ und der Hartree-Fock-Energie E^{HF}

a) $\varepsilon_r = \varepsilon_r^0 + \sum_{s=1}^{N} (J_{rs} - K_{rs})$

b) $\sum_{r=1}^{N} \varepsilon_r = E^{HF} + \frac{1}{2} \sum_{r=1}^{N} \sum_{s=1}^{N} (J_{rs} - K_{rs})$

c) $E^{HF} = \frac{1}{2} \sum_{r=1}^{N} (\varepsilon_r + \varepsilon_r^0)$.

Die Hartree-Fock-Orbitalgleichung

$$\{\hat{h}^0 + \hat{j} - \hat{k}\}\varphi_j = \varepsilon_j \varphi_j \quad , \quad j = 1,..,N$$

beschreibt N wechselwirkende Elektronen als Einelektronenproblem in energetisch optimaler Weise durch N Molekülorbitale. In diesem *Modell der unabhängigen Teilchen*, dem sogenannten "independent particle model", sieht jedes Elektron das in $\hat{h}^0$ berücksichtigte Kernfeld und ein zusätzliches *effektives Potential* $\hat{j} - \hat{k}$, das einen wesentlichen Teil der Coulombwechselwirkung mit den übrigen N-1 Elektronen widerspiegelt. Dabei ist $\hat{j} = -e_0\, v(\hat{\vec{q}})$ durch das elektrostatische *Hartreepotential* v gegeben,

$$v(\vec{r}) \stackrel{\text{def}}{=} \frac{1}{4\pi\varepsilon_0} \int_{\mathbb{R}^3} \frac{\rho^{HF}(\vec{r}\,')}{|\vec{r}-\vec{r}\,'|} d^3r' ,$$

welches von der elektronischen Ladungsdichte ρ^{HF} in der Hartree-Fock-Näherung erzeugt wird,

$$\rho^{HF}(\vec{r}) \stackrel{\text{def}}{=} -e_0 \sum_{j=1}^{N} \sum_m |\varphi_j(\vec{r},m)|^2 .$$

Der sogenannte *Fockterm* $\hat{k}$ gibt eine effektive Beschreibung des Pauliprinzips auf der Ebene des Einelektronenbildes. Naturgemäss erlaubt dieser Term keine klassische Interpretation.

Dass der Hartree-Fock-Operator $\hat{h}^{HF}$ über die Operatoren $\hat{j}$ und $\hat{k}$ von den Lösungen φ_j des Hartree-Fock-Eigenwertproblems $\hat{h}^{HF}\varphi_j = \varepsilon_j\varphi_j$ abhängt, ist ein grundsätzlicher Unterschied zur üblichen Schrödingergleichung $\hat{H}\Psi_j = E_j\Psi_j$, deren Hamiltonoperator $\hat{H}$ *nicht* von den Lösungen Ψ abhängt. Trotz dieser *Nichtlinearität* ist die Hartree-Fock-Gleichung *numerisch* unvergleichlich viel einfacher zu lösen als das volle lineare N-Teilchen Problem, da $\hat{h}^{HF}$ eben doch nur ein *effektiver* Hamiltonoperator in einem Einteilchen-Hilbertraum ist.

Praktisch hat man häufig eine grobe Näherung $\varphi_1^{(0)}, \varphi_2^{(0)}, \ldots, \varphi_N^{(0)}$ für die Molekülorbitale $\varphi_1, \varphi_2, \ldots, \varphi_N$ verfügbar. Damit kann man eine nullte Näherung $\hat{j}_0$ und $\hat{k}_0$ für $\hat{j}$ und $\hat{k}$ berechnen und daraus, ganz ähnlich wie bei der Hartree-Methode (vgl. 5.1.1), den Hartree-Fock-Operator $\hat{h}^{HF}$ in nullter Näherung $\hat{h}_0^{HF}$. Mit $\hat{h}_0^{HF} \overset{\text{def}}{=} \hat{h}^0 + \hat{j}_0 - \hat{k}_0$ löst man die Gleichung

$$\hat{h}_0^{HF} \varphi_j^{(1)} = \varepsilon_j^{(1)} \varphi_j^{(1)}$$

für die N tiefsten Eigenwerte $\varepsilon_j^{(1)}$ und berechnet mit den zugehörigen Orbitalen $\varphi_1^{(1)}, \varphi_2^{(1)}, \ldots, \varphi_N^{(1)}$ den Hartree-Fock-Operator in verbesserter Näherung $\hat{h}_1^{HF}$. Das zugehörige Eigenwertproblem liefert eine neue Generation $\varphi_1^{(2)}, \varphi_2^{(2)}, \ldots, \varphi_N^{(2)}$ und einen Hartree-Fock-Operator in weiter verbesserter Näherung $\hat{h}_2^{HF}$. Man wiederholt das Verfahren so lange, bis sich die Lösungen von

$$\hat{h}_{n-1}^{HF} \varphi_j^{(n)} = \varepsilon_j^{(n)} \varphi_j^{(n)}$$

und

$$\hat{h}_n^{HF} \varphi_j^{(n+1)} = \varepsilon_j^{(n+1)} \varphi_j^{(n+1)}$$

innerhalb der gewünschten Genauigkeit nicht mehr unterscheiden. Dann ist die Selbstkonsistenz erreicht. Die geschilderte Prozedur wird daher auch als *self-consistent-field*-Verfahren, abgekürzt: SCF-Verfahren, bezeichnet. Das Hartree-Fock-SCF-Verfahren ist in der heutigen numerischen Quantenchemie von zentraler Bedeutung. Auf der einen Seite dient es als Referenz für die Beurteilung gröberer Eindeterminantennäherungen und auf der anderen Seite als Ausgangspunkt für höhere Näherungen, die auch die Elektronenkorrelation berücksichtigen. Numerisch wird es meist in Form der Roothaan-Gleichungen angewendet (vgl. 5.4.1).

Die Eigenfunktionen des Hartree-Fock-Hamiltonoperators $\hat{h}^{HF}$

$$\hat{h}^{HF} \varphi_j = \varepsilon_j \varphi_j \quad , \quad j = 1,2,\ldots \text{ ad inf.}$$

heissen die *kanonischen Hartree-Fock-Orbitale*. Die aus den energetisch tiefsten N kanonischen Hartree-Fock-Orbitalen $\varphi_1, \ldots, \varphi_N$ konstruierte Slaterdeterminante S^{HF} ist die energetisch beste Eindeterminantennäherung für den Grundzustand. Die in S^{HF} vorkommenden Orbitale heissen die *besetzten Orbitale*, alle übrigen Hartree-Fock-Orbitale heissen *unbesetzt*. Die Orbitalenergien ε_j kann man mit dem Ionisierungspotential bzw. mit der Elektronegativität des Systems in Verbindung bringen. Betrachtet man eine neutrale N-Elektronenmolekel und das entsprechende

(N-1)-Elektronenkation, so ist die Differenz der Grundzustandsenergien - also die Ionisierungsenergie - näherungsweise gleich der Orbitalenergie ε_N des höchstliegenden besetzten Orbitals φ_N der neutralen Molekel, während deren Elektronegativität näherungsweise durch die Orbitalenergie $-\varepsilon_{N+1}$ des tiefstliegenden unbesetzten Orbitals φ_{N+1} gegeben ist. (Sog. "Satz" von Koopmans, Physica 1, 104 - 113 (1934), vgl. a. K. Wittel und S.P. McGlynn, Chem.Rev. 77, 745 - 771 (1977).)

Zusammenfassung: Die Hartree-Fock-Methode

Die Hartree-Fock-Slaterdeterminante S^{HF} ist die energetisch beste Eindeterminanten-Näherung für den Grundzustand eines N-Elektronen-Systems. Sie wird gewonnen durch die Lösung der Hartree-Fock-Eigenwertgleichung $\hat{h}^{HF}\varphi_j = \varepsilon_j\varphi_j$, $j = 1,\ldots,N$, welche das lineare Eigenwertproblem des vollen N-Elektronen-Hamiltonoperators $\hat{H}$ durch ein nichtlineares Einelektronenproblem mit dem effektiven Hamiltonoperator $\hat{h}^{HF} = \hat{h}^0 + \hat{j} - \hat{k}$ ersetzt, in welchem $\hat{h}^0$ ein linearer Operator ist, während der Fockoperator $\hat{k}$ und der Hartreeoperator $\hat{j}$ von den Lösungen der Hartree-Fock-Gleichung abhängen. Diese wird iterativ so weit gelöst, bis innerhalb einer vorgegebenen Genauigkeit Selbstkonsistenz erreicht ist (SCF-Verfahren). Die optimale Slaterdeterminante S^{HF} wird aus den energetisch tiefstliegenden ersten N kanonischen Hartree-Fock-Orbitalen gebildet.

5.1.7 LOKALISIERTE MOLEKÜLORBITALE

Die energetisch tiefsten N kanonischen Hartree-Fock-Orbitale $\varphi_1,\varphi_2,\ldots,\varphi_N$ bestimmen die energetisch beste Eindeterminantennäherung

$$S^{HF} = \text{const} \cdot \det\{\varphi_1 \otimes \varphi_2 \otimes \ldots \otimes \varphi_N\}$$

für den Grundzustand eindeutig. Hingegen lassen sich die kanonischen Hartree-Fock-Orbitale aus der Kenntnis von S^{HF} allein *nicht* rekonstruieren, da Slaterdeterminanten bis auf Multiplikation mit einer Konstanten invariant gegenüber beliebigen invertierbaren linearen Transformationen sind.

Satz: Invarianz von Slaterdeterminanten gegenüber Orbitaltransformationen

Seien die Orbitale $\varphi_1,\varphi_2,\ldots,\varphi_N$ und $\chi_1,\chi_2,\ldots,\chi_N$ durch eine lineare Transformation T verknüpft

$$\chi_m = \sum_{n=1}^{N} T_{mn}\varphi_n \quad , \quad m = 1,2,\ldots,N \; ,$$

wobei $T = (T_{mn})$ eine invertierbare $(N{\times}N)$-Matrix ist. Dann gilt

$$\det\{\chi_1\otimes\chi_2\otimes\ldots\otimes\chi_N\} = c\cdot\det\{\varphi_1\otimes\varphi_2\otimes\ldots\otimes\varphi_N\}$$

wobei die Konstante durch $c = \det(T) \neq 0$ gegeben ist.

Beweis:

Man bezeichne das n-te φ-Orbital für das j-te Elektron mit F_{nj}, $F_{nj} = \varphi_n(j)$. Analog sei $G_{nj} = \chi_n(j)$. Dann heisst die lineare Transformation von den φ-Orbitalen auf die χ-Orbitale als Matrixgleichung $G = TF$. Also gilt $\det(G) = \det(T)\det(F)$, d.h. $\det\{\chi_1(1)\ldots\chi_N(N)\} = \det(T)\cdot\det\{\varphi_1(1)\ldots\varphi_N(N)\}$. Da voraussetzungsgemäss T^{-1} existiert, gilt $\det(T)\neq 0$.

Bemerkungen:

a) Zwei Zustandsfunktionen Ψ und Φ beschreiben genau dann denselben Zustand, wenn es eine komplexe Zahl vom Betrag 1 gibt, so dass $\Phi = c\Psi$. Somit beschreiben $\det\{\varphi_1\otimes..\otimes\varphi_N\}$ und $\det\{\chi_1\otimes..\otimes\chi_N\}$ denselben Zustand, falls $|\det(T)| = 1$. Verzichtet man auf die Normierung, so genügt $\det(T)\neq 0$.

b) Wünscht man, dass orthonormierte Orbitale wieder in orthonormierte Orbitale übergehen, so muss die Transformationsmatrix unitär sein, d.h. $T^* = T^{-1}$. In diesem Fall gilt immer $|\det(T)| = 1$.

Beispiel:

a) Man wähle N=2 und $T = \begin{pmatrix} \cos\vartheta & \sin\vartheta \\ -\sin\vartheta & \cos\vartheta \end{pmatrix}$, $0 \le \vartheta < 2\pi$, oder ausgeschrieben:

$\chi_1 = \cos(\vartheta)\varphi_1 + \sin(\vartheta)\varphi_2$, $\chi_2 = -\sin(\vartheta)\varphi_1 + \cos(\vartheta)\varphi_2$. Dann gilt

$$\{\varphi_1\otimes\varphi_2 - \varphi_2\otimes\varphi_1\} = \{\chi_1\otimes\chi_2 - \chi_2\otimes\chi_1\}.$$

b) Man wähle N=2 und $T = (1/\sqrt{2})\begin{pmatrix} 1 & i \\ 1 & -i \end{pmatrix}$, $T^* = T^{-1}$, oder ausgeschrieben:

$\chi_1 = (\varphi_1 + i\varphi_2)/\sqrt{2}$, $\chi_2 = (\varphi_1 - i\varphi_2)/\sqrt{2}$. Dann gilt

$$\{\varphi_1\otimes\varphi_2 - \varphi_2\otimes\varphi_1\} = i\{\chi_1\otimes\chi_2 - \chi_2\otimes\chi_1\} .$$

Im Rahmen einer Eindeterminantennäherung sind alle Sätze von N Molekülorbitalen *gleichwertig*, wenn sie auf dieselbe Slaterdeterminante führen, da dann die Erwartungswerte aller Observablen übereinstimmen. Etwas verkürzt sagt man daher auch, *die Erwartungswerte seien invariant gegenüber Orbitaltransformationen.*

Man könnte versucht sein, aus dieser Invarianz zu schliessen, dass die spezielle Wahl der Orbitale ohne besondere Bedeutung ist. Das trifft aber nur dann zu, wenn man sich gerade für *eine* Molekel in *einem* ganz bestimmten Zustand interessiert. Das aber ist eher selten der Fall.

Den *Spektroskopiker* beschäftigen vor allem Übergänge zwischen *verschiedenen* stationären Zuständen *einer* Molekel. Meist sind diese Übergänge rasch im Vergleich zu der Relaxation des Kerngerüstes, so dass der Spektroskopiker sich in erster Linie für Energiedifferenzen zwischen verschiedenen stationären Zuständen bei fixiertem Kerngerüst interessiert. Diese sind exakt gegeben durch die Pole der sogenannten 1-Greenfunktion. Auch in der Theorie der Greenfunktionen gibt es eine Hartree-Fock-Näherung, in welcher dann die Pole durch die Hartree-Fock-Orbitalenergien gegeben sind. Der Spektroskopiker wird deshalb mit den kanonischen Hartree-Fock-Orbitalen arbeiten, da diese ihm eine Zusatzinformation liefern, die in der Hartree-Fock-Slaterdeterminante nicht enthalten ist.

Ein *Chemiker* ist immer Systematiker. Ihn interessiert nicht *eine* bestimmte Molekel, sondern eine Klasse von Molekeln in ihren Grundzuständen. Nun haben aber chemisch verwandte Molekeln häufig verschiedene Elektronenzahlen und damit keine unmittelbar vergleichbaren Zustandsfunktionen. Dasselbe gilt für die Hartree-Fock-Slaterdeterminanten und,wie die numerische Erfahrung zeigt,auch für die kanonischen Hartree-Fock-Orbitale selbst. Unterwirft man aber die kanonischen Orbitale einer geeigneten Transformation, so erhält man für *ähnliche Molekeln auch ähnliche Orbitale*. Die Existenz eines derartigen Baukastenprinzips für Slaterdeterminanten ist eines der wichtigsten Resultate der numerischen Quantenchemie. Man nennt die so transformierten Orbitale *lokalisiert*, da sie ein anderes Baukastenprinzip der empirischen Chemie rationalisieren, welches viele chemische Charakteristika auf ein Zusammenwirken lokaler Eigenschaften zurückführt. Die näherungsweise Additivität der Bindungsenergien, der thermodynamischen Zustandsgrössen und der chemischen Verschiebungen sind die bekanntesten Beispiele dafür.

Man kann sich nun fragen, wie eine lineare Transformation der N kanonischen Hartree-Fock-Orbitale auf N lokalisierte Orbitale aussehen könnte. Theoretische Überlegungen und auch die reichen Erfahrungen der numerischen Quantenchemie weisen darauf hin, dass der unanschauliche Fockoperator $\hat{k}$, der zu den sogenannten Austauschintegralen führt, dafür verantwortlich ist, dass die kanonischen Hartree-Fock-Orbitale schlecht lokalisiert und damit schlecht auf chemisch verwandte Molekeln übetragbar sind. Man wird daher versuchen, durch eine geeignete Orbitaltransformation den Effekt der Austauschintegrale zu minimisieren.

Die Hartree-Fock-Energie E^{HF} ist invariant unter Orbitaltransformationen, nicht aber ihre Aufteilung in Erwartungswerte ε_r^0 des Einteilchenoperators $\hat{h}^0$, die Coulombintegrale J_{rs} und die Austauschintegrale K_{rs}. Beziehen sich ε_r^0, J_{rs} und K_{rs} auf die kanonischen Hartree-Fock-Orbitale, und die Grössen $\tilde{\varepsilon}_r^0$, $\mathfrak{J}_{rs}$, $\mathfrak{K}_{rs}$ auf unitär transformierte Orbitale, so gilt

$$\begin{aligned} E^{HF} &= \sum_r \varepsilon_r^0 + \sum_{r<s}\sum J_{rs} - \sum_{r<s}\sum K_{rs} \\ &= \sum_r \tilde{\varepsilon}_r^0 + \sum_{r<s}\sum \mathfrak{J}_{rs} - \sum_{r<s}\sum \mathfrak{K}_{rs} \end{aligned}$$

aber im allgemeinen ist $\sum_{r<s}\sum K_{rs} \neq \sum_{r<s}\sum \mathfrak{K}_{rs}$. Dies suggeriert ein von Edmiston und Ruedenberg eingeführtes und heute viel gebrauchtes Lokalisierungskriterium.

Definition: *Edmiston-Ruedenberg-lokalisierte Orbitale*

Orthonormale Molekülorbitale $\chi_1, \chi_2, \ldots, \chi_N$, welche

(i) unitär äquivalent zu den kanonischen Hartree-Fock-Orbitalen sind,

(ii) die Summe der Austauschintegrale $\mathfrak{K}_{rs}$ minimisieren,

$$\sum_{r<s}\sum \mathfrak{K}_{rs} = \text{minimal},$$

heissen im Sinne von Edmiston-Ruedenberg *lokalisierte Hartree-Fock-Molekülorbitale*.

Die Lokalisierungsforderung (ii) lautet ausgeschrieben:

$$\sum_{r<s}\sum \sum_{m}\sum_{m'} \int_{\mathbb{R}^3} d^3q \int_{\mathbb{R}^3} d^3q' \, \frac{\chi_r^*(\vec{q},m)\chi_s(\vec{q},m)\chi_s^*(\vec{q}\,',m')\chi_r(\vec{q}\,',m')}{|\vec{q}-\vec{q}\,'|} = \text{minimal}.$$

Sie kann zur Bestimmung der Lokalisierungstransformation T von kanonischen Hartree-Fock-Orbitalen auf lokalisierte Molekülorbitale verwendet werden. Sie führt allerdings auf nichtlineare Gleichungen für die Matrixelemente T_{nm} und damit auf die leidige Frage, ob ein bestimmtes Lokalisierungsminimum wirklich global oder nur lokal ist. Edmiston und Ruedenberg haben diese Frage durch eine Vorschrift umgangen, welche über ein Iterationsverfahren auf ein *spezielles* Minimum führt. Ob dieses global oder lokal ist, bleibt offen. Die numerische Erfahrung zeigt jedoch, dass die so lokalisierten Hartree-Fock-Molekülorbitale im wesentlichen die Eigenschaften besitzen, welche die Chemiker mit ihren empirischen Vorstellungen verbinden.

Weiterführende Literatur: C.Edmiston, K.Ruedenberg, "Localized atomic and molecular orbitals", Rev.Mod.Phys.35, 457-465(1963). W.England, L.S.Salmon,K.Ruedenberg, "Localized molecular orbitals: A bridge between chemical intuition and molecular quantum mechanics", Fortschr.Chem.Forsch.23, 31--133(1971). Neben dem Edmiston-Ruedenberg-Kriterium werden auch die Kriterien von Boys, Rev.Mod.Phys.32, 296-299(1960) und von v.Niessen, J.Chem. Phys.56, 4290-4297(1972) verwendet. (Alle drei Kriterien liefern ähnliche Ergebnisse. Der wichtigste Unterschied zeigt sich bei der Wiedergabe sog. Mehrfachbindungen und mehrfacher sog. einsamer Elektronenpaare.) - Zur Hartree-Fock-Theorie im Formalismus der Greenfunktionen konsultiere man R.Paul, "Field theoretical methods in chemical physics", Elsevier, Amsterdam, 1982.

Zusammenfassung: Lokalisierte Molekülorbitale

Die Invarianz von Slaterdeterminanten unter regulären linearen Transformationen ihrer Orbitale kann verwendet werden, um Orbitalsätze mit bestimmten Eigenschaften auszuzeichnen,ohne die Determinante selbst zu ändern. Das Lokalisierungsverfahren von Edmiston und Ruedenberg führt auf lokalisierte Orbitale, die das "Baukastenprinzip der Chemie" reflektieren und chemisch verwandte Molekeln quantenchemisch vergleichbar machen.

5.1.8 *DAS MODELL DER INDIVIDUELLEN TEILCHEN: HARTREE-QUASITEILCHEN*

Der aufmerksame Leser mag sich gefragt haben, warum das Edmiston-Ruedenberg Kriterium eine *Lokalisierungsbedingung* genannt wird, denn eigentlich passte diese Bezeichnung viel eher auf das 1960 von Boys eingeführte Kriterium

$$\sum_{r<s}\sum_{m}\sum_{m'}\int_{\mathbb{R}^3} d^3q \int_{\mathbb{R}^3} d^3q' \; |\chi_r(q,m)|^2 (q-q')^2 |\chi_s(q',m')|^2 = \text{minimal} ,$$

welches dafür sorgt, dass die einzelnen Orbitale so weit wie möglich voneinander entfernt sind. Das Edmiston-Ruedenberg-Kriterium hingegen hat primär wenig mit der räumlichen Verteilung der Orbitaldichten zu tun, sondern führt zu einem Hartree-Fock-Modell, für welches eine *klassische Beschreibung* der effektiven Wechselwirkungen zwischen den Orbitalen *den kleinsten Fehler* ergibt. *Die Lokalisierung ist gar nicht der springende Punkt, sondern die Möglichkeit einer quasiklassischen Beschreibung.* Das Edmiston-Ruedenberg Kriterium minimisiert die Austauscheffekte, was gelegentlich, aber keineswegs immer, zu Orbitallokalisierungen führt. Beispielsweise gibt es für die π-Elektronen des Benzols eine einparametrige Familie von unendlich vielen Orbitalsätzen, welche alle dieselbe Hartree-Fock-Energie E^{HF} und denselben Minimalwert für $\sum_{r<s}\sum \mathcal{K}_{rs}$ ergeben. Dieses Resultat ist die mathematische Version des jedem Chemiker vertrauten Sachverhalts, dass die π-Elektronen von Benzol delokalisiert sind.

Das Edmiston-Ruedenberg-Kriterium ist besser als das Boyssche, weil es gar kein eigentliches Lokalisierungskriterium ist. Es ist in der Chemie erfolgreich, weil es den Effekt der Fock-Operatoren $\hat{k}_1,..,\hat{k}_N$ minimisiert. Man kann sich daher fragen, ob man eine quantenmechanisch brauchbare Approximation *und* eine chemisch sinnvolle Beschreibung erhält, wenn man diese Operatoren ganz weglässt. Tut man das, so kommt man auf die Gleichungen der Hartree-Methode zurück*), in der das r-te Hartree-Orbital χ_r^H Eigenfunktion des effektiven Hamiltonoperators $\hat{h}_r^H$ ist,

$$\hat{h}_r^H = \hat{h}^0 - e_0\, v_r^H(\hat{\vec{q}}) \quad ,$$

wobei v_r^H das von den übrigen (N-1) Orbitalen erzeugte elektrostatische Potential ist

$$v_r^H(\vec{q}) \overset{\text{def}}{=} \frac{-e_0}{4\pi\varepsilon_0} \sum_{\substack{s=1\\ s\neq r}}^{N} \sum_m \int_{\mathbb{R}^3} d^3r' \, \frac{|\varphi_s^H(\vec{r}\,',m)|^2}{|\vec{q}-\vec{r}\,'|} \; .$$

Jedoch besteht zwischen dieser "Hartree-Fock-Näherung ohne Fockoperatoren" und der Hartree-Methode ein grundlegender Unterschied. In beiden Fällen sind die Orbitale durch die Eigenwertgleichung

$$\hat{h}_r^H \chi_r^H = \varepsilon_r^H \chi_r^H \quad , \quad r = 1,2,..,N$$

*) Man beachte, dass man im Hartree-Fock-Operator $\hat{h} = \hat{h}^0 + \hat{j} - \hat{k}$ nicht einfach $\hat{k}$ streichen kann, da $\hat{k}$ noch Selbstenergieterme enthält welche durch den Operator $\hat{j}$ wieder kompensiert werden, in Matrixelementen: $J_{rr} = K_{rr}$ für $r = 1,2,..,N$.

bestimmt. In der Hartree-Methode ist die N-Elektronenzustandsfunktion eine Produktfunktion P^H

$$P^H = \chi_1^H \otimes \chi_2^H \otimes .. \otimes \chi_N^H ,$$

während sie in der fockoperatorfreien Hartree-Fock-Methode eine Slaterdeterminante S^H ist

$$S^H = \text{const } \det\{\chi_1^H \otimes \chi_2^H \otimes .. \otimes \chi_N^H\} .$$

Die Produktfunktion P^H ist als Näherung für eine N-Elektronenzustandsfunktion unbrauchbar, da sie das Pauliprinzip verletzt. Dagegen ist die Slaterdeterminante S^H eine für den Chemiker bemerkenswerte Approximation: *Die aus den N energetisch tiefsten linear unabhängigen Hartree-Orbitalen* $\chi_1^H, \ldots, \chi_N^H$ *gebildete Slaterdeterminante* S^H *ist energetisch nur wenig schlechter als die energetisch beste Hartree-Fock-Slaterdeterminante, wobei die Hartree-Orbitale* $\chi_1^H, \ldots, \chi_N^H$ *noch besser individualisiert sind als die aus dem Edmiston-Ruedenberg-Kriterium hervorgegangenen Hartree-Fock-Orbitale.*

Präzisere Fassung[#]

Es seien K^{KHF}, K^{ERHF}, K^H die Summe $K = \sum_{r<s}\sum K_{rs}$ der Austauschintegrale K_{rs} bezogen auf die kanonischen Hartree-Fock-Orbitale (KHF), auf die nach Edmiston-Ruedenberg optimal lokalisierten Hartree-Fock-Orbitale (ERHF), bzw. auf die ersten N linear unabhängigen Hartree-Orbitale (H). Dann gilt:

$$0 \le K^H \le K^{ERHF} \le K^{KHF} ,$$

und für die Differenz der Hartree-Energie E^H und der Hartree-Fock-Energie E^{HF}

$$0 \le E^H - E^{HF} \le K^{ERHF} - K^H .$$

Man vergleiche dazu: M.Levy, T.S.Nee, R.G.Parr, J.Chem.Phys.63, 316-318 (1975).

Im Gegensatz zur Hartree-Fock-Gleichung hat die Hartree-Gleichung $\hat{h}_r^H \chi_r^H = \varepsilon_r^H \chi_r^H$ eine anschauliche quasiklassische Interpretation, welche die modellhafte Einführung von *individuellen Quasiteilchen* erlaubt.

In der Quantenmechanik haben Elektronen keine Individualität. In den Worten von Erwin Schrödinger: "Man kann die Elektronen nicht kennzeichnen, nicht 'rot anstreichen', und nicht nur das, man darf sie sich nicht einmal gekennzeichnet *denken*, sonst erhält man durch 'falsche Abzählung' auf Schritt und Tritt falsche Ergebnisse".*) Ein Elektron ist eben kein substantielles Teilchen, das in jedem Augenblick lokalisierbar ist und sich im Wechsel der Erscheinungen immer gleich bleibt. Durch das Pauli-Prinzip verlieren die Elektronen zudem jede Individualität.

Im Sprachgebrauch der Chemiker sind Elektronen jedoch Individuen, die unterscheidbar, numerierbar und lokalisierbar sind. Somit sind die "Elektronen der Chemiker" nicht dasselbe wie die "Elektronen der Physiker". Um die Begriffe nicht zu verwirren, werden wir im folgenden das nichtindividuelle, dem Pauliprinzip genügende Elektron der Quantenmechanik kurz als "Elektron", die Modellvorstellung eines von anderen unterscheidbaren elektronischen Individuums als *Quasielektron* bezeichnen.

In der Chemie hat sich die hinweisende Kraft der Fiktion von Quasielektronen in einzigartiger Weise erwiesen. Die Erfolge dieses Modelldenkens legen ein beredtes Zeugnis dafür ab, dass man mit Quasielektronen im Rahmen einer *rein klassischen Denkweise* diskutieren kann.

Die bemerkenswerte Rolle des Edmiston-Ruedenberg-Kriteriums in der praktischen Quantenchemie und die Tatsache, dass sich oft die gemäss Edmiston und Ruedenberg lokalisierten Hartree-Fock-Orbitale nur unwesentlich von den quasiklassischen Hartree-Orbitalen unterscheiden, legen die These nahe, dass *die Hartree-Orbitale die individuellen Quasielektronen der klassischen Chemie beschreiben*. Eine solche Beschreibung wird genau dann gut sein, wenn das Überlappungsintegral der exakten Zustandsfunktion Ψ mit einer optimalen Slaterdeterminante S nahe bei eins liegt, d.h. falls

$$|\langle\Psi|S\rangle|^{1/N} \approx 1 .$$

In diesem Fall ist $S \approx S^{HF} \approx S^{H}$, und wir dürfen eine enge Korrespondenz zwischen den individuellen Hartree-Quasiteilchen und den Begriffsbildungen der praktischen Chemie erwarten.

Zwischen den Hartree-Quasielektronen bestehen keine quantenmechanischen Korrelationen, sie sind rein klassisch gekoppelt durch die von ihnen selbst erzeugten elektrostatischen Felder. Daher genügt ein Hartree-Quasielektron einer

---

*) E. Schrödinger, "Was ist ein Naturgesetz?", Oldenburg, München 1962, S. 118.

effektiven Schrödingergleichung mit einem äusseren elektrostatischen Potential, das von den klassischen Punktladungen der Atomkerne und den kontinuierlichen klassischen Ladungsverteilungen der übrigen (N-1) Hartree-Quasielektronen herrührt.

Wir können also unter gewissen Bedingungen eine N-Elektronen-Molekel so beschreiben, *als ob* sie aus dem klassischen Kerngerüst und N Hartree-Quasielektronen bestünde. Existieren diese Quasiteilchen wirklich? Diese Frage ist weder dümmer noch gescheiter als die Frage: existiert der Mond wirklich? Pedanten können mit einem gewissen Recht darauf hinweisen, dass der Mond in letzter Instanz aus Elementarteilchen bestehe, dass geladene Elementarteilchen in inseparabler Weise an das elektromagnetische Strahlungsfeld und damit an die ganze übrige Welt in nicht separabler Weise gekoppelt seien, und dass daher dem Mond keine individuelle Existenz zuzusprechen sei. Erst wenn wir diesen Pedanten den Mund stopfen und von den ja wirklich existierenden elektromagnetischen Korrelationen als im Moment unwesentlich absehen, können wir *durch Abstraktion* zu einem *Pattern* "Mond" kommen, dem wir im Alltagsleben in durchaus legitimer Weise Realität zusprechen. Im gleichen Sinne dürfen wir auch den Quasielektronen eine reelle Existenz zuschreiben, solange wir uns nur im klaren darüber sind, in welchem Kontext wir überhaupt diskutieren. Quasielektronen sind eine Aktualisierung einer abstrakten Struktur. Im Gegensatz zu den quantenmechanischen Elektronen existieren sie nur solange, *wie das sie erzeugende molekulare System existiert.*

Zusammenfassung

Der Erfolg der klassischen chemischen Betrachtungsweise ist vom Standpunkt der Quantenmechanik alles andere als selbstverständlich. Selbst die in der praktischen Chemie üblichen Orbitalmodelle wurden ja nicht aus der Quantenmechanik hergeleitet, sondern ursprünglich in eher künstlerischer Vision frei erfunden. Erst der Quasiteilchenbegriff schlägt eine Brücke zwischen Quantenmechanik und chemischer Intuition. Trotz der starken Wechselwirkung zwischen den Elektronen und obwohl Elektronen keinerlei Individualität besitzen, kann man eine N-Elektronenmolekel so beschreiben, als ob sie aus N individuellen und untereinander nur schwach wechselwirkenden Quasiteilchen bestünde. Falls die Grundzustandsfunktion Ψ

in guter Näherung eine Slaterdeterminante S ist, $|\langle\Psi|S\rangle|^{1/N} \approx 1$, so sind diese Quasiteilchen gut durch die N ersten Hartree-Orbitale beschrieben. Diese sind genau so lokalisiert, wie die Experimentalchemiker "ihre Elektronen" lokalisieren.

5.1.9# REDUZIERTE DICHTEOPERATOREN

Theoretisch bemerkenswert und praktisch wichtig ist die Tatsache, dass alle physikalisch und chemisch interessanten elektronischen Observablen $\hat{A}$ eines N-Elektronenproblems Summen von N Einelektronenoperatoren $\hat{E}_1,\dots,\hat{E}_N$ und von N(N-1)/2 Zweielektronenoperatoren $\hat{Z}_{12},\dots,\hat{Z}_{N-1,N}$ sind,

$$\hat{A} = \sum_{j=1}^{N} \hat{E}_j + \sum_{\substack{j=1 \\ j<k}}^{N} \sum_{k=1}^{N} \hat{Z}_{jk} .$$

Alle diese Operatoren $\hat{A}$, $\hat{E}_j$ und $\hat{Z}_{jk}$ agieren im Hilbertraum der N-Elektronen-Zustandsvektoren, d.h. sie wirken in der Schrödingerdarstellung auf Zustandsfunktionen, welche von den Variablen $(\vec{q}_1,m_1),\dots,(\vec{q}_N,m_N)$ abhängen.

Die Operatoren $\hat{E}_1,\dots,\hat{E}_N$ heissen *Einteilchenoperatoren*, da sie alle durch ein und denselben Orbitaloperator $\hat{e}$ erzeugt werden:

$$\begin{aligned}
\hat{E}_1 &= \hat{e}\otimes\hat{1}\otimes\hat{1}\otimes..\otimes\hat{1}\otimes\hat{1} \quad , \\
\hat{E}_2 &= \hat{1}\otimes\hat{e}\otimes\hat{1}\otimes..\otimes\hat{1}\otimes\hat{1} \quad , \\
&\vdots \\
\hat{E}_N &= \hat{1}\otimes\hat{1}\otimes\hat{1}\otimes..\otimes\hat{1}\otimes\hat{e} \quad .
\end{aligned}$$

Wir nennen den erzeugenden Operator $\hat{e}$ einen *Orbitaloperator*, da er im Hilbertraum der Orbitale agiert, d.h. durch seine Wirkung auf Einelektronenfunktionen definiert ist.

Jeder der N(N-1)/2 *Zweiteilchenoperatoren* $\hat{Z}_{12},\dots,\hat{Z}_{N-1,N}$ wird durch ein und denselben Geminaloperator $\hat{z}$ erzeugt:

$$\begin{aligned}
\hat{Z}_{12} &= \hat{z}\otimes\hat{1}\otimes\dots\otimes\hat{1}\otimes\hat{1}\otimes\hat{1} \quad , \\
&\vdots \\
\hat{Z}_{N-1,N} &= \hat{1}\otimes\hat{1}\otimes\hat{1}\otimes\dots\otimes\hat{1}\otimes\hat{z} \quad .
\end{aligned}$$

Der Operator $\hat{z}$ agiert im Hilbertraum der Geminale (d.h. der Zweielektronenfunktion) und heisst daher ein *Geminaloperator*.

Wegen der Ununterscheidbarkeit der Elektronen sind sowohl der Einelektronenanteil $\Sigma_j \hat{E}_j$ als auch der Zweielektronenanteil $\sum_{j<k}\sum \hat{Z}_{jk}$ einer elektronischen Observablen invariant unter beliebigen Permutationen der Elektronennumerierungen. Da wegen des Pauliprinzips jede Zustandsfunktion Φ eines N-Elektronensystems antisymmetrisch ist, folgt, dass die Erwartungswerte der einzelnen Einelektronen- und Zweielektronen-Operatoren untereinander gleich sind

$$\langle\Phi|\hat{E}_j\Phi\rangle = \langle\Phi|\hat{E}_1\Phi\rangle \quad \text{für } j = 2,..,N$$

$$\langle\Phi|\hat{Z}_{jk}\Phi\rangle = \langle\Phi|\hat{Z}_{12}\Phi\rangle \quad \text{für alle } j \neq k \quad .$$

Der Erwartungswert einer elektronischen Observablen kann deshalb mit dem Erwartungswert *eines* Einelektronenoperators und *eines* Zweielektronenoperators ausgedrückt werden:

$$\langle\Phi|\hat{A}\Phi\rangle = N\langle\Phi|\hat{E}_1\Phi\rangle + \tfrac{1}{2}N(N-1)\langle\Phi|\hat{Z}_{12}\Phi\rangle \quad .$$

Um die folgenden Ableitungen übersichtlicher zu machen, wählen wir eine abgekürzte Notation, bei welcher Orts- und Spinvariable zu einem Symbol zusammengefasst sind

$$\{\vec{q}_j, m_j\} \overset{\text{def}}{=} j.$$

Ganz analog werden Summation über Spinvariable und Integration über Ortsvariable abgekürzt:

$$\sum_{m_j} \int d^3q_j \overset{\text{def}}{=} \int d(j).$$

Damit lautet das Skalarprodukt zwischen zwei N-Elektronenfunktionen Φ und Ψ

$$\langle\Phi|\Psi\rangle = \int d(1)..\int d(N)\Phi^*(1,..,N)\Psi(1,..,N) \quad ,$$

mit

$$\Phi(1,2,..,N) = \Phi(\vec{q}_1,m_1;\vec{q}_2,m_2;..;\vec{q}_N,m_N) \quad .$$

Für einen Einteilchenoperator $\hat{E}_1$ und eine antisymmetrische N-Elektronen-Zustandsfunktion Φ erhält man

$$\langle\Phi|\hat{E}_1\Phi\rangle = \int d(1)..\int d(N)\Phi^*(1,..,N)\{\hat{E}_1\Phi\}(1,..,N) \quad .$$

Da der Operator $\hat{E}_1$ auf die Koordinaten 2,3,..,N lediglich als Einheitsoperator wirkt, können wir Summation und Integration über die Koordinaten 2,3,..,N im voraus ausführen. Dazu definieren wir eine Funktion γ

$$\gamma(1|1') \overset{\text{def}}{\equiv} N\int d(2)..\int d(N)\Phi^*(1',2,..,N)\Phi(1,2,..,N) \quad .$$

Die Funktion γ hängt von den zwei Orbitalvariablen 1 und 1' ab und definiert einen linearen Operator $\hat{\gamma}$

$$\{\hat{\gamma}\varphi\}(1) \overset{\text{def}}{\equiv} \int d(1')\gamma(1|1')\varphi(1') \quad ,$$

wobei φ ein beliebiges Orbital ist. Der Operator $\hat{\gamma}$ heisst der *zu der Zustandsfunktion Φ gehörige 1-Dichteoperator*. Unrichtig aber durchaus üblich ist auch die Bezeichnung 1-Dichtematrix.

Bemerkung: Integraloperatoren
Die Wirkung des Operators $\hat{\gamma}$ auf ein Orbital ist analog zur Wirkung einer Matrix auf einen Vektor in $L_2(Z_n)$ (vgl. 3.1.7) mit dem einzigen Unterschied, dass die Summation über Z_n durch eine Integration ersetzt worden ist. Deshalb nennt man $\hat{\gamma}$ auch einen Integraloperator. Die unter dem Integral stehende Funktion γ heisst der Integralkern des Integraloperators $\hat{\gamma}$.

Aus der Definition von $\hat{\gamma}$ folgen mit den allgemeinen Resultaten der Theorie von Integraloperatoren folgende Eigenschaften für den 1-Dichteoperator:

(i) $\hat{\gamma}$ ist selbstadjungiert: $\hat{\gamma} = \hat{\gamma}^*$,

(ii) $\hat{\gamma}$ ist positiv definit : $\hat{\gamma} \geq 0$,
d.h. es ist $\langle\varphi|\hat{\gamma}\varphi\rangle \geq 0$ für jedes Orbital φ ,

(iii) $\hat{\gamma}$ hat die Spur N : $Sp(\hat{\gamma}) = N$,
d.h. es ist $\Sigma_j\langle\varphi_j|\hat{\gamma}\varphi_j\rangle = N$ für jede orthonormierte Orbitalbasis $\varphi_1,\varphi_2,\ldots,\varphi_N$,

(iv) $\hat{\gamma}$ hat ein rein diskretes Spektrum, d.h. es gilt folgende Spektraldarstellung für den Kern γ:

$$\gamma(1|1') = \sum_j \lambda_j\, \chi_j(1)\, \chi_j^*(1') \quad ,$$

wobei λ_j Eigenwert und χ_j Eigenfunktion von $\hat{\gamma}$ ist, $\hat{\gamma}\chi_j = \lambda_j\chi_j$.

Die Eigenwerte λ_j des 1-Dichteoperators heissen kurz auch die *1-Eigenwer-*

te und die Eigenfunktion χ_j nennt man die zu der Zustandsfunktion Φ gehörigen *natürlichen Orbitale*. Aus der Beziehung $Sp(\hat{\gamma}) = N$ folgt sofort

$$\sum_{j=1}^{\infty} \lambda_j = N.$$

Weiter gilt der bemerkenswerte Satz, dass auf der Beschreibungsebene durch 1-Dichteoperatoren das Pauliprinzip für Elektronen genau dann erfüllt ist, wenn jedes natürliche Orbital in der Spektraldarstellung höchstens mit dem Gewicht 1 vorkommt, d.h. wenn gilt

$$0 \le \lambda_j \le 1 \quad .$$

Somit haben die einfachsten mit dem Pauliprinzip verträglichen 1-Dichteoperatoren von N-Elektronenproblemen den Rang N, d.h. genau N nichtverschwindende Eigenwerte mit dem Wert 1. Diese Situation liegt genau dann vor, wenn als Zustandsfunktion eine Slaterdeterminante gewählt wird. Eigenzustände von N-Elektronenproblemen mit Coulombwechselwirkung haben immer unendlichen Rang und alle 1-Eigenwerte sind strikte kleiner als 1. Falls es N 1-Eigenwerte gibt, die nur wenig von 1 verschieden sind, ist eine Beschreibung durch eine einzige Slaterdeterminante eine brauchbare Näherung.

*Aufgabe 5.1.4***
Sei $\Phi = 2^{-1/2} \det\{\varphi_1 \otimes \varphi_2\}$ eine Zweielektronen-Slaterdeterminante mit orthogonalen erzeugenden Orbitalen φ_1, φ_2. Man berechne den Kern γ des 1-Dichteoperators $\hat{\gamma}$ und bestimme ***alle*** 1-Eigenwerte und natürlichen Orbitale.

*Aufgabe 5.1.5***
Sei $\Phi = \alpha\, 2^{-1/2} \det\{\varphi_1 \otimes \varphi_2\} + \beta\, 2^{-1/2} \det\{\varphi_3 \otimes \varphi_4\}$, wobei die Orbitale $\varphi_1, \varphi_2, \varphi_3, \varphi_4$ normiert und paarweise orthogonal seien. Damit Φ normiert ist, muss $|\alpha|^2 + |\beta|^2 = 1$ sein. Man berechne die nichtverschwindenden 1-Eigenwerte und die entsprechenden natürlichen Orbitale.

*Aufgabe 5.1.6***
Man konstruiere für N=2 eine Zustandsfunktion aus paarweise orthogonalen Orbitalen, so dass die natürlichen Orbitale nicht mit den erzeugenden Orbitalen zusammenfallen.

Mit der Spektralzerlegung des Kerns des 1-Dichteoperators kann man den Erwartungswert des Einelektronenoperators $\hat{E}_1 = \hat{e} \otimes \hat{1} \otimes .. \otimes \hat{1}$ elegant ausdrücken

$$N\langle\Phi|\hat{E}_1\Phi\rangle = \sum_{j=1}^{\infty} \lambda_j \int d(1)\chi_j^*(1)\{\hat{e}\chi_j\}(1) = \sum_{j=1}^{\infty} \lambda_j \langle\chi_j|\hat{e}\chi_j\rangle \, .$$

Mit der Beziehung $\langle\chi_j|\hat{\gamma}\chi_k\rangle = \lambda_j\delta_{jk}$ können wir den Erwartungswert einer Observablen $\hat{E} = \Sigma_{j=1}^{N}\hat{E}_j$ auch schreiben als

$$\langle\Phi|\hat{E}\Phi\rangle = N\langle\Phi|\hat{E}_1\Phi\rangle = \sum_{j=1}^{\infty}\sum_{k=1}^{\infty}\langle\chi_j|\hat{\gamma}\chi_k\rangle\langle\chi_k|\hat{e}\chi_j\rangle = \sum_{j=1}^{\infty}\langle\chi_j|\hat{\gamma}\hat{e}\chi_j\rangle = \mathrm{Sp}(\hat{\gamma}\hat{e})$$

Damit haben wir das folgende wichtige Ergebnis gewonnen:

Satz: *Erwartungswerte von Einteilchenobservablen*

Sei Φ eine normierte antisymmetrische N-Elektronenfunktion und $\hat{E} = \Sigma_{j=1}\hat{E}_j$ eine Summe von Einelektronenoperatoren $\hat{E}_j$, welche alle vom Orbitaloperator $\hat{e}$ generiert sind. Dann gilt für den Erwartungswert der Observablen bezüglich der Zustandsfunktion Φ

$$\langle\Phi|\hat{E}\Phi\rangle = \mathrm{Sp}(\hat{\gamma}\hat{e}) .$$

Dabei ist $\hat{\gamma}$ der zu Φ gehörige 1-Dichteoperator.

Beispiel: Elektronische Ladungsdichte

Die Observable der elektrischen Ladungsdichte ist gegeben durch den Operator

$$\hat{\rho}(\vec{r}) = \sum_{j=1}^{N}\hat{\rho}_j(\vec{r}) \quad , \quad \hat{\rho}_j(\vec{r}) = -e_0\delta(\vec{r}-\hat{\vec{q}}_j) .$$

Damit folgt für den Erwartungswert bezüglich des Zustands Φ, $||\Phi||=1$,

$$\langle\Phi|\hat{\rho}(\vec{r})\Phi\rangle = (-e_0)\mathrm{Sp}\{\hat{\gamma}\delta(\vec{r}-\hat{\vec{q}})\} = (-e_0)\sum_m\int d^3q\,\delta(\vec{r}-\vec{q})\gamma(\vec{q},m|\vec{q},m) = -e_0\sum_m\gamma(\vec{r},m|\vec{r},m) .$$

Mit der Ladungsdichte des j-ten natürlichen Orbitals χ_j

$$\rho_j(\vec{r}) \overset{\text{def}}{=} -e_0\sum_m|\chi_j(\vec{r},m)|^2 = (-e_0)\langle\chi_j|\delta(\vec{r}-\hat{\vec{q}})\chi_j\rangle$$

können wir auch schreiben

$$\rho(\vec{r}) = \sum_{j=1}^{\infty}\lambda_j\rho_j(\vec{r}) \quad ,$$

d.h. die elektronische Ladungsdichte ist gleich der mit den 1-Eigenwerten λ_j gewichteten Summe der Ladungsdichten ρ_j der natürlichen Orbitale χ_j.

Für die Berechnung der Erwartungswerte von Zweielektronen-Observablen definiert man in analoger Weise zu einer N-Elektronen-Zustandsfunktion Φ einen Integralkern Γ

$$\Gamma(1,2|1',2') \overset{\text{def}}{=} \frac{N(N-1)}{2}\int d(3)..\int d(N)\Phi^*(1',2',3,..,N)\Phi(1,2,3,..,N) ,$$

und damit einen Operator $\hat{\Gamma}$, den sogenannten 2-Dichteoperator

$$\{\hat{\Gamma}g\}(1,2) \overset{\text{def}}{=} \int d(1')\int d(2')\Gamma(1,2|1',2')g(1',2') \quad ,$$

wobei g ein beliebiges Geminal ist. Die Eigenfunktionen des 2-Dichteoperators heissen *natürliche Geminale*, die Eigenwerte heissen *2-Eigenwerte*. Es gilt

$$Sp(\hat{\Gamma}) = N(N-1)/2.$$

Bemerkung: "Fermi-Loch" und N-Darstellungsproblem
Wegen des Pauliprinzips erfüllt der Kern des 2-Dichteoperators die folgenden Antisymmetrie-Relationen

$$\begin{aligned}\Gamma(1,2|1',2') &= -\Gamma(2,1|1',2') \quad ,\\ &= -\Gamma(1,2|2',1') \quad ,\\ &= \Gamma(2,1|2',1') \quad .\end{aligned}$$

Somit gilt $\Gamma = 0$, falls die Koordinaten 1 und 2 oder die Koordinaten 1' und 2' übereinstimmen. Dies wird suggestiv auch als "Fermi-Loch" bezeichnet. Man beachte, dass diese Bedingungen keineswegs genügen, um zu garantieren, dass Γ von einer ***antisymmetrischen*** Zustandsfunktion herstammt. Das Problem, das Pauliprinzip auf der Ebene der 2-Dichteoperatoren zu formulieren, ist berühmt geworden unter dem Schlagwort "N-Darstellungsproblem für den 2-Dichteoperator", es ist bis heute ungelöst. Diese Schwierigkeit ist die Hauptursache dafür, dass sich Geminalmethoden bis heute in der Quantenchemie nicht durchsetzen konnten.

Ähnlich wie bei Einelektronenobservablen findet man für den Erwartungswert einer Summe von N(N-1)/2 Zweielektronenoperatoren $\hat{Z}_{jk}$ bezüglich einer antisymmetrischen Zustandsfunktion Φ

$$\langle\Phi|\sum_{j<k}\sum Z_{jk}\,\Phi\rangle = Sp\{\hat{\Gamma}\hat{z}\}$$

wobei $\hat{z}$ der die Zweielektronen-Operatoren erzeugende Geminaloperator ist. Damit haben wir unser Hauptresultat gewonnen:

Satz: *Erwartungswerte elektronischer Observabler*

Sei Φ eine normierte antisymmetrische N-Elektronenfunktion und $\hat{A}$ eine elektronische Observable, welche von dem Orbitaloperator $\hat{e}$ und dem Geminaloperator $\hat{z}$ generiert ist. Dann gilt für den Erwartungswert von $\hat{A}$ bezüglich der Zustandsfunktion Φ

$$\langle\Phi|\hat{A}\Phi\rangle = Sp(\hat{\gamma}\hat{e}) + Sp\{\hat{\Gamma}\hat{z}\}.$$

Beispiel: Elektronischer Born-Oppenheimer-Hamiltonoperator
Berücksichtigt man nur elektrostatische Wechselwirkungen, so ist in der

Born-Oppenheimer-Näherung der elektronische Hamiltonoperator einer N-Elektronenmolekel gegeben durch

$$\hat{H} = \sum_{j=1}^{N} \hat{H}_j + \sum_{j<k=1}^{N} \hat{H}_{jk} \ ,$$

mit

$$\hat{H}_j = \frac{1}{2m_0} \hat{p}_j^2 + e_0 V(\hat{\vec{q}}_j) \ ,$$

$$\hat{H}_{jk} = \frac{e_0^2}{4\pi\varepsilon_0} \frac{1}{|\hat{\vec{q}}_j - \hat{\vec{q}}_k|} \ ,$$

wobei $V(\vec{r})$ das durch die Kerne erzeugte elektrostatische Potential am Ort $\vec{r}$ ist. Somit ist der die Einelektronen-Operatoren $\hat{H}_1,\ldots,\hat{H}_N$ erzeugende Orbitaloperator $\hat{e}$ gegeben durch

$$\hat{e} = \frac{1}{2m_0} \hat{p}^2 + e_0 V(\hat{\vec{q}}) \ ,$$

während der die Zweielektronenoperatoren erzeugende Geminaloperator $\hat{z}$ durch

$$\hat{z} = \frac{e_0^2}{4\pi\varepsilon_0} \frac{1}{|\hat{\vec{q}} \otimes \hat{1} - \hat{1} \otimes \hat{\vec{q}}|}$$

gegeben ist. Damit lautet der Erwartungswert der Energie

$$\langle \Phi | \hat{H} \Phi \rangle = \frac{1}{2m_0} \mathrm{Sp}(\hat{\gamma}\hat{p}^2) + e_0 \, \mathrm{Sp}\{\hat{\gamma} V(\hat{\vec{q}})\} + \frac{e_0^2}{4\pi\varepsilon_0} \mathrm{Sp}\left\{\hat{\Gamma} \frac{1}{|\hat{\vec{q}} \otimes \hat{1} - \hat{1} \otimes \hat{\vec{q}}|}\right\} .$$

*Aufgabe 5.1.7***

Man zeige,dass sich das Resultat des obigen Beispiels wie folgt durch die Kerne der 1- und 2-Dichteoperatoren, resp. durch die 1-Eigenwerte λ_j und χ_j ausdrücken lässt:

$$\begin{aligned}\langle \Phi | \hat{H} \Phi \rangle = {} & \frac{\hbar^2}{2m_0} \sum_{j=1}^{\infty} \lambda_j \sum_m \int d^3r \, \frac{\partial \chi_j^*(\vec{r},m)}{\partial \vec{r}} \, \frac{\partial \chi_j(\vec{r},m)}{\partial \vec{r}} \\ & + e_0 \sum_m \int d^3r \, \gamma(\vec{r},m|\vec{r},m) \, V(\vec{r}) \\ & + \frac{e_0^2}{4\pi\varepsilon_0} \sum_m \sum_{m'} \int d^3r \int d^3r' \, \frac{\Gamma(\vec{r},m;\vec{r}\,',m'|\vec{r},m;\vec{r}\,',m')}{|\vec{r}-\vec{r}\,'|} \ .\end{aligned}$$

Im allgemeinen enthält der 2-Dichteoperator viel mehr Information über das System als der 1-Dichteoperator, für $N > 2$ enthält die N-Elektronenzustandsfunktion im allgemeinen viel mehr Information als der 2-Dichteoperator. Die einzige Ausnahme von dieser generischen Situation bilden die Slaterdeterminanten. Der folgende Satz folgt ohne ernsthafte Schwierigkeiten direkt aus den Definitionen:

Satz: Struktur der 1- und 2-Dichteoperatoren von Slaterdeterminanten

Die folgenden Aussagen sind äquivalent:

(i) die Zustandsfunktion Φ ist eine normierte N-Elektronen-Slaterdeterminante,

(ii) der 1-Dichteoperator ist idempotent, d.h. es gilt $\hat{\gamma} = \hat{\gamma}^2$,

(iii) der 1-Dichteoperator hat genau N nichtverschwindende Eigenwerte (die dann notwendigerweise den Wert 1 haben müssen),

(iv) der Kern des 1-Dichteoperators hat die Darstellung

$$\gamma(1|1') = \sum_{j=1}^{N} \chi_j(1)\chi_j^*(1')$$

mit paarweise orthogonalen normierten natürlichen Orbitalen χ_j. Diese natürlichen Orbitale erzeugen die Slaterdeterminante

$$\Phi = \frac{1}{\sqrt{N!}} \det\{\chi_1 \otimes \chi_2 \otimes .. \otimes \chi_N\} .$$

(v) der 2-Dichteoperator ist idempotent, d.h. es gilt $\hat{\Gamma} = \hat{\Gamma}^2$,

(vi) der 2-Dichteoperator hat genau N(N-1)/2 nichtverschwindende Eigenwerte (die dann notwendigerweise den Wert 1 haben müssen),

(vii) der Kern des 2-Dichteoperators hat die Darstellung

$$\Gamma(1,2|1',2') = \sum_{j=1}^{N} \sum_{\substack{k=1 \\ j \neq k}}^{N} 2^{-1} \det\{\chi_j(1)\chi_k(2)\} \cdot \det\{\chi_j(1')\chi_k(2')\} ,$$

wobei $\chi_1,\ldots,\chi_N$ die zu den nichtverschwindenden 1-Eigenwerten gehörigen natürlichen Orbitale sind,

(viii) alle zu nichtverschwindenden 2-Eigenwerten gehörigen natürlichen Geminale sind aus natürlichen Orbitalen erzeugte 2-Elektronen-Slaterdeterminanten,

(ix) der Kern des 2-Dichteoperators kann durch den Kern des 1-Dichteoperators ausgedrückt werden als

$$2\Gamma(1,2|1',2') = \gamma(1|1')\gamma(2|2') - \gamma(1|2')\gamma(2|1').$$

Falls die Zustandsfunktion durch eine N-Elektronen-Slaterdeterminante Φ approximiert wird, kann man auch den Erwartungswert der elektrostatischen Elektronen-Elektronenwechselwirkung durch den 1-Dichteoperator ausdrücken:

$$\frac{e_0^2}{4\pi\varepsilon_0}\sum_m\sum_{m'}\int d^3r\int d^3r'\,\frac{\Gamma(\vec{r},m;\vec{r}',m'|\vec{r},m;\vec{r}',m')}{|\vec{r}-\vec{r}'|}$$

$$= \frac{e_0^2}{4\pi\varepsilon_0}\cdot\frac{1}{2}\sum_m\sum_{m'}\int d^3r\int d^3r'\,\frac{\gamma(\vec{r},m|\vec{r},m)\gamma(\vec{r}',m'|\vec{r}',m')}{|\vec{r}-\vec{r}'|}$$

$$- \frac{e_0^2}{4\pi\varepsilon_0}\cdot\frac{1}{2}\sum_m\sum_{m'}\int d^3r\int d^3r'\,\frac{\gamma(\vec{r},m|\vec{r}',m')\gamma(\vec{r}',m'|\vec{r},m)}{|\vec{r}-\vec{r}'|}.$$

Durch Einführung von zwei Orbitaloperatoren $\hat{j}$ und $\hat{k}$ können wir dieses Resultat etwas kompakter schreiben. Dazu definieren wir

$$\{\hat{j}\varphi\}(\vec{r}',m') = \frac{e_0^2}{4\pi\varepsilon_0}\sum_m\int d^3r\,\frac{\gamma(\vec{r},m|\vec{r},m)\varphi(\vec{r}',m')}{|\vec{r}-\vec{r}'|},$$

$$\{\hat{k}\varphi\}(r',m') = \frac{e_0^2}{4\pi\varepsilon_0}\sum_m\int d^3r\,\frac{\gamma(r',m'|r,m)\varphi(r,m)}{|\vec{r}-\vec{r}'|}$$

für jedes Orbital φ. Diese Operatoren wurden in etwas anderer Weise bereits im Kapitel 5.1.5 eingeführt, $\hat{j}$ ist der *Hartree-Operator* und $\hat{k}$ ist der *Fock-Operator*. Damit folgt

$$\frac{e_0^2}{4\pi\varepsilon_0}\sum_m\sum_{m'}\int d^3r\int d^3r'\,\frac{\Gamma(\vec{r},m;\vec{r}',m'|\vec{r},m;\vec{r}',m')}{|\vec{r}-\vec{r}'|} = \frac{1}{2}\,\mathrm{Sp}(\hat{\gamma}\hat{j}) - \frac{1}{2}\,\mathrm{Sp}(\hat{\gamma}\hat{k}).$$

Damit ist der Erwartungswert eines N-Elektronen-Hamiltonoperators $\hat{H}$ bezüglich einer Slaterdeterminante Φ gegeben durch

$$\langle\Phi|\hat{H}\Phi\rangle = \mathrm{Sp}\{\hat{\gamma}(\hat{h}^0 + \tfrac{1}{2}\hat{j} - \tfrac{1}{2}\hat{k})\}$$

mit

$$\hat{h}^0 \overset{\text{def}}{=} \frac{1}{2m_0}\hat{p}^2 + e_0 V(\hat{\vec{q}}).$$

Zusammenfassung: Reduzierte Dichteoperatoren

Die Tatsache, dass alle interessanten Elektronenobservablen aus Orbital- und Geminaloperatoren erzeugt werden können, erlaubt die Einführung von 1- und 2-Dichteoperatoren, welche die unhandliche N-Elektronen-Zustandsfunktion durch Funktionen von weniger Variablen ersetzen. Je grösser N ist, umso grösser ist die damit erreichte Vereinfachung.

Jeder N-Elektronen-Zustandsfunktion ist ein 1-Dichteoperator $\hat{\gamma}$ und ein 2-Dichteoperator $\hat{\Gamma}$ zugeordnet. Die Eigenfunktionen von

$\hat{\gamma}$ heissen natürliche Orbitale, diejenigen von $\hat{\Gamma}$ natürliche Geminale. Der Erwartungswert $\langle\hat{A}\rangle$ jeder elektronischen Observablen $\hat{A}$ lässt sich mit Hilfe der 1- und 2-Dichteoperatoren darstellen als $\langle\hat{A}\rangle = \mathrm{Sp}\{\hat{\gamma}\hat{e}\} + \mathrm{Sp}\{\hat{\Gamma}\hat{z}\}$, wobei $\hat{e}$ und $\hat{z}$ die $\hat{A}$ erzeugenden Orbital- resp. Geminaloperatoren sind. Ist die Zustandsfunktion eine Slaterdeterminante, so können die Erwartungswerte aller elektronischen Observablen mit Hilfe des 1-Dichteoperators allein berechnet werden.

5.2 ATOME

5.2.1 *DAS ATOMARE KEPLER-PROBLEM*

Das Wasserstoffatom und die wasserstoffähnlichen Atomionen He^+, Li^{++} usf. sind die einfachsten atomaren Systeme und zugleich die einzigen, für welche geschlossene Lösungen der Schrödingergleichung vorliegen (vgl. 3.2.8). Diese Systeme bestehen aus einem vergleichsweise schweren Kern der Ladung Ze_o und einem einzigen Elektron, deren Wechselwirkung im wesentlichen durch die elektrostatischen Coulombkräfte bestimmt wird. Für die Diskussion atomarer Mehrelektronensysteme ist es vorteilhaft, allgemeinere Zentralkraftpotentiale zu diskutieren, das sind Potentiale, bei denen die potentielle Energie nur vom Abstand zwischen den Teilchen abhängt. Ein Beispiel ist etwa das Coulomb-Potential, während magnetische Wechselwirkungen nicht vom Zentralkrafttypus sind. Das Modell von zwei Teilchen mit Zentralkraft-Wechselwirkung bezeichnet man als Kepler-Problem, es ist uns bereits bei der Diskussion der Kerndynamik zweikerniger Molekeln begegnet (vgl. 4.3.1). Das atomare Kepler-Problem ist definiert durch den Hamiltonoperator

$$\hat{H} = \frac{1}{2M_k}\hat{P}_k^2 + \frac{1}{2m_o}\hat{p}_e^2 + U(|\hat{\vec{Q}}_k - \hat{\vec{q}}_e|)$$

worin M_k die Masse des Kerns und m_o die Masse des Elektrons bezeichnet. Das Zentralkraft-Potential U hängt nur vom Betrag des Kern-Elektron-Abstandes ab. Das atomare Kepler-Problem separiert in den Koordinaten

$$\vec{q} \overset{\text{def}}{=} \vec{q}_e - \vec{Q}_k \quad , \quad \vec{Q} \overset{\text{def}}{=} (m_o\vec{q}_e + M_k Q_k)/(M_k + m_o)$$

in eine translatorische Schrödingergleichung für den Schwerpunkt und in eine interne Schrödingergleichung (vgl. 4.3.2)

$$\{\frac{1}{2\mu}\hat{p}^2 + U(|\hat{\vec{q}}|)\}\Psi = E\Psi$$

wobei $\mu = m_o M_k/(M_k + m_o)$ die reduzierte Masse des Kern-Elektron-Systems und $\hat{\vec{p}}$ der zu $\vec{q}$ kanonisch konjugierte Impuls ist

$$\hat{\vec{p}} = \frac{\hbar}{i}\frac{\partial}{\partial\vec{q}} .$$

In der Schrödinger-Darstellung erhält man für die interne Schrödingergleichung, falls man Kugelkoordinaten (r,ϑ,φ) verwendet (vgl. 4.3.4 und 3.2.8)

$$\{\frac{\partial^2}{\partial r^2} + \frac{2}{r}\frac{\partial}{\partial r} - \frac{2\mu}{\hbar^2}U(r) - \frac{1}{r^2\hbar^2}\hat{\ell}^2\}\Psi(r,\vartheta,\varphi) = -\frac{2\mu}{\hbar^2}E\,\Psi(r,\vartheta,\varphi).$$

Geht man mit dem Produktansatz $\Psi(r,\vartheta,\varphi)_- = R_\ell(r)Y_{\ell,m_\ell}(\vartheta,\varphi)$ in diese Schrödingergleichung ein, so erhält man nach Trennung der Variablen die radiale Schrödingergleichung

$$\{\frac{\partial^2}{\partial r^2} + \frac{2}{r}\frac{\partial}{\partial r} + \frac{2\mu}{\hbar^2}U(r) - \frac{1}{r^2}\ell(\ell+1)\}R_\ell(r) = -\frac{2\mu}{\hbar^2}E\,R\,(r), \qquad \ell = 0,1,\dots\;,$$

wobei die Funktionen Y_{ℓ,m_ℓ} die Kugelflächenfunktionen sind.

Im Gegensatz zu Systemen mit ausschliesslich Coulombwechselwirkung hängen die Energieeigenwerte der Radialgleichung beim allgemeinen atomaren Keplerproblem auch von der Drehimpulsquantenzahl ℓ ab, während die Entartung bezüglich m_ℓ erhalten bleibt. Dabei wird die Konvention üblicherweise so gewählt, dass gilt

$$E_{\ell,n} \le E_{\ell,n'} \qquad \text{falls } n < n'\;.$$

Wie bei den wasserstoffähnlichen Atomen bezeichnet man die Zustände zu $\ell = 0,1,2$ durch kleine lateinische Buchstaben s,p,d,f,g,.. Beim allgemeinen atomaren Keplerproblem hat ein 2s-Zustand eine andere Energie als ein 2p-Zustand, ein 3p-Zustand eine andere Energie als ein 3d-Zustand usf.

Die Zustandsfunktion eines atomaren Kepler-Problems ist erst dann vollständig spezifiziert, wenn auch der Spin des Elektrons mit berücksichtigt worden ist. Da der Hamiltonoperator den Spin nicht enthält und daher mit allen Spinoperatoren vertauscht, erhält man das System der gemeinsamen Eigenfunktionen von Hamiltonoperator und Spinoperatoren einfach durch Antensorieren von Spinfunktionen an die Ortsfunktionen (vgl. 5.1.3). Die Zustandsfunktion ist damit durch vier Quantenzahlen n,ℓ,m_ℓ und m_s charakterisiert und von der Form

$$\Phi_{n,\ell,m_\ell,m_s} = R_{n,\ell}Y_{\ell,m_\ell}\chi_{m_s}$$

wobei $m_s = \pm\frac{1}{2}$ die magnetische Spinquantenzahl und $\chi_{1/2} = \alpha$, $\chi_{-1/2} = \beta$ den antensorierten Elektronenspin bezeichnet. Die Menge der Zustände zu einem festen Wert von n nennt man eine *Schale*. Die Schalen haben historisch begründete Namen: $n = 1$ entspricht der K-Schale, $n = 2$ der L-, $n = 3$ der M-Schale und so fort. Die Menge der Zustände zu einem festen Wert von n *und* ℓ bilden eine *Unterschale*, etwa die 2s-, 2p-, 3s-, 3p-, 3d-Unterschale usw.

Weil bei Atomen mit mehr als einem Elektron die Abspaltung der Schwerpunktskoordinate mühsam ist, arbeitet man häufig in der Born-Oppenheimer Näherung, d.h. man fixiert den Atomkern. Im Falle von nur einem Elektron diskutiert man dann kein Zweikörperproblem mehr, sondern die Zustände eines Einelektronensystemsin einem festen, kugelsymmetrischen äusseren Potential U. Der Hamiltonoperator ist dann von der Form

$$\hat{H}_{BO} = \frac{1}{2m_o}\hat{p}_e^2 + U(|\hat{\vec{q}}_e|) ,$$

falls man den Ursprung des Koordinatensystems an den Ort des fixierten Kernes legt. Dieser Born-Oppenheimer-Hamiltonoperator unterscheidet sich von dem internen Hamiltonoperator des atomaren Keplerproblems nur darin, dass er statt der reduzierten Masse μ die Masse m_o des Elektrons enthält. Ist U gleich dem Coulomb-Potential, so kann man den Born-Oppenheimer-Fehler in der Energie leicht abschätzen. Es gilt nämlich (vgl. 3.2.8)

$$E_n = -\frac{Z^2\hbar^2}{2a^2n^2}\frac{1}{\mu} = -\frac{Z^2\hbar^2}{2a^2n^2}\{(m_o+M_k)/m_oM_k\} \approx -\frac{Z^2\hbar^2}{2a^2n^2}\{\frac{1}{m_o}+\frac{1}{M_k}\}$$

so dass der relative Fehler bei 10^{-3} bis 10^{-5} liegt.

Bemerkung: Relativistische Massenkorrektur
Im Bohrschen Atommodell bewegt sich ein Elektron auf den tiefliegenden Bahnen bei hoher Kernladungszahl so schnell, dass die Masse des Elektrons relativistisch korrigiert werden muss nach der bekannten Formel

$$m = m_0/\sqrt{1-v^2/c^2} ,$$

worin m_0 die Ruhemasse des Elektrons, v seine Geschwindigkeit und c die Lichtgeschwindigkeit bezeichnet. Berücksichtigt man diese Massenkorrektur bei der quantenmechanischen Diskussion wasserstoffähnlicher Systeme, so erhält man in erster Näherung*)

$$E_{n,\ell} = -\frac{Z^2\hbar^2}{2\mu a^2}\frac{1}{n^2}\{1+\frac{\alpha^2Z^2}{n^2}(\frac{n}{\ell+1/2}-\frac{3}{4}) + ...\}$$

wobei $\alpha = e^2/\hbar c = 1/137{,}036...$ die Feinstrukturkonstante ist. Für den 1s-Zustand eines Elektrons im Coulomb-Feld eines Holmiumkernes (Z=67) erhält man eine Korrektur von 30% in der Energie!

---

*) Vgl.: E.U.Condon und G.H.Shortley; "The Theory of atomic Spectra", Cambridge University Press, 1935.

Zusammenfassung: Atomares Kepler-Problem

Ein System von einem Atomkern und einem Elektron, welche über ein Zentralkraftpotential U wechselwirken, bezeichnet man als atomares Kepler-Problem. Nach der Abtrennung der Schwerpunktsdynamik erhält man für die interne Dynamik eine Schrödingergleichung mit dem Hamiltonoperator

$$\frac{1}{2\mu}\,\hat{p}^2 + U(|\hat{\vec{q}}|)\ ,$$

wobei μ die reduzierte Masse des Kern-Elektron-Systems ist. Die zugehörigen Eigenfunktionen sind durch vier Quantenzahlen n,ℓ,m_ℓ und m_s charakterisiert. Die Eigenwerte hängen nur von n und ℓ ab, sind also bezüglich m_ℓ und m_s entartet.

5.2.2 *DAS ZENTRALFELDMODELL FÜR MEHRELEKTRONENATOME*

Der Born-Oppenheimer-Hamiltonoperator eines Systems von N Elektronen im Coulombfeld eines Atomkerns der Ladung Ze_o ist gegeben durch

$$\hat{H} = \frac{1}{2m_o}\sum_{i=1}^{N}\hat{p}_i^{\,2} - \frac{1}{4\pi\varepsilon_o}\sum_{i=1}^{N}\frac{Ze_o^2}{|\hat{\vec{q}}_i|} + \frac{1}{4\pi\varepsilon_o}\sum_{i<j}^{N}\frac{e_o^2}{|\hat{\vec{q}}_i - \hat{\vec{q}}_j|}\ ,$$

falls man die Koordinate des Kernes in den Ursprung des Koordinatensystems legt. Wenn auch die Coulombwechselwirkung zwischen den Elektronen zur Korrelation der Elektronen führt, so hat es sich doch gezeigt, dass atomare Systeme, d.h. neutrale Atome und Atomionen, in guter Näherung durch ein Modell *unabhängiger* Elektronen beschrieben werden können, welche sich in einem Zentralkraftpotential bewegen. Dafür bietet sich zunächst die Hartree-Fock-Methode an, welche auch verwendet wird, wenn man an approximativen numerischen Ergebnissen interessiert ist*). Bei vielen Fragen kann man aber auf die Selbstkonsistenz der Potentiale verzichten und auf einem einfacheren Weg zu einer qualitativ richtigen effektiven Ein-Teilchen-Beschreibung gelangen. Dazu addiert man den folgenden, dem Null-

---

*) Vgl.a. Ch.F.Fischer, "The Hartree-Fock Method for Atoms. A numerical approach." Wiley, New York, 1977.

operator entsprechenden Term

$$\sum_{i=1}^{N} U(|\hat{\vec{q}}_i|) - \sum_{i=1}^{N} U(|\hat{\vec{q}}_i|)$$

zum Hamiltonoperator und teilt dann den Hamiltonoperator in folgender Weise auf

$$\hat{H} = \hat{H}_0 + \hat{H}_1$$

$$\hat{H}_0 = \frac{1}{2m_0}\sum_{i=1}^{N}\{\hat{p}_i^2 + U(|\hat{\vec{q}}_i|)\}$$

$$\hat{H}_1 = -\sum_{i=1}^{N}\{U(|\hat{\vec{q}}_i|) + \frac{1}{4\pi\varepsilon_0}\frac{Ze_0^2}{|\hat{\vec{q}}_i|}\} + \frac{1}{4\pi\varepsilon_0}\sum_{i<j}^{N}\frac{e_0^2}{|\hat{\vec{q}}_i - \hat{\vec{q}}_i|}$$

Falls man das Zentralkraftpotential U geeignet wählt*), kann $\hat{H}_1$ als kleine Störung eines ungestörten Systems betrachtet werden, welches durch die Schrödingergleichung

$$\hat{H}_0\Psi = E\Psi$$

beschrieben wird. Diese Schrödingergleichung definiert das sogenannte *Zentralfeld-Modell* für Atome.

Der Hamiltonoperator $\hat{H}_0$ ist eine Summe von gleichartigen Einteilchenoperatoren $\hat{H}_j$ (vgl. 5.2.1)

$$\hat{H}_0 = \sum_{j=1}^{N}\hat{H}_j,$$

so dass alle antisymmetrisierten Produkte von N Orbitalen $\varphi_{n,\ell,m_\ell,m_s}$, welche Lösungen des atomaren Keplerproblems

$$\hat{h}\varphi = \varepsilon\varphi \quad ,$$

$$\hat{h} = \frac{1}{2m_0}\hat{p}^2 + U(|\hat{\vec{q}}|) \quad ,$$

sind, die N-Teilchen-Schrödingergleichung in der Zentralfeld-Näherung erfüllen. Die Energie des Systems ist in dieser Näherung durch die Summe der Orbitalenergien ε gegeben (vgl. Aufgabe 5.1.2).

Die Orbitalenergien des atomaren Keplerproblems hängen nur von den Quantenzahlen n und ℓ ab, nicht aber von m_ℓ und m_s, sie sind auf jeder Unterschale

*) Eine Diskussion geeigneter Annahmen findet man in Condon and Shortley, a.a.O., Kap. XIV.

konstant. Wegen $m_\ell = -\ell, -\ell+1, \dots, \ell$ und $m_s = -1/2, +1/2$ ist die mit einer Unterschale (n,ℓ) assoziierte Orbitalenergie $\varepsilon_{n,\ell}$ $2(2\ell+1)$-fach entartet. Dementsprechend sind auch die Eigenfunktionen des Zentralfeld-Hamiltonoperators $\hat{H}_o$ entartet. Die Energie einer Ein-Slaterdeterminanten-Eigenfunktion von $\hat{H}_o$ ändert sich nicht, wenn ein Orbital durch ein anderes aus *derselben* Unterschale ersetzt wird. Die allgemeinste Eigenfunktion von $\hat{H}_o$ ist eine Linearkombination von Slaterdeterminanten, die alle dieselbe Anzahl von Orbitalen aus den verschiedenen Unterschalen aufweisen. Die Angabe dieser sogenannten *Besetzungszahlen* für alle Unterschalen (n,ℓ) definiert die *Elektronenkonfiguration* eines Atoms. Dabei verwendet man die folgende Notation: $(n\ell)^r$ heisst, dass r Orbitale der Unterschale (n,ℓ) besetzt sind.

Beispiel
$(4d)^3$ bedeutet: Drei Orbitale der Unterschale mit $n = 4$ und $\ell = 2$ sind besetzt.

Im Falle $(n\ell)^{2(2\ell+1)}$ stimmt die Besetzungszahl der Unterschale (n,ℓ) mit der Zahl der linear unabhängigen Orbitale in (n,ℓ) überein. Man sagt dann, die Unterschale (n,ℓ) sei *abgeschlossen*.

Kode n ℓ	m_ℓ	m_s	Zahl der Orbitale	Konfiguration der abgeschlossenen Schale
K 1 0	0	-1/2,+1/2	2.1	$(1s)^2$
L 2 0	0	-1/2,+1/2	2.1 } 8	$(2s)^2(2p)^6$
1	-1,0,+1	-1/2,+1/2	2.3	
M 3 0	0	-1/2,+1/2	2.1 } 18	$(3s)^2(3p)^6(3d)^{10}$
1	,0,	-1/2,+1/2	2.3	
2	-2,-1,0,+1,+2	- /2,+ /2	2.5	
N 4				$(4s)^2(4p)^6(4d)^{10}(4f)^{14}$

Mögliche Werte der Quantenzahlen (n,ℓ,m_ℓ,m_s) für die Orbitale im Zentralfeld-Modell

Die Grundzustandsenergie der Atome ist in der Zentralfeld-Näherung durch jene Konfiguration bestimmt, welche man durch Besetzen der energetisch tiefstliegenden Schalen erhält. Für die energetische Reihenfolge der Schalen gilt nach

Definition (vgl. 5.2.1): $\varepsilon_{n,\ell} < \varepsilon_{n',\ell}$ falls $n < n'$. Haben zwei Unterschalen verschiedene Drehimpulsquantenzahl, so kann über ihre energetische Reihenfolge erst etwas gesagt werden, wenn das Potential U spezifiziert ist. Geht man zu einer relativistischen Hartree-Fock-Beschreibung, so ergibt sich im allgemeinen folgende Reihenfolge der Orbitalenergien atomarer Systeme

$$\varepsilon(1s) < \varepsilon(2s) < \varepsilon(2p) < \varepsilon(3s) < \varepsilon(3p) < \varepsilon(4s) \lesssim \varepsilon(3d) < \varepsilon(4p) <$$
$$< \varepsilon(5s) \lesssim \varepsilon(4d) < \varepsilon(5p) < \varepsilon(6s) \lesssim \varepsilon(4f) \lesssim \varepsilon(5d) < \varepsilon(6p) < \varepsilon(7s) \ldots ,$$

wobei zu beachten ist, dass die Energien der Unterschalen 4s und 3d; 5s und 4d; 6s, 4f und 5d; in der Regel nahe beieinanderliegen und ihre Reihenfolge wechselt. Dieses Resultat kann durch die sogenannte $(n+\ell,n)$-Regel rationalisiert werden, welche besagt:

$$\text{(i)} \quad \varepsilon_{n,\ell} < \varepsilon_{n',\ell'} \quad \text{falls} \quad n+\ell < n'+\ell'$$
$$\text{(ii)} \quad \varepsilon_{n,\ell} < \varepsilon_{n',\ell'} \quad \text{falls} \quad n+\ell = n'+\ell' \text{ und } n < n'.$$

Interpretiert man die $(n+\ell,n)$-Regel im Zentralfeldmodell - in welchem die Gesamtenergie im Gegensatz zur Hartree-Fock-Theorie gleich der Summe der Orbitalenergien ist - so gelangt man zu einem Besetzungsschema für die Unterschalen, welches sich empirisch bei der Diskussion des periodischen Systems der Elemente bewährt hat: Die Unterschale (n,ℓ) wird vor der Unterschale (n',ℓ') besetzt, falls

$$\text{(i)} \quad n+\ell < n'+\ell', \text{ oder}$$
$$\text{(ii)} \quad n+\ell = n'+\ell' \text{ und } n < n'.$$

Mit Hilfe des nebenstehenden Schemas kann man sich diese $(n+\ell,n)$-Regel für die Besetzung der Unterschalen leicht einprägen. Es gibt nur wenige Ausnahmen, etwa Cr: $[Ar](3d)^5(4s)^1$ oder Cu: $[Ar](3d)^{10}(4s)^1$. In dieser Notation bedeutet [Ar], dass von den nur teilweise besetzten 3d- und 4s-Unterschalen die Elektronenkonfiguration des Argon-Grundzustandes einzusetzen ist, welche nur abgeschlossene Unterschalen aufweist.

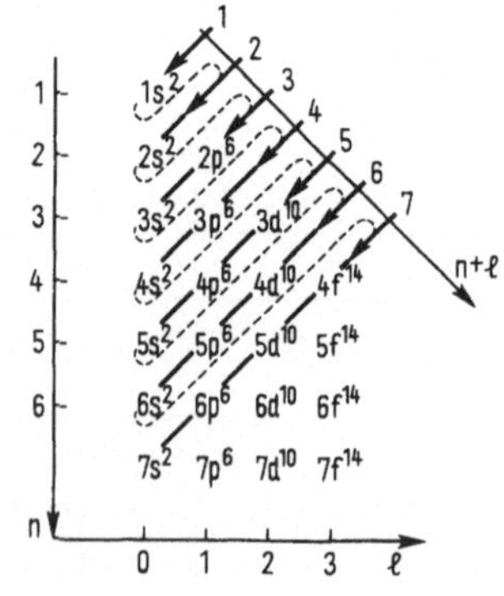

Aufgabe 5.2.1
Man diskutiere das Bohrsche Aufbauprinzip und das periodische System der Elemente mit Hilfe der $(n+\ell,n)$-Regel.

Aufgabe 5.2.2
Atome oder Ionen heissen homolog, wenn jeweils ihr "letztes Elektron" in den Quantenzahlen ℓ, m_ℓ und m_s übereinstimmt. Man diskutiere die chemische Bedeutung homologer Atome. Zur Aufhebung der Entartung nehme man an, dass in Richtung der z-Achse ein kleines äusseres Magnetfeld angelegt ist (vgl. Aufgabe 3.2.13).

Zusammenfassung: Zentralfeldmodell für Mehrelektronenatome
Im Zentralfeldmodell wird ein Atom oder Atomion durch ein Modell von N unabhängigen Elektronen beschrieben, die sich in einem effektiven Zentralkraftpotential bewegen. In diesem Modell erhält man die stationären Zustände des N-Elektronenproblems über das Antisymmetrisieren von Produkten von Eigenorbitalen $\varphi_{n,\ell,m_\ell,m_s}$ eines atomaren Keplerproblems. Die Zahl der darin vorkommenden Orbitale mit gleichem n und ℓ bezeichnet man als die Besetzungszahl der Unterschale (n,ℓ) in diesem stationären Zustand. Die Angabe der Besetzungszahl für alle Unterschalen definiert die zu einem stationären Zustand gehörige Elektronenkonfiguration. Die Energie eines Atoms ist im Zentralfeldmodell durch die Elektronenkonfiguration festgelegt. Die Energie eines Atoms im Grundzustand erhält man durch Besetzen der energetisch tiefstliegenden Unterschalen.

5.2.3 WIE ADDIERT MAN DREHIMPULSE?

Wir betrachten zwei kinematisch unabhängige Drehimpulse $\hat{\vec{A}}_1$ und $\hat{\vec{A}}_2$, wobei es unwichtig ist, ob es sich um Spin-, Bahn-, oder Gesamtdrehimpulse oder um eine Kombination von diesen handelt. Wesentlich ist nur, dass die Komponenten der $\hat{\vec{A}}_i$ die Vertauschungsrelationen eines Drehimpulses erfüllen (vgl. 3.2.4). Aus den Operatoren $\hat{\vec{A}}_i$ erhält man einen Satz von vier *vertauschbaren* Operatoren: $\hat{A}_1^2$, $\hat{A}_2^2$, $\hat{A}_{1z}$, $\hat{A}_{2z}$. Das gemeinsame Eigenwertproblem dieser Operatoren führt auf eine Basis gemeinsamer Eigenfunktionen (vgl. 3.2.6) Ψ_{A_1,A_2,M_1,M_2}, mit $(i=1,2)$

$$\hat{A}_i^2\, \Psi_{A_1,A_2,M_1,M_2} = \hbar^2 A_i(A_i+1)\, \Psi_{A_1,A_2,M_1,M_2}\ , \quad A_i = \in \{0, \tfrac{1}{2}, 1, \tfrac{3}{2}, \ldots\}$$

$$\hat{A}_{iz}\, \Psi_{A_1,A_2,M_1,M_2} = \hbar M_i\, \Psi_{A_1,A_2,M_1,M_2}\ , \quad M_i = -A_i, -A_i+1, \ldots, A_i .$$

Definiert man mit den $\hat{\vec{A}}_i$ einen Gesamtdrehimpuls

$$\hat{\vec{A}} = \hat{\vec{A}}_1 + \hat{\vec{A}}_2$$

so kann man aus $\hat{\vec{A}}_1$, $\hat{\vec{A}}_2$ und $\hat{\vec{A}}$ einen anderen Satz von vier vertauschenden Drehimpulsen konstruieren, $\hat{A}_1^2$, $\hat{A}_2^2$, $\hat{A}^2$ und $\hat{A}_z \cdot \hat{A}_z$ vertauscht mit $\hat{A}_1^2$ und $\hat{A}_2^2$, da $\hat{A}_{1z}$ und $\hat{A}_{2z}$ mit $\hat{A}_1^2$ und $\hat{A}_2^2$ vertauschen. Eine kurze Überlegung zeigt, dass $\hat{A}^2$ mit $\hat{A}_1^2$ vertauscht

$$\begin{aligned}[\hat{A}_1^2, (\hat{\vec{A}}_1+\hat{\vec{A}}_2)^2] &= [\hat{A}_1^2, \hat{A}_1^2 + \hat{\vec{A}}_1\hat{\vec{A}}_2 + \hat{\vec{A}}_2\hat{\vec{A}}_1 + \hat{A}_2^2] \\ &= [\hat{A}_1^2, \hat{\vec{A}}_1]\,\hat{\vec{A}}_2 + \hat{\vec{A}}_2[\hat{A}_1^2, \hat{\vec{A}}_1] \\ &= 0 \qquad ,\end{aligned}$$

da jede Komponente von $\hat{\vec{A}}_1$ mit $\hat{A}_1^2$ vertauscht (vgl. 3.2.6). In gleicher Weise zeigt man

$$[\hat{A}_2^2, (\hat{\vec{A}}_1+\hat{\vec{A}}_2)^2] = 0 \ .$$

Die vier Operatoren $\hat{A}_1^2$, $\hat{A}_2^2$, $\hat{A}^2$ und $\hat{A}_z$ besitzen dann gleichfalls ein System gemeinsamer Eigenfunktionen $\Psi_{A_1,A_2,A,M}$ $(i = 1,2)$

$$\hat{A}_i^2 \Psi_{A_1,A_2,A,M} = \hbar^2 A_i(A_i+1)\Psi_{A_1,A_2,A,M} \qquad A_i = \in \{0, \tfrac{1}{2}, 1, \tfrac{3}{2}, \ldots\}$$

$$\hat{A}^2 \Psi_{A_1,A_2,A,M} = \hbar^2 A\,(A+1)\Psi_{A_1,A_2,A,M} \qquad A = \ ?$$

$$\hat{A}_z \Psi_{A_1,A_2,A,M} = \hbar M\, \Psi_{A_1,A_2,A,M} \qquad M = -A, -A+1, \ldots, A \ .$$

Die möglichen Werte der Quantenzahlen M_i sind eingeschränkt bei vorgegebenem Wert von A_i. In analoger Weise stellt sich die Frage nach der Addition quantenmechanischer Drehimpulse: Welchen Wert kann A (und damit M) annehmen, wenn $\hat{\vec{A}}_1$ und $\hat{\vec{A}}_2$ vorgegeben sind? Wir beantworten diese Frage mit Hilfe eines Abzählverfahrens. Dazu nehmen wir an, wir hätten eine nicht-entartete gemeinsame Basis von $\hat{A}_1^2$, $\hat{A}_2^2$, $\hat{A}_{1z}$ und $\hat{A}_{2z}$, d.h. einen Satz von Eigenfunktionen Ψ_{A_1,A_2,M_1,M_2}, so dass jede mögliche Kombination der vier Quantenzahlen A_1, A_2, M_1 und M_2 genau eine Basisfunktion indiziert.

Bei fest vorgegebenen Werten von A_1 und A_2 führen die zulässigen Werte von M_1 und M_2 auf einen Satz von

$$2(A_1+1)(2A_2+1) = 4A_1A_2 + 2(A_1+A_2) + 1$$

Basisfunktionen. Die Werte der Quantenzahl M lassen sich nun leicht bestimmen: Wegen $\hat{A}_z = \hat{A}_{1z}+\hat{A}_{2z}$ gilt offensichtlich $M = M_1+M_2$. Bei fest vorgebenen A_1 und A_2 kann also M den Wert A_1+A_2 nicht überschreiten. Wegen $M = -A,\ldots,+A$ gehört $M = A_1+A_2$ zu einem Satz von Funktionen mit $A = A_1+A_2$, welcher insgesamt $2(A_1+A_2)+1$ Funktionen umfasst.

Der Wert $M = A_1+A_2 - 1$ kann auf zweifache Weise zustande kommen: $M_1 = A_1$, $M_2 = A_1 - 1$ oder $M_1 = A_1 - 1$, $M_2 = A_2$. Die entsprechenden Funktionen spannen einen 2-dimensionalen Raum auf. Eine Funktion aus diesem Raum gehört zu dem Satz mit $A = A_1+A_2$, eine zweite, linear davon unabhängige muss zu einem Satz mit $A = A_1+A_2-1$ gehören.

Der Wert $M = A_1+A_2 - 2$ kann auf dreifache Weise zustande kommen

$$\begin{aligned} M_1 &= A_1 \quad\ , M_2 = A_2 - 2 \\ M_1 &= A_1 - 1, M_2 = A_2 - 1 \\ M_1 &= A_1 - 2, M_2 = A_2 \end{aligned}$$

Aus dem entsprechenden 3-dimensionalen Unterraum gehört eine Funktion zu dem Satz mit $A = A_1+A_2$, eine zweite zu dem Satz mit $A = A_1+A_2 - 1$ und eine dritte, linear von den beiden ersten unabhängige, zu einem Satz mit $A_1+A_2 - 2$.

Dieses Verfahren lässt sich iterieren, bis es einmal abbricht. Da man wegen $M_1 = -A_1,\ldots,+A_1$ und $M_2 = -A_2,\ldots,+A_2$ auf genau A_1 Weisen den Wert $M = M_1+M_2 = 0$ kombinieren kann, falls $A_2 \geq A_1$ ist, bricht das Verfahren nach A_1 Schritten ab, weil der Funktionensatz zu jedem Wert von A eine Funktion mit $M = 0$ enthält. Ist umgekehrt A_1 grösser als A_2, so bricht die Iteration nach A_2 Schritten ab. Damit haben wir das Ergebnis: Bei vorgegebenen Werten von A_1 und A_2 gilt für die Werte von A

$$A = A_1+A_2,\ A_1+A_2 - 1,\ldots,\ |A_1-A_2|$$

Das System der gemeinsamen Eigenfunktionen von $\hat{A}_1^2$, $\hat{A}_2^2$, $\hat{A}^2$ und $\hat{A}_z$ umfasst bei vorgebenen Werten von A_1 und A_2 genau

$$\sum_{A=|A_1-A_2|}^{A_1+A_2}(2A+1) = \sum_{A=0}^{A_1+A_2}(2A+1) - \sum_{A=0}^{|A_1-A_2|-1}(2A+1) = (A_1+A_2+1)^2-(A_1-A_2)^2 = 4A_1A_2 + 2(A_1+A_2)+1$$

Basisfunktionen, so dass die Dimension der gemeinsamen Basis von $\hat{A}_1^2$, $\hat{A}_2^2$, $\hat{A}^2$ und $\hat{A}_z$ mit jener von $\hat{A}_1^2,\hat{A}_2^2$, $\hat{A}_{1z}$ und $\hat{A}_{2z}$ übereinstimmt.

Bemerkung:
Man erhält die neuen Basisfunktionen $\Psi_{A_1,A_2,A,M}$ in einfacher Weise als Linearkombinationen der alten Basisfunktionen Ψ_{A_1,A_2,M_1,M_2}, wenn man gruppentheoretische Hilfsmittel aus der Darstellungstheorie der Drehgruppe verwendet. Ohne diese Hilfsmittel ist die Berechnung etwas mühsam. Der einfachste Fall von 2 Spin-1/2-Drehimpulsen wird in Aufgabe 3.2.2 behandelt.

Das ganze Vorgehen lässt sich unmittelbar auf die Addition von mehr als zwei Drehimpulsen übertragen, indem man erst zwei Drehimpulse addiert, zu diesen dann einen dritten und so fort.

Zusammenfassung: Addition von Drehimpulsen
Bei gegebenen Quantenzahlen A_1 und A_2 zweier kinematisch unabhängiger Drehimpulse $\hat{A}_1^2$ und $\hat{A}_2^2$ kann die Quantenzahl A für den Eigenwert $\hbar^2A(A+1)$ des Operators $\hat{A}^2 = \hat{A}_1^2+\hat{A}_2^2$ die folgenden Werte annehmen:

$$A = A_1+A_2,\ A_1+A_2-1,\ \dots\ ,\ |A_1-A_2|.$$

5.2.4 TERMSYMBOLE UND TERMENERGIEN

Die Eigenwerte des Zentralfeld-Hamiltonoperators $\hat{H}_o$ für N-Elektronen-Atome sind häufig hoch entartet, da *alle* Slaterdeterminanten mit derselben Anzahl Orbitale aus jeder Unterschale Eigenfunktionen zum selben Eigenwert der Gesamtenergie sind. Die hohe Entartung rührt daher, dass der Zentralfeld-Hamiltonoperator $\hat{H}_o$ mit einer grossen Zahl untereinander vertauschender Operatoren vertauscht, so dass ausgedehnte Systeme gemeinsamer Eigenfunktionen existieren: $\hat{H}_o$ vertauscht mit

$$\hat{\ell}_i^2,\hat{\ell}_{iz},\hat{s}_i^2,\hat{s}_{iz},\quad i = 1,2,\dots,N\ ,$$

die alle untereinander vertauschen. Aus diesen Operatoren kann man speziell auch die Drehimpulsoperatoren

$$\hat{L}^2 = \{\sum_{i=1}^{N} \hat{\vec{\ell}}_i\}^2, \quad \hat{L}_z = \sum_{i=1}^{N} \hat{\ell}_{iz},$$

$$\hat{S}^2 = \{\sum_{i=1}^{N} \hat{\vec{s}}_i\}^2, \quad \hat{S}_z = \sum_{i=1}^{N} \hat{s}_{iz},$$

$$\hat{J}^2 = \{\hat{\vec{L}} + \hat{\vec{S}}\}^2, \quad \hat{J}_z = \hat{L}_z + \hat{S}_z,$$

bilden, welche alle untereinander und mit $\hat{H}_0$ vertauschen.

Unter dem Einfluss der interelektronischen Kopplung wird diese Entartung *teilweise* aufgehoben. Bezieht man die Coulomb-Wechselwirkung mit ein, so vertauscht der Hamiltonoperator, $\hat{H}_0 + \hat{H}_1$(vgl. 5.2.2), nicht mehr mit den $\hat{\ell}_i$ und $\hat{\ell}_{iz}$, $i = 1,\ldots,N$, sondern nur noch mit $\hat{L}^2$ und $\hat{L}_z$, während die Spinentartung voll erhalten bleibt, d.h. $\hat{H}_0 + \hat{H}_1$ vertauscht mit den Spinoperatoren $\hat{s}_i^2$ und $\hat{s}_{iz}$, $i = 1, \ldots, N$. Die Spinentartung wird teilweise aufgehoben, wenn die magnetische Kopplung des Spindrehimpulses mit dem Bahndrehimpuls mit berücksichtigt wird. Diese Wechselwirkungsoperatoren enthalten die Lichtgeschwindigkeit, man spricht daher auch von *relativistischen* Effekten. In der einfachsten Näherung, welche man als Russel-Saunders-Kopplung bezeichnet, ist die Kopplung des gesamten elektronischen Bahndrehimpulses $\hat{\vec{L}}$ an den gesamten elektronischen Spindrehimpuls $\hat{\vec{S}}$ der dominante Term. Der Hamiltonoperator ist dann von der Form

$$\hat{H} = \hat{H}_0 + \hat{H}_1 + \hat{H}_2 \quad \text{mit} \quad H_2 = \xi \hat{\vec{L}} \cdot \hat{\vec{S}} \quad , \xi \in \mathbb{R} \, .$$

In dieser Näherung ist der Spin eines Elektrons gleich stark an den Bahndrehimpuls jedes Elektrons gekoppelt. Da $\hat{H}_2$ nicht mehr mit den Spinoperatoren $\hat{s}_i^2$ und $\hat{s}_{iz}$ der einzelnen Operatoren vertauscht, wohl aber mit dem gesamten elektronischen Spindrehimpuls $\hat{S}^2$ und $\hat{S}_z$ ist nunmehr auch die Spinentartung teilweise aufgehoben. Da sowohl $\hat{H}_0$ als auch $\hat{H}_0 + \hat{H}_1 + \hat{H}_2$ mit $\hat{L}^2$, $\hat{S}^2$, $\hat{J}^2$ und $\hat{J}_z$ vertauschen, existieren Systeme gemeinsamer Eigenfunktionen. Diese gruppiert man zu *Termen*.

Definition:
Die Menge der $(2L+1)(2S+1)$ Zustände zu gegebenen Werten von L und S bei gegebener Elektronenkonfiguration bezeichnet man als Term.

Für Terme mit $L = 0,1,2,3,\ldots$ schreibt man die Symbole S,P,D,F. Um den Wert der Spinquantenzahl S zu vermerken, setzt man den Wert von 2S+1 als linken oberen Index an das Symbol für L.

Beispiele
^1S bedeutet: S = 0, L = 0; ^4F bedeutet: L = 3, S = 3/2.

Den Wert 2S+1 bezeichnet man als die *Multiplizität* eines Terms. Für die Multiplizität haben sich folgende Bezeichnungen eingebürgert

S	0	1/2	1	3/2	2
2S+1	1	2	3	4	5
Bezeichnung	Singulett	Dublett	Triplett	Quartett	Quintett

Die Multiplizität ist eine Eigenschaft eines Terms und darf keinesfalls mit der Anzahl Spektrallinien verwechselt werden, für die man gleichlautende Bezeichnungen verwendet.

Die Additionsregeln für Drehimpulse besagen nun (vgl. 5.2.3), dass bei festgegebenen Werten von L und S J die folgenden Werte annehmen kann

$$J = L+S,\ L+S-1, \ldots, L-S \ , \quad \text{falls} \quad L \geq S \ ,$$
$$J = L+S,\ L+S-1, \ldots, S-L \ , \quad \text{falls} \quad S \geq L \ ,$$

wobei jeder Wert noch (2J+1)-fach bezüglich $\hat{J}_z$ entartet ist. Solange man bei einer nicht-relativistischen Näherung bleibt, also im Fall der Hamiltonoperatoren $\hat{H}_0$ oder $\hat{H}_0+\hat{H}_1$, haben alle Zustände eines Terms dieselbe Energie, es besteht also Entartung bezüglich $\hat{J}^2$ und $\hat{J}_z$. Die Entartung bezüglich $\hat{J}^2$ wird aufgehoben, sobald man die Spin-Bahn-Kopplung $\hat{H}_2 = \xi\,\hat{\vec{L}}\cdot\hat{\vec{S}}$ miteinbezieht. Wegen $\hat{J}^2 = (\vec{L}+\vec{S})^2 = \hat{L}^2 + 2\hat{\vec{L}}\hat{\vec{S}} + \hat{S}^2$ gilt

$$2\hat{\vec{L}}\cdot\hat{\vec{S}} = \hat{J}^2 - \hat{L}^2 - \hat{S}^2 \ ,$$

so dass nunmehr die Energie auch von J abhängt. Den Wert von J setzt man als rechten unteren Index an das Termsymbol.

Beispiele
$^2P_{1/2}$ bedeutet: L = 1, S = 1/2, J = 1/2
$^3D_3$ bedeutet: L = 2, S = 1 , J = 3.

Eine solche Grösse bezeichnet dann keinen Term mehr, sondern eine Teilmenge von 2J+1 Zuständen aus einem Term, eine sogenannte *Termkomponente*. Eine Termkomponente ist erst dann vollständig spezifiziert, wenn auch die Elektronenkonfiguration angegeben ist.

Beispiel
$(1s)^1(2p)^1\ {}^3P_0$ ist eine vollständig spezifizierte Termkomponente. Bedeutung: $L = 1$, $S = 1$, $J = 0$. Es handelt sich um ein 2-Elektronensystem, bei dem die Unterschalen $n = 1$, $\ell = 0$ und $n = 2$, $\ell = 1$ je einfach besetzt sind. Die Termkomponente beschreibt einen angeregten Zustand eines heliumähnlichen Atoms.

Für die praktische Bestimmung von Termsymbolen ist es wichtig, dass abgeschlossene Unterschalen weder zum Gesamtbahndrehimpuls noch zum Gesamtspindrehimpuls etwas beitragen, sie geben immer einen ${}^1S_0$-Beitrag. Sind nämlich alle Orbitale einer Unterschale mit Drehimpulsquantenzahl ℓ besetzt, so folgt wegen $m_i = -\ell, -\ell+1, \ldots, \ell$ bei der Summierung über eine Unterschale: $M = \Sigma m_i = 0$. Da eine abgeschlossene Unterschale keine Entartungsmöglichkeiten mehr bietet, impliziert $M = 0$ $L = 0$ für die Unterschale. Ein analoges Argument gilt für den Spin.

Wir hatten in Abschnitt 5.2.2 gesehen, dass die Energie eines N-Elektronen-Atoms in der Zentralfeldnäherung allein durch die Elektronenkonfiguration beschrieben wird und dass im periodischen System die Unterschalen nach der $(n+\ell, n)$-Regel besetzt werden. Experimentell und auch bei der Berücksichtigung der Spin-Bahn-Kopplung unterscheiden sich aber die zu einer Konfiguration gehörigen Terme und Termkomponenten energetisch. Die *Hundschen Regeln* erlauben es nun, für eine gegebene Elektronenkonfiguration die energetisch tiefstliegende Termkomponente zu finden:

1. In ein und derselben Elektronenkonfiguration hat der Zustand mit *maximalem* S die tiefste Energie.
2. Für eine gegebene Elektronenkonfiguration und festes S hat der Zustand mit maximalem L die tiefste Energie.
3. Innerhalb eines Terms, d.h. bei gegebener Elektronenkonfiguration und gegebenen Werten von S und L, hat jene Termkomponente die minimale Energie, für welche

   - J minimal ist, d.h. $J = |L - S|$, bei weniger als halbbesetzten Schalen,
   - J maximal ist, d.h. $J = L + S$, bei mehr als halbbesetzten Schalen.

Die - rein empirischen - Hundschen Regeln führen erstaunlich oft zu vernünftigen Ergebnissen. Bei der Diskussion atomarer Grundzustände geht man praktisch so vor: Zunächst bestimmt man die Elektronenkonfiguration mit der $(n+\ell,n)$-Regel. Dann bestimmt man die möglichen, d.h. mit dem Pauliprinzip verträglichen, Termkomponenten. Schliesslich wählt man unter diesen mit Hilfe der Hundschen Regeln die energetisch tiefstliegende aus.

Aufgabe 5.2.3
Man schreibe in systematischer Weise alle Termkomponenten auf, die sich aus $S = 0,1/2,1,3/2$ und $L = 0,1,2$ ableiten lassen.

*Aufgabe 5.2.4***
Man zeige mit Hilfe der Hundschen Regeln, dass der Grundzustand von Chlor durch $(1s)^2(2s)^2(2p)^6(3s)^2(3p)^5\ {}^2P_{3/2}$ gegeben ist.

Aufgabe 5.2.5
Man diskutiere den Grundzustand des dreifach positiven Holmium-Ions mit Hilfe der Hundschen Regeln (Elektronenkonfiguration: $(1s)^2(2s)^2(2p)^6(3s)^2(3p)^6(3d)^{10}(4s)^2(4p)^6(4d)^{10}(5s)^2(5p)^6(4f)^{10}$).

Weiterführende Literatur: Die folgenden Werke sind Klassiker: E.U.Condon and G.H.Shortley: "The Theory of Atomic Spectra", Cambridge University Press, first edition 1930, reprint of the corrected edition 1979. G.Herzberg, "Atomic Spectra and Atomic Structure", Dover, New York, 1945.

Zusammenfassung: Termsymbole und Termenergien
Der Zentralfeld-Hamiltonoperator $\hat{H}_0$ vertauscht mit den Operatoren $\hat{S}^2, \hat{L}^2, \hat{J}^2$ und $\hat{M}^2$. In dem System gemeinsamer Eigenfunktionen fasst man eine Menge von Eigenfunktionen mit gleichen Werten von S und L und gleicher Elektronenkonfiguration zu einem Term zusammen. Funktionen innerhalb eines Terms mit demselben Wert von J fasst man zu einer Termkomponente ${}^{2S+1}L_J$ zusammen, wobei J die Werte $L+S, L+S-1, \ldots, |L-S|$ annehmen kann. - Geht man über die Zentralfeld-Näherung hinaus und bezieht die interelektronische Coulomb-Wechselwirkung und die Spin-Bahn-Kopplung mit ein, so wird die energetische Entartung innerhalb einer Konfiguration aufgehoben. Mit Hilfe der Hundschen Regeln lassen sich die energetisch tiefstliegenden Terme und Termkomponenten bei gegebener Konfiguration erraten. Zusammen mit der $(n+\ell,n)$-Regel erlaubt dies, ohne quantenmechanische Rechnungen sinnvolle Vermutungen über atomare Grundzustände zu formulieren.

5.3 FAKTEN UND ZAHLEN: DIE GESCHICHTE DES WASSERSTOFF-MOLEKÜLS

5.3.1 "CHEMISCHE BINDUNG"

Trotz hartnäckigen Bemühens war es den Theoretikern bis 1925 nicht gelungen, das Phänomen der chemischen Bindung und insbesondere die Existenz der H_2-Molekel im Rahmen der klassischen Physik und der alten Bohr-Sommerfeldschen Quantentheorie zu erklären. Da es zu billig gewesen wäre, die Fehlschläge länger auf das Konto der *Theoretiker* zu buchen, verwarf man schliesslich diese *Theorien* für die Beschreibung molekularer Systeme.

Unmittelbar nach der Veröffentlichung der berühmten Wellengleichung Schrödingers wendeten Heitler und London die neue Mechanik auf das H_2-Molekül an. Zum erstenmal in der Geschichte der Chemie vermochten sie das Phänomen einer kovalenten chemischen Bindung physikalisch verständlich zu machen.*) Heitler und London verwendeten den folgenden elektronischen Hamiltonoperator (in atomaren Einheiten):

$$\hat{H} = \tfrac{1}{2}\hat{p}_1^2 + \tfrac{1}{2}\hat{p}_2^2 + \frac{1}{|\hat{\vec{q}}_1 - \hat{\vec{q}}_2|} - \frac{1}{|\hat{\vec{q}}_1 - \vec{R}_1|} - \frac{1}{|\hat{\vec{q}}_1 - \vec{R}_2|} - \frac{1}{|\hat{\vec{q}}_2 - \vec{R}_1|} - \frac{1}{|\hat{\vec{q}}_2 - \vec{R}_2|} + \frac{1}{|\vec{R}_1 - \vec{R}_2|} .$$

Sie berücksichtigten also nur die Coulomb-Wechselwirkungen und arbeiteten mit fixierten Kernen (d.h. in der Born-Oppenheimer-Näherung nach heutiger Terminologie). Als Ansatz für die Schrödingersche Zustandsfunktion Ψ des Grundzustandes wählten sie

$$\Psi(\vec{q}_1, m_1, \vec{q}_2, m_2) = \Phi(\vec{q}_1, \vec{q}_2) \cdot \chi(m_1, m_2)$$

mit der antisymmetrischen Spinfunktion

$$\chi = 2^{-1/2}\{\alpha \otimes \beta - \beta \otimes \alpha\}$$

und einer aus zwei reellen Atomorbitalen φ_1 und φ_2 konstruierten symmetrischen Funktion

$$\Phi(\vec{q}_1, \vec{q}_2) = (2+2S^2)^{-1/2}\{\varphi_1(\vec{q}_1)\varphi_2(\vec{q}_2) + \varphi_2(\vec{q}_1)\varphi_1(\vec{q}_2)\}$$

worin S das Überlappungsintegral der beiden nicht als orthogonal vorausgesetzten Atomorbitale bezeichnet.

---

*) W.Heitler und F.London, "Wechselwirkung neutraler Atome und homöopolare Bindung nach der Quantenmechanik" Z.für Physik 44, 455-472(1927).

$$S = \int_{\mathbb{R}^3} \varphi_1(\vec{q})\varphi_2(\vec{q})d^3q \ .$$

Dieser Ansatz ist das einfachste Beispiel der sogenannten Spin-Valenz-Methode ("valence bond theory"). Er beruht auf der Vorstellung einer "Resonanz" zwischen den beiden "Grenzstrukturen" $\varphi_1 \otimes \varphi_2$ und $\varphi_2 \otimes \varphi_1$. Heitler und London liessen sich von der Grenzsituation grosser internuklearer Abstände $R = |\vec{R}_1 - \vec{R}_2|$ inspirieren und wählten als "Grenzstruktur" zwei freie Wasserstoffatome: Die Atomorbitale φ_1 und φ_2 sind dann durch 1s-Orbitale der Wasserstoffatome gegeben

$$\varphi_j(q) = \pi^{-1/2}\exp\{-|\vec{q}-\vec{R}_j|\} \quad , \ j = 1,2 \ .$$

Obwohl die numerische Übereinstimmung der Heitler-Londonschen Resultate mit den damals besten experimentellen Werten von Witmer*) zu wünschen übrig liess, war den Fachleuten klar, dass man sich auf dem richtigen Wege befand. Die von Heitler und London errechneten Werte für die Bindungsenergie und den Kernabstand bewiesen die Existenz einer stabilen Wasserstoff-Molekel

	Theorie Heitler-London 1927	Experiment Witmer 1926	Unter-schied
Gesamtenergie	-1,12 at.E	-	-
Bindungsenergie	3,2 eV	(4,42) eV	-
Dissoziationsenergie	(2,9) eV	4,15 eV	29%
Kernabstand	0,8 Å	-	-

Bemerkung:
Als Resultat einer quantenchemischen Born-Oppenheimer-Rechnung erhält man die ***Gesamtenergie*** eines molekularen Systems in einem Minimum der Potentialfläche (üblicherweise in atomaren Einheiten). Die ***Bindungsenergie*** erhält man durch Subtraktion der Energie der gebundenen Fragmente, hier also zweier H-Atome (historisch meist in eV). Experimentell unmittelbar zugänglich ist die ***Dissoziationsenergie***, welche von den Spektroskopikern in Wellenzahlen, d.h. in cm^{-1}, angegeben wird. Die Dissoziationsenergie unterscheidet sich von der Bindungsenergie durch die Nullpunktsenergie der Kernschwingungen (vgl. 4.3.4), welche beim H_2 etwa 0,27 eV beträgt.

---

*) E.E.Witmer, Phys.Rev. 28, 1223 - 1241 (1926) .

Bemerkung:
Wegen des Variationsprinzips sind die theoretischen Werte für die Bindungsenergie umso besser, je grösser sie sind. Dies gilt jedoch nur, weil die Energie der Dissoziationsfragmente, nämlich der H-Atome, exakt bekannt ist.

Die Ergebnisse von Heitler und London wurden sehr rasch ganz wesentlich verbessert. Zunächst korrigierte Wang (Phys.Rev. 31, 579 - 586, 1928) den Hauptfehler des Heitler-London-Ansatzes, indem er *skalierte* 1s-Orbitale

$$\varphi_j(\vec{q}) = (\alpha^3/\pi)^{1/2} \exp\{-\alpha|\vec{q}-\vec{R}_j|\} \quad , \; j = 1,2$$

benützte und den Streckungsparameter α mit dem Variationsprinzip optimal zu $\alpha = 1{,}166$ bestimmte. Damit erhöhte sich die Bindungsenergie auf 3,78 eV, und der Bindungsabstand ergab sich zu 0,744 Å in guter Übereinstimmung mit dem heutigen Wert. Wenig später wurden die Resultate durch Berücksichtigung von Polarisationseffekten in den Atomorbitalen φ_1 und φ_2 weiter verbessert. Heute kennen wir die mit dem Ansatz $\varphi_1 \otimes \varphi_2 + \varphi_2 \otimes \varphi_1$ erreichbare Grenze: Die Bindungsenergie kann mit dem Spin-Valenz-Ansatz nicht grösser als 4,38 eV werden. Es bleibt gegenüber den heutigen experimentellen Werten von 4,75 eV ein Fehler von 0,37 eV $\hat{=}$ 37,7 kJ Mol^{-1}.

Methode	Bindungslänge	Bindungsenergie
Heitler-London	0,80 Å	3,2 eV
beste 1s-Orbitale	0,744 Å	3,78 eV
beste Atomorbitale	-	4,38 eV
Heutiger experimenteller Wert	0,74116 Å	4,7466 eV

Spin-Valenz-Methode für den Grundzustand von H_2

Der Hauptnachteil der auf Heitler und London zurückgehenden Spin-Valenz-Methode liegt darin, dass er nicht auf eine natürliche Weise verbessert werden kann. Für grössere Molekel wird die Spin-Valenz-Methode sehr kompliziert, so dass sie heute nur noch selten verwendet wird.

Unter den zahlreichen Versuchen, nach der qualitativen Übereinstimmung zwischen Theorie und Experiment, welche man durch die Spin-Valenz-Methode erhalten hatte, auch numerisch zur vollen Übereinstimmung zu gelangen, ragen eine experimentelle und eine theoretische Leistung heraus. Im Jahre 1935 setzte Beutler (Z.Phys.Chem. B29, 315 - 327,1935) mit einer Präzisionsmessung der Dissoziationsenergie D_0 von H_2 den für die nächsten 25 Jahre gültigen Standard. Auf Seiten der Theorie publizierten H.M.James und A.S.Coolidge (J.Chem.Phys. 1, 825 - 835, 1933) eine Variationsrechnung für den Grundzustand von H_2 mit 13 sorgfältig ausgewählten Variationsparametern. Sie verwendeten rotationselliptische Koordinaten und rechneten nicht mit Orbitalen, sondern mit Zwei-Elektronenfunktionen. Ihr Resultat erzielten sie in dreijähriger, mühsamer Arbeit auf Handrechenmaschinen. Es blieb für mehr als 25 Jahre unübertroffen und brachte die *vollständige* Übereinstimmung mit dem Experiment innerhalb der Rechengenauigkeit, welche allerdings um eine Zehnerpotenz geringer war als die experimentelle Genauigkeit.

Theorie	James-Coolidge, 1933	36104±105 cm^{-1}
Experiment	Beutler, 1935	36116±6 cm^{-1}

Dissoziationsenergie der H_2-Molekel. (Die Umrechnung des Wertes von James und Coolidge stammt von Beutler und Jünger, Z.f.Phys. 101, 304-310,1936.)

Die Rechnung von James und Coolidge hatte einen Nachteil, der auch für heutige Hochgenauigkeitsrechnungen bezeichnend ist: Sie lässt sich, im Gegensatz etwa zur Spin-Valenz-Methode, nicht anschaulich interpretieren. Es scheint das Ziel vieler zwischen 1933 und 1960 veröffentlichten Näherungsrechnungen*) gewesen zu sein, bei vertretbarer numerischer Genauigkeit auf leichter anschaulich interpretierbare Ergebnisse zu gelangen. Die physikalischen Bilder, die mit manchen dieser Ansätze angeboten wurden, waren bisweilen äusserst suggestiv, unterschieden sich aber zu stark von einander, um auf ein kohärentes, intuitives Verständnis der chemischen Bindung im H_2-Molekül zu führen. Erstaunlicherweise sind manche dieser Ansätze numerisch ausserordentlich gut.

Beispiel: Korrelierte Zustandsfunktionen
Die nichtrelativistische Elektronenkorrelation kommt von der interelektronischen Coulombabstossung $|\vec{q}_1-\vec{q}_2|^{-1}$. Die Korrelationseffekte sollten sinnvollerweise durch eine Koordinate vom Typus $|\vec{q}_1-\vec{q}_2|$ beschrieben werden, da man erwarten kann, dass gute Zustandsfunktionen bei $|\vec{q}_1-\vec{q}_2| = 0$ klein werden und damit die Singularität des Coulombpotentials kompensiert

*) Eine Bibliographie von 40 Titeln findet man in Rev.Mod.Phys. 32, 211-218(1960).

wird. Praktisches Vorgehen im einfachsten Fall: Man führt eine Korrelationsfunktion κ in die Versuchsfunktion ein

$$\Phi_{korr}(\vec{q}_1,\vec{q}_2) = \kappa(|\vec{q}_1-\vec{q}_2|)\chi(\vec{q}_1)\chi(\vec{q}_2).$$

Setzt man zunächst $\kappa \equiv 1$ und bestimmt das Orbital χ mit einer Hartree-Fock-Rechnung, so erhält man eine Bindungsenergie von 3.636 eV. Hält man nun χ fest und bestimmt ein optimales κ, so kommt man auf 4.6955 eV (exakt: 4.7466 eV), ein erstaunlich gutes Ergebnis.

Zusammenfassung: "Chemische Bindung"
Im Rahmen der Quantenmechanik und am Beispiel der H_2-Molekel wurde das Phänomen der chemischen Bindung erstmals physikalisch verstanden.

5.3.2 *DIE EMPIRISCHE RICHTIGKEIT DER MOLEKULAREN QUANTENMECHANIK*

Mit einer H_2-Rechnung von Kołos und Roothaan begann im Jahre 1960 das Zeitalter der numerischen Quantenchemie (Rev.Mod.Phys.<u>32</u>, 219 - 232,1960). Kołos und Roothaan rechneten nach der Methode von James und Coolidge, verwendeten aber 50 anstelle von 13 Variationsparametern. Das Neue ihrer Rechnung bestand vor allem darin, dass sie zum erstenmal einen elektronischen Hochleistungsrechner*) verwendeten. Dabei wurde das Ergebnis von James und Coolidge für die Bindungsenergie um eine Grössenordnung verbessert:

James und Coolidge, 1933	4,697	eV
Kolos und Roothaan, 1960	4,7467	eV.

Die von Kołos und Roothaan errechnete Bindungslänge konnte wenig später von Porto und Lambert (J.Chem.Phys. <u>36</u>, 2520 - 2521, 1962) mit grosser Genauigkeit experimentell bestätigt werden:

Theor.:	Kolos und Roothaan	0,74127	Å
Exp. :	Porto und Lambert	0,741277	Å.

*) Die Rechnung wurde auf einem Remington Rand Univac 1103 bzw. 1103A Rechner des Wright-Patterson Luftwaffenstützpunktes ausgeführt.

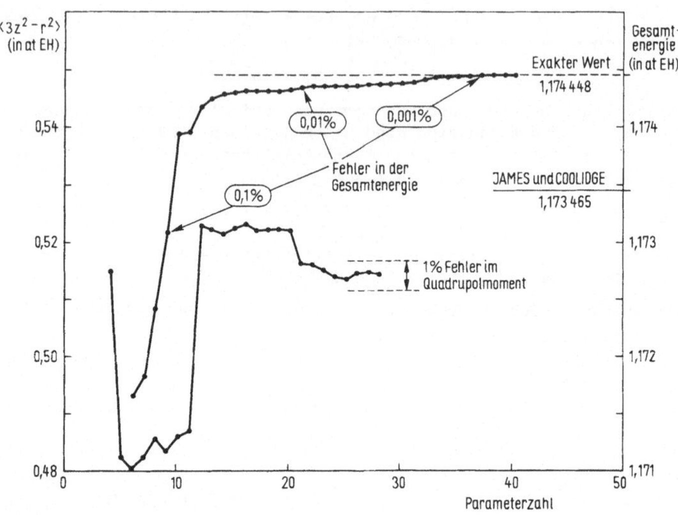

Konvergenz der Kolos-Roothaan-Rechnung in Abhängigkeit der Anzahl der Parameter in der Variationsfunktion.

Auf der Seite des Experiments brachte das Jahr 1960 eine Neuvermessung der Dissoziationsenergie durch Herzberg und Monfils (J.Mol.Spectr. 5, 482 - 498, 1960). Innerhalb der Messgenauigkeit stimmten ihre Ergebnisse mit dem klassischen Wert von Beutler überein, wobei aber die Messgenauigkeit um eine Grössenordnung gesteigert worden war

Beutler, 1935	36116±6 cm^{-1}
Herzberg und Monfils, 1960	36113,1±0,3 cm^{-1} .

Mit Hilfe der kurz zuvor neu gemessenen Nullpunktsenergie errechneten Herzberg und Monfils eine empirische Bindungsenergie von 38292,3±0,5 cm^{-1} und konstatierten in der abschliessenden Bewertung ihrer Arbeit "überraschend gute Übereinstimmung" mit den theoretischen Werten von 38286,9 cm^{-1} (Kołos und Roothaan). Sie verwiesen aber auf Unsicherheiten bei der Nullpunktsenergie, welche den Vergleich der experimentellen *Dissoziations*energien mit den theoretischen Born-Oppenheimer-*Bindungs*energien erschwert.

In den Jahren nach 1960 verdichtete sich aus vielen kleineren Indizien der Verdacht, irgend etwas könne nicht in Ordnung sein. Angesichts der grossen

Autorität Herzbergs als Experimentator begann die Suche nach den Diskrepanzen auf Seiten der Theorie. Sie konzentrierte sich auf die adiabatischen, die relativistischen und die quantenelektrodynamischen Effekte.

Adiabatische Korrekturen

Die Trennung von Kern- und Elektronendynamik erfolgt in der einfachsten Form nach dem Schema von Born und Oppenheimer (vgl. 4.2). Ein genaueres, wenn auch aufwendigeres Verfahren geht auf Born und Born und Huang*) zurück und wird als *adiabatische* Näherung bezeichnet. Im Gegensatz zur prinzipiell exakten, *nicht-adiabatischen* Behandlung wird bei der adiabatischen Näherung am Konzept einer Potentialfläche für die Kerndynamik festgehalten. Bezüglich der Genauigkeit steht die adiabatische Näherung zwischen der Born-Oppenheimer-Näherung und der exakten (nichtadiabatischen) Lösung.**) Die adiabatischen Korrekturen zur Bindungsenergie wurden 1964 von Kołos und Wolniewicz (J.Chem.Phys. 41, 3663 - 3673) in einer heute noch gültigen Rechnung bestimmt und betragen 4,947 cm^{-1}.

Relativistische Korrekturen

Bei der quantenmechanischen Behandlung von Teilchen mit Ladung und Spin hat man grundsätzlich die Wechselwirkung mit dem (lorentzrelativistischen!) elektromagnetischen Strahlungsfeld miteinzubeziehen. Sieht man von quantenelektrodynamischen Korrekturen ab, so gibt die Dirac-Gleichung eine korrekte lorentzrelativistische Beschreibung eines Elektrons in einem beliebigen äusseren elektromagnetischen Feld. Die Dirac-Gleichung beschreibt Elektronen *und* Positronen mit Einschluss der Elektron-Positron-Paarerzeugung. In der Dirac-Theorie hat die schärfste, nur mit Elektronen-Zuständen konstruierbare Ortsfunktion einen Mindest-"Durchmesser" von $\hbar/m_0c$ = 0,00386 Å, der Compton-Wellenlänge des Elektrons. Versucht man, ein Elektron schärfer als auf $\hbar/m_0c$ zu lokalisieren, so braucht man Positronen-Zustände, und das entspricht einer virtuellen Paarerzeugung.

Bemerkung

Es ist eine Folge dieses Verhaltens, dass in Näherungen ***ohne*** Positronenzustände das Elektron nicht als Punktladung erscheint, sondern als eine

---

*) M.Born, "Kopplung der Elektronen- und Kernbewegung in Molekeln und Kristallen", Nachr.Akad.Wiss.Göttingen 1, Nr. 6 (1951); M.Born und K.Huang, "Dynamical Theory of Crystal Lattices", Oxford University Press, London, 1954, S. 406-407.

**) Für kleine Moleküle wie H_2^+ und H_2 wurden auch nichtadiabatische Rechnungen ausgeführt (vgl. D.M.Bishop und L.M.Cheung, Adv.Quant.Chem. 12, 1 - 42, 1980).

über die Lineardimension der Comptonwellenlänge ausgedehnte Ladungs- und Stromverteilung.

Die Verallgemeinerung der Dirac-Gleichung auf mehrere Elektronen ist problematisch und nur im Sinne einer Näherung möglich. Für Zweielektronensysteme wurde von Breit 1929 ein Modell-Hamiltonoperator angegeben, der die lorentzrelativistischen Einteilcheneigenschaften korrekt und die Zweiteilcheneigenschaften näherungsweise wiedergibt.

Für die Diskussion molekularer Probleme reduziert man die Dirac-Breit-Gleichung auf eine näherungsweise äquivalente Schrödingergleichung. Damit ist man wieder im Bereich der chemisch relevanten Galileikinematik, hat aber eine Beschreibung mit lorentzrelativistischen Korrekturtermen. Diese sogenannte Pauli-Näherung lässt sich unmittelbar auf den Fall von mehr als zwei Elektronen verallgemeinern.*) Sie beschreibt eine Situation ***ohne Positronen***, in welcher die Geschwindigkeit der Elektronen klein ist im Vergleich zur Lichtgeschwindigkeit (und in welcher die Fourierzerlegung des äusseren elektromagnetischen Feldes in der Nähe der Compton-Wellenlänge des Elektrons kleine Komponenten aufweist).

Im Falle der H_2-Molekel betrachtet man die Elektronen in der Pauli-Näherung ohne äusseres magnetisches Feld im elektrischen Feld der beiden Protonen. Der Hamiltonoperator (in SI-Einheiten) ist dann gegeben durch**)

$$\hat{H} = \hat{H}_o + \hat{H}_1 + \hat{H}_2 + \hat{H}_3 + \hat{H}_4 + \hat{H}_5 + \hat{H}_6$$

mit

$$\hat{H}_o = \frac{1}{2m_o}\{\hat{p}_1^2 + \hat{p}_2^2\} + V, \qquad V = \frac{1}{4\pi\varepsilon_o}\left\{\frac{e_o^2}{|\hat{\vec{q}}_1 - \hat{\vec{q}}_2|} + \sum_{i,j=1}^{2}\frac{-e_o^2}{|\hat{\vec{q}}_i - \vec{R}_j|} + \frac{e_o^2}{|\vec{R}_1 - \vec{R}_2|}\right\}$$

$$\hat{H}_1 = \frac{-1}{8m_o^3c^2}\{\hat{p}_1^4 + \hat{p}_2^4\}$$

$$\hat{H}_2 = \frac{-1}{2m_o^2c^2}\,\frac{1}{4\pi\varepsilon_o}\,\frac{e_o^2}{|\hat{\vec{q}}_1 - \hat{\vec{q}}_2|}\left\{\hat{\vec{p}}_1\hat{\vec{p}}_2 + \frac{(\hat{\vec{q}}_1 - \hat{\vec{q}}_2)\{(\hat{\vec{q}}_1 - \hat{\vec{q}}_2)\hat{\vec{p}}_1\}\hat{\vec{p}}_2}{|\hat{\vec{q}}_1 - \hat{\vec{q}}_2|^2}\right\}$$

$$\hat{H}_3 = \frac{1}{2m_o^2c^2}\{(\vec{E}_1 \times \hat{\vec{p}}_1)\hat{\vec{s}}_1 + (\vec{E}_2 \times \hat{\vec{p}}_2)\hat{\vec{s}}_2 +$$

$$+ \frac{1}{4\pi\varepsilon_o}\,\frac{2e_o}{|\hat{\vec{q}}_1 - \hat{\vec{q}}_2|^3}\left([(\hat{\vec{q}}_1 - \hat{\vec{q}}_2) \times \hat{\vec{p}}_2]\hat{\vec{s}}_1 + [(\hat{\vec{q}}_2 - \hat{\vec{q}}_1) \times \hat{\vec{p}}_1]\hat{\vec{s}}_2\right)\}$$

---

*) Eine direkte Herleitung aus der Quantenelektrodynamik gibt Itoh (Rev.Mod. Phys. 37, 159 - 165, 1965). Eine allgemeine Referenz ist: R.E.Moss, "Advanced Molecular Quantum Mechanics. An Introduction to Relativistic Quantum Mechanics and the Quantum Theory of Radiation", Chapman and Hall, London, 1973.

**) Vgl. H.A.Bethe and E.E.Salpeter, "Quantum Mechanics of One- and Two-Electron Atoms", Springer, Berlin, 1975, S 181. Unsere Aufteilung ist etwas anders.

$$\hat{H}_4 = \frac{i\hbar}{4m_o^2c^2}\{\hat{\vec{p}}_1\vec{E}_1 + \hat{\vec{p}}_2\vec{E}_2\}$$

$$\hat{H}_5 = \frac{-1}{4\pi\varepsilon_o}\frac{e_o^2}{m_o^2c^2}\frac{8\pi}{3}\hat{\vec{s}}_1\hat{\vec{s}}_2\delta(\hat{\vec{q}}_1-\hat{\vec{q}}_2)$$

$$\hat{H}_6 = \frac{1}{4\pi\varepsilon_o}\frac{e_o^2}{m_o^2c^2}\frac{1}{|\hat{\vec{q}}_1-\hat{\vec{q}}_2|^2}\left\{\hat{\vec{s}}_1\hat{\vec{s}}_2 - \frac{3[\hat{\vec{s}}_1(\hat{\vec{q}}_1-\hat{\vec{q}}_2)][\hat{\vec{s}}_2(\hat{\vec{q}}_1-\hat{\vec{q}}_2)]}{|\hat{\vec{q}}_1-\hat{\vec{q}}_2|^2}\right\}$$

wobei die elektrischen Felder $\vec{E}_i$ durch

$$\vec{E}_i = -\frac{\partial}{\partial\hat{\vec{q}}_i}V \quad , \quad i = 1,2,$$

gegeben sind und $\hat{\vec{s}}_i$, i=1,2, die Spin-Operatoren von Spin-$\frac{1}{2}$-Systemen sind (vgl. 3.4.2). Jeder einzelne der Terme hat eine anschauliche Bedeutung:

- $\hat{H}_o$ ist der Born-Oppenheimer-Hamiltonoperator der H_2-Molekel
- $\hat{H}_1$ ist eine Korrektur zur kinetischen Energie aufgrund der relativistischen Massenkorrektur
- $\hat{H}_2$ ist die Bahn-Bahn-Kopplung aufgrund der Retardierung der Potentiale
- $\hat{H}_3$ ist die Spin-Bahn-Kopplung
- $\hat{H}_4$ ist der Darwin-Term, welcher die ausgedehnte Ladungsverteilung des Elektrons berücksichtigt (d.h. die Paarerzeugung bei scharfer Lokalisierung)
- $\hat{H}_5$ ist die Spin-Spin-Kopplung
- $\hat{H}_6$ ist ein Spin-Spin-Kontakt-Term.

Für den Grundzustand von H_2 wurden die lorentzrelativistischen Korrekturen von Kołos und Wolniewicz (J.Chem.Phys. 41, 3663 - 3673, 1964) numerisch berechnet. Die Spin-Bahn-Kopplung und die Spin-Spin-Kopplung ergeben aus Symmetriegründen keinen Beitrag. Für die übrigen Beiträge erhielten Kołos und Wolniewicz

$$\begin{aligned}\langle\hat{H}_1\rangle &: -19{,}34\ \text{cm}^{-1}\\ \langle\hat{H}_2\rangle &: -\ \ 0{,}56\ \text{cm}^{-1}\\ \langle\hat{H}_4\rangle &: +16{,}26\ \text{cm}^{-1}\\ \langle\hat{H}_6\rangle &: +\ \ 1{,}25\ \text{cm}^{-1}\end{aligned}$$

und damit eine totale lorentzrelativistische Korrektur von 2,39 cm^{-1}. Diese Korrektur ist nur deshalb klein, weil die verschiedenen Beiträge sich weitgehend kompensieren. Für die Bindungsenergie erhielten sie eine noch kleinere Korrektur von - 0,526 cm^{-1}. Nach der Arbeit von Kołos und Wolniewicz stellte sich die Situation folgendermassen dar:

Bindungsenergie	38'292,7 cm^{-1}
Adiabatische Korrektur	4,947 cm^{-1}

Relativistische Korrektur	- 0,526	cm^{-1}
Bindungsenergie, insgesamt	38'297,1	cm^{-1}
Experimenteller Wert (Herzberg)	38'292,9	cm^{-1}
Diskrepanz	4,3	cm^{-1}.

Quantenelektrodynamische Korrekturen

In niedrigster Ordnung ist der nicht(-lorentz)-relativistische Anteil der Wechselwirkung eines molekularen Systems mit dem quantisierten elektromagnetischen Strahlungsfeld durch dessen Vakuumfluktuationen bestimmt. Die störungstheoretische Berechnung dieser sogenannten "Strahlungskorrekturen" ist für grössere Systeme sehr schwierig. Für H_2 wurde die Rechnung von Garcia (Phys.Rev. 147, 66 - 68, 1966) durchgeführt und ergab einen Beitrag von $-0{,}22 \pm 0{,}02$ cm^{-1} zur Bindungsenergie.

Neben diesen Korrekturen wurden viele andere mögliche Beiträge abgeschätzt. Manche dieser Rechnungen wurden nicht einmal veröffentlicht. Aus allen Untersuchungen ergab sich übereinstimmend eine Diskrepanz von etwa 4 cm^{-1} zwischen Theorie und Experiment. Diese Diskrepanz war vor allem deshalb alarmierend, weil der theoretische Wert *unter* dem experimentellen lag, so dass die *Richtung* des Fehlers dem Variationsprinzip zuwiderlief. 1968 führten Kołos und Wolniewicz (J.Chem.Phys. 49, 404 - 410) eine neue adiabatische Rechnung durch. Sie arbeiteten mit einer 100-Term-Entwicklung auf einem Rechner einer neuen Generation und rechneten mit "doppelter Genauigkeit". Für die Dissoziationsenergie erhielten sie unter Berücksichtigung aller Korrekturen einen Wert von 36 117,4 cm^{-1}, welcher erneut um 3,8 cm^{-1} von dem experimentellen Wert Herzbergs und Montfils' abwich.

Angesichts dieser Zuspitzung unternahm Herzberg eine Reihe neuer Messungen, die er 1970 veröffentlichte (J.Mol.Spectr. 33, 147 - 168). Die auf Beutler zurückgehende Messmethode bestand darin, die Lage der Absorptionskante zu bestimmen, welche der Dissoziation von H_2 in ein H-Atom im Grundzustand und ein H-Atom im (n=2)-Zustand entspricht und welche zugleich den Anfang des Kontinuums markiert. Die Analyse von Herzberg zeigte nun, dass unmittelbar neben dem Rand des Kontinuums eine scharfe Linie liegt, die von Herzberg und Montfils anstelle des Randes selbst vermessen worden war. Die neue Messung ergab einen

Wert von 36 118,3 ± 0,5 cm^{-1}, nunmehr in hervorragender Übereinstimmung mit dem theoretischen Wert von 36 117,4 cm^{-1}.

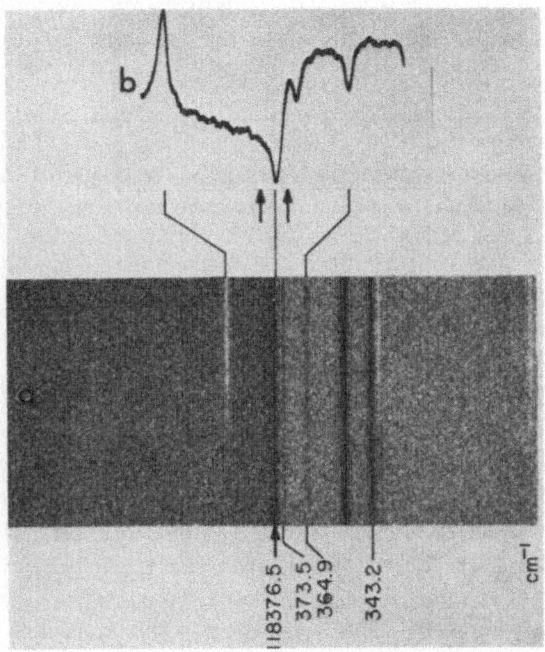

Die historische Photoplatte von Herzberg (a) mit der gespreiteten Photometerkurve (b). Die Absorptionskante ist jeweils durch Pfeile gekennzeichnet. (J.Mol.Spectr.33, 147-168,1970).

Das zehnjährige Bemühen der Theoretiker um eine Diskrepanz, die schliesslich von Seiten des Experiments aufgelöst wurde, hatte den Nebeneffekt, dass ein numerisches Ergebnis mit bis dahin nicht gekanntem Aufwand geprüft, auf Fehler abgeklopft und zuletzt empirisch glänzend bestätigt wurde. Durch diese Episode erhielt der Glaube an die empirische Richtigkeit der molekularen Quantenmechanik eine wichtige Stütze.

Beim H_2 geht das Spiel weiter zwischen Theorie und Experiment, wenn auch in ruhigeren Bahnen. 1970 veröffentlichte W.C.Stwalley (Chem.Phys.Lett.6,241-244) eine neue Auswertung der Herzbergschen Messung und 1983 veröffentlichte Wolniewicz (J.Chem.Phys. 78, 6173 - 6181) die bisher genaueste Rechnung: Die Übereinstimmung zwischen Theorie und Experiment ist definitiv auf die sechste Stelle gerückt. Für die Dissoziationsenergie gilt:

Exp.:	Stwalley, 1970	$36118{,}6 \pm 0{,}5$ cm^{-1}
Theor.:	Wolniewicz, 1983	$36118{,}01 \pm 0{,}01$ cm^{-1}

Zusammenfassung

Es gibt keinen ersichtlichen Grund, an der empirischen Richtigkeit der molekularen Quantenmechanik zu zweifeln.

5.3.3 *MORAL VON DER GESCHICHTE*

Wer die Zeit findet, einmal zehn Minuten ernsthaft nachzudenken, wird zugeben, dass naturwissenschaftliche Theorien weder aus Experimenten hergeleitet noch durch Experimente abschliessend bestätigt werden können. Gemäss einer immer noch populären Darstellung der naturwissenschaftlichen Methodik sind naturwissenschaftliche Theorien durch das Kriterium der Falsifizierbarkeit gekennzeichnet: "Ein empirisch-wissenschaftliches System muss an der Erfahrung scheitern können."*)

Im Jahre 1960 hat sich die molekulare Quantenmechanik dem Popperschen Falsifikationsprinzip gestellt und ist daran, zunächst, gescheitert. Fast zehn Jahre lang bestand eine signifikante Unstimmigkeit zwischen Theorie und Experiment.

Was waren die Folgen? Gewiss, man hat fieberhaft nach Fehlern gesucht, aber niemand hat ad-hoc-Abänderungen der Theorie vorgeschlagen, niemand hat auch nur im Traum daran gedacht, die Quantenmechanik als falsifiziert zu betrachten, als falsch zu verwerfen oder zumindest ihren Gültigkeitsbereich einzuschränken.

Die Lehren aus der Episode um die zeitweilige Diskrepanz zwischen Quantentheorie und Experiment bei der H_2-Molekel erlauben zwar keine Charakterisie-

---

*) K.Popper, "Logik der Forschung", Springer, Wien, 1935. Vierte Auflage, Mohr, Tübingen, 1971.

rung dessen, was Wissenschaft ist oder auch nicht ist. Sie zeigen aber sehr wohl, dass es nicht ausreicht, eine Theorie lokal falsifiziert zu haben, um abschliessend über sie zu urteilen. Eine Theorie, die sich in unzähligen Experimenten bewährt und völlig unerwartete Voraussagen gemacht hat, wird nicht vereinzelter Unstimmigkeiten wegen über Bord geworfen oder eingeschränkt in ihrem Anwendungsbereich. Das wäre kurzsichtig und wohl auch - dumm.

Die Komplexität moderner Präzisionsmessungen rechtfertigt eine tolerante Haltung im Falle möglicher Diskrepanzen zwischen *guten* Theorien und *seriösen* Experimenten. Hätte sich die Diskrepanz im Falle des Wasserstoffmoleküls nicht aufgelöst, so wäre in der Tat nicht viel geschehen: Man kann eben auch mit Diskrepanzen leben. Das darf nicht heissen, dass man Anomalien verdrängen, zensurieren oder durch ad-hoc-Modifizierungen beseitigen soll. Ob eine theoretische Aussage richtig ist oder nicht, zeigt erst die weitere Entwicklung, und das kann durchaus länger dauern als die knapp zehn Jahre der H_2-Episode.

5.4 NUMERISCHE AB-INITIO-QUANTENCHEMIE

5.4.1[#] *DIE ROOTHAAN-GLEICHUNG*

Die wesentlichen Methoden zur Abschätzung von Eigenwerten und zur Berechnung von approximativen Eigenfunktionen molekularer Hamiltonoperatoren beruhen auf dem Variationsprinzip. Die grosse Bedeutung des Variationsprinzips kommt daher, dass die Güte der Näherung energetisch kontrolliert werden kann, da das Variationsprinzip eine obere Schranke für die Energie liefert, so dass ein tieferer Erwartungswert der Energie gleichbedeutend mit einer energetisch besseren Näherung ist. Für die praktische quantenchemische Arbeit mit dem Variationsprinzip passt man das Ritz-Verfahren (vgl. 3.5.5) den Erfordernissen der numerischen Computer-Rechnungen an. Zunächst entwickelt man die Zustandsfunktion eines N-Elektronensystems nach Slaterdeterminanten (vgl. 5.1.4) und verlagert damit das Problem auf die Bestimmung optimaler Entwicklungskoeffizienten und optimaler Molekülorbitale für die Determinanten. Beschränkt man sich von vorneherein auf eine Ein-Determinantennäherung, so reduziert sich die Prozedur auf die Berechnung optimaler Molekülorbitale, durch ein Hartree-Fock-Verfahren. Für die numerische Behandlung der Hartree-Fock-Gleichungen entwickelt man die gesuchten Molekülorbitale nach einer *festen* vorgegebenen Orbitalbasis und bestimmt dann die Entwicklungskoeffizienten so, dass die gesuchten Orbitale den Hartree-Fock-Gleichungen genügen (in einem noch genauer zu bezeichnenden Sinn). Dieses Verfahren wurde erstmals von C.C.J.Roothaan (Rev.Mod.Phys.25, 69-89, 1951) systematisch dargestellt.

Sei $\hat{H}$ der Born-Oppenheimer-Hamiltonoperator eines N-Elektronensystems

$$\hat{H} = \sum_{j=1}^{N} \hat{H}_j + \sum_{j<k}^{N} \hat{H}_{jk} ,$$

wobei wir uns auf den einfachsten Fall eines Coulomb-Hamiltonoperators beschränken wollen. Da numerische Rechnungen dimensionsfrei durchgeführt werden müssen, benützen wir atomare Einheiten und erhalten in der Schrödingerdarstellung

$$\hat{H}_j = -\tfrac{1}{2}\Delta_j + U(\vec{q}_j) ,$$

$$U(\vec{q}_j) = -\sum_{\alpha=1}^{K} \frac{Z_\alpha}{|\vec{q}_j - \vec{R}_\alpha|} ,$$

$$\hat{H}_{jk} = \frac{1}{|\vec{q}_j - \vec{q}_k|} ,$$

in welcher $\vec{R}_\alpha$ den Ort des α-ten Kernes und Z_α seine Kernladungszahl bezeichnet. Die Coulomb-Abstossung der Kerne ist eine reellwertige Funktion der Kernparameter. Sie ist in $\hat{H}$ nicht aufgeführt, da sie nachträglich leicht zu den Energieeigenwerten von $\hat{H}$ hinzuaddiert werden kann.

In diesem Hamiltonoperator kommen nur die Ladungszahlen der Kerne sowie Masse und Ladungszahl des Elektrons vor, jedoch *keine* weiteren Konstanten. Diese Situation ist kennzeichnend für die sogenannten Ab-initio-Methoden der Quantenchemie, bei welchen nur Masse, Spin und die elektromagnetischen Multipolmomente der beteiligten Teilchen in den Hamiltonoperator eingehen. Fasst man diese Konstanten als gegeben auf, so beginnen diese Methoden also wirklich "ab initio". Im Gegensatz dazu enthalten semiempirische Hamiltonoperatoren weitere Konstanten, deren Wert man aus Experimenten oder anderen Rechnungen bestimmt.

Der Erwartungswert des Hamiltonoperators $\hat{H}$ bezüglich einer Slaterdeterminante

$$\Phi = \frac{1}{\sqrt{N!}} \det\{\varphi_1 \otimes \varphi_2 \otimes \ldots \otimes \varphi_N\}$$

von orthonormierten Orbitalen $\varphi_1, \ldots, \varphi_N$

$$(\varphi_i|\varphi_j) = \delta_{ij} , \quad i,j = 1,2,\ldots,N,$$

ist gegeben durch

$$\begin{aligned} \langle\Phi|\hat{H}\Phi\rangle &= E[\varphi_1,\ldots,\varphi_N] \\ &= \sum_{k=1}^{N} (\varphi_k|h^0\varphi_k) + \tfrac{1}{2}\sum_{k=1}^{N}\sum_{\ell=1}^{N} \{(\varphi_k,\varphi_\ell|\varphi_k,\varphi_\ell) - (\varphi_k,\varphi_\ell|\varphi_\ell,\varphi_k)\} \end{aligned}$$

mit

$$(\varphi_k|\hat{h}^0\varphi_k) = \sum_m \int_{\mathbb{R}^3} d^3q\, \varphi_k^*(\vec{q},m)\{\hat{h}^0\varphi_k\}(\vec{q},m)$$

$$\hat{h}^0 = -\tfrac{1}{2}\Delta_q + U(\vec{q}) ,$$

und

$$(\varphi_r,\varphi_s|\varphi_u,\varphi_v) = \sum_m\sum_{m'} \int d^3q \int d^3q' \frac{\varphi_r^*(\vec{q},m)\varphi_s^*(\vec{q}\,',m')\varphi_u(\vec{q},m)\varphi_v(\vec{q}\,',m')}{|\vec{q}-\vec{q}\,'|} .$$

Diese Form des Erwartungswert-Funktionals folgt aus Aufgabe 5.1.7 und dem Satz

S 241, Punkt (ix). (Wer lieber direkt rechnet, findet Unterstützung bei A.C.Hurley: "Introduction to the electron theory of small molecules", Academic Press, London 1976, Kap.6.3.)

Um die energetisch beste Slaterdeterminante zu berechnen, entwickelt man die Orbitale φ_k nach einer festen, aus praktischen Gründen im allgemeinen *nicht orthogonalen* Basis $\{\chi_i\}$

$$\varphi_k = \sum_{i=1}^{M} d_{ki}\chi_i , \qquad d_{ki} \in \mathbb{C} .$$

Praktisch arbeitet man in einer hinreichend grossen, aber *endlichen* Basis von $M < \infty$ Orbitalen.

In dieser Basis erhält man durch Einsetzen den Erwartungswert von $\hat{H}$

$$\langle \Phi | \hat{H}\Phi \rangle = \sum_k \sum_{i,j} d^*_{ki} d_{kj} (\chi_i | \hat{h}^0 \chi_j)$$

$$+ \sum_{k,\ell} \sum_{i,j} \sum_{u,v} d^*_{ki} d_{kj} d^*_{\ell u} d_{\ell v} \{(\chi_i,\chi_u|\chi_j,\chi_v) - (\chi_i,\chi_u|\chi_v,\chi_j)\}.$$

Dieser Ausdruck soll minimal werden, wobei die Orthonormalität der φ_k

$$(\varphi_k|\varphi_\ell) = \sum_{i,j=1}^{M} d^*_{ki} d_{\ell j} S_{ij} = \delta_{k\ell} ,$$

$$S_{ij} \overset{\text{def}}{=} (\chi_i|\chi_j) = S^*_{ji} ,$$

als Nebenbedingung beizubehalten ist. Im Hilbertraum ist eine derartige Extremalitätsbedingung erfüllt, wenn die Ableitungen nach den d_{ki} bzw. d^*_{ki} verschwinden. Die Nebenbedingung wird durch *Lagrange-Multiplikatoren* $\bar{\varepsilon}_{k\ell}$ eingearbeitet. Damit ergibt sich die Extremalbedingung

$$\frac{\partial}{\partial d^*_{rs}} \{\langle \Phi | H\Phi \rangle - \sum_{k,\ell} \sum_{i,j} d^*_{ki} d_{\ell j} S_{ij} \bar{\varepsilon}_{k\ell}\} = 0 , \qquad r = 1,\ldots,N; \; s = 1,2,\ldots,M.$$

Da der Ausdruck in der Klammer reell ist (vgl. Aufgabe 5.4.1), impliziert diese Bedingung, dass auch die Ableitung nach d_{rs} verschwindet.

Bemerkung: Lagrange-Multiplikatoren
Um eine komplexwertige Funktion f von n reellen Veränderlichen unter den Nebenbedingungen $g_\alpha(x_1,\ldots,x_n) = 0$, $\alpha = 1,2,\ldots,m < n$, extremal zu machen, sucht man einen stationären Punkt $x^0 = (x_1^0, x_2^0, \ldots, x_n^0)$ der Funktion $F = f + \sum_\alpha \lambda_\alpha g_\alpha$. Die m Parameter $\lambda_1,\ldots,\lambda_m$ heissen Lagrange-Multiplikatoren.

Die n + m Unbekannten $x_1^0,\ldots,x_n^0,\lambda_1,\ldots,\lambda_m$ erhält man aus den n + m Gleichungen

$$\left.\frac{\partial F(x_1,\ldots,x_n)}{\partial x_j}\right|_{x=x^0} = 0\ , \quad j = 1,\ldots,n\ ,$$

$$g_\alpha(x_1^0,\ldots,x_n^0) = 0\ , \quad \alpha = 1,\ldots,m\ .$$

Führt man die Ableitungen aus, so erhält man

$$\sum_{s=1}^{M} d_{rs}\,((\chi_i|\hat h^0\chi_s) + \sum_{\ell=1}^{N}\sum_{u,v=1}^{M} d^*_{\ell u}\,d_{\ell v}\{(\chi_i,\chi_u|\chi_s,\chi_v) - (\chi_i,\chi_u|\chi_v,\chi_s)\}) = \sum_{\ell=1}^{N}\sum_{s=1}^{M} d_{\ell s} S_{is}\overline{\varepsilon}_{r\ell}.$$

Da die Matrix der Lagrange-Multiplikatoren selbstadjungiert ist (vgl. Aufgabe 5.4.1), kann sie durch eine unitäre Transformation U: $U^{-1} = U^*$, $U = (u_{\alpha\beta})$, $\alpha,\beta = 1,\ldots,M$, auf Diagonalform gebracht werden:

$$\sum_{\alpha,\beta} u^*_{\alpha r}\,\overline{\varepsilon}_{\alpha\beta}\,u_{\beta\ell} = \varepsilon_{r\ell}\,\delta_{r\ell} \overset{\text{def}}{=} \varepsilon_r\,\delta_{r\ell}\ .$$

*Aufgabe 5.4.1***
Man zeige (i), dass die Matrix der Lagrange-Multiplikatoren selbstadjungiert ist, d.h. $\overline{\varepsilon}_{k\ell} = \overline{\varepsilon}^*_{\ell k}$, (ii) dass der abzuleitende Ausdruck in der Klammer S 274 unten reell ist.

Damit erhält man die sogenannten Hartree-Fock-Roothaan-Gleichungen

$$\sum_{s=1}^{M} c_{rs}((\chi_t|\hat h^0\chi_s) + \sum_{\ell=1}^{N}\sum_{u,v=1}^{M} c^*_{\ell u}c_{\ell v}\{(\chi_t,\chi_u|\chi_s,\chi_v) - (\chi_t,\chi_u|\chi_v,\chi_s)\} - \varepsilon_r S_{ts}) = 0$$

mit $c_{rs} = \sum_\gamma u^*_{\gamma r}\,d_{\gamma s}$.

Für $M = \infty$ ist dies gerade die Matrix-Darstellung der Hartree-Fock-Gleichung

$$\hat h^{HF}\varphi_r = \varepsilon_r\varphi_r$$

mit $\hat h^{HF} = \hat h^0 + \hat j - \hat k$ (vgl. S 222), deren Herleitung hiermit nachgetragen ist. Um dies zu sehen, setzt man ein

$$\varphi_r = \sum_{s=1}^{\infty} c_{rs}\,\chi_s\ ,$$

multipliziert von links mit χ_t^* und bildet das Skalarprodukt

$$\sum_{s=1}^{\infty} c_{rs}(\chi_t|\hat h^{HF}\chi_s) = \sum_{s=1}^{\infty} c_{rs}\,\varepsilon_r\,S_{ts}\ .$$

In Matrixschreibweise lauten dann die Roothaan-Gleichungen

$$F c_r = \varepsilon_r S c_r$$

wobei $F = (F_{ts})$, $F_{ts} = (\chi_t|\hat{h}^{HF}\chi_s)$, die Matrixdarstellung des Operators $\hat{h}^{HF}$, $S = (S_{ts})$, $S_{ts} = (\chi_t|\chi_s)$ die sogenannte Überlappungsmatrix und c_r der als Kolonnenvektor geschriebene Koeffizientenvektor $(c_{r1}, c_{r2}, \ldots, c_{rM})$ ist. Die Roothaan-Gleichungen sind ein verallgemeinertes Matrixeigenwertproblem, wie wir es bei der Diskussion des Ritz-Verfahrens in Abschnitt 3.5.5 kennengelernt haben. Die Roothaan-Gleichungen müssen iterativ gelöst werden, da der Fock-Operator die Koeffizienten c_{rs} selbst enthält (vgl. S 224). Als nullte Näherung für die Koeffizienten ist $c^0_{rs} = 1$ für alle $r,s = 1,\ldots,M$ eine naheliegende Wahl.

Die N energetisch tiefsten Eigenvektoren des Roothaan-Fock-Operators dienen als Näherungen für die besetzten Hartree-Fock-Orbitale. Sie werden benützt für die Konstruktion einer Slaterdeterminante, welche die Hartree-Fock-Slaterdeterminante des Grundzustandes approximiert. Die $M - N$ unbesetzten oder virtuellen Eigenfunktionen des Roothaan-Fock-Operators werden verwendet, um weitere Slaterdeterminanten für eine CI-Rechnung (vgl. 5.4.4) oder für die Approximation angeregter Zustände zu konstruieren.

Bemerkung: Spinfreie SCF-Gleichungen
Man kann von den Roothaan-Gleichungen zu spinfreien Gleichungen übergehen, indem man die Orbitale als Produkt eines Ortsorbitals und einer Spineigenfunktion von $\hat{s}_z$ ansetzt und dann über den Spin summiert. Auf diese Weise gelangt man zu einer Art Roothaan-Gleichung für die Ortsorbitale allein. Macht man keine speziellen Annahmen über die Orbitale (sog. UHF = unrestricted Hartree-Fock), so führt die Matrix-Darstellung auf die Pople-Nesbet-Matrix-Gleichung.*) Bei der restringierten Hartree-Fock-Methode verlangt man, dass die Slaterdeterminante zugleich Eigenfunktion des elektronischen Gesamtspinoperators $\hat{S}^2$ ist. Den Extremfall einer Eigenfunktion zu $S = 0$, bei welcher alle Ortsorbitale genau zweimal vorkommen, bezeichnet man als closed-shell-Determinante. Molekeln, welche durch eine closed-shell-Determinante hinreichend gut beschrieben werden, bezeichnet man als closed-shell-Molekeln.

Zusammenfassung: Roothaan-Gleichung
Die Roothaan-Gleichung ist eine Matrix-Darstellung der Hartree-Fock-Gleichung in einer endlichen Basis.

---

*) J.A.Pople und R.K.Nesbet: "Self-consistent orbitals for radicals", J.Chem. Phys.22, 571-572, 1954.

5.4.2# DIE WAHL DER BASIS

Eine Hartree-Fock-Roothaan-Rechnung ist gut, wenn die daraus erhaltenen kanonischen Orbitale gute Näherungen an die kanonischen Hartree-Fock-Orbitale darstellen. Dazu ist es notwendig, dass die endliche Orbitalbasis, welche man für die numerische Rechnung verwendet, einen Unterraum aufspannt, welcher den Unterraum der besetzten Hartree-Fock-Orbitale in guter Näherung enthält. Mit der Wahl der Orbitalbasis hat man festgelegt, wie gut die Rechnung bestenfalls sein kann. Man muss also den Unterraum der besetzten Hartree-Fock-Orbitale möglichst gut erraten. Dazu hat man zwei Möglichkeiten

- eine kluge Wahl der einzelnen Basis-Orbitale,
- eine ausreichende Zahl von Basisfunktionen, d.h. eine hohe Dimension des damit ausgezeichneten Unterraumes.

Bei der Wahl einer geeigneten Basis kommt das Geschick und die chemische Intuition eines Quantenchemikers zum Zuge und dies umso mehr, je kleiner die verwendete Basis ist.

Die gesuchten Molekülorbitale werden als Linearkombinationen von Atomorbitalen dargestellt, die man ihrerseits als Linearkombinationen von Orbitalen einer festen Basis darstellt. Die Wahl der Atomorbitale ist im wesentlichen chemisch inspiriert und die Wahl der festen Basis im wesentlichen durch numerische Gesichtspunkte. In der Praxis haben sich vor allem zwei Klassen von Basisfunktionen durchsetzen können, Slater- und Gaussfunktionen.

Eine 1s-Slater-Funktion, welche am Ort $\vec{R}$ zentriert ist, hat die Form

$$\Psi^{S}_{1s}(\vec{q}-\vec{R}) = (\zeta^3/\pi)^{1/2}\, e^{-\zeta|\vec{q}-\vec{R}|} .$$

Darin ist $\zeta > 0$ der Slatersche Orbitalexponent. Die entsprechende normierte 1s-Gauss-Funktion ist von der Form

$$\Psi^{G}_{1s}(\vec{q}-\vec{R}) = (2\eta/\pi)^{3/4}\, e^{-\eta|\vec{q}-\vec{R}|^2}$$

worin $\eta > 0$ der Gausssche Orbitalexponent ist. Die 2p-, 3d-, 4f-Slater-Funktionen (STOs = *Slater type orbitals*) und Gauss-Funktionen (GTOs) sind Verallgemeinerungen dieser Funktionen, die Polynome in den Komponenten von $\vec{q}-\vec{R}$ als Faktoren vor den Exponentialfunktionen enthalten. Diese Polynome bestimmen unter anderem die Winkelabhängigkeit der Orbitale und die Nullstellen ihrer Radialanteile.

Der Hauptunterschied zwischen Gauss- und Slaterfunktionen liegt in ihrem Verhalten bei $|\vec{q}-\vec{R}| = 0$ und bei grossen Abständen $|\vec{q}-\vec{R}| \to \infty$. Es gilt nämlich

$$\frac{d}{d|\vec{q}-\vec{R}|} \Psi^S(\vec{q}-\vec{R}) \Bigg|_{|\vec{q}-\vec{R}|=0} = 0$$

$$\frac{d}{d|\vec{q}-\vec{R}|} \Psi^G(\vec{q}-\vec{R}) \Bigg|_{|\vec{q}-\vec{R}|=0} \neq 0$$

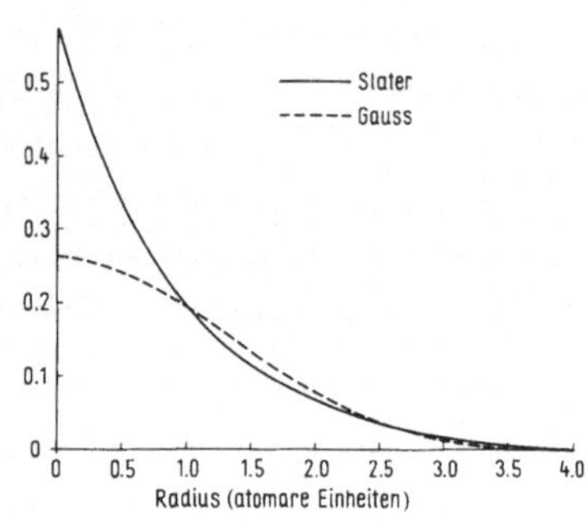

Dazu haben Slaterfunktionen asymptotisch das richtige exponentielle Verhalten, während Gaussfunktionen zu rasch abklingen. Vom theoretischen Standpunkt gebührt den Slaterorbitalen der Vorzug, da sie gewissen Eigenschaften der Lösungen von Anfang an richtig wiedergeben, wie man am einfachsten bei den Eigenfunktionen des Wasserstoffatoms nachprüft (die Slaterfunktionen sind).

Die theoretischen Vorteile der Slaterfunktionen werden aber durch die numerischen Vorteile der Gaussfunktionen mehr als ausgeglichen. Bei einer numerischen Rechnung mit einer Basis der Dimension M hat man grössenordnungsmässig M^4 Integrale des Typs $(\chi_r\chi_s|\chi_u\chi_v)$ (vgl. 5.4.1) zu berechnen, welche man als Vierzentrenintegrale bezeichnet. Bei einer Basis von nur 100 Orbitalen sind das etwa 100 Millionen Integrale. Die Behandlung dieser enormen Zahl von Integralen ist in der Tat das Haupthindernis für die Berechnung grösserer Moleküle, da dann die Basen rasch grösser werden müssen, so dass die Zahl der Vierzentrenintegrale ins Astronomische wächst. Es lohnt sich also, darüber nachzudenken, wie man die Berechnung der einzelnen Integrale möglichst einfach machen kann.

Gaussfunktionen haben die bemerkenswerte Eigenschaft, dass das Produkt zweier Gaussfunktionen wieder eine Gaussfunktion ist. Es gilt nämlich

$$e^{-\eta_1|\vec{q}-\vec{R}_1|^2} e^{-\eta_2|\vec{q}-\vec{R}_2|^2} = k_{12} e^{-\eta|\vec{q}-\vec{R}|^2}$$

mit

$$\begin{aligned} \eta &= \eta_1 + \eta_2 \\ \vec{R} &= (\eta_1\vec{R}_1 + \eta_2\vec{R}_2)/(\eta_1 + \eta_2) \\ k_{12} &= e^{-\eta_1\eta_2/(\eta_1+\eta_2)|\vec{R}_1-\vec{R}_2|^2} . \end{aligned}$$

Von den vier Funktionen χ_r, χ_s, χ_u und χ_v in den Vierzentrenintegralen haben je zwei dasselbe Argument (vgl. S 273). Verwendet man nun eine Basis von Gaussfunktionen und nutzt die oben angeführte Eigenschaft der Gaussfunktionen aus, so vereinfacht sich die Berechnung des Vierzentrenintegrals auf die Berechnung eines Zweizentrenintegrals der Art

$$\int d^3q \int d^3q' \frac{e^{-\eta|\vec{q}-\vec{R}|^2} e^{-\eta'|\vec{q}'-\vec{R}'|^2}}{|\vec{q}-\vec{q}'|} ,$$

für welches man sogar analytische, geschlossene Lösungen besitzt. Auf diese Weise wird der Aufwand erheblich verringert, zumal die Integrationen nicht mehr numerisch ausgeführt werden müssen.

In dem Dilemma einer Wahl zwischen den physikalischen Vorzügen der Slaterfunktionen und den numerischen Vorteilen der Gaussfunktionen geht man häufig einen mittleren Weg: Man approximiert Slaterfunktionen mit einer festen Linearkombination von Gaussfunktionen

$$\Psi^S = \sum_{p=1}^{L} d_p \Psi_p^G ,$$

welche man als *kontrahierte* Gaussfunktion (CGF) bezeichnet. Man nennt L die "Länge" der Kontraktion und die Zahlen d_p Kontraktionskoeffizienten. Jede Gaussfunktion Ψ_p^G hat ihren eigenen Orbitalexponenten η_p. Die Grössen L, d_p und η_p werden einmal fest gewählt und dann bei der Rechnung nicht mehr verändert. Ihre Wahl ist entscheidend für die Güte der Rechnung. Mit den kontrahierten Gaussfunktionen rechnet man dann wie mit Slaterfunktionen, behält aber zugleich die numerischen Vorteile der Gaussfunktionen.

Bei den Slaterfunktionen hat sich folgende Terminologie für die Kennzeichnung der Basissätze eingebürgert:

- Der *minimale Basissatz*: Ein Atomorbital wird durch ein Slaterorbital (STO) dargestellt.
- Der *Double-Zeta-Basissatz*: Ein Atomorbital wird durch zwei Slaterorbitale dargestellt.
- Der *Hartree-Fock-Roothaan-SCF-Basissatz*: Die Atomorbitale werden durch verschieden viele Slaterorbitale dargestellt, z.B. 5 STOs für s-Orbitale, 4 STOs für p-Orbitale, u.s.f.

Ein Bild von der Leistungsfähigkeit dieser Basissätze erhält man beim Vergleich der Hartree-Fock-Energien für die Atome der Reihe Helium bis Neon:

Atom	Minimaler Basissatz (STO) (a)	Double-Zeta Basissatz (STO) (b)	Hartree-Fock Basissatz (STO) (c)	Experiment
He (^1S)	- 2,84766	- 2,86167	- 2,86168	- 2,9038
Li (^2S)	- 7,41848	- 7,43272	- 7,43273	- 7,4780
Be (^1S)	- 14,55674	- 14,57237	- 14,57302	- 14,6685
B (^2P)	- 24,49837	- 24,52789	- 24,52905	- 24,6579
C (^3P)	- 37,62239	- 37,68667	- 37,68861	- 37,8558
N (^4S)	- 54,26890	- 54,39787	- 54,40091	- 54,6122
O (^3P)	- 74,54036	- 74,80418	- 74,80936	- 75,1101
F (^2P)	- 98,94211	- 99,40116	- 99,40929	- 99,8053
Ne (^1S)	-127,81219	-128,53480	-128,54698	-129,056

Vergleich der Grundzustandsenergien in der Hartree-Fock-Roothaan-Näherung mit verschiedenen Basissätzen in atomaren Einheiten. (a) E.Clementi und R.L.Raimondi, J.Chem.Phys.38, 2686(1963). (b) E.Clementi, J.Chem.Phys.40, 1944(1964). (c) E.Clementi, C.C.Roothaan und M.Yoshimine, Phys.Rev.127, 1618(1962).

Auch für das Rechnen mit Gaussorbitalen haben sich spezielle Basissätze eingebürgert. Häufig verwendet werden:

- Der *STO-3G-Basissatz* ist ein minimaler Basissatz, bei welchem ein Slaterorbital durch drei Gaussfunktionen approximiert wird.
- Der *4-31G-Basissatz* verwendet einen minimalen Basissatz für die inneren Atomschalen (wobei etwa für ein 1s-Kohlenstoff-Atomorbital 4 Gaussfunktionen eingesetzt werden) und einen Double-Zeta-Basissatz von kontrahierten Gaussorbitalen für die Valenzorbitale.
- Der *6-31G*-Basissatz* verwendet einen minimalen Basissatz für die Orbitale der inneren Schalen (wobei ein 1s-Kohlenstofforbital durch 6 Gaussfunktionen approximiert wird), einen Double-Zeta-Basissatz für die Valenzorbitale sowie Polarisationsfunktionen - d.h. nicht auf den Atomen zentrierte Funktionen - für die Valenzorbitale der Atome ausser dem H-Atom.

Daneben findet man noch andere Basissätze für spezielle Anwendungen.

Zusammenfassung: Wahl der Basis
Als Basisfunktionen für quantenchemische numerische Rechnungen haben sich Gaussfunktionen und durch Gaussfunktionen approximierte Slaterfunktionen eingebürgert.

5.4.3 EINIGE ANWENDUNGEN DES HARTREE-FOCK-ROOTHAAN-VERFAHRENS

Die Hartree-Fock-Roothaan-Methode spielt oft die Rolle eines Qualitätsmassstabs der numerischen Quantenchemie, da man die übrigen Methoden danach einteilt, ob sie genauer oder weniger genau sind als die SCF-Methode bzw. ob sie einen geringeren oder grösseren numerischen Aufwand erfordern als diese. Will man grössere Genauigkeiten, so kann man zu einer Mehrdeterminanten-Näherung übergehen. Dieses Verfahren bezeichnet man als "Methode der Konfigurationsüberlagerung" (engl.: CI = configuration interaction). Es erfordert längere Rechenzeiten als das SCF-Verfahren (vgl. 5.4.4). Ist eine Molekel schon zu gross für eine gute SCF-Rechnung oder möchte man Geld sparen bei der Rechnung, so vereinfacht man das SCF-Verfahren und begnügt sich mit geringerer Genauigkeit. Das kann geschehen durch Verkleinerung der Basis oder Verwendung semiempirischer Verfahren. Die folgende Tabelle vermittelt ein Bild von den relativen Rechenzeiten anhand eines repräsentativen Beispiels (CH_3CH_2OH):

Methode, AO Basis	Relative Computer-Rechenzeit
Extended Hückel [1)]	1
CNDO, INDO, MINDO [1)]	5
STO-3G	150
4-31G	1000
6-31G*	6000

Relative Computer-Rechenzeit für eine SCF-Rechnung an Ethanol. 1): Semiempirische Methoden (vgl. 5.5).

Für praktische Zwecke hat es sich als zweckmässig herausgestellt, die Molekeln nach der Zahl K ihrer Kerne und der Zahl N ihrer Elektronen einzuteilen in

(i) kleine : $K \cdot N \leq 50$

(ii) mittlere : $K \cdot N \leq 500$

(iii) grosse : $K \cdot N > 500$

Bei dieser Einteilung spielt die Zahl der Kerne eine Rolle wegen der Zahl der für eine ausreichende Basis benötigten Atomorbitale und wegen der Dimension der Born-Oppenheimer-Hyperflächen.

Für kleine Molekeln ist es heute möglich, ziemlich genaue CI-Rechnungen durchzuführen. Mittelgrosse Moleküle wie das Benzol-Molekül kann man innerhalb des Roothaan-Verfahrens gut behandeln, für eine CI-Rechnung sind sie zu gross. Für grosse Molekeln kann man das SCF-Verfahren mit stark reduzierten Basissätzen verwenden oder semiempirische Methoden einsetzen, wobei man allerdings die energetische Kontrolle durch das Variationsprinzip verliert.

Erfahrungsgemäss stimmen bei einer vollen Ab-initio-SCF-Rechnung die Bindungslängen bis auf 0,05 Å (bei einer typischen Bindungslänge von 1,5 Å), die Bindungswinkel bis auf 5° und die Diederwinkel bis auf 10° mit den experimentellen Werten überein. Bei einer CI-Rechnung verkleinert sich in vielen Fällen die Abweichung auf weniger als 0,03 Å für die Bindungslängen und auf weniger als 2° für die Bindungswinkel. Bei der Bestimmung der Kraftkonstanten für die Diskussion von Molekülschwingungen (vgl. 4.4) liefert eine SCF-Rechnung oft ein weniger willkürliches Kraftfeld als selbst sehr umfangreiche Experimente, vor allem bezüglich der ausserdiagonalen Kraftkonstanten. Ganz ausgezeichnete Ergebnisse liefert die SCF-Methode für die Ladungsdichte. Mit den heutigen Methoden der Computergraphik kann man die Ladungsdichten graphisch darstellen. Dabei ist es kaum je möglich, von Auge einen Unterschied zwischen Ladungsdichten aus SCF- und solchen aus CI-Rechnungen festzustellen.

Gute Übereinstimmung zwischen theoretischen und experimentellen Werten erhält man auch für die Energiebarrieren interner Inversionen und Rotationen (vgl. 5.5.2). Beim Vergleich sollte man sich vor Augen halten, dass in die Bestimmung der experimentellen Werte sehr viele verhältnismässig wenig kontrollierte Modellannahmen eingehen.

Moleküle	Ab-initio-SCF	Experiment
CH_3-CH_3	3,07	2,93
CH_3-CH_2CH_3	3,48	3,57
CH_2=CH_2	63,7	65,0
CH_3-OH	1,08	1,07
CH_3-NH_2	2,02	1,98
CH_3-PH_2	1,83	1,96
CH_3-CHO	1,09	1,16

Energiebarrieren für die interne Rotation in kcal Mol^{-1} .

Besonders einfach, d.h. mit geringen Kosten sind Reaktionswärmen zu berechnen. Sie können schon auf dem SCF-Niveau mit guter Genauigkeit berechnet werden, vor allem für Gasphasenreaktionen.

Reaktion	SCF-Rechnung	Experiment
$F_2 + H_2 \rightarrow 2HF$	-131,7	-133,9
$H_2O_2 + H_2 \rightarrow 2H_2O$	- 90,0	- 86,8
$C_2H_6 + H_2 \rightarrow 2CH_4$	- 24,9	- 18,1
$F_2 + 2CH_4 \rightarrow 2HF + C_2H_6$	-106,8	-115,8
$H_2C{=}CH_2 + H_2 \rightarrow C_2H_6$	- 41,6	- 39,1
$CO_2 + CH_4 \rightarrow 2H_2C{=}O$	+ 49,0	+ 61,4
$C_6H_6 \rightarrow 3HC{\equiv}CH$	+156,2	+152,1
$CO + 2CH_4 \rightarrow H_2CO + C_2H_6$	+ 13,5	+ 11,7

Reaktionswärmen aus SCF-Rechnungen mit Double-Zeta-Basissätzen und aus dem Experiment

Definitiv überfordert ist die SCF-Methode bei der Berechnung genauer Born-Oppenheimer-Potentialflächen, wie man sie für die *volle* quantenmechanische Diskussion benötigt. Auch für eine quantitative Bestimmung der Ionisierungsenergien und der elektronischen Anregungsenergien genügt SCF-Genauigkeit nicht. Dazu sind umfangreiche CI-Rechnungen erforderlich, wie folgende Tabelle belegt.

Orbital	H_2O^+-Zustand	SCF	CI	Experiment
$1a_1$	$^2A_1$	559,5	539,6	539,7
$2a_1$	$^2A_1$	36,7	32,25	32,19
$1b_2$	$^2B_2$	19,50	18,73	18,55
$3a_1$	$^2A_1$	15,50	14,54	14,73
$1b_1$	$^2B_1$	13,86	12,34	12,61

Erste Ionisierungsenergien aus dem Grundzustand des H_2O-Moleküls $[(1a_1)^2(2a_1)^2(1b_2)^2(3a_1)^2(1b_1)^2]$ in Elektronenvolt. Die Ionisierung aus dem tiefstliegenden Rumpforbital a_1 benötigt eine wesentlich grössere Energie als bei den übrigen Orbitalen.

Qualitativ falsche Ergebnisse liefert das SCF-Verfahren vor allem bei der Dissoziation von Molekeln, falls diese nicht zu "closed-shell"-Fragmenten führt wie etwa bei der Reaktion $NH_4Cl \rightarrow NH_3 + HCl$. Dieses Versagen liegt aber in der Natur der Ein-Determinanten-Näherung, welche bei jeder Form von Entartung versagen *muss*. Auch bei der Diskussion der chemischen Bindung gibt es gelegentlich Ausreisser. Das berühmteste Beispiel dafür ist wohl die F_2-Molekel, für welche die SCF-Methode keine gebundenen Zustände liefert.

Zusammenfassung: Anwendung des SCF-Verfahrens

Das Hartree-Fock-Roothaan-Verfahren ist ein Massstab für die Beurteilung der Qualität quantenchemischer Rechnungen. Die Möglichkeiten und Grenzen des Verfahrens werden an einigen Beispielen illustriert.

5.4.4# ANMERKUNG ZUR ELEKTRONENKORRELATION

Die in Abschnitt 5.4.3 angedeuteten Grenzen der Hartree-Fock-Methode haben Bemühungen um energetisch bessere Näherungen ausgelöst. Als Mass für die Verbesserung kann die sogenannte Korrelationsenergie verwendet werden. Sie ist definiert als die Differenz zwischen dem exakten Energieeigenwert E des elektronischen Hamiltonoperators und der Energie E^{HF} des entsprechenden Hartree-Fock-Zustandes

$$E^{korr} = E - E^{HF}.$$

Die Korrelationsenergie E_1^{korr} des Grundzustandes ist eine negative Grösse, da das Hartree-Fock-Verfahren eine obere Schranke liefert.

Absolut betrachtet ist im quantenchemischen Regelfall die Korrelationsenergie nicht gross.Bei der H_2O-Molekel beträgt sie etwa 0,5% der Gesamtenergie. Da andererseits chemische Bindungsenergien und spektroskopische Energiedifferenzen auch klein sind im Vergleich zur Gesamtenergie eines molekularen Systems, kann die Korrelationsenergie nicht a priori vernachlässigt werden.

Die Berechnung der Korrelationsenergie ist schwierig, und diese Schwierigkeit ist verständlich, wenn man bedenkt, dass die vollständige Lösung des Korrelationsproblems im wesentlichen äquivalent ist mit dem Problem, die volle Lösung einer N-Elektronen-Schrödingergleichung zu finden. Bei der Auseinandersetzung mit der Elektronenkorrelation erhält man *zum erstenmal einen Eindruck von der alles Vorstellungsvermögen überschreitenden Komplexität* einer stationären N-Elektronen-Zustandsfunktion. Im Ein-Determinantenbereich ist diese Komplexität noch verdeckt, da es mit Hilfe der lokalisierten Orbitale noch möglich ist, eine Brücke zur chemischen Anschauung herzustellen. Bei korrelierten Zustandsfunktionen ist das nur in Ausnahmefällen möglich.

Die numerische Behandlung der Elektronenkorrelation ist ein ausgesprochenes Gebiet für Fachleute, und dies schon deshalb, weil hier die Leistungsgrenze auch der grössten Computer schnell erreicht wird. Dies wiederum zwingt zu Näherungen, von denen sich jedoch keine universell durchsetzen konnte. Unter den Näherungen lassen sich zwei Gruppen unterscheiden, solche die physikalisch und solche die mathematisch inspiriert sind.

Die physikalisch inspirierten Ansätze beruhen vorzugsweise auf dem Bild von Elektronenpaaren. Da das Pauliprinzip, salopp gesprochen, verbietet, dass mehr als zwei Elektronen sich allzu nahe kommen, kann man erwarten, dass Paarkorrelationen den dominanten Anteil ausmachen. Tatsächlich geben Paartheorien, welche auf dem Variationsprinzip beruhen, häufig 60% der Korrelationsenergie und bisweilen sogar mehr. Die allgemeinste physikalische Idee zur Behandlung der Elektronenkorrelation beruht auf der "cluster"-Entwicklung der Zustandsfunktion und folgt analogen Verfahren der statistischen Mechanik. Dabei wird die Zustandsfunktion angesetzt als eine Summe

$$\Psi = \Psi_1 + \Psi_2 + \Psi_3 + \ldots\ldots ,$$

worin Ψ_1 eine Slaterdeterminante ist, Ψ_2 die Zweier-, Ψ_3 die Dreierkorrelationen enthält, und so fort. Diese Entwicklung ist *endlich*, im Prinzip exakt, und man kann die Reihe rekursiv berechnen, d.h. wenn man Ψ_1 hat, so gibt es Gleichungen für Ψ_2, von Ψ_1 und Ψ_2 aus kann man Ψ_3 berechnen und so weiter. Häufig bricht man nach Ψ_2 ab und ist dann bei einer Paartheorie.

In den letzten Jahren haben sich zwei weitere Verfahren eingebürgert. Bei der "independent electron-pair approximation" (IEPA) wird die Gesamtkorrelationsenergie als Summe von Paarbeiträgen angesetzt, welche aus effektiven Zwei-Elektronen-Gleichungen berechnet werden.Das IEPA-Verfahren genügt *nicht* dem Variationsprinzip.Es schätzt eine Korrelationsenergie von 80% bis 120% des korrekten Wertes.Das IEPA-Verfahren vernachlässigt unter anderem die Korrelation zwischen verschiedenen Elektronenpaaren. Bezieht man diese in geeigneter Weise mit ein, so gelangt man zur Familie der "coupled electron-pair"(CEPA) Näherungen.

Die mathematisch inspirierten Ansätze benützen die Tatsache, dass man in einem Hilbertraum immer nach einer Basis entwickeln kann und dass die N-Elektronen-Slaterdeterminanten eine Basis im Raum der antisymmetrischen N-Teilchenfunktionen bilden. Infolgedessen kann man die exakte Zustandsfunktion nach einer Basis von Slaterdeterminanten entwickeln. Für die Zustandsfunktion des k-ten elektronischen Zustandes erhält man

$$\Psi_k = \sum_I C_{Ik} \Phi_I,$$

wobei die Φ_I einem Satz linear unabhängiger Slaterdeterminanten entnommen sind. Die Energie der elektronischen Zustände wird mit dem Ritz-Verfahren geschätzt. Die Energie $\varepsilon[\Psi_k]$ des k-ten elektronischen Zustandes erhält man näherungsweise durch Lösung des verallgemeinerten Eigenwertproblems des N-Elektronen-Hamiltonoperators $\hat{H}$ (vgl. S 272)

$$\sum_I C_{Ik}\{H_{IJ} - E_k S_{IJ}\} = 0$$

mit $H_{IJ} = \langle\Phi_I|\hat{H}\Phi_J\rangle$ und $S_{IJ} = \langle\Phi_I|\Phi_J\rangle$.

Das CI-Verfahren konvergiert enorm langsam und seine numerische Implementierung ist mühselig. Die Konvergenz hängt entscheidend von der Güte der für die Konstruktion der Slaterdeterminanten verwendeten Orbitalbasis ab. Um eine möglichst gute Orbitalbasis zu erhalten, kann man folgende Methoden einsetzen:

Die Hartree-Fock-Roothaan-Methode
Bei diesem Verfahren führt man zunächst eine SCF-Rechnung durch. Ist N die Zahl der Elektronen und M die Dimension der Basis, so liefert die SCF-Rechnung neben N besetzten M - N unbesetzte, sog.virtuelle, kanonische Orbitale. Die virtuellen Orbitale verwendet man zur Konstruktion weiterer Slaterdeterminanten, wobei man von der Hartree-Fock-Slaterdeterminante ausgeht. Wird in dieser Determinante ein besetztes Orbital durch ein virtuelles besetzt, so spricht man von einer "einfach angeregten Konfiguration", ersetzt man zwei Orbitale in dieser Weise, so spricht man von einer zweifach angeregten Konfiguration, etc..

Die "multiconfiguration-SCF-Methode"
Die MC-SCF-Methode unterscheidet sich mit von den übrigen CI-Methoden dadurch, dass die Entwicklungskoeffizienten C_{Ik} für die Slaterdeterminanten, und die Entwicklungskoeffizienten c_{ij} in der Entwicklung der Molekülorbitale $\varphi_i = \Sigma c_{ij} \chi_j$ in der Atomorbitalbasis $\{\chi_j\}$, ***gleichzeitig*** optimiert werden. Die MC-SCF-Zustandsfunktion ist wesentlich kompakter als andere CI-Entwicklungen, weil man sich wegen der simultanen Optimierung mit weniger Konfigurationen begnügen kann als bei anderen CI-Verfahren.

Ein weiteres Problem bei den CI-Methoden ergibt sich aus der Grösse der Slaterdeterminantenbasis. Aus M Basisorbitalen lassen sich $\binom{M}{N}$ verschiedene N-Elektronen-Slaterdeterminanten konstruieren. Diese Zahl ist bereits für kleine Moleküle und bescheidene Basen riesig.

Beispiel: Formaldehyd
Das CH_2O-Molekül hat 16 Elektronen. Wählt man eine Basis von 50 Atomorbitalen, so kann man daraus 5 Billionen 16-Elektronen-Slaterdeterminanten konstruieren.

Für die praktische Durchführung der CI-Rechnungen ist man darauf angewiesen, diese astronomische Zahl von Determinanten drastisch zu vermindern. Dabei verwendet man verschiedene Methoden: Bei der *chemie-orientierten* Auswahl der Determinanten werden die Rumpforbitale in der CI-Rechnung nicht berücksichtigt. Bei der *energie-orientierten* Auswahl wird der energetische Beitrag einer Determinante störungstheoretisch abgeschätzt. Anschliessend scheidet man alle Determinanten aus, deren energetischer Beitrag unterhalb eines festgelegten Schwellenwertes liegt. Eine weitere Reduktion erhält man durch das Ausnützen von Symmetrieeigenschaften der Molekeln. Besonders populär ist ein Verfahren, welches die Determinanten in 1-fach, 2-fach,...,n-fach bezüglich einer Referenzdeterminante angeregte Konfigurationen einteilt und dann neben der Referenzkonfiguration nur noch ein- und zweifach angeregte Konfigurationen mit einbezieht.

Weiterführende Literatur

"Methods of Electronic Structure Theory", edited by H.F.Schaefer III, Plenum Press, New York,1977. A.Szabo und N.S.Ostlund, "Modern Quantum Chemistry. Introduction to Advanced Structure Theory", MacMillan, New York, 1982.

Zusammenfassung: Elektronenkorrelation

Für die näherungsweise Berechnung der Elektronenkorrelation stehen Methoden zur Verfügung, welche bei kleineren Molekeln mit Erfolg eingesetzt werden können.

5.5 SEMIEMPIRISCHE METHODEN

5.5.1 MODELLE

Der Begriff "Modell" ist in den Naturwissenschaften und in der Erkenntnistheorie zu einem Modewort geworden, welches in recht unterschiedlichen Bedeutungen gebraucht wird. In der Theorie ist ein Modell ein Denkbild, welches *eine hinweisende Kraft auf die Wirklichkeit* besitzt. Ein Modell ist keine Hypothese, d.h. eine Behauptung, die entweder wahr oder falsch sein kann, sondern eine *Fiktion*, das ist eine *bewusst falsche, im gegebenen Kontext jedoch zweckmässige Annahme*.

Bemerkung: Fiktionen
"Fingere est proponere aliquid, quod si verum sit, .. solvat questionem", sagt der römische Rhetor Fabius Quintilianus (35-100 n.Chr.). "Fingieren heisst etwas als wahr voraussetzen, das, wenn es wahr wäre, ein Problem löste"(Institutio oratoria, Vol.5,10). Im Gegensatz zu Hypothesen sind Fiktionen Vorstellungsweisen, bei denen ein Zusammentreffen mit der Wirklichkeit von vorneherein ausgeschlossen ist. Die Frage, wieso Vorstellungen, von deren Falschheit wir überzeugt sind, für uns nützlich, ja unentbehrlich sind, ist in der Philosophie ausführlich diskutiert worden.*)

Bei der Wahl eines wissenschaftlichen Modells abstrahieren wir von gewissen, uns im gegebenen Zusammenhang unwesentlich erscheinenden Aspekten. Wir *wissen* also, dass das Modell nicht *alle* uns zugänglichen Gesichtspunkte der Wirklichkeit erfasst, in diesem Sinne also bewusst falsch ist. Das Modell erzeugt mithin eine *Scheinwelt*, die wir im vollen Bewusstsein ihrer Nichtexistenz realistisch interpretieren. Ein Modell hat Symbolcharakter und liefert eine Symbolsprache, die sogenannte Modellsprache. Das symbolische Material naturwissenschaftlicher Modelle *kann* der konkreten Alltagserfahrung entstammen, kann aber auch *mit Hilfe mathematischer Mittel ins Abstrakte erweitert werden.*

1. Beispiel: Stereochemie
Seit Kekulé haben die Chemiker Modelle aus Kugeln, Drähten oder anderen Materialien für die Diskussion ihrer Probleme eingesetzt. Sehr anschaulich berichtet etwa Emil Fischer von einem Ferienaufenthalt in Italien: "In besonderer Erinnerung ist mir eine stereochemische Frage geblieben. Im voraufgegangenen Winter 1890/91 hatte ich mich mit der Auf-

*)H.Vaihinger: "Die Philosophie des Als Ob", 2.Auflage 1913, 7. und 8. Auflage, Leipzig, 1922.

be beschäftigt, die Konfiguration der Zucker aufzuklären, ohne ganz zum Ziele zu gelangen. Da kam mir in Bordighera der Gedanke,die Entscheidung über die Konfiguration der Pentosen durch ihre Beziehungen zu den Trioxyglutarsäuren zu treffen. Leider konnte ich wegen Mangel eines Modells nicht feststellen, wieviel solcher Säuren nach der Theorie möglich seien, und ich legte die Frage deshalb **Baeyer** vor. Er griff solche Dinge mit grosser Wärme auf und konstruierte gleich aus Zahnstochern und Brotkügelchen Kohlenstoffatommodelle. Aber nach langem Probieren gab auch er die Sache auf, angeblich weil es ihm zu schwer wurde. Es ist mir erst später in Würzburg durch lange Betrachtungen von guten Modellen gelungen, die endgültige Lösung zu finden."*)

2. Beispiel: Das Wasserstoffatom
Im Rahmen der allgemeinen Quantenmechanik gibt es so etwas wie ein Wasserstoffatom **nicht**. Wenn der Naturwissenschaftler von einem Wasserstoffatom spricht, so meint er ein System, in dem ein Proton und ein Elektron durch Coulombkräfte gebunden sind. In der Quantenmechanik entsteht ein solches Objekt erst durch Abstraktion von einer Reihe existierender, von uns aber als unwesentlich betrachteter Korrelationen. So sind etwa alle Elektronen des Universums wegen des Pauliprinzips miteinander korreliert. Weiter sind Proton und Elektron elektrisch geladen und damit prinzipiell untrennbar verknüpft mit dem elektromagnetischen Strahlungsfeld. Erst wenn wir diese Korrelationen unter den Tisch wischen, macht es einen theoretischen Sinn, von einem Wasserstoffatom zu sprechen. Im Rahmen dieser Abstraktion kann dann ein spezifisches Modell des Wasserstoffatoms betrachtet werden, indem man etwa von Einstein-relativistischen Effekten absieht und eine Galilei-relativistische Raum-Zeit-Struktur unterlegt. In der praktischen Quantenmechanik spezifiziert man das System **eindeutig** durch Angabe eines Hamiltonoperators.

Um die besondere Rolle der semiempirischen Modelle in der heutigen Chemie zu verstehen, ist es vorteilhaft, sich daran zu erinnern, dass die Chemiker schon früh und mit grossem Erfolg versuchten, die molekulare Welt nach Strukturtypen zu ordnen. Sie haben dazu den Begriff der Stoffklasse eingeführt und sind so zu der für viele chemischen Untersuchungen charakteristischen Fragestellung vorgestossen, warum Stoffe derselben Klasse sich gleichwohl in gewissen Eigenschaften unterscheiden. Im Begriff der Stoffklasse wurden bestimmte Eigenschaften aus ihrem Zusammenhang herausgelöst und mit einer gewissermassen selbständigen Existenz versehen. So bezeichnet etwa der Name "Alkali" eine *Äquivalenzklasse von verschiedenen Stoffen* mit gewissen gemeinsamen Merkmalen, die eben ein Alkalimetall ausmachen. Einen Stoff namens "Alkali" aber gibt es nicht.

---

*) E.Fischer: "Aus meinem Leben", Springer, Berlin 1922, S 134.

Eine quantenmechanische Ab-initio-Rechnung auf der anderen Seite liefert die Zustandsfunktion einer *Einzelmolekel*, welche in der Regel durch ihren Born-Oppenheimer-Hamiltonoperator repräsentiert wird. Nun haben aber Moleküle derselben Stoffklasse meist eine unterschiedliche Anzahl von Kernen und Elektronen und damit weder vergleichbare Zustandsfunktionen noch vergleichbare Born-Oppenheimer Potentialflächen. Die Ab-initio-Quantenchemie kann sagen, welches die Zustände eines Lithium-, Natrium- oder Kaliumatoms sind, aber was ein Alkaliatom ist, ist in diesem Rahmen *keine wohldefinierte Frage*. An diesem Beispiel wird deutlich, dass die Ab-initio-Quantenchemie zwar ein numerisch richtiges Rechenschema ist, dass sie aber nicht "zu Antworten auf typische Fragen des Chemikers führt."*)

Aus diesem Dilemma gibt es eine Reihe von Auswegen, welche in der Praxis mit teilweise gutem Erfolg beschritten werden, ohne dass die Gründe für diese Erfolge theoretisch im einzelnen verstanden worden sind. Im Falle von Molekeln etwa hat sich im Rahmen einer Ein-Determinanten-Näherung die Lokalisierung der Orbitale (vgl. 5.1.7) als ein nützliches Instrument für die Diskussion ähnlicher Molekel erwiesen, und im Falle der Atome (vgl. 5.2.2) erlaubt die Zentralfeldnäherung eine Diskussion des periodischen Systems der Elemente im Geist des Bohrschen Atommodells.

Die Begründer der semiempirisch orientierten Modelltheorien, etwa der π-Elektronentheorie, der Resonanztheorie, der Ligandenfeldtheorie, gingen einen anderen, viel radikaleren Weg, indem sie versuchten, den Orbital- und den Hamiltonoperator-Formalismus von Einzelmolekülen auf ganze Stoffklassen zu übertragen*), wobei sie sich vollständig im klaren darüber waren, dass sie damit den Rahmen einer physikalisch begründeten Quantenmechanik verliessen.**)

---

*) H.Hartmann, "Die Bedeutung quantenmechanischer Modelle für die Chemie", Experientia (Suppl.) 9, 94-97 (1964).

**) "The theory of resonance in Chemistry ... was suggested by quantum mechanics but is no longer a branch of quantum mechanics". L.Pauling, "Quantum theory and chemistry", in "Max Planck Festschrift 1958", hg.v.B.Kockel, W.Macke und A.Papapetrou, VEB Deutscher Verlag der Wissenschaften, Berlin, 1959 S. 385-388.

5.5.2 ZUR SYSTEMATIK SEMIEMPIRISCHER MODELLE

Es ist das gemeinsame Merkmal aller semiempirischen Verfahren, dass die Hamiltonoperatoren freie Parameter enthalten, welche nicht notwendig einen physikalischen Sinn haben und welche empirisch fixiert werden. Im Gegensatz zur Abinitio-Quantenchemie muss dieser Hamiltonoperator nicht unbedingt die *Gesamtenergie* des Systems repräsentieren und ist daher nicht durch erste Prinzipien der Physik festgelegt. Die nicht definierte Natur des Hamiltonoperators führt zu Schwierigkeiten, welche sich in einer grossen Zahl verschiedener Parametrisierungsverfahren niederschlägt.

Im Falle der *rein* semiempirischen Verfahren, wie sie für die Beschreibung von *Stoffklassen* verwendet werden, ist der Hamiltonoperator nur noch als eine Matrix von Konstanten gegeben, welche als Matrixdarstellung eines nicht weiter spezifizierten Hamiltonoperators in einer ebenfalls nicht weiter spezifizierten minimalen Basis von Atomorbitalen interpretiert wird. Die freien Parameter erhalten dann ihren numerischen Wert durch die Forderung nach Reproduktion einer Reihe experimenteller Befunde innerhalb einer Klasse von Molekeln.

Bei den semiempirischen Methoden sind alle Zustandsfunktionen Ein-Determinantenfunktionen. Die darin vorkommenden Molekülorbitale φ werden als Linearkombinationen einer im allgemeinen minimalen Basis von Ortsorbitalen $\{\chi_j\}$ angesetzt

$$\varphi = \sum c_j \chi_j .$$

Bezüglich der Basisfunktionen gibt es eine Reihe etablierter Näherungsannahmen, für welche der beschönigende Ausdruck "Integralnäherung" gebraucht wird, obwohl es sich eher um drastische Vernachlässigungen als um Näherungen von Integralen handelt. Die wichtigsten davon sind die zero-differential-overlap-Näherung (ZDO) und die neglect of diatomic-differential-overlap-Näherung (NDDO).*)

Die ZDO-Näherung

Bei der ZDO-Näherung wird angenommen, dass *alle* Basisorbitale disjunkten Träger haben, d.h. dass gilt

$$\chi_i(\vec{q})\chi_j(\vec{q}) = \chi_i^2(\vec{q})\delta_{ij} .$$

*) Die numerische Quantenchemie ist ein Königreich hässlicher Abkürzungen.

Mit dieser Näherung vereinfachen sich die Vierzentren-Integrale (vgl. 5.4.1) zu

$$(\chi_i,\chi_j|\chi_r,\chi_s) = (\chi_i,\chi_j|\chi_i,\chi_j)\delta_{ir}\delta_{js} \quad .$$

Dank dieser Vereinfachung wächst die Zahl der Integrale nur noch mit M^2, wobei M die Dimension bezeichnet, und nicht mehr mit M^4, wie bei der vollen Hartree-Fock-Roothaan-Methode. Damit können auch grosse Moleküle behandelt werden.

Die NDDO-Näherung
Bei der NDDO-Näherung wird angenommen, dass Basisorbitale disjunkten Träger haben, wenn sie zu verschiedenen Kernen gehören, d.h. es gilt

$$\chi_i^A(\vec{q})\chi_j^B(\vec{q}) = \chi_i^A(\vec{q})\chi_j^B(\vec{q})\delta_{AB} \quad ,$$

wobei χ^X ein Atomorbital bezeichnet, das am Kern X zentriert ist. Gegenüber der ZDO-Näherung müssen bei der NDDO-Näherung bedeutend mehr Integrale berechnet werden, deren Einfluss allerdings zu keiner drastischen Verbesserung der numerischen Genauigkeit führt.

Die *approximativen* semiempirischen Verfahren dienen vor allem der Behandlung von Einzelmolekülen. Sie beruhen auf der Hartree-Fock-Roothaan-Methode, welche durch Integralnäherungen vereinfacht wird (ZDO oder NDDO). Zur Bestimmung der Einelektronenintegrale, d.h. der Matrixelemente des Einteilchenoperators $\hat{h}^o$ (vgl. 5.1.6) bezieht man häufig experimentelle Daten mit ein. Die auf diesem Wege erzielten Ergebnisse werden anhand von Ab-initio-SCF-Rechnungen an kleinen Molekülen bei minimalem Basissatz überprüft. Da die Integralnäherungen *unkontrolliert* sind, verliert man im Vergleich zur Hartree-Fock-Roothaan-Methode das Variationsprinzip, kann andererseits aber zu grösseren Molekeln vorstossen.

Bei den *rein* semiempirischen Verfahren wird immer ein minimaler Basissatz verwendet. Dieser wird zerlegt in Rumpforbitale χ_c (c = "core") und Valenzorbitale χ_v. Unter Rumpf versteht man den Atomkern und die Orbitale der inneren Schalen. Aus einem abstrakten, effektiven Hamiltonoperator

$$\hat{H}_{eff} = \sum_j \hat{H}_j + \frac{1}{2!}\sum_{i,j} \hat{H}_{ij} + \frac{1}{3!}\sum_{i,j,k} \hat{H}_{ijk} + \ldots$$

wird nun ein effektiver Hamiltonoperator $\hat{H}_v$ für die Valenzorbitale abgeleitet, welcher die "Rumpfenergie" in nicht spezifizierter Weise enthält. Der Hamiltonoperator $\hat{H}_{eff}$ kann - im Gegensatz zu fundamentalen Hamiltonoperatoren, welche immer nur Zweiteilchen- und Einteilchenoperatoren enthalten - beliebige Vielelektronenoperatoren enthalten (wobei nur die Zahl der Elektronen eine Schranke darstellt). $\hat{H}_v$ und bisweilen auch $\hat{H}_{eff}$ werden nun in einer Basis dargestellt. Die Matrixelemente der Operatoren $\hat{H}_j$, $\hat{H}_{ij}$, $\hat{H}_{ijk}$ u.s.f. werden als freie Parameter betrachtet, die ihre Werte entweder dadurch erhalten, dass die Berechnung eines Satzes physikalischer Eigenschaften eines Moleküls oder einer Verbindungsklasse mit den experimentellen Werten in Übereinstimmung gebracht wird, oder durch Ab-initio-Hartree-Fock-Rechnungen an Modellverbindungen. Eine weitere Einteilung ergibt sich aus der Unterscheidung, ob

a) nur ein Einteilchen-Hamiltonoperator verwendet wurde,

b) im Falle von Mehrteilchen-Wechselwirkungen diese durch ein effektives Einteilchen-Potential berücksichtigt werden (wie bei der Hartree-Fock-Methode).

Eine letzte Unterscheidung wird ermöglicht durch das Kriterium, ob

(i) alle Orbitale,

(ii) nur die Valenzorbitale,

(iii) von den Valenzorbitalen nur die π-Orbitale (vgl. 5.5.4)

berücksichtigt werden. Damit ergibt sich die folgende Übersicht über einige der üblichsten Verfahren:

	(ii) (ohne ZDO,NDDO)	(ii) (mit ZDO,NDDO)	(iii)
	Rein semiempirische Verfahren		
a)	EHT	LCBO-MO	HMO
b)	-	MNDO,MINDO	PPP
	Approximative semiempirische Verfahren		
a)	NEMO*)	-	-
b)	-	CNDO,INDO,NDDO	-

Übersicht über einige häufig verwendete semiempiristische Verfahren (nach M.Scholz und H.-J.Köhler: "Quantenchemische Näherungsverfahren und ihre Anwendung in der organischen Chemie", VEB Verlag der Wissenschaften, Berlin, 1981, S.117). *) Ein Verfahren des Typs (i).

Erklärung der Abkürzungen

CNDO: Complete Neglect of Differential Overlap; EHT: Extended Hückel Theory; HMO: Hückel Molecular Orbital Theory; INDO: Intermediate Neglect of Differential Overlap; LCBO-MO: Linear Combination of Bond Orbitals;

MINDO: Modified Intermediate Neglect of Differential Overlap; MNDO: Modified Neglect of Diatomic Overlap; NEMO: Non-Empirical Molecular Orbital Theory; NDDO: Neglect of Diatomic Differential Overlap; PPP: Pariser-Parr-Pople-Verfahren.

Weiterführende Literatur
M.Scholz und H.-J.Köhler: "Quantenchemische Näherungsverfahren und ihre Anwendung in der organischen Chemie", Verlag der Wissenschaften, Berlin, 1981.

Zusammenfassung: Zur Systematik semiempirischer Modelle
Alle semiempirischen Modelle enthalten parametrisierte Hamiltonoperatoren, die nicht in jedem Fall die Gesamtenergie des Systems repräsentieren. Man unterscheidet die approximativen Verfahren, welche auf der Hartree-Fock-Roothaan-Methode beruhen, Integralnäherungen verwenden und vor allem der Beschreibung von Einzelmolekülen dienen, von den rein semiempirischen Verfahren, die formale effektive Hamiltonoperatoren benutzen und vor allem zur Beschreibung von Verbindungsklassen verwendet werden.

5.5.3# BEMERKUNG ZU DEN APPROXIMATIVEN SEMIEMPIRISCHEN VERFAHREN

Die grösste und am weitesten verbreitete Gruppe unter den approximativen semiempirischen Verfahren beruht auf der Hartree-Fock-Roothaan-Methode in der *zero-differential-overlap*-Näherung (vgl. 5.5.2). Die Hartree-Fock-Energie ist *invariant* unter unitären Transformationen der Orbitalbasis. Diese Invarianz geht aber verloren unter der zero-differential-overlap-Näherung. J.A.Pople und Mitarbeiter*) haben argumentiert, aus chemischen Gründen sei es notwendig, einen Teil der Invarianz beizubehalten. Die Ausarbeitung der Bedingungen für die Invarianz der Hartree-Fock-Energien in der ZDO-Näherung unter den entsprechenden speziellen unitären Transformationen führt auf die Familien der CNDO-und MINDO-Verfahren.**)

---

*) "Approximate Self-Consistent Molecular Orbital Theory.I.Invariant Procedures", J.Chem.Phys.43, Suppl. 129-135(1965).

**) Die Abkürzungen sind in 5.5.2 erklärt.

Die CNDO-Verfahren verwenden Parameter, die an Ab-initio-Hartree-Fock-Rechnungen justiert sind. Sie werden verwendet für die Berechnung von UV-Spektren, sind aber wenig geeignet für die Bestimmung von Molekülgeometrien. Im Gegensatz dazu sind die MINDO-Verfahren so parametrisiert, dass Grundzustandseigenschaften wie Bildungswärmen und Molekülgeometrien möglichst gut wiedergegeben werden.

Die semiempirischen Methoden kommen und gehen in zu grosser Zahl, als dass sie hier einzeln gewürdigt werden könnten. Gemeinsam ist allen diesen Verfahren, dass der Fachmann mit ihnen nützliche Ergebnisse erhalten kann, während sie in der Hand von Unerfahrenen leicht versagen. Dass die approximativen semiempirischen Verfahren alles andere als narrensicher sind, mag zu ihrem umstrittenen Ruf beigetragen haben. Aber schliesslich verlangen auch gute Ab-initio-Rechnungen Erfahrung. Vielleicht wäre es gut, sich von Zeit zu Zeit daran zu erinnern, dass "Ab-initio" keine Qualitätsgarantie und "semiempirisch" kein Verdikt ist, es gibt miserable Ab-initio-Rechnungen und sehr akzeptable semiempirische Diskussionen.

5.5.4 DAS HÜCKEL-MODELL

Prototyp der rein semiempirischen Verfahren ist das Hückel-Modell, welches wie kein anderes quantenmechanisch inspirierte Denkbild seinen Weg bis in die Alltagspraxis vor allem des organischen Chemikers gefunden hat. Es wurde zur Beschreibung "aromatischer und ungesättigter Verbindungen"*) wie Ethylen und Benzol konzipiert. Von diesen Molekeln weiss man aus stereochemischen Gründen, dass sie eben sein müssen, und aus spektroskopischen Befunden, dass sie eine planare r_e-Struktur besitzen. In solchen Systemen ist es sinnvoll, die Molekülorbitale nach ihrem Verhalten unter der Spiegelung an der Symmetrieebene zu klassifizieren, die durch ihre r_e-Struktur definiert wird. Identifiziert man die Spiegelebene des Kerngerüstes mit der x-y-Ebene eines molekülfesten Koordinatensystems, so gibt es zwei Arten symmetrieangepasster Funktionen unter Spiegelung, die symmetrischen und die antisymmetrischen:

*) E.Hückel, "Zur Quantentheorie der Doppelbindung", Z.Phys.60, 423-456(1930); "Die Elektronenkonfiguration des Benzols und verwandter Verbindungen", Z.Phys.70, 204-286(1931), "Quantentheoretische Beiträge zum Problem der aromatischen und ungesättigten Verbindungen", Z.Phys.76, 628-648(1932).

$$\varphi(x,y,-z) = -\varphi(x,y,z) \quad \text{antisymmetrisch}$$
$$\varphi(x,y,-z) = \varphi(x,y,z) \quad \text{symmetrisch.}$$

Ein beliebiges Ortsorbital χ kann auf einfache Weise in einen symmetrischen und einen antisymmetrischen Anteil zerlegt werden

$$\chi_{\pm}(x,y,z) = \tfrac{1}{2}\{\chi(x,y,z) \pm \chi(x,y,-z)\}\,.$$

Man verifiziert, dass χ_+ symmetrisch und χ_- antisymmetrisch bezüglich der Spiegelungsoperation $z \to -z$ ist, und dass wegen $\chi_+ + \chi_- = \chi$ das ursprüngliche Orbital leicht aus den symmetrieangepassten Anteilen zurückgewonnen werden kann. Die unter Spiegelung symmetrischen Orbitale bezeichnet man als σ-Orbitale, die antisymmetrischen als π-Orbitale.

In heutiger Nomenklatur sagt man, das Hückel-Modell sei eine Theorie der π-Orbitale planarer Verbindungen, und da man beim Hückel-Modell in einer Ein-Determinanten-Näherung arbeitet, identifiziert man Orbitale und Elektronen und spricht von einer Theorie planarer π-Elektronen-Systeme.*) Geht man von den Prototypen Ethylen und Benzol weg, so beginnen die Schwierigkeiten damit, dass die σ-π-Unterscheidung auch für Molekeln beibehalten wird, die gar keine derartige Spiegelebene mehr besitzen, wie etwa Toluol, $CHDT\text{-}C_6H_5$, bei dessen r_e-Struktur die Protonen der Methylgruppe nicht symmetrisch zur Ebene der sieben Kohlenstoffkerne angeordnet sind. Man benützt dann eine Hilfskonstruktion, indem man zwischen einem "Gerüst" und "Liganden" unterscheidet. Diese Unterscheidung muss mit chemischem Verstand getroffen werden. Bei sachgerechter Wahl erhält man damit tatsächlich ein planares Gerüst mit σ- und π-Atomorbitalen, während die Liganden in erster Näherung vernachlässigt werden.

Sieht man von gewissen Erweiterungen ab, so ist das Hückelmodell die Matrix-Darstellung eines formalen Hamiltonoperators, des *"Hückeloperators"*, in einer Basis von Atomorbitalen, welche antisymmetrisch sind bezüglich der Spiegelung an einer Gerüstebene, wobei jedem Gerüstkern genau ein Atomorbital der Basis entspricht. Der Hückeloperator berücksichtigt in effektiver Weise das elektrostatische Potential der Kerne sowie den Einfluss der "σ-Elektronen". Der Hückeloperator für ein System von N "π-Elektronen" ist eine Summe von Einteilchenoperatoren $\hat{H}_i$, $i = 1,\ldots,N$, welche alle von ein- und demselben Orbital-

*) Diese Bezeichnung ist korrekt im Rahmen der Hartree-Näherung (vgl. 5.1.8).

operator $\hat{h}$ erzeugt werden (vgl. 5.1.5). Um die Eigenwerte des Hückeloperators zu ermitteln, genügt es, die Orbitalenergien ε_j des Operators $\hat{h}$ zu berechnen (vgl. Aufgabe 5.1.2).

Zur Charakterisierung eines π-Elektronensystems reicht es daher, eine Matrix-Darstellung des Orbitaloperators $\hat{h}$ anzugeben. Dabei verwendet man folgende, drastisch vereinfachende Annahmen

- die Atomorbitale der Basis sind orthonormal

$$(\chi_i|\chi_j) = \delta_{ij} \quad , \quad i,j = 1,2,\ldots,$$

- die Diagonalelemente des Hamiltonoperators haben denselben Wert für alle Basisorbitale, welche zu gleichartigen Kernen gehören. Für Basisorbitale, welche zu Kohlenstoffkernen gehören, setzt man

$$h_{ii} = (\chi_i|\hat{h}\,\chi_i) = \alpha \quad , \quad i = 1,2,\ldots \, .$$

- Für andere als Kohlenstoffkerne (sog. "Heteroatome") setzt man andere Werte an.

- Für die Ausserdiagonalelemente $h_{ij} = (\chi_i|\hat{h}\,\chi_j)$ macht man die Annahme

  $h_{ij} \neq 0$ falls die Atomkerne i und j nächste Nachbarn sind,

  $$h_{ij} = 0 \text{ sonst.}$$

  Für Kohlenstoff-Atomorbitale χ_i und χ_j weist man zudem den von Null verschiedenen h_{ij} einen gemeinsamen Wert β zu.

  Die Entscheidung darüber, welche Kerne als nächste Nachbarn anzusehen sind, muss aus der chemischen Erfahrung getroffen werden.

Ursprünglich hat man mit dem Hückelmodell planare Kohlenstoffgerüste behandelt. Stickstoff- und Sauerstoffkerne können leicht mit einbezogen werden. Weitere Kerne kommen in der Standardversion des Modells nicht vor. Im Falle eines reinen Kohlenstoffgerüstes enthält die Matrixdarstellung von $\hat{h}$ also neben vielen Nullen nur die Konstanten α und β, deren numerischer Wert noch nicht festgelegt ist. In die Matrixdarstellung von $\hat{h}$ gehen infolgedessen neben den unbestimmten Parametern α und β nur die Nachbarschaftsbeziehungen der Gerüstkerne ein, nicht aber deren genaue Lage im Raum. Cis-Butadien und Trans-Butadien haben denselben Hückeloperator. Man sagt daher, etwas verkürzend aber prägnant, der Hückeloperator reflektiere die *Topologie* des Gerüstes und nicht seine *Geometrie*.

Wegen der Orthonormalität der Basis erhält man die Eigenwerte und Eigenfunktionen von $\hat{h}$ durch Lösung des gewöhnlichen Eigenwertproblems

$$\sum_j h_{ij} c_j = \varepsilon \sum_j \delta_{ij} c_j .$$

Die Eigenwerte sind dann gegeben durch die Lösung der Säkulargleichung $\det|h-\varepsilon I| = 0$ mit $h = (h_{ij})$ und $I = (\delta_{ij})$.

1. Beispiel: Ethylen

Im Ethylen-Molekül, $H_2C{=}CH_2$, trägt jedes der beiden Kohlenstoffatome des Gerüsts ein Orbital zur Basis bei, welches damit zweidimensional ist. Die Säkulargleichung lautet infolgedessen

$$\mathrm{Det}\{h - \varepsilon I\} = \begin{vmatrix} \alpha-\varepsilon & \beta \\ \beta & \alpha-\varepsilon \end{vmatrix} = 0.$$

Mit $x = (\varepsilon-\alpha)/\beta$ erhält man für das charakteristische Polynom

$$\begin{vmatrix} -x & 1 \\ 1 & -x \end{vmatrix} = x^2-1 = 0$$

die Lösungen $x_\pm = \pm 1$ und damit die Orbitalenergien $\varepsilon_\pm = \alpha \pm \beta$. Da jedes der Eigenorbitale mit zwei Spinfunktionen kombiniert werden kann, erhält man für die π-Elektronen-Energie des Grundzustandes von Ethylen im Hückelmodell

$$E_0 = 2(\alpha+\beta) \quad \text{falls } \beta < 0$$
$$E_0 = 2(\alpha-\beta) \quad \text{falls } \beta > 0.$$

2. Beispiel: Butadien

Im Butadien-Molekül, $H_2C{=}CH{-}CH{=}CH_2$, sind nicht mehr alle Kerne des Kohlenstoffgerüstes nächste Nachbarn. In den beiden planaren Konfigurationen der Molekel ist die Nachbarschaftsbeziehung durch die lineare Ordnung festgelegt. Die Basis ist vierdimensional und die Säkulargleichung

$$0 = \begin{vmatrix} -x & 1 & 0 & 0 \\ 1 & -x & 1 & 0 \\ 0 & 1 & -x & 1 \\ 0 & 0 & 1 & -x \end{vmatrix} = -x \begin{vmatrix} -x & 1 & 0 \\ 1 & -x & 1 \\ 0 & 1 & -x \end{vmatrix} - 1 \begin{vmatrix} 1 & 1 & 0 \\ 0 & -x & 1 \\ 0 & 1 & -x \end{vmatrix} = x^4 - 3x^2 + 1$$

hat die Lösungen $x^2 = (3 \pm \sqrt{5})/2$. Mit derselben Abkürzung wie im ersten Beispiel erhält man für die vier Orbitalenergien

$$\varepsilon_1 = \alpha + 1{,}618\,\beta \qquad \varepsilon_3 = \alpha - 0{,}618\,\beta$$
$$\varepsilon_2 = \alpha + 0{,}618\,\beta \qquad \varepsilon_4 = \alpha - 1{,}618\,\beta .$$

Wiederum kann jedes der Ortsorbitale mit zwei orthogonalen Spinfunktionen kombiniert werden. Damit erhält man für die π-Elektronenenergie des Grundzustandes der planaren Butadienmolekel

$$E_0^{pl} = 2\varepsilon_1 + 2\varepsilon_2 = 4\alpha + 4{,}47\,\beta \qquad \text{falls } \beta < 0.$$

Dreht man die planare Molekel um 90° um die Verbindungslinie zwischen den beiden mittleren Kohlenstoffkernen, so besitzt die Molekel zwei unabhängige π-Systeme von der Art des Ethylens. In dieser Konfiguration ist die π-Elektronen-Energie desselben Systems also

$$E_o^s = 2\cdot(2\alpha + 2\beta) = 4\alpha + 4\beta \quad \text{falls } \beta < 0$$

mithin um 0,47β höher. Dem Energieunterschied zwischen dieser "Kékulé"-Struktur und der planaren bezeichnet man als *"Delokalisierungsenergie"*. Das Hückel-Modell ist ein Verfahren um Delokalisierungsenergien zu berechnen, welche sich chemisch in den besonderen Eigenschaften sogenannter ***konjugierter*** Doppelbindungen manifestiert, im Gegensatz zu den ***isolierten*** Doppelbindungen.

3. Beispiel: Monozyklische planare Ringsysteme

Für diese Systeme lässt sich das Eigenwertproblem in geschlossener Weise lösen. Die rechts stehende Säkulardeterminante des Orbitaloperators $\hat{h}$ für ein zyklisches planares Gerüst von N Kohlenstoff-Kernen hat die Eigenwerte

$$\begin{vmatrix} x & 1 & . & . & . & . & 1 \\ 1 & x & 1 & & & & \\ . & 1 & x & 1 & & & \\ . & & \ddots & \ddots & & & \\ . & & & 1 & x & 1 & \\ . & & & & 1 & x & 1 \\ 1 & . & . & . & . & 1 & x \end{vmatrix} = 0$$

$$x_j = 2\cos\{\frac{2\pi}{N} j\}, \quad j = 1,\dots,N.$$

Wegen $x = (\varepsilon-\alpha)/\beta$ gilt für die Orbitalenergien

$$\varepsilon_j = \alpha + x_j\beta = \alpha + \beta\, 2\cos\{\frac{2\pi}{N} j\} \quad , \ j = 1,\dots N.$$

Unabhängig von der Ringgrösse gilt also stets $\varepsilon_N = \alpha + 2\beta$, bei gerader Zahl N zudem $\varepsilon_{N/2} = \alpha - 2\beta$. Die restlichen Eigenwerte sind wegen $\varepsilon_j = \varepsilon_{N-j}$ entartet. Im Falle des Benzol-Ringes hat man N = 6 und damit

$$\begin{aligned} \varepsilon_6 &= \alpha + 2\beta \\ \varepsilon_1 &= \alpha + \beta = \varepsilon_5 \\ \varepsilon_2 &= \alpha - \beta = \varepsilon_4 \\ \varepsilon_3 &= \alpha - 2\beta. \end{aligned}$$

Für die 6 π-Elektronen des neutralen Benzolmoleküls ergibt sich damit eine Gesamt-π-Elektronen-Energie von

$$E_o = 2(\alpha + 2\beta) + 4(\alpha + \beta) = 6\alpha + 8\beta \quad , \quad \text{falls } \beta < 0 \ ,$$

während die entsprechende Energie von drei normalen Doppelbindungen, wie man sie bei einem hypothetischen "Kékulé"-Benzol vorfände, $3\cdot 2(\alpha+\beta) = 6\alpha+6\beta$ betrüge, so dass in diesem Falle die "Delokalisierungsenergie" 2β beträgt.

Delokalisierungsenergien konjugierter Kohlenwasserstoffe können in Vielfachen von β gemessen werden und dies erlaubt eine Schätzung von β aus kalorimetrischen Daten, wie die folgende Tabelle zeigt:

Verbindung	Hückel-Modell	Experiment	Schätzwert für β
Benzol	2,00 β	- 37 kcal Mol^{-1}	-18,5 kcal Mol^{-1}
Naphthalin	3,68 β	- 75 kcal Mol^{-1}	-20,4 kcal Mol^{-1}
Anthrazen	5,32 β	-105 kcal Mol^{-1}	-19,7 kcal Mol^{-1}
Phenantren	5,45 β	-110 kcal Mol^{-1}	-20,2 kcal Mol^{-1}

Delokalisierungsenergie für einige zyklische Kohlenwasserstoffe. Nach: C.A.Coulson et al.:"Hückel Theory for Organic Chemists", Academic Press, London, 1978.

Dem Parameter β ordnet man allgemein einen Wert von etwa -20 kcal Mol^{-1} zu. Der numerische Wert von α spielt für die π-Elektronenenergie reiner Kohlenwasserstoff-Gerüste nur die Rolle einer additiven Konstante, welche nicht spezifiziert werden muss. Dies ist erst notwendig, wenn das Gerüst noch andere Atomkerne enthält. Das Vorgehen zur Bestimmung der freien Parameter rein semiempirischer Modelle ist damit illustriert.

Das Hückel-Modell eröffnet viele Möglichkeiten für Korrelationen von Modellvorstellungen und Experimenten. Dabei steht das Vermögen, qualitativ zu ordnen, stärker im Vordergrund als die numerische Übereinstimmung. Aus den Eigenwerten ε_j des Orbitaloperators $\hat{h}$ lassen sich Aussagen herleiten über: Stabilität, Delokalisierungs- und Resonanzenergie, Aromatizität und "Antiaromatizität", Ionisierungspotentiale, Elektronenaffinitäten, Energieunterschiede zwischen elektronischen Zuständen sowie Masszahlen zur chemischen Reaktivität. Aus den Eigenvektoren des Hückeloperators gewinnt man Hinweise über: Elektronenverteilungen und deren Symmetrieeigenschaften, Dipolmomente, Übergangsmomente, Bindungsordnungen, Spinpopulationen sowie die chemische Reaktivität.

Einen besonderen Platz nimmt das Hückel-Modell bei der Deutung und Voraussage des Ablaufes chemischer Reaktionen mit σ/π-Konversion ein, wie sie etwa bei der disrotatorischen oder konrotatorischen Ringöffnung von Cyclobuten-Derivaten zu den entsprechenden stereoisomeren Butadienen ablaufen. Diese Anwendungen des Hückel-Modells finden in den bekannten *Woodward-Hoffmann*-Regeln*) ihren Niederschlag.

---

*) J.Amer.Chem.Soc.87, 395-397; 2046-2048; 2511-2513(1965).

Bemerkung: Verwandte Modelle
Gleichfalls für die Beschreibung von π-Elektronensystemen verwendet man die Pariser-Parr-Pople-Methode (PPP), bei welcher die Wechselwirkung der π-Elektronen mit berücksichtigt wird. Die PPP-Methode wird hauptsächlich für die Berechnung der UV-Spektren von π-Systemen verwendet. - Eine **Verallgemeinerung** ist die 'extended-Hückel-theory'-Methode (EHT), bei welcher neben den π-Elektronen auch die σ-Valenzelektronen mit einbezogen werden. - Für weitere Einzelheiten konsultiere man die unten angeführte Literatur.

Weiterführende Literatur zur Semiempirik
A.Streitwieser: "Molecular Orbital Theory for Organic Chemists", Wiley, New York, 1961; E.Heilbronner und H.Bock: "Das HMO-Modell und seine Anwendung", Verlag Chemie, Weinheim, 1970; W.Kutzelnigg: "Einführung in die Theoretische Chemie", Bd.2, Verlag Chemie, Weinheim, 1978; M.Scholz und H.-J.Köhler: "Quantenchemische Näherungsverfahren und ihre Anwendungen in der organischen Chemie", Deutscher Verlag der Wissenschaften, Berlin, 1981; M.Klessinger: "Elektronenstruktur organischer Moleküle.Grundbegriffe quantenchemischer Betrachtungsweisen", Verlag Chemie, Weinheim, 1982; - Nguyen Trong Anh: "Les règles de Woodward-Hoffmann", Ediscience, Paris, 1967.

Zusammenfassung: Das Hückel-Modell

Der Kapellmeister: "...Übrigens, was sehe ich denn da, Sie haben ja gar keine Gläser in Ihre Augengläser drin... Was setzen Sie denn das leere Gestell auf, das hat doch gar keinen Zweck?"

Karl Valentin: "Besser ist es doch wie gar nichts."

Karl Valentin ("Tingeltangel")*)

5.5.5 DIE SEMIEMPIRIK ZWISCHEN EINZELMOLEKÜLEN UND STOFFKLASSEN

Was ist nun die *heutige* Semiempirik? Ein nur teilweise geglückter Versuch, *Klassen* von chemisch ähnlichen Molekülen theoretisch zu erfassen? Oder eine Methode, um die numerische Quantenchemie auf Moleküle auszudehnen, welche aus zeitlichen, finanziellen oder sonstigen Gründen mit den Ab-initio-Methoden nicht mehr zu bewältigen sind? Darauf gibt es keine allgemeingültige Antwort. Beides ist legitim, zeichnet aber begrifflich grundverschiedene Forschungsbereiche aus, welche nicht in einen einheitlichen Rahmen gezwängt werden können.

*) Schlusswort aus: E.Heilbronner und H.Bock: "Das HMO-Modell und seine Anwendungen", Verlag Chemie, Weinheim, 1970.

Die Theorien dieser beiden Bereiche haben *verschiedene Referenten**): *Einzelmoleküle* auf der einen und *Klassen* ähnlicher Molekeln auf der anderen Seite.

Ist die Zielsetzung eine Diskussion von Einzelmolekeln, so haben wir einen theoretisch bestens fundierten Ausgangspunkt und einen ausgezeichneten Überblick über die physikalischen Idealisierungen. Ist eine fachgemäss durchgeführte Ab-initio-Rechnung dann numerisch unbefriedigend, so weiss man sofort, wie sie verbessert werden kann, es gibt eine ganze Hierarchie von höheren Näherungen. Einen Einblick in die Art des Vorgehens kann man aus Abschnitt 5.3.2 gewinnen, wo die höheren Korrekturen für das Wasserstoff-Molekül numerisch bestimmt werden. Auch die Ab-initio-Methoden sind selbstverständlich nicht unabhängig von der Erfahrung, zum Beispiel bei der Wahl eines geeigneten Basissatzes. Darüber hinaus können bei der numerischen Auswertung durchaus auch empirische Methoden zur Anwendung kommen. Wenn man etwa weiss, dass die Integrale einer gewissen Klasse klein sind, so wird man versuchen, für diese Integrale nur grobe numerische Abschätzungen und vielleicht sogar einfach Erfahrungswerte einzusetzen. Das kann bei grösseren Rechnungen mit Millionen oder Milliarden von Integralen eine entscheidende Einsparung an Rechenzeit mit sich bringen. Die approximativen Verfahren der Semiempirik sind weitergehende Näherungsverfahren für die Beschreibung von Einzelmolekülen, begrifflich aber gehen sie nirgends über die Ab-initio-Quantenchemie hinaus. Die approximativen Verfahren sind sicher nützlich, aber ebenso sicher ist auch, dass sie *nichts grundsätzlich Neues* leisten. Genau betrachtet sind sie Näherungen wie andere auch.

Ganz anders die rein semiempirischen Verfahren, deren Gegenstand nicht mehr Einzelmolekeln, sondern ganze Verbindungsklassen sind. Diese Verfahren versuchen etwas zu leisten, was die Ab-initio-Methoden der Quantenchemie prinzipiell nicht können. Es wäre sicher *falsch*, im heutigen Zeitpunkt zu behaupten, die rein semiempirischen Modelle seien *Näherungen*. Näherungen könnten sie ja nur an eine konsistente, voll ausgearbeitete Theorie von Stoffklassen sein. Eine solche Theorie aber existiert bis heute *nicht*. Dementsprechend sind die rein semiempirischen Verfahren auch bis heute nicht herleitbar, sie sind freie Erfindungen des menschlichen Geistes. Dies unterscheidet sie in ihrem theoretischen Status wesentlich von den approximativen Verfahren, welche Näherungen zur Ab-initio-Quantenchemie sind.

---

*) Als Referenten einer Theorie bezeichnet man ihren Gegenstand, also das, wovon diese Theorie handelt.

Dass die genial erdachten Modelle von Hückel, Pauling und Hartmann trotz überraschender Anfangserfolge irgendwie steckengeblieben sind, ist kein Einwand. Sie sind als erste Gehversuche im Neuland einer Theorie qualitativer Eigenschaften zu werten und damit selbstverständlich verbesserungsbedürftig. Was man möchte, ist ein Schema, welches zwar keine Molekel genau, im günstigen Fall aber alle Molekel einer Klasse bezüglich einiger spezieller aber wohldefinierter Aspekte einigermassen brauchbar beschreibt und damit eine Reihe chemischer Abstraktionen in Evidenz setzt, wie etwa den einer bestimmten Verbindungsklasse.

Eine Analogie: Die temperierte Stimmung
Dieses Vorgehen entspricht genau jenem in der Musiktheorie, wo man bei dem Übergang von der harmonischen zur temperierten Stimmung durch die Teilung der Oktave in $\sqrt[12]{2}$ gleiche Teile Mittelwerte erhielt, "welche kein Intervall wirklich rein aber alle leidlich brauchbar intonieren" (Hugo Riemann, 1849-1919). Man verlor auf diese Weise die Reinheit der Intervalle, gewann aber auf der anderen Seite die Verwandtschaftsbeziehungen zwischen den Tonarten, den Quintenzirkel und die enharmonische Verwechslung, welche den harmonischen Reichtum der neuzeitlichen Musik ermöglicht haben.

Obwohl die rein semiempirischen Modelle in der Sprache der Quantenmechanik formuliert sind, haben sie keinen theoretischen Status, nicht unähnlich den Draht- und Kugel-Modellen, denn auch diese Modelle haben keinen theoretischen Status: Niemand weiss, wie man ein Modell aus Draht und Kugeln verbessern muss, um etwa eine spektroskopische Frage zu beantworten. Ebensowenig kann man die rein semiempirischen Modelle bis heute *als Stoffklassenmodelle* verbessern. Trotzdem haben neunmalkluge Quantenchemiker geglaubt, sie könnten diese Modelle durch schrittweise Annäherung an die approximativen Verfahren der Semiempirik vervollkommnen. Für die Stoffklassenmodelle war diese Entwicklung mit einer drastischen Einbusse an chemischem Gehalt verbunden, der Erfolg war eher kläglich. Genauso hätte man die gleichschwebende temperierte Stimmung als unrein kritisieren und versuchen können, sie zu "verbessern", um schlussendlich wieder bei der harmonischen Stimmung zu landen.

Die schwierige Situation der semiempirischen Modelle hat leider zu der Unsitte geführt, unklare Argumentation und krause Erklärungsmuster ganz allgemein mit dem Modellcharakter theoretischer Vorstellungen zu verteidigen (vgl. 6.4). Die Notwendigkeit von Modellvorstellungen in den modernen Naturwissenschaften darf keinesfalls dazu führen, dass Modelle bequeme Entschuldigungen für intellektuelle Unredlichkeit oder Unfähigkeit werden.

Die Quantenmechanik: Ein Modell?
Tausendmal gesagt und trotzdem verfehlt ist auch die Behauptung, "die Quantenmechanik sei ja auch ***nur*** ein Modell". Die Quantenmechanik ist eine ***Sprache,*** in der man ein Modell formulieren kann. Zu sagen, die Quantenmechanik sei ein Modell, ist etwa so sinnvoll wie die Aussage, Deutsch sei ein Roman.

Modelltheorien für Stoffklassen sind ein chemisches Desiderat. Es wäre ein Irrtum, anzunehmen, die Fiktion einer Einzelmolekel sei fundamentaler als die Fiktion einer Stoffklasse. Der Begriff "individuelle Molekel" bedingt andere Abstraktionen als der Begriff "Stoffklasse". Abstraktionen sind *weder fundamental noch richtig*, aber sie können fruchtbar sein oder nicht: "Il n'y a pas de théories vraies" (Émile Duclos, 1840-1904). Die Wirklichkeit des Chemikers ist verschieden von jener des Physikers. "Was dem einen sin Ul, ist dem anderen sin Nachtigall" sagt der Volksmund. Es wäre verheerend, wenn wertvolle, autochthon gewachsene Begriffe der Chemie ausgeschieden würden, nur weil sie in das Programm der Ab-initio-Quantenchemie nicht hineinzupassen scheinen. *Die Weiterentwicklung der Quantenmechanik zu einer Theorie, in welcher auch diese Begriffe einen legitimen Platz haben, gehört zu den wichtigen Aufgaben der theoretischen Chemie.*

6. EPILOG

6.1 WAS HABEN WIR GELERNT?

Das Wichtigste ist die Erkenntnis, *dass es keine spezifisch chemischen Kräfte gibt.* Die wesentliche Ursache des chemischen Bindungsphänomens ist die elektrostatische Coulombanziehung zwischen den negativ geladenen Elektronen und den positiv geladenen Kernen, in Kombination mit den Gesetzen einer neuen Mechanik.

Wir haben in dieser Einführung kaum chemische Probleme diskutiert, sondern lediglich einige gut fundierte Grundlagen für eine solche Diskussion bereitgestellt. Die historische Entwicklung der Quantenchemie begann 1927 mit der Arbeit von Heitler und London, in der das Rätsel der kovalenten Bindung im Wasserstoffmolekül gelöst werden konnte. Entgegen den Erwartungen der Pioniere dieser neuen Wissenschaft entwickelte sich aber die Quantenchemie nicht zu einer Bindungslehre, sondern zu einer *Molekültheorie*, welche viel mehr, aber auch weniger leistet als ursprünglich erwartet.

Die heutige Quantenchemie erlaubt uns, Bindungsenergien (richtiger: Dissoziationsenergien) und Bindungslängen (richtiger: Kern-Abstände) zu berechnen, aber was die chemische Bindung "eigentlich" ist, sagt sie uns nicht. Wir sind nicht einmal sicher, ob diese Frage nach der Natur der chemischen Bindung dumm oder gescheit ist.

Dennoch haben wir aus der Quantenchemie vieles gelernt, was für jede Diskussion des Bindungsphänomens wichtig ist. Beispielsweise haben wir am Beispiel von H_2^+ gelernt, *dass die chemische Bindung ihrem Wesen nach nichts mit Elektronenpaaren oder mit dem Elektronenspin* zu tun hat. Weiter haben wir gesehen, dass die Bindungsenergie immer klein ist im Vergleich mit direkt berechenbaren Einzelbeiträgen der positiven kinetischen Energie der Elektronen, der positiven Energie der Wechselwirkung zwischen den Elektronen und der negativen Energie der Wechselwirkung zwischen Elektronen und Kernen. Es ist daher nicht verwunderlich, *dass es keine brauchbaren Faustregeln für die Voraussage der Stabilität von molekularen Systemen gibt.* Man erinnere sich etwa an die unter Laboratoriumsbedingungen stabilen Edelgasverbindungen wie XeF_4, an die Tatsache, dass Ne_2 im Grundzustand als Van-der-Waals-Molekül existiert (Kernabstand um 3,5 Å, Dissoziationsenergie um 45 cm^{-1}) und dass He_2 als stabile Molekel in einem elektronisch angeregten Zustand existiert. Das energetische Wechselspiel zwischen den einzelnen Energiebeiträgen ist viel zu delikat, als dass es durch irgend eines der gängigen Bindungsmodelle erfasst werden könnte. Natürlich ergibt eine korrekte quantenchemische Ab-initio-Rechnung immer das richtige Resultat.

Der Ausgangspunkt vieler quantenchemischer Überlegungen in der Chemie ist die Orbitalnäherung. *Orbitale* sind weder "Raumgebiete um den Atomkern", noch "Aufenthaltswahrscheinlichkeitswolken" oder "Ladungswolken"*), sondern komplexwertige Einelektronenfunktionen. Warum man Orbitale für die Beschreibung von Molekülen mit vielen identischen und stark wechselwirkenden Elektronen überhaupt verwenden darf, ist eine schwierige, nur teilweise geklärte Frage.

Wir haben gelernt, dass in der Schrödingerdarstellung der elektronische Zustand durch komplexwertige antisymmetrische Funktionen auf dem entsprechenden hochdimensionalen Konfigurationsraum beschrieben werden kann. Um die Antisymmetrieforderung, d.h. das Pauliprinzip,in praktischer Weise zu erfüllen, führt man *Slaterdeterminanten* ein, deren Bauelemente Einelektronenfunktionen, d.h. Orbitale sind.

Dieser mathematische Kunstgriff erklärt nun keineswegs, warum Orbitale in der Chemie eine so grosse Bedeutung erhalten haben. Der springende Punkt ist die überraschende Tatsache, dass sich viele (aber keineswegs alle!) Molekeln mit gerader Elektronenzahl in qualitativ brauchbarer Näherung durch jeweils *eine* Slaterdeterminante beschreiben lassen. Das heisst, dass dann eine Molekel mit N Elektronen approximativ durch N Spinorbitale beschrieben werden kann. Im *Hartree-Fock-Verfahren* haben wir eine den modernen Computern gut zugängliche Methode kennen gelernt, um die Schrödingergleichung auch für recht komplizierte Molekeln approximativ zu lösen. Das erklärt aber noch immer nicht, warum Orbitale in der Forschungsarbeit der praktischen Chemiker eine so grosse Rolle spielen.

Wir haben jedoch gesehen, dass man Hartree-Fock-Orbitale noch beliebigen nichtsingulären linearen Transformationen unterwerfen kann, *ohne* dass die Erwartungswerte von messbaren Moleküleigenschaften davon betroffen würden. Die Tatsache, dass die durch eine passende lineare Transformation *lokalisierten Hartree-Fock-Orbitale* eine Brücke von der Quantenmechanik zur chemischen Systematik schlagen, gehört zu den überraschendsten und schönsten Resultaten der Quanten-

*) Diese Ausdrücke entstammen nicht der Phantasie der Autoren, sondern sonst durchaus brauchbaren Einführungen in die Chemie.

chemie, ist aber keineswegs einfach zu verstehen (vgl. 5.1.8).

Während die Quantenmechanik bis heute nicht im ursprünglich erhofften Umfang eine Klärung der in der Chemie üblichen qualitativen Bindungskonzepte brachte, so war sie als grundlegende Theorie der *Molekülstruktur*, der *Moleküldynamik* und der *Molekülspektroskopie* in vollem Umfang erfolgreich und von grossem Einfluss auf die gesamte praktische Chemie. Für jedes wohlformulierte molekulare Problem können wir einen entsprechenden *Hamiltonoperator* aufschreiben. Ist der Hamiltonoperator einmal gewählt, so sind damit alle von uns als legitim erachteten Abstraktionen in Evidenz gesetzt, und es ist in präziser Weise ein "universe of discourse" festgelegt. Die molekulare Quantenmechanik unterscheidet sich von irgendwelchen Ad-hoc-Modellen dadurch, dass ihre Formulierungen in eindeutiger Weise verbessert werden können. Sollte sich eine der Abstraktionen als unzulässig erweisen, so kann ohne Schwierigkeit ein verbesserter Hamiltonoperator angegeben werden. Allerdings gibt es keinen "besten" Hamiltonoperator.

Die Spezifizierung eines relevanten Hamiltonoperators ist ein wichtiger Schritt, um ein molekulares Problem wirklich in den Griff zu bekommen. *Dabei ist es keineswegs nötig, die dazugehörige Schrödingergleichung analytisch oder numerisch zu lösen.* Deshalb können auch sehr komplexe Probleme aus quantentheoretischer Sicht diskutiert werden. Beispielsweise erlaubt die molekulare Quantenmechanik eine strenge und umfassende Diskussion aller Spektroskopien ohne jede numerische Rechnung. Dadurch kann man die direkt experimentell bestimmten Daten wie Resonanzfrequenzen und Intensitäten umrechnen auf physikalisch besser interpretierbare Konstanten, wie etwa Kraftkonstanten, Trägheitsmomente, Dipolmomente, chemische Verschiebungen und Spin-Spin-Kopplungskonstanten, welche dann ihrerseits wieder mit der Struktur der untersuchten Molekel in Verbindung gebracht werden können.

Die ursprüngliche Idee, dass Moleküle aus Atomen bestehen, ist in der Quantenchemie ersetzt worden durch die viel fruchtbarere Sicht, dass Moleküle aus Kernen und Elektronen aufgebaut sind. Im Rahmen der für die Chemie fundamentalen *adiabatischen Beschreibung* (Born-Oppenheimer-Separation von Kern- und Elektronenbewegung) haben wir eine präzise Charakterisierung von stabilen Molekeln einschliesslich der Ionen und Radikale als lokale Minima, und von Übergangskomplexen als Sattelpunkte der Born-Oppenheimerfläche kennen gelernt. Das ist eines der wichtigen Resultate der Quantenchemie: *Wir wissen genau, was wir unter einer Molekel zu verstehen haben.*

6.2 WAS HABEN WIR ZU BEDENKEN?

Die Quantenchemie ist *die* grundlegende Theorie der Moleküle, sie erlaubt eine *umfassende* und *richtige* Beschreibung der Struktur und der Eigenschaften von Einzelmolekülen. Prinzipiell können alle experimentell direkt messbaren Eigenschaften durch Anwendung des quantenmechanischen Formalismus auf mathematischem Wege berechnet werden; die einzigen empirischen Parameter sind dabei die Plancksche Konstante, die Lichtgeschwindigkeit, die Massen, die Spins und die elektromagnetischen Momente des Elektrons und der Kerne. Die praktische Durchführung solcher Rechnungen ist heute nur noch eine Frage des Aufwands, der Computerkapazität und der verfügbaren Finanzen. Für Moleküle, Radikale und Ionen mit nicht allzu grosser Elektronenzahl spielen in der modernen chemischen Forschung präzise numerische Voraussagen - etwa der Geometrie des Kerngerüsts, der Kern-Abstände, der Dissoziations- und Aktivierungsenergien - eine praktisch wichtige Rolle.

Diese Beschreibung von Einzelmolekeln basiert auf einer empirisch hervorragend verifizierten fundamentalen physikalischen Theorie. Gleichwohl sind dabei - wie in *jeder* naturwissenschaftlichen Beschreibung - Abstraktionen notwendig. Ausser den allen Naturwissenschaften gemeinsamen Vor-Urteilen ist dabei die einzig wesentliche Annahme der Quantenchemie, dass es Molekeln als individuelle Objekte überhaupt gibt, was vom quantenmechanischen Standpunkt aus keineswegs trivial ist[*)].

Im Gegensatz zu einem immer wieder aufgetischten Märchen sind damit natürlich nicht alle für die Chemie typischen Begriffe quantenmechanisch quantifizierbar. Wie *jede* Wissenschaft, verdankt auch die Quantenchemie ihren Erfolg ent-

---

*) Die ***ersten*** Prinzipien der Quantenmechanik geben uns zum Beispiel keine Erlaubnis, eine Benzolmolekel als 42-Elektronen-Problem zu behandeln, denn das Pauliprinzip wird als universell gültig angenommen, bezieht sich also auf ***sämtliche*** Elektronen des Weltalls und nicht nur auf die 42 einer als isoliert gedachten Benzolmolekel. Die Vernachlässigung dieser quantenmechanischen Korrelation ist eine modellhafte ***Abstraktion***, deren theoretische Begründung sehr schwierig ist (es genügt keinesfalls, dass die Überlappungsintegrale verschwinden!)

scheidend dem Verzicht, gewisse Fragen zu stellen. Die traditionelle Chemie hat eine reichhaltige Begriffswelt, die über die quantenchemisch beschreibbaren, direkt messbaren Grössen weit hinausgeht*).

Man beachte sehr wohl, dass es bis heute keine auch nur den bescheidensten Ansprüchen genügende Theorie der chemischen Valenz gibt. Beweis: *Zu jeder nichttrivialen und empirisch entscheidbaren Aussage eines jeden bis heute bekannten Valenzmodells gibt es immer viele Gegenbeispiele.* Wir können zwar im Prinzip für jede molekulare Konformation im Grundzustand oder in einem elektronisch angeregten Zustand die Stabilität korrekt voraussagen, und die Kernkonfiguration stabiler Molekeln präzise berechnen, dabei kommen aber keine Begriffe wie Valenz oder Bindung vor. *Aus quantenmechanischer Sicht können wir bis heute keine stichhaltige Erklärung geben für das, was der traditionelle Chemiker unter Begriffen wie "Bindung" und "Valenz" versteht***).

Die unbedachte Bemerkung, dass die "Quantentheorie die Einheit von Chemie und Physik" hergestellt habe, verleitet leicht dazu, das Begriffssystem der Chemie als ein System minderen Ranges anzusehen oder gar zum Ableugnen all dessen, was nicht quantenphysikalisch erklärt werden kann. Damit sollte man vorsichtig sein.

So ist es etwa bis heute nicht gelungen, den Substanzbegriff der Chemiker in eine strenge Beziehung zur molekularen Quantenmechanik zu setzen. Beispielsweise spielt in der chemischen Taxonomie der Begriff "Keton" eine wichtige und sicherlich sinnvolle Rolle. Selbst wenn wir für den Moment einmal eine ein-eindeutige Beziehung zwischen chemisch reinen Substanzen und Einzelmolekülen akzeptieren, was eine zwar übliche, aber theoretisch zur Zeit nicht durchschaubare Hypothese ist, dann kennen wir in der Quantenchemie zwar das Propanon, das Butanon, das Acetophenon, das Benzophenon, das Diacetyl usw., aber der mit dem Begriff "Keton" gemeinte strukturelle Klassenzusammenhang kann in der

---

*) Was nicht heissen muss, dass sie einer quantentheoretischen Diskussion unzugänglich sind. Ein Beispiel dafür haben wir im Kapitel 5.1.7 über lokalisierte Orbitale kennengelernt. Die Orbitallokalisierung ist für die chemische Systematik wichtig, aber irrelevant für die Berechnung experimentell direkt messbarer Grössen.

**) Was nicht das letzte Wort sein muss. Beispielsweise wurden interesante neue Ideen von Bader und Mitarbeitern diskutiert. Man vergleiche dazu den Übersichtsartikel: R.F.W.Bader, T.T.Nguyen-Dang, Y.Tal, "A topological theory of molecular structure", Rep.Prog.Phys.44, 893-948(1981).

Quantenchemie nicht in Evidenz gesetzt werden. Die Hamiltonoperatoren der erwähnten speziellen Ketone sind grundverschieden. Nach dem heutigen Stand der Kunst ist nicht zu sehen, wie man in die Quantentheorie Äquivalenzklassen von Molekülen einführen könnte, die cum grano salis den Stoffklassen der Chemiker entsprechen. Der *Begriff der Stoffklasse konnte bis heute nicht auf die Quantenmechanik reduziert werden.* Das Bedürfnis nach einer quantentheoretisch orientierten Theorie der Stoffklassen ist jedoch legitim. In der Not verwendet man heute die empirisch parametrisierten Modelle der "semiempirischen Quantenchemie". Das ist zwar nicht gut, aber zur Zeit haben wir nichts Besseres.

6.3 WAS HABEN WIR NICHT BEHANDELT?

In den Kapiteln über die Grundprinzipien einer quantenmechanischen Beschreibung haben wir uns ausdrücklich auf *strikte abgeschlossene Systeme* mit endlich vielen Freiheitsgraden beschränkt. In der Natur gibt es solche Systeme nicht.

Molekulare Systeme bestehen aus elektrisch geladenen Elementarsystemen, welche immer an das elektromagnetische Strahlungsfeld gekoppelt sind. Dieses Strahlungsfeld lässt sich quantenmechanisch als System von unendlich vielen harmonischen Oszillatoren beschreiben, es erstreckt sich prinzipiell auf das ganze Universum und alle molekularen Systeme sind mit ihm gekoppelt. Diese Kopplung ist zwar energetisch nicht besonders stark, führt aber zu qualitativ neuartigen Erscheinungen. Unter diesen ist für den Chemiker die *endliche Lebensdauer angeregter Energieeigenzustände* das wichtigste neue Phänomen. Angeregte Eigenzustände des üblichen molekularen Hamiltonoperators sind bei Mitberücksichtigung des elektromagnetischen Strahlungsfelds nicht mehr stationär, sondern zerfallen spontan unter Aussendung elektromagnetischer Strahlung in energetisch tiefer liegende Eigenzustände. Der einzige bezüglich spontaner Emission stabile Zustand eines molekularen Systems ist sein Grundzustand. Dieser Effekt ist wichtig in der Spektroskopie (natürliche Linienbreite), in der Photochemie (Fluoreszenz, Phosphoreszenz) und in der chemischen Kinetik.

Da es strikte abgeschlossene Systeme überhaupt nicht gibt, erhebt sich die Frage, ob man auch eine Quantentheorie offener Systeme aufstellen kann. Unter gewissen Einschränkungen ist das prinzipiell möglich, aber nicht ganz einfach. In jüngster Zeit haben wir in der Theorie der "dynamischen Halbgruppen" dazu ein neues machtvolles Hilfsmittel erhalten.

Offene Systeme stehen immer in energetischer Wechselwirkung mit ihrer Umgebung. Diese Umgebung wirkt auf das abseparierte System und muss daher auch irgendwie berücksichtigt werden. Auf den ersten Blick mag das unmöglich erscheinen, aber die experimentelle Erfahrung zeigt, dass wichtige Umgebungseffekte durch einige wenige Parameter erfasst werden können. Einer dieser Parameter ist die aus der phänomenologischen Thermodynamik bekannte *Temperatur* der Umgebung. Der erste Schritt zu einer Quantentheorie offener Systeme ist daher eine Theorie von Quantensystemen, welche mit einer thermischen Umgebung in schwacher energetischer Wechselwirkung stehen. Diese Erweiterung führt zu einer statistischen Beschreibung von Quantensystemen mit Hilfe von sogenannten *kanonischen Ensembles* und *Dichteoperatoren*. Die im vorliegenden Buch diskutierte Theorie ist *der Spezialfall dieser allgemeinen Theorie für die absolute Temperatur* $T = 0$.

Nicht behandelt wurde auch die Frage, wie man Laboratoriumsmessungen an Molekülen diskutiert. Ein strikt abgeschlossenes System ist nicht beobachtbar, jede Messung an einem System erfordert eine energetische Wechselwirkung zwischen dem Messinstrument und dem beobachteten System. Messungen an Molekülen, welche über die Vermittlung eines vom Experimentator kontrollierten und gemessenen *klassischen* elektromagnetischen Feldes gehen, können erfolgreich in grossem Detail diskutiert werden und bilden u.a. die theoretische Grundlage der Molekülspektroskopie. Die moderne Version dieser Theorie ("response theory") schliesst auch die thermische Wechselwirkung mit der Umgebung ein und gibt ein solides Fundament für alle bekannten Messmethoden der molekularen Chemie.

Die Erfolge der Quantenchemie sollten uns nicht vergessen lassen, dass die Quantenchemie *eine Theorie von Einzelmolekülen* ist, sich also bestenfalls auf chemisch reine Substanzen in idealer Gasphase bezieht. Eine Erweiterung der Theorie auf kondensierte Phasen ist sowohl begrifflich als auch mathematisch teuflisch schwierig. Wenn wir ehrlich sind, müssen wir zugeben, dass wir darüber herzlich wenig wissen.

Dass wir die numerische Quantenchemie und die semiempirischen Methoden nur am Rande gestreift haben, werden alle Leser selbst festgestellt haben. Die numerische Quantenchemie ist heute ein hochentwickeltes Handwerk, das nach unserer

Meinung nicht zur Allgemeinbildung eines Naturwissenschafters gehören muss. Die semiempirischen Methoden der Quantenchemie sind für viele praktische Chemiker wichtig, sollten aber eher im Kontext der stoffbezogenen Chemie erarbeitet werden.

Es bleiben die mathematischen und die philosophischen Probleme der Quantenmechanik. Die Quantenmechanik ist heute eine mathematisch ausserordentlich weit entwickelte Theorie und macht Gebrauch von sehr tiefliegenden mathematischen Erkenntnissen. Davon war in unserem Buch nicht die Rede, wir haben versucht, unter Wahrung intellektueller Redlichkeit die mathematischen Überlegungen so elementar wie möglich zu führen. Das dürfte zur ersten Einführung genügen. Theoretische Chemiker, die das Gebiet forschend fördern möchten, müssen allerdings noch vieles dazulernen. Die philosophischen Probleme, welche die Quantenmechanik aufwirft, sind aussergewöhnlich interessant und schwierig, aber für viele Naturwissenschafter ein Stein des Anstosses. Da wir nicht glauben, dass es gut ist, Naturwissenschaft und Philosophie zu trennen, haben wir in Abweichung von wohl allen Lehrbüchern der Quantenchemie wenigstens hin und wieder erkenntnistheoretische Probleme angetönt. Es versteht sich von selbst, dass dies kaum mehr als ein Appetitanreger für Interessierte sein kann.

6.4 AN DIE JUNGE GENERATION

"Wer in seiner Jugend die ersten Gehversuche auf dem Gebiet der Chemie einem Kosmos-Baukasten verdankt ('Alles was im Hause ist,untersucht der Alchemist') und ohne tiefes Verständnis, aber mit umso mehr Vergnügen Stinkbomben gebastelt, Kandiszucker kristallisiert, Schnaps destilliert und Geheimtinte gebraut hat, wird erstaunt feststellen, dass sich die Anleitungen zu den heutigen Nachfolgern bemüssigt fühlen, 14- bis 16-jährige mit dem Kimball-Modell und mit Molekül-Orbitalen zu belästigen"*).

Der Chemie-Unterricht, so wie er an den höheren Schulen die Regel geworden ist, geht nicht mehr in erster Linie von Stoffen und Versuchen aus. An deren Stelle ist allzuhäufig eine naturwissenschaftlich unhaltbare Präsentation von Atom- und Orbital-"Modellen" getreten, welche bestens geeignet ist, jungen Men-

*) Zitiert aus dem lesenswerten Artikel von E.Heilbronner und E.Wyss, "Bild einer Wissenschaft:Chemie", in: Chemie in unserer Zeit 17, 69-76(Juni 1983).

schen die Freude an naturwissenschaftlicher Erkenntnis auf immer zu vergällen. Das ist ein Frevel an der Jugend.

Früher lernte man Chemie in erster Linie durch eigenes Experimentieren. Der Berufswunsch der meisten angehenden Chemiker entstand durch das Erlebnis von Experimenten, bei denen es knallte und stank, bei der Beobachtung von chemischen Reaktionen mit ihren Fällungen und Farbreaktionen. Gute Chemiker hatten immer Freude an der Stoffwelt. So schreibt Marie Curie in ihren autobiographischen Aufzeichnungen (über die Radiumgewinnung aus Pechblende in Paris, um 1900): "In diesem dürftigen alten Schuppen verbrachten wir unsere besten und glücklichsten Jahre. Wir widmeten den ganzen Tag der Arbeit. ... Eine unserer beliebtesten Zerstreuungen in dieser Zeit waren die abendlichen Besuche unseres Labors. Überall sahen wir dabei die schwach leuchtenden Umrisse der Gläser und Beutel, in denen unsere Präparate untergebracht waren. Dies war ein wirklich herrlicher Anblick, der uns stets neu erschien. Die glühenden Röhrchen sahen wie winzige Zauberlichter aus"*).

Wer von der Stoffwelt nicht fasziniert ist, sollte besser nicht Chemie studieren. Wir bitten deshalb diejenigen unserer Leser, die später einmal Chemie unterrichten wollen, als Lehrer dem in Mode gekommenen, unseligen Hang zum Theoretisieren mit aller Entschiedenheit entgegenzutreten.

Gemäss dem "Rahmenprogramm Chemie für schweizerische Mittelschulen" soll ein Absolvent einer Mittelschule das Zustandekommen kovalenter Bindungen zwischen Nichtmetallatomen voraussagen und ihre Polarität angeben können. Wir fragen uns: wie? *Wir* können das jedenfalls nicht, ohne raffinierte Experimente auszuführen oder aufwendige Ab-initio-Rechnungen anzustellen. Weiter soll ein Abiturient mit einem geeigneten Modell die räumliche Lage der Atome eines Moleküls angeben können. Warum eigentlich? Es gibt ja kein einziges Modell, das zuverlässige Voraussagen erlaubt. Weiter soll ein Abiturient "Aggregationszustandsänderungen mit der thermischen Bewegung interpretieren" können. Leider wird er das nicht können, denn das ist ein offenes Problem der modernen Forschung. Niemand weiss heute, was im molekularen Massstab beim Schmelzen eines Festkörpers passiert. Es wäre gut, wenn man an den Schulen aufhörte, Dinge zu erklären, die in der Wissenschaft noch nicht verstanden worden sind.

*) Maria Sklodowska-Curie, "Autobiografia", Warschau, 1960. Übersetzung aus dem Polnischen: Marie Sklodowska-Curie, "Selbstbiographie", Teubner, Leipzig 1964.

Der grassierende Hang, *alles* erklären zu wollen, ist zutiefst unwissenschaftlich. Warum haben die Spinnentiere meist vier Beinpaare? Eine interessante Frage, deren Antwort wohl nicht bekannt ist. Warum ist Ethylen eben? Auch eine interessante Frage. Sicher *nicht* wegen irgend einer maximalen Überlappung von 2p-Orbitalen von Kohlenstoff, denn das ist höchstens eine Faustregel, die oft genug versagt. Was interessieren uns überhaupt die Aussagen von Orbitalmodellen, wir wollen wissen, wie es wirklich ist und nicht, was dumme Modelle voraussagen. Also: ist es wahr, dass Ethylen eben ist? Wenn ja, mit welchen *Experimenten* hat man denn das herausgefunden? Das ist vorab die entscheidende Frage. Deshalb die Bitte: *Weg von den Modellen, zurück zu den experimentellen Fakten!*

Es gibt Chemielehrer, die behaupten, ohne Orbital-Modelle könne man das periodische System der Elemente nicht verstehen, und ohne die mit dieser Modellvorstellung verknüpfte Systematisierung sei die Chemie nicht mehr zu überblikken. Die historische Entwicklung spricht gegen sie: Niels Bohr hat eine Deutung des periodischen Systems der Elemente lange vor der Erfindung der Orbitale gegeben, und in der wissenschaftlichen Chemie waren Orbitale vor 1960 so gut wie unbekannt, ohne dass man deshalb sagen würde, dort habe nur Unordnung und Chaos geherrscht.

Versteht ein Lehrer die elementaren Grundbegriffe der Quantenchemie, so weiss er, dass der Orbitalbegriff ohne die Grundprinzipien der Quantenmechanik und ohne Diskussion von Slaterdeterminanten nicht in vertretbarer Weise eingeführt werden können. In seinem Unterricht werden Orbitale *nicht* vorkommen.

Die in vielen Chemielehrbüchern der Mittelschulstufe zu findenden Definitionen oder Charakterisierungen von Orbitalen sind ein Skandal. Es ist eine Beleidigung unserer Jugend, sie mit solchem Schund zu konfrontieren. Die übliche Entschuldigung ist, dass es sich dabei ja nur um Modelle handle und man eben Modelle nicht mit der Wirklichkeit verwechseln dürfe. Als Beispiel sei hier das bei vielen Oberstufenlehrern populäre "Kugelwolkenmodell" (Kimball-Modell) erinnert, das naturwissenschaftlich *überhaupt nichts leistet*, und den Forschungschemikern höchstens über die Vermittlung ihrer frustrierten Töchter oder Söhne bekannt ist.

Eine gute Wissensvermittlung darf durchaus vereinfachen. Aber bei aller Vereinfachung muss das Wesentliche *richtig* wiedergegeben werden. Sinnvoll vereinfachen kann aber nur, wer die tieferen Zusammenhänge kennt. Wer Dinge lehrt, die er selbst nicht durchschaut, hat seine Glaubwürdigkeit verloren. Walter Heitler, der Vater der Quantenchemie, bemerkt dazu: "Es ist ein Vergehen an jungen Menschen, ihnen etwas beibringen zu wollen, was sie unmöglich verstehen können, oder, um es verständlich zu machen, es falsch darzustellen. ... Ich glaube nicht, dass es gut ist, in der Mittelschule viel von Atomphysik und Elektronen zu reden"*). Wenn trotzdem in der Oberstufe von Orbitalen geredet wird, so werden die Schüler einen von Grund auf falschen Eindruck gewinnen und gerade die Aufgewecktesten werden leicht die logische Inkonsistenz und intellektuelle Unredlichkeit solcher Betrachtungen erkennen und sich mit Grausen von dem Fach abwenden. Nur zu häufig werden dann die Widersprüche mit dem Hinweis auf den Modellcharakter der Überlegungen abgetan. *So arbeiten die Naturwissenschafter nicht!* Der von der Fachdidaktik zerschundene Modellbegriff hat mit ehrlicher Naturwissenschaft kaum noch etwas zu tun.

Es ist wahr, dass die Phantasie in der Forschung an der Front eine entscheidende Rolle spielt. Wilde Spekulationen und verrückte Ideen sind in der Forschung wichtig und dürfen nicht unterdrückt werden. Jeder Naturwissenschafter, der diesen Namen verdient, unterstellt sich aber der Kontrolle durch das Experiment oder durch den Formalismus einer logisch konsistenten und empirisch bewährten Theorie. Spekulationen, Modelle und Faustregeln haben einen grossen heuristischen Wert für die Forschung, dürfen aber nicht als Pseudotheorien in den naturwissenschaftlichen Grundunterricht übernommen werden.

Es ist wichtig, dass zukünftige Mediziner, Juristen, Politiker, Soziologen und Pfarrer seriöse Grundkenntnisse der Chemie samt ihrem Bezug zu Umwelt, Industrie und Gesundheit haben. *Das* ist die Aufgabe des allgemeinbildenden Chemieunterrichts. Falls bei dieser Gelegenheit auch noch naturphilosophisch orientierte Fragen über die Arbeitsweise der Naturwissenschaften zur Sprache kommen können, umso besser. Für all das braucht man weder Orbitale noch Kugelwolken. "I see no reason whatever to mention molecular orbitals in a beginning course of chemistry"**).

---

*) W.Heitler, "Vom Wesen der Quantenchemie", Physikalische Blätter Juni 1973, S 252.

**) Linus Pauling, The Science Teacher, September 1983, 25-29.

6.5 OFFENE PROBLEME UND AUSBLICK

Es sind bis heute keine guten Argumente gegen die Arbeitshypothese bekannt, dass die Quantenmechanik in ihrer modernen, etwas erweiterten Fassung für die molekulare Materie in allen ihren vielfältigen Erscheinungsformen perfekt richtig ist. Es ist aber bis heute nicht gelungen, alle chemischen Phänomene auf quantenphysikalischer Grundlage zu erklären.

Es gibt Quantenchemiker, die glauben, der einzige Grund dafür sei, dass wir noch nicht über genügend leistungsfähige Grossrechner verfügen. Dieser Glaube scheint uns irreführend: Computerchemie ist wichtig, aber ist nicht dasselbe wie theoretische Chemie. *Man soll die technischen Hilfsmittel einer Wissenschaft nicht mit der Wissenschaft selbst verwechseln.* Ein Grossrechner kann niemals eigenes Nachdenken ersetzen.

Nach unserer Meinung liegen die tieferen Probleme der theoretischen Chemie weder bei den Rechnern noch bei mathematischen Problemen, sondern bei begrifflichen Fragen. Man kann das Problem aus der Perspektive des Naturwissenschafters, des Philosophen, als auch des Ingenieurs betrachten. Diese Standpunkte sind verschieden, aber alle legitim. Also müssen wir uns fragen:

- Was wollen wir erklären? (im Sinne des Naturwissenschafters)
- Was wollen wir verstehen? (im Sinne des Philosophen)
- Was wollen wir beherrschen? (im Sinne des Ingenieurs).

Je nachdem, ob man die theoretische Chemie eher in Richtung der naturwissenschaftlichen Praxis, der philosophischen Erkenntnis, oder der Ingenieuranwendungen entwickeln möchte, wird man zu verschiedenen Prioritätssetzungen gelangen. Aber unabhängig von allen Zukunftsprogrammen ist es gut, sich zu erinnern, was wir heute alles nicht verstehen und nicht können. Wir wissen auf Grund der Prinzipien der Quantenmechanik beispielsweise nicht

- wie die Materie am Nullpunkt der absoluten Temperatur beschaffen ist (fest?, ferromagnetisch?, supraleitend?),
- wieviele Aggregatzustände der Materie es gibt,
- wie eine Flüssigkeit theoretisch zu charakterisieren ist,

- was der genaue Zusammenhang zwischen Molekeln und chemisch reinen Substanzen ist (Preisfrage: was genau hat flüssiges Wasser mit der Einzelmolekel H_2O zu tun?).

Diese und ähnliche Probleme hängen eng mit folgender, viel grundsätzlicheren Frage zusammen: *wie weit ist die Quantenmechanik wirklich die fundamentale Theorie für alle chemischen und molekularbiologischen Phänomene?* Das ist eine philosophische Frage und daher wird sie von vielen Naturwissenschaftern und Ingenieuren gemieden. Forscher, die behaupten, "sich nicht um Philosophie kümmern zu wollen", gehen allerdings meist stillschweigend von einer unreflektierten und damit schlechten Philosophie aus und geraten "daher durch Vorurteile in unvernünftige Fragestellungen"*).

So neigen wir Naturwissenschafter heute doch ganz offensichtlich zu der Vorstellung, Atome und Molekeln existierten in einem absoluten Sinn. Ist diese Vorstellung aber gut? Oder müssen wir nicht immer dann, wenn von Atomen und Molekeln die Rede ist, zunächst Betrachtungsweise oder gar Beobachtungsmittel spezifizieren?

Die Behauptung, Moleküle existierten in einem absoluten Sinn, ist jedenfalls mit den Grundprinzipien der Quantenmechanik nicht zu vereinbaren. Aus quantentheoretischer Sicht ist der Gegenstand naturwissenschaftlicher Untersuchungen nicht die ungeteilte Realität, es sind vielmehr die durch Abstraktion gewonnenen Muster. In der klassischen Physik können wir die Welt in Objekte aufteilen und die Korrelationen zwischen den Objekten durch Wechselwirkungen erfassen. *In der Quantenmechanik gibt es a priori keine Objekte*. Die uns so vertraute Aufteilung der Welt in individuelle Objekte ist kein Grundzug der objektiven Wirklichkeit, sondern eine Abstraktion unseres kategorisierenden Intellekts.

Es wäre daher naiv zu glauben, es gebe eine strukturierte "objektive Wirklichkeit an sich", welche durch unsere Theorien näherungsweise beschrieben wird. Die sogenannte Realität ist immer ein sehr abstraktes Konstrukt: es gibt weder Erkenntnis ohne Voraussetzungen noch Fakten ohne Vor-Urteile. In den Worten von Georg Picht: "*Eine 'voraussetzungslose' Wissenschaft ist eine Wissenschaft, die*

*) Vergleiche dazu: W.Heisenberg, "Was ist ein Elementarteilchen?", Naturwissenschaften 63, 1-7(1976).

*von ihren Voraussetzungen nichts weiss"**). Es besteht also keine Möglichkeit, Phänomene vorurteilslos und objektiv zu beschreiben - nicht weil der Beobachtungsakt diese an sich existierenden Objekte in irgendeiner geheimnisvollen Weise stört, sondern weil Objekte überhaupt nur dank Vor-Urteilen existieren. In der theoretischen Beschreibung werden diese Vor-Urteile durch Abstraktion von den tatsächlich existierenden quantenmechanischen Korrelationen zwischen den Objekten und ihren Umgebungen realisiert.

Die für den Molekülbegriff notwendigen Abstraktionen sind grundsätzlich verschieden von den Abstraktionen, welche zum Stoffbegriff und zur chemischen Thermodynamik führen. Das heisst, die quantenchemische Molekültheorie und die chemische Thermodynamik sind einander *ausschliessende* Betrachtungsweisen, die sich aber nicht *widersprechen*. Je nach Kontext mag die eine Betrachtungsweise bequem, die andere unbequem sein, ohne dass dabei die Qualifikation "wahr" oder "falsch" am Platz wäre. Eine Betrachtungsweise ist niemals *wahr*, sie kann *richtig* sein, wenn sie passend, zweckmässig und mit einer wohlspezifizierten Klasse von Experimenten in Übereinstimmung ist.

Die molekulare Beschreibung der Materie ist mit der Quantenmechanik verträglich und - soviel wir wissen - empirisch richtig, aber sie erfasst nur einen Bruchteil des Wesens der Materie. Wir brauchen immer mehrere, grundsätzlich verschiedene Beschreibungen und komplementäre Standpunkte, um die ganze Realität erkennbar werden zu lassen. Da die Wahl der Optik uns von der Quantenmechanik nicht vorgeschrieben ist, kann ein konstruktiver Geist diese Freiheit nützen und eine neue Realität erschaffen, und so im Sinne des Lionardo da Vinci zum *fabricator mundi* werden.

Eine aktuelle und dringende Aufgabe der theoretischen Chemie ist es daher, die verschiedenen komplementären Gesichtspunkte zu entwickeln, die wechselseitigen Abhängigkeiten komplementärer Beschreibungen aufzuklären und neue Beschreibungen zu erfinden.

---

*) G.Picht, "Wahrheit, Vernunft, Verantwortung". Klett Verlag, Stuttgart, 1969; S 35.

7. ANHÄNGE

7.1 MATHEMATISCHE HILFSMITTEL

7.1.1 KOORDINATENSYSTEME

Der *Ortsvektor* eines Punktes beschreibt dessen Lage im dreidimensionalen physikalischen Anschauungsraum $\mathbb{R}^3$ bezüglich des Ursprungs eines Koordinatensystems. Der Ursprung und die Orientierung eines Koordinatensystems sind willkürlich, eine kluge Wahl kann aber die Lösung eines Problems erleichtern. Häufig gebrauchte Bezeichnungen für den Ortsvektor sind: $\vec{r}$ oder $\vec{R}$ oder $\vec{q}$ oder $\vec{Q}$. Eine skalarwertige Funktion $\vec{r} \to f(\vec{r})$ bezeichnet man als *Skalarfeld* und eine vektorwertige Funktion $\vec{r} \to \vec{v}(\vec{r})$ als *Vektorfeld*.

Kartesische Koordinaten

Die Achsen eines kartesischen Koordinatensystems indizieren wir mit x,y,z oder 1,2,3, wobei man die Achsen üblicherweise rechtshändig orientiert. Die *Einheitsvektoren* längs der α-ten Achse bezeichnen wir mit $\vec{e}_\alpha$, $\alpha = 1,2,3$. Sie haben die Länge $\|e_\alpha\| = 1$. In der Basis der Einheitsvektoren ist der Ortsvektor gegeben durch

$$\vec{r} = \sum_{\alpha=1}^{3} r_\alpha \vec{e}_\alpha \quad \text{mit} \quad -\infty < r_\alpha < \infty \ , \quad \alpha = 1,2,3,$$

wobei r_α die α-te Komponente von r bezeichnet. Üblicherweise fasst man die drei Komponenten zu einem Komponentenvektor zusammen und schreibt

$$\vec{r} = (r_1,r_2,r_3) \quad \text{oder} \quad \vec{r} = (x,y,z) \quad .$$

Statt Zeilenvektoren kann man auch Kolonnenvektoren verwenden. *Jeder* Vektor $\vec{v}$ kann bezüglich des kartesischen Koordinatensystems $\vec{e}_1,\vec{e}_2,\vec{e}_3$ eindeutig in drei Komponenten zerlegt werden

$$\vec{v} = \sum_{\alpha=1}^{3} v_\alpha \vec{e}_\alpha \quad .$$

Die *Addition* zweier Vektoren $\vec{u}$ und $\vec{v}$ und die *Multiplikation eines Vektors mit einem Skalar* sind definiert durch

$$\vec{u} + \vec{v} = (u_1+v_1,\ u_2+v_2,\ u_3+v_3) \quad ,$$

$$\lambda\vec{v} = (\lambda v_1,\lambda v_2,\lambda v_3) \quad .$$

Ein *inneres Produkt* (Synonym: Skalarprodukt) zweier Vektoren ist erklärt durch

$$\vec{u}\cdot\vec{v} = \sum_{\alpha=1}^{3} u_\alpha v_\alpha \quad .$$

Andere Schreibweisen für das innere Produkt sind

$$(u,v) \text{ oder } (u|v) \text{ oder } \langle u|v\rangle \text{ oder } \vec{u}\cdot\vec{v}.$$

Statt $\vec{u}\cdot\vec{u}$ schreiben wir häufig kurz u^2.

Im Falle einer Ebene, d.h. des $\mathbb{R}^2$, ist es geometrisch offensichtlich, dass das innere Produkt Länge und Zwischenwinkel von Vektoren definiert. Die Länge eines Vektors $u \in \mathbb{R}^2$ ist gegeben durch

$$\|\vec{u}\| = \sqrt{u_1^2 + u_2^2} = \sqrt{(u|u)}$$

und die Länge des Vektors $\vec{u}-\vec{v}$, $\vec{u},\vec{v} \in \mathbb{R}^2$, durch

$$\|\vec{u}-\vec{v}\| = \sqrt{(u_1-v_1)^2 + (u_2-v_2)^2} = \sqrt{(u-v|u-v)} \quad .$$

Mit

$$\cos\alpha = \frac{u_1}{\sqrt{u_1^2+u_2^2}} \; , \; \sin\alpha = \frac{u_2}{\sqrt{u_1^2-u_2^2}} \; ,$$

$$\cos\beta = \frac{v_1}{\sqrt{v_1^2+v_2^2}} \; , \; \sin\beta = \frac{v_2}{\sqrt{v_1^2+v_2^2}} \; ,$$

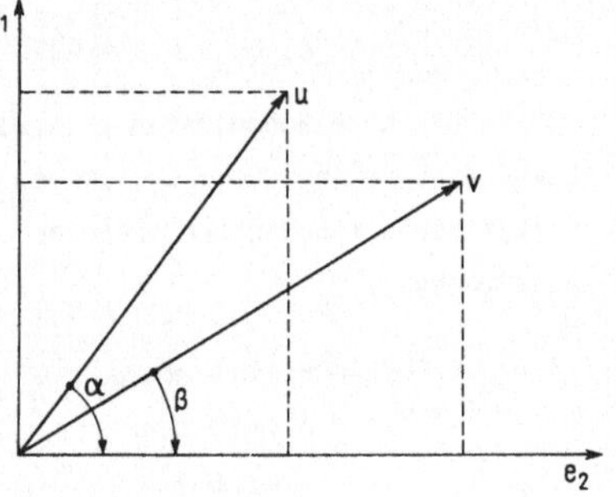

ergibt sich für den Zwischenwinkel

$$\cos(\alpha-\beta) = \frac{u_1v_1 + u_2v_2}{\sqrt{u^2+u^2}\cdot\sqrt{v^2+v^2}} = \frac{(u|v)}{\|\vec{u}\|\cdot\|\vec{v}\|} \quad .$$

Das *Vektorprodukt* zweier Vektoren ist gegeben durch

$$\vec{u}\times\vec{v} \overset{\text{def}}{=} (u_2v_3-u_3v_2, u_3v_1-u_1v_3, u_1v_2-u_2v_1) \quad .$$

Der *Gradient* eines Skalarfeldes $\vec{r} \to f(\vec{r})$ ist ein Vektorfeld

$$\{\operatorname{grad} f\}(\vec{r}) = \{\frac{\partial f}{\partial r_1}(\vec{r}), \frac{\partial f}{\partial r_2}(\vec{r}), \frac{\partial f}{\partial r_3}(\vec{r})\} \quad .$$

Eine andere Schreibweise ist $\vec{\nabla}f$. Die *Divergenz* eines Vektorfeldes $\vec{r} \to \vec{v}(\vec{r})$ ist ein Skalarfeld

$$\{\operatorname{div}\vec{v}\}(\vec{r}) \overset{\text{def}}{=} \frac{\partial v_1}{\partial r_1}(\vec{r}) + \frac{\partial v_2}{\partial r_2}(\vec{r}) + \frac{\partial v_3}{\partial r_3}(\vec{r}) .$$

Eine andere Schreibweise ist $\vec{\nabla}\cdot\vec{v}$. Der *Laplaceoperator* Δ,

$$\{\Delta f\}(\vec{r}) \overset{\text{def}}{=} \frac{\partial^2 f}{\partial r_1^2}(\vec{r}) + \frac{\partial^2 f}{\partial r_2^2}(\vec{r}) + \frac{\partial^2 f}{\partial r_3^2} ,$$

angewendet auf ein Skalarfeld, führt wieder auf ein Skalarfeld. Der Laplaceoperator hat demnach die Darstellung

$$\Delta = \frac{\partial^2}{\partial r_1^2} + \frac{\partial^2}{\partial r_2^2} + \frac{\partial^2}{\partial r_3^2} = \operatorname{div}\operatorname{grad} .$$

Für die Länge eines Linienelementes, ds^2, und für das Volumenelement dV erhält man

$$ds^2 = dx^2 + dy^2 + dz^2 = dr_1^2 + dr_2^2 + dr_3^2 ,$$

$$dV = dx\,dy\,dz = dr_1\,dr_2\,dr_3 \overset{\text{def}}{=} d^3r .$$

Kugelkoordinaten

Die Kugelkoordinaten (r,ϑ,φ), $0 \le r < \infty$, $0 \le \vartheta \le \pi$, $0 \le \varphi < 2\pi$, stehen mit kartesischen Koordinaten in folgendem Zusammenhang,

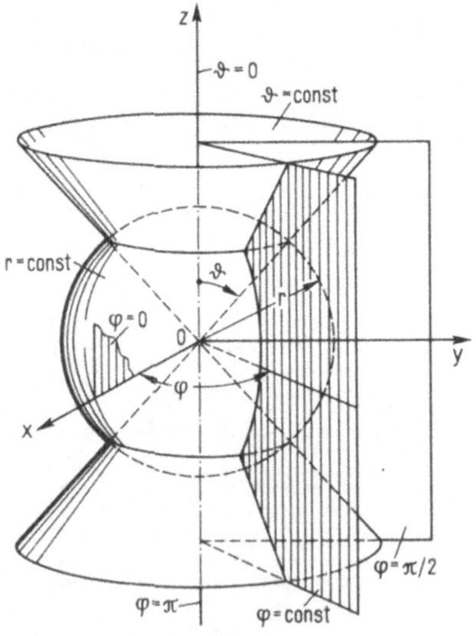

$$x = r \sin\vartheta \cos\varphi ,$$
$$y = r \sin\vartheta \sin\varphi ,$$
$$z = r \cos\vartheta ,$$

beziehungsweise

$$r = \sqrt{x^2+y^2+z^2} ,$$
$$\cos\vartheta = z/\sqrt{x^2+y^2+z^2} ,$$
$$\operatorname{tg}\varphi = y/x .$$

Die drei paarweise orthogonalen Koordinatenflächen sind:

Kugeln mit r = const,
Kegel mit ϑ = const,
Halbebenen mit φ = const.

Für die Länge eines Linienelementes und für die Grösse des Volumenelementes gilt

$$ds^2 = dr^2 + r^2 \sin^2\vartheta \, d\varphi^2 + r^2 d\vartheta^2 \ ,$$

$$dV = r^2 \sin\vartheta \, dr \, d\vartheta \, d\varphi \, .$$

Gradient und Laplaceoperator sind gegeben durch

$$\{\text{grad}\, f\}(r,\vartheta,\varphi) = \{\frac{\partial f}{\partial r}(r,\vartheta,\varphi), \frac{1}{r}\frac{\partial f}{\partial \vartheta}(r,\vartheta,\varphi), \frac{1}{r\sin\vartheta}\frac{\partial f}{\partial \varphi}(r,\vartheta,\varphi)\},$$

$$\Delta = \frac{1}{r^2}\frac{\partial}{\partial r} r^2 \frac{\partial}{\partial r} + \frac{1}{r^2 \sin\vartheta}\frac{\partial}{\partial\vartheta}\sin\vartheta\frac{\partial}{\partial\vartheta} + \frac{1}{r^2\sin^2\vartheta}\frac{\partial^2}{\partial\varphi^2} \quad .$$

Spezielle quantenmechanische Operatoren

Die Bahndrehimpulsoperatoren $\hat{\ell}_x, \hat{\ell}_y, \hat{\ell}_z$ und $\hat{\ell}^2$ besitzen die folgenden Darstellungen in kartesischen Koordinaten und in Kugelkoordinaten

$$\hat{\ell}_x = \frac{\hbar}{i}\left(y\frac{\partial}{\partial z} - z\frac{\partial}{\partial y}\right) = \frac{\hbar}{i}\left(-\sin\varphi\frac{\partial}{\partial\vartheta} - \cot\vartheta\cos\varphi\frac{\partial}{\partial\varphi}\right),$$

$$\hat{\ell}_y = \frac{\hbar}{i}\left(z\frac{\partial}{\partial x} - x\frac{\partial}{\partial z}\right) = \frac{\hbar}{i}\left(\cos\varphi\frac{\partial}{\partial\vartheta} - \cot\vartheta\cos\varphi\frac{\partial}{\partial\varphi}\right),$$

$$\hat{\ell}_z = \frac{\hbar}{i}\left(x\frac{\partial}{\partial y} - y\frac{\partial}{\partial x}\right) = \frac{\hbar}{i}\frac{\partial}{\partial\varphi},$$

$$\hat{\ell}^2 = \hat{\ell}_x^2 + \hat{\ell}_y^2 + \hat{\ell}_z^2 = -\hbar^2\left(\frac{1}{\sin\vartheta}\frac{\partial}{\partial\vartheta}\sin\vartheta\frac{\partial}{\partial\vartheta} + \frac{1}{\sin^2\vartheta}\frac{\partial^2}{\partial\varphi^2}\right).$$

Für den Laplaceoperator ergibt sich damit:

$$\Delta = \frac{1}{r^2}\frac{\partial}{\partial r} r^2 \frac{\partial}{\partial r} - \frac{1}{r^2\hbar^2}\hat{\ell}^2 .$$

Weiterführende Literatur

P.Moon and D.E.Spencer, "Field Theory Handbook", Springer-Verlag, Berlin, 1971.

7.1.2 DER REELLE *n*-DIMENSIONALE VEKTORRAUM $\mathbb{R}^n$

Definiert man auf der Menge V der n-Tupel reeller Zahlen $x = (x_1, x_2, \ldots x_n)$ in folgender Weise eine Addition und eine Multiplikation mit Skalaren

$$x + y = (x_1+y_1, x_2+y_2, \ldots, x_n+y_n) \quad ,$$

$$\lambda y = (\lambda x_1, \lambda x_2, \ldots, \lambda x_n) \quad , \quad \lambda \in \mathbb{R} \; ,$$

so genügt V den Axiomen eines *reellen Vektorraums*

(1) $(x+y)+z = x+(y+z)$ für alle $x,y,z \in V$,

(2) $x+y = y+x$ für alle $x,y \in V$,

(3) Es gibt ein Element $0 \in V$, *Null* oder *Nullvektor* genannt mit

$0+x = x$ für alle $x \in V$,

(4) Zu jedem Element $x \in V$ gibt es ein Element $-x \in V$ mit

$-(x)+x = 0$,

(5) $\lambda(\mu x) = (\lambda\mu)x$ für alle $\lambda,\mu \in \mathbb{R}, x \in V$,

(6) $1x = x$ für alle $x \in V$,

(7) $\lambda(x+y) = \lambda x + \lambda y$ für alle $\lambda \in \mathbb{R}, x,y \in V$,

(8) $(\lambda+\mu)x = \lambda x + \mu x$ für alle $\lambda,\mu \in \mathbb{R}, x \in V$.

Der Nullvektor und das zu einem Element x gehörige inverse Element -x sind eindeutig.

Definiert man auf V das folgende *Skalarprodukt* (vgl. 7.1.3)

$$(x|y) = \sum_{i=1}^{n} x_i y_i \quad \text{für alle } x,y \in V,$$

so heisst V der *euklidische Vektorraum* $\mathbb{R}^n$. Das Skalarprodukt liefert ein Mass für die *Länge* oder *Norm* eines Vektors $x \in \mathbb{R}^n$

$$\|x\|^2 = (x|x) \quad ,$$

und für den Winkel γ zwischen zwei Vektoren $x,y \in \mathbb{R}^2$

$$\cos\gamma = \frac{(x|y)}{\|x\| \cdot \|y\|} \; .$$

Zwei Vektoren heissen *orthogonal*, d.h. sie stehen senkrecht aufeinander, falls gilt

$$(x|y) = 0 \quad .$$

Die Vektoren

$$\begin{aligned} e_1 &= (1,0,0,\ldots,0), \\ e_2 &= (0,1,0,\ldots,0), \\ &\vdots \\ e_n &= (0,0,0,\ldots,1), \end{aligned}$$

haben die Länge 1 und sind orthogonal (d.h. sind *orthonormiert*)

$$(e_i|e_j) = \delta_{ij} \stackrel{\text{def}}{=} \begin{cases} 0 & i \neq j \\ 1 & i = j \end{cases} .$$

Die Vektoren $\{e_j\}$ bilden eine *orthonormierte Basis* für $\mathbb{R}^n$, d.h. *jeder* Vektor $x \in \mathbb{R}^n$ kann in eindeutiger Weise als Linearkombination der Basisvektoren dargestellt werden

$$x = \sum_{i=1}^{n} x_i e_i \quad ,$$

wobei die Koeffizienten x_i gegeben sind durch

$$x_i = (e_i|x) \quad , \quad i = 1,2,\ldots,n \quad .$$

Weiterführende Literatur

K.Jänich, "Lineare Algebra. Ein Skriptum für das erste Semester." Springer-Verlag, Berlin, 1979.

7.1.3 KOMPLEXE VEKTORRÄUME MIT INNEREM PRODUKT

Ein komplexer Vektorraum V ist eine Menge, in welcher jedem Paar $x,y \in V$ von Elementen ein Element $x+y \in V$ zugeordnet ist, und in welcher jedem Element $x \in V$ und jedem *komplexen* Skalar $\lambda \in \mathbb{C}$ ein Element $\lambda x \in V$ zugeordnet ist. Die Addition und die Multiplikation mit Skalaren erfüllen die entsprechenden Axiome (1) - (8) der reellen Vektorräume. Die n-dimensionalen komplexen Vektorräume bezeichnet man mit $\mathbb{C}^n$.

Ein *inneres Produkt* (Synonym: Skalarprodukt) $\langle\cdot|\cdot\rangle$ ordnet je zwei Vektoren $x,y \in V$ eine komplexe Zahl $\langle x|y\rangle \in \mathbb{C}$ zu, so dass die folgenden Axiome erfüllt sind ($x,y,z \in V$; $\lambda,\mu \in \mathbb{C}$):

(i) $\langle x+y|z\rangle = \langle x|z\rangle + \langle y|z\rangle$

(ii) $\langle y|x\rangle = \langle x|y\rangle^*$

(iii) $\langle \lambda x|\mu z\rangle = \lambda^*\mu\langle x|z\rangle$

(iv) $\langle x|x\rangle \geq 0$

(v) $\langle x|x\rangle = 0$ impliziert $x = 0$.

λ^* bezeichnet das komplex konjugierte Element von $\lambda \in \mathbb{C}$. Man überzeuge sich davon, dass das Skalarprodukt des Abschnitts 7.1.2 im $\mathbb{R}^n$ den Axiomen (i) - (v) genügt. Ein vollständiger linearer Raum mit Skalarprodukt heisst ein *Hilbert*raum.

Aufgabe 7.1.1
Seien x und y Vektoren aus $\mathbb{C}^n$, d.h. $x = (x_1,\dots,x_n)$, $y = (y_1,\dots,y_n)$, $x_i, y_i \in \mathbb{C}$, $i = 1,\dots,n$. $\langle\cdot|\cdot\rangle$ sei gegeben durch

$$\langle x|y\rangle = \sum_{i=1}^{n} x_i^* y_i .$$

Man zeige, dass $\langle\cdot|\cdot\rangle$ ein Skalarprodukt ist. Ist auch $(x,y) \to \sum x_i y_i$ ein Skalarprodukt?

Wie in reellen Vektorräumen ist durch ein Skalarprodukt ein Mass $\|\cdot\|$ für die Länge (Norm) eines Vektors

$$\|x\|^2 = \langle x|x\rangle .$$

Für Vektoren $x, y \in \mathbb{C}$ gilt die Schwarzsche Ungleichung $|\langle x|y\rangle| \leq \|x\|\,\|y\|$ (vgl. Aufgabe 3.1.3).

Eine Funktion $f : \mathbb{R} \to \mathbb{C}$ heisst *quadratisch integrierbar* wenn gilt

$$\int_{+\infty}^{-\infty} f^*(x)\, f(x)\, dx < \infty .$$

Sind f und g quadratisch integrierbare Funktionen von $\mathbb{R}$ nach $\mathbb{C}$, so sind auch $(f+g)$ und (λf), $\lambda \in \mathbb{C}$, quadratisch integrierbar, wobei Summe und Multiplikation mit einem Skalar folgendermassen definiert sind

$$\{f+g\}(x) = f(x) + g(x) \quad , \quad \{\lambda f\}(x) = \lambda\{f(x)\} .$$

Die Menge der quadratisch integrierbaren Funktionen von $\mathbb{R}$ nach $\mathbb{C}$ bildet einen komplexen Vektorraum über $\mathbb{C}$ mit dem inneren Produkt

$$\langle f|g\rangle = \int_{+\infty}^{-\infty} f^*(x)\, g(x)\, dx \quad ,$$

den man mit $L_2(\mathbb{R})$ bezeichnet.

Aufgabe 7.1.2
Man berechne die Norm des Vektors (d.h. der Funktion)

$$x \to f(x) = \begin{cases} 0 & |x| > 1 \\ 1 & |x| \leq 1 \end{cases} .$$

Aufgabe 7.1.3
Man berechne die Norm des Vektors (d.h. der Funktion)

$$x \to g(x) = \frac{1}{x+i} \quad , \quad x \in \mathbb{R} .$$

*Aufgabe 7.1.4**
Man berechne das Skalarprodukt $\langle f|g\rangle$ und den Abstand $\|f-g\|$ der oben definierten Vektoren f und g.

In genau gleicher Weise bilden auch die komplexwertigen, quadratisch integrierbaren Funktionen über anderen Grundräumen als der reellen Achse einen Hilbertraum. Enthält der Grundraum auch diskrete Variable, wie etwa die Spinvariablen in quantenmechanischen Anwendungen, so ist die Integration durch eine Summation zu ersetzen.

Der Hilbertraum komplexwertiger, quadratisch integrierbarer Funktionen ist von abzählbar unendlicher Dimension, d.h. es existieren abzählbar unendlich viele zueinander orthogonale, auf 1 normierbare Funktionen f_i

$$\langle f_i|f_j\rangle = \delta_{ij}$$

so dass jede Hilbertraumfunktion f als Linearkombination der Basisvektoren f_i dargestellt werden kann,

$$f = \sum_{i=1}^{\infty} c_i f_i \quad , \quad c_i = \langle f|f_i\rangle$$

wobei die Entwicklungskoeffizienten c_i komplexe Zahlen sind. Ein solcher Satz von Basisfunktionen heisst ein *vollständiges System orthonormierter Funktionen* (kürzer: ein vollständiges Orthonormalsystem).

Weiterführende Literatur

N.L.Achieser und I.M.Glasmann, "Theorie der linearen Operatoren im Hilbertraum", Akademie-Verlag, Berlin, 5. Auflage, 1968; S.Grossmann, "Funktionalanalysis I,II", Akademische Verlagsgesellschaft, Frankfurt, 1970. Für Fortgeschrittenere: M.Reed und B.Simon, "Methods of modern mathematical physics I: Functional Analysis", Academic Press, New York, 1972.

7.1.4 MATRIZEN UND DETERMINANTEN

Eine Abbildung $\hat{A}: V \to V$ eines Vektorraumes V auf sich selbst heisst *linear*, wenn gilt

$$\hat{A}(x+y) = \hat{A}(x) + \hat{A}(y) \quad , \quad x,y \in V \quad ,$$

$$\hat{A}(\lambda x) = \lambda\{\hat{A}(x)\} \quad , \quad x \in V \, , \lambda \in \mathbb{C} \, .$$

In einem endlich-dimensionalen, komplexen Vektorraum $\mathbb{C}^n$ ist eine Abbildung

$\hat{A}: \mathbb{C}^n \to \mathbb{C}^n$ genau dann linear, wenn sich $\hat{A}$ durch eine n×n-Matrix $A=(A_{ij})$, $i,j=1,\dots,n$ darstellen lässt, d.h. wenn zwischen den Entwicklungskoeffizienten eines Vektors $x \in \mathbb{C}^n$ und des entsprechenden Bildvektors $y = \hat{A}(x) \in \mathbb{C}^n$ die folgende Beziehung besteht

$$y_j = \sum_{i=1}^{n} A_{ji} x_i \quad , \quad j = 1,\dots,n; \; A_{ji} \in \mathbb{C} ,$$

oder, *in Matrixschreibweise*

$$\begin{pmatrix} y_1 \\ \vdots \\ y_n \end{pmatrix} = \begin{pmatrix} A_{11} & \cdots & A_{1n} \\ \vdots & & \vdots \\ A_{n1} & \cdots & A_{nn} \end{pmatrix} \begin{pmatrix} x_1 \\ \vdots \\ x_n \end{pmatrix}$$

oder kurz $(y) = A(x)$.

Matrizen kann man addieren, mit komplexen Zahlen multiplizieren und miteinander multiplizieren:

(i) $A + B = C$ bedeutet: $C_{ij} = A_{ij} + B_{ij}$,

(ii) $\lambda A = C$ bedeutet: $C_{ij} = \lambda A_{ij}$, $\lambda \in \mathbb{C}$,

(iii) $AB = C$ bedeutet: $C_{ij} = \sum_{k=1}^{n} A_{ik} B_{kj}$.

Die Matrixmultiplikation ist im allgemeinen *nicht kommutativ*

$$AB \neq BA \quad \text{im allgemeinen.}$$

Besondere Matrizen

Die Matrix $E = (\delta_{ij})$, $i,j = 1,\dots,n$, heisst die *Einheitsmatrix*. Für die Matrixmultiplikation spielt E die Rolle der "Eins", d.h. es gilt für alle n×n-Matrizen A und alle Vektoren $x \in \mathbb{C}^n$

$$EA = AE = A \quad , \quad Ex = x.$$

Eine Matrix $D = (D_{jk})$ mit $D_{jk} = 0$ falls $j \neq k$; $j,k = 1,\dots,n$, heisst eine *Diagonalmatrix*. Die *inverse Matrix* A^{-1} einer Matrix A ist definiert durch

$$AA^{-1} = A^{-1}A = E .$$

Eine Matrix A heisst *regulär*, falls A^{-1} existiert, andernfalls heisst A singulär. Die Gleichung $Ax = y$ besitzt für jedes $y \in \mathbb{C}^n$ eine Lösung, wenn A regulär ist. Die Lösung lautet dann

$$x = A^{-1} y .$$

Die Gleichung $Ax = 0$ besitzt nur dann von 0 verschiedene Lösungen, wenn A singulär ist.

Zu jeder Matrix A in $\mathbb{C}^n$ ist eine eindeutig bestimmte Matrix A* assoziiert, so dass gilt

$$\langle A^*x|y\rangle = \langle x|Ay\rangle$$

für alle Vektoren $x, y \in \mathbb{C}^n$. A* heisst die zu A *adjungierte* Matrix. Es gilt

$$\begin{aligned}(A+B)^* &= A^* + B^* \quad &&,\\ (AB)^* &= B^*A^* &&,\\ (\lambda A)^* &= \lambda^* A^* \quad &&, \lambda \in \mathbb{C},\\ (A^*)^* &= A &&,\end{aligned}$$

wobei λ^* die zu λ konjugiert komplexe Zahl ist. Für die Elemente einer Matrix und ihrer Adjungierten gilt

$$(A^*)_{jk} = (A_{kj})^* .$$

Die Operation des Adjungierens ist das Analoge des "Konjugiert-komplex-Nehmens" komplexer Zahlen. (In der nicht-mathematischen Literatur findet man vielfach auch die Bezeichnung $A^\dagger$ für die adjungierte Matrix.) Eine Matrix A heisst

selbstadjungiert	falls	$A^* = A$,
unitär	falls	$A^* = A^{-1}$,
ein Projektor	falls	$A^* = A = A^2$.

Selbstadjungierte *Matrizen* nennt man häufig auch *hermitesch*. Eine unitäre Matrix mit reellen Koeffizienten heisst *orthogonal*, und eine selbstadjungierte Matrix mit reellen Koeffizienten heisst *symmetrisch*. Unitäre Transformationen lassen das *Skalarprodukt* zweier Vektoren *invariant*, d.h. es gilt für $U^* = U^{-1}: \mathbb{C}^n \to \mathbb{C}^n$

$$\langle Ux|Uy\rangle = \langle x|U^*Uy\rangle = \langle x|y\rangle .$$

Selbstadjungierte und unitäre Matrizen A können durch eine unitäre Transformation in Diagonalmatrizen überführt werden, d.h. es gibt eine Matrix U mit $U^{-1} = U^*$, so dass gilt

$$UAU^* \text{ ist eine Diagonalmatrix.}$$

Reelle symmetrische und orthogonale Matrizen können durch eine orthogonale Transformation in Diagonalmatrizen überführt werden.

Spur und Determinante

Jeder n×n-Matrix A kann man zwei Zahlen zuordnen, ihre Spur und ihre Determinante. Die *Spur* (englisch: trace) einer Matrix ist die Summe ihrer Diagonalelemente A_{ii}, $i = 1,\dots,n$

$$\mathrm{Sp}(A) = \sum_{i=1}^{n} A_{ii} .$$

Im Englischen schreibt man dafür auch tr(A). Die Spur ist invariant unter zyklischer Vertauschung, d.h. es gilt

$$\mathrm{Sp}(A\,B\,C) = \mathrm{Sp}(C\,A\,B) = \mathrm{Sp}(B\,C\,A) \quad ,$$

für alle n×n-Matrizen A, B und C. Damit folgt: $\mathrm{Sp}(A\,B) = \mathrm{Sp}(B\,A)$. Weiter gilt

$$\begin{aligned} \mathrm{Sp}(A+B) &= \mathrm{Sp}(A) + \mathrm{Sp}(B) \quad , \\ \mathrm{Sp}(\lambda A) &= \lambda \cdot \mathrm{Sp}(A) \quad , \quad \lambda \in \mathbb{C} . \end{aligned}$$

Die *Determinante* einer Matrix A wird mit det(A) oder $\det(A_{ij})$ oder $|A|$ bezeichnet und folgendermassen konstruiert: Man bildet zunächst das Produkt der Diagonalelemente

$$A_{11} \cdot A_{22} \cdot \ldots \cdot A_{nn}$$

und betrachtet davon ausgehend *alle* Produkte, welche man durch Vertauschung der zweiten Indizes (der Spaltenindizes) erhält

$$A_{1j_1} A_{2j_2} \ldots A_{nj_n}$$

wobei $(j_1,j_2,\dots,j_n)$ irgendeine Permutation der Folge $(1,2,\dots,n)$ ist. Jedes dieser Produkte multipliziert man mit $(-1)^p$, wobei p die Parität der Permutation $(1,2,\dots,n) \to (j_1,j_2,\dots,j_n)$ ist und addiert die Terme. Man definiert:

$$\det(A) = \sum (-1)^p A_{1j_1} A_{2j_2} \ldots A_{nj_n} .$$

Die Summation erstreckt sich über alle n! Permutationen von n Zahlen. Für eine 2×2-Matrix bedeutet dies

$$\det(A) = A_{11}A_{22} - A_{12}A_{21} .$$

Für die Berechnung der Determinanten nützlich ist der *Laplacesche Entwicklungssatz*. In der einfachsten Version erlaubt dieser Satz die Entwicklung der Determinante nach einer Kolonne (oder Zeile) von A:

$$\det(A) = \sum_{i=1}^{n} (-1)^{i+j} A_{ij} \det(a_{ij}) \quad ,$$

wobei $\det(a_{ij})$ die Determinante jener Matrix bezeichnet, die man aus A durch Weglassen der j-ten Kolonne und der i-ten Zeile erhält. Für das Rechnen mit Determinanten gilt:

(i) die Determinante ist linear in jeder Zeile (Kolonne),

(ii) die Determinante ändert das Vorzeichen, wenn man zwei Zeilen (oder Kolonnen) vertauscht,

(iii) $\det(AB) = \det(A)\det(B)$,

(iv) $\det(\lambda A) = \lambda^n \det(A)$, falls A eine n×n-Matrix ist,

(v) $\det(E) = 1$,

(vi) A ist genau dann regulär, wenn det(A) verschieden von Null ist,

(vii) $\det(A^{-1}) = \{\det(A)\}^{-1}$, falls A regulär ist,

(viii) $\det(A^*) = \{\det(A)\}^*$.

Eigenwerte

Das Eigenwertproblem einer n×n-Matrix A

$$Ax = \lambda x \quad \text{oder} \quad (A - \lambda E)x = 0$$

hat genau dann nichttriviale, d.h. von 0 verschiedene, Lösungen x, falls gilt

$$\det(A - \lambda E) = 0 .$$

Diese algebraische Gleichung n-ten Grades in λ heisst das *charakteristische Polynom* von A. Man spricht auch von einer *Säkulargleichung*. Die Lösungen $\lambda_1, \lambda_2, \ldots, \lambda_n$ der Säkulargleichung heissen *Eigenwerte* von A und die zugehörigen Vektoren $x_1, x_2, \ldots, x_n$ heissen *Eigenvektoren* von A.

Eine selbstadjungierte Matrix hat nur reelle Eigenwerte, d.h. $\lambda_i = \lambda_i^*$, $i = 1,\ldots,n$, und die Eigenwerte einer unitären Matrix sind komplexe Zahlen vom Betrag 1, d.h. $|\lambda_i| = 1$, $i = 1,\ldots,n$. Aus der Regel (iii) der Determinantenrechnung folgt, dass die Matrix A und ihre unitär Transformierten UAU^*, $U^* = U^{-1}$, dieselben Eigenwerte haben.

7.1.5 DIE DELTAFUNKTION

Heaviside führte im letzten Jahrhundert in der Diskussion elektrischer Netzwerke den sogenannten *Einheitsstoss* ϑ ein, d.h. eine durch

$$\vartheta(x) = 0 \quad \text{für} \quad x < 0 ,$$
$$\vartheta(x) = 1 \quad \text{für} \quad x > 0 ,$$
$$\vartheta(x) = \tfrac{1}{2} \quad \text{für} \quad x = 0 ,$$

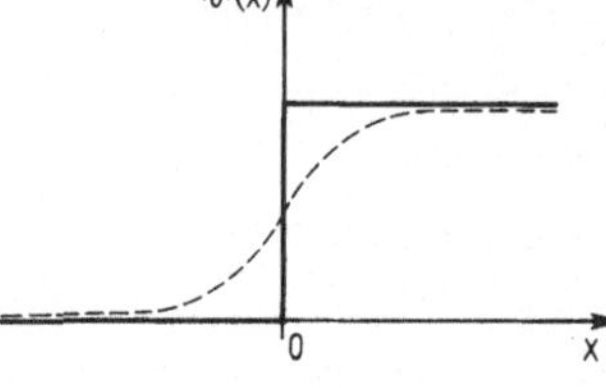

definierte Funktion $\vartheta : \mathbb{R} \to \mathbb{R}$ ein. Die Ableitung dieser Funktion ist die Diracsche Deltafunktion δ

$$\delta(x) = \frac{d\vartheta(x)}{dx} .$$

Da $\vartheta(x)$ für $x \neq 0$ konstant ist, verschwindet die Deltafunktion für alle Werte $x \neq 0$. Durch Integration findet man

$$\vartheta(y) = \int_{-\infty}^{y} \delta(x)\,dx ,$$

so dass

$$\int_{-\infty}^{\infty} \delta(x)\,dx = 1 .$$

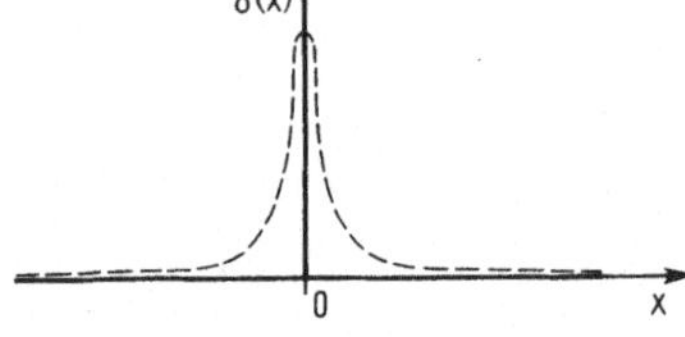

Daher definierte Dirac (1930) die Deltafunktion δ durch die Bedingungen:

$$\int_{-\infty}^{\infty} \delta(x)\,dx = 1 \quad \text{und} \quad \delta(x) = 0 \quad \text{für} \quad x \neq 0 .$$

Im Rahmen der klassischen Analysis konnte man der Diracschen Definition keinen Sinn geben. Der Heavisidesche Einheitsstoss ist zwar wohldefiniert, hat aber im klassischen Sinn im Nullpunkt keine Ableitung. Die Mathematiker brauchten genau 20 Jahre,um diese in Technik und Wissenschaft enorm erfolgreichen Begriffsbildungen zu verstehen und ihnen ein sicheres Fundament zu geben. Heute ist dank den Arbeiten von Laurent Schwartz (1950) die Deltafunktion ein mathematisch völlig legitimes Objekt.*) Die Diracsche Deltafunktion ist eine *verallgemeinerte*

---

*) Für eine sehr einfache aber trotzdem mathematisch strenge Darstellung studiere man das dünne Büchlein von M.J.Lighthill, "An Introduction to Fourier Analysis and Generalized Functions", Cambridge Univ.Press, 1958 (Deutsche Übersetzung: "Einführung in die Theorie der Fourier-Analysis und der verallgemeinerten Funktionen", BI Hochschultaschenbuch 139, Bibliographisches Institut Mannheim, 1966).

Funktion (Synonym : Distribution), welche durch ihr Zusammenspiel mit sogenannten Testfunktionen erklärt sind. Testfunktionen sind hinreichend schnell abfallende und genügend oft stetig differenzierbare Funktionen.

Die eindimensionale Deltafunktion δ ist definiert durch das Integral

$$\int_{-\infty}^{\infty} \varphi(x)\,\delta(x-y)\,dx = \varphi(y) \quad , \quad y \in \mathbb{R} ,$$

wobei φ eine beliebige Testfunktion $\varphi : \mathbb{R} \to \mathbb{R}$ ist. Weiter gelten die folgenden Rechenregeln:

$$\text{(i)} \quad \int_{-\infty}^{\infty} \varphi(x)\,\delta(x)\,dx = \varphi(0) ,$$

$$\text{(ii)} \quad \delta(cx) = \frac{1}{|c|}\,\delta(x) \quad , \quad c \in \mathbb{R} ,$$

$$\text{(iii)} \quad \delta(x) = \delta(-x) .$$

Verallgemeinerte Funktionen können durch Folgen von gewöhnlichen Funktionen dargestellt werden. Beispielsweise gilt für die Deltafunktion δ:

$$\int_{-\infty}^{+\infty} \varphi(x)\delta(x)dx \overset{\text{def}}{=} \lim_{n\to\infty} \int_{-\infty}^{+\infty} \varphi(x)\,\frac{n}{\sqrt{\pi}}\,e^{-n^2x^2}dx = \lim_{\varepsilon\to 0} \int_{-\infty}^{+\infty} \varphi(x)\,\frac{\varepsilon}{\pi}\,\frac{1}{x^2+\varepsilon^2}\,dx ,$$

wobei die Gaussfunktionen $x \to \frac{n}{\sqrt{\pi}}\,e^{-n^2x^2}$ und die Lorentzfunktionen $x \to \frac{\varepsilon}{\pi}\,\frac{1}{x^2+\varepsilon^2}$ für alle Werte von x positiv sind und deren Integral für alle Werte von n bzw. von $\varepsilon \neq 0$ den Wert 1 hat

$$\int_{-\infty}^{+\infty} \frac{n}{\sqrt{\pi}}\,e^{-n^2x^2}dx = \int_{-\infty}^{+\infty} \frac{\varepsilon}{\pi}\,\frac{1}{x^2+\varepsilon^2}\,dx = 1 .$$

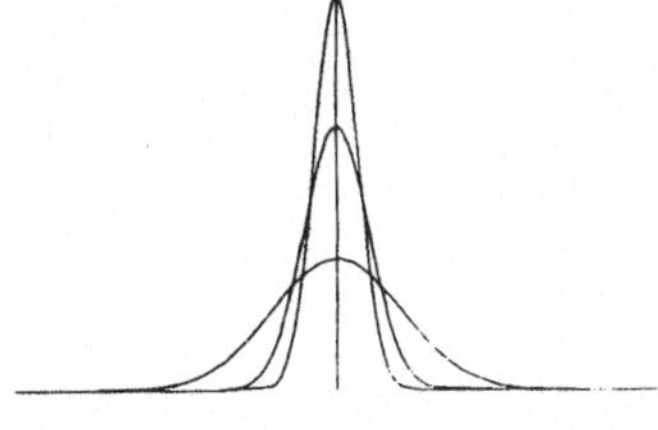

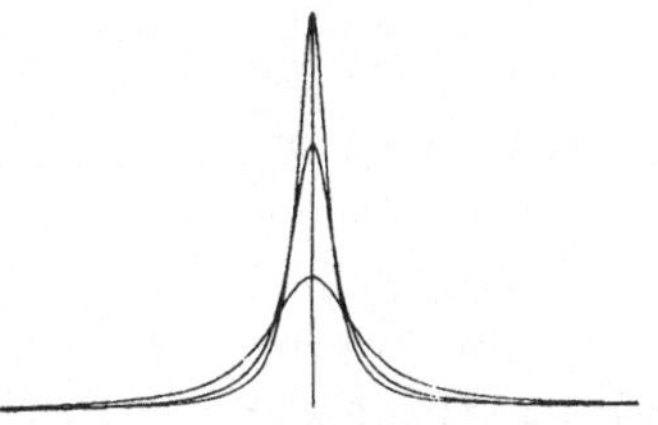

$x \to (n/\sqrt{\pi})e^{-n^2x^2}$ $\qquad$ $x \to \varepsilon/\pi(x^2+\varepsilon^2)$

Gauss- und Lorentzfunktionen für verschiedene Parameterwerte n bzw. ε.

Die Gaussfunktionen und die Lorentzfunktionen können als Wahrscheinlichkeitsverteilungen aufgefasst werden, welche für $n \to \infty$ (bzw. $\varepsilon \to 0$) gegen eine Verteilung streben, welche 0 ist falls $x \neq 0$ und ∞ ist falls $x = 0$. Eine derartige Verteilungsfunktion beschreibt etwa die Masseverteilung eines Massepunktes; d.h. einer endlichen, punktförmig konzentrierten Masse. Man schreibt manchmal auch formal

$$\delta(x) = \lim_{n\to\infty} \frac{n}{\sqrt{\pi}} e^{-n^2x^2} = \lim_{\varepsilon\to 0} \frac{\varepsilon}{\pi} \frac{1}{x^2+\varepsilon^2} ,$$

aber diese Limite existieren nicht im klassischen Sinn, dass die Funktionenfolgen gegen eine Funktion konvergieren. In naturwissenschaftlichen Anwendungen heisst $\lim \varepsilon \to 0$ häufig nur, dass ε sehr klein ist gegenüber *allen übrigen relevanten Grössen*. Die entsprechenden Verteilungen sind dann sehr eng konzentriert, bilden also "scharfe Spitzen" in der graphischen Darstellung. Bis zum $\lim \varepsilon \to 0$ (oder $n \to \infty$) geht man vor allem aus mathematischen Gründen, weil dann viele Rechnungen stark vereinfacht werden.

Für $-\infty < x_j < +\infty$, $j = 1,\ldots,n$ definiert man die *n-dimensionale Deltafunktion* durch

$$\delta(x_1,x_2,\ldots,x_n) = \delta(x_1)\delta(x_2)\ldots\delta(x_n) .$$

Im Raum der Ortsvektoren $\vec{r} = (r_1,r_2,r_3)$ gilt, wenn r_1,r_2 und r_3 die kartesischen Koordinaten sind:

$$\delta(\vec{r}) = \delta(r_1)\delta(r_2)\delta(r_3).$$

In Kugelkoordinaten (r,ϑ,φ) lautet der entsprechende Ausdruck

$$\delta(\vec{r}-\vec{r}_0) = \frac{1}{r^2}\,\delta(r-r_0)\,\delta(\cos\vartheta - \cos\vartheta_0)\,\delta(\varphi-\varphi_0)$$

$$= \frac{1}{r^2 \sin\vartheta}\,\delta(r-r_0)\,\delta(\vartheta-\vartheta_0)\,\delta(\varphi-\varphi_0) .$$

7.1.6 ORTHOGONALE POLYNOME

○ *Zur Einführung*

Für jedes Intervall $[a,b]$ der reellen Achse und für jede in $[a,b]$ integrierbare positive Gewichtsfunktion $g\colon [a,b] \to \mathbb{R}^+$ gibt es ein eindeutig bestimmtes System von Polynomen $\phi_n : [a,b] \to \mathbb{R}$ des Grades n, welche bezüglich des Gewichtes g in $[a,b]$ orthogonal und normiert sind, d.h. für welche gilt

$$\int_b^a g(x)\,\phi_n(x)\,\phi_m(x)\,dx = \delta_{nm} .$$

Die bekanntesten dieser Polynome sind diejenigen von Hermite, Laguerre und Legendre. Abgesehen von einer Normierungskonstante N_n gilt

Name	Intervall	Gewichtsfunktion $x \to g(x)$	Orthogonalpolynom $x \to N_n \phi_n(x)$
Hermite	$-\infty < x < \infty$	$\exp(-x^2)$	$H_n(x)$
Laguerre	$0 \le x < \infty$	$x^s \exp(-x)$	$L_n^s(x)$
Legendre	$-1 \le x \le 1$	1	$P_n(x)$

Ein erstaunlich effizientes Hilfsmittel, um solche Orthogonalprobleme zu studieren, sind die erzeugenden Funktionen. Dabei ist die erzeugende Funktion G eines Systems $\{\phi_0, \phi_1, \phi_2, \ldots\}$ von Orthogonalpolynomen ϕ_n definiert durch

$$G(x,z) = \sum_{n=0}^{\infty} z^n \phi_n(x) , \quad z \in \mathbb{C} .$$

Offensichtlich gilt

$$\{\partial^n G(x,z)/\partial z^n\}_{z=0} = n!\,\phi_n(x) ,$$

wobei man manchmal die Faktoren n! oder andere Koeffizienten mit in die Summe hineinnimmt. Routiniers in der Theorie spezieller Funktionen vergessen die historischen Definitionen und definieren Funktionensysteme nach Möglichkeit immer über erzeugende Funktionen. Erzeugende Funktionen sind häufig der schnellste Weg, um Relationen in Klassen spezieller Funktionen herzuleiten.

○ *Hermitesche Polynome H_n*

$$x \to H_n(x), \quad -\infty < x < +\infty, \quad n = 0,1,2,\ldots .$$

Erzeugende Funktion

$$e^{2xz-z^2} = \sum_{n=0}^{\infty} H_n(x) \frac{z^n}{n!}$$

Die Formel von Rodrigues

$$H_n(x) = (-1)^n e^{x^2} \frac{d^n}{dx^n} e^{-x^2}$$

Spezielle Beispiele

$$\begin{aligned} H_0(x) &= 1 & H_3(x) &= 8x^3-12x \\ H_1(x) &= 2x & H_4(x) &= 16x^4-48x^2+12 \\ H_2(x) &= 4x^2-2 & H_5(x) &= 32x^5-160x^3+120x \end{aligned}$$

Spezielle Werte

$$H_{2n+1}(0) = 0 \quad H_{2n}(0) = (-1)^n \frac{(2n)!}{n!}$$

Symmetrieeigenschaften

$$H_n(x) = (-1)^n H_n(-x)$$

Orthogonalität

$$\int_0^\infty e^{-x} H_m(x) H_n(x)\, dx = 2^n n! \sqrt{\pi}\, \delta_{nm}$$

Differentialgleichung

$$\{\frac{d^2}{dx^2} - 2x\frac{d}{dx} + 2n\} H_n(x) = 0$$

Die Hermiteschen Orthogonal*funktionen* φ_n

$$\varphi_n(x) = (\sqrt{\pi}\, 2^n n!)^{-1/2} e^{-x^2/2} H_n(x),$$

$$\langle \varphi_n | \varphi_m \rangle = \int_{-\infty}^{+\infty} \varphi_n(x)\, \varphi_m(x)\, dx = \delta_{nm},$$

genügen der Differentialgleichung

$$\{\frac{d^2}{dx^2} + (2n+1-x^2)\} e^{-x^2/2} H_n(x) = 0.$$

Warnung: Es sind auch andere Normierungen im Gebrauch, z.B.

$$He_n(x) \stackrel{\text{def}}{=} 2^{-n/2} H_n(x/\sqrt{2}) \quad .$$

○ *Laguerresche Polynome* $L_k^{(s)}$

$$x \to L_k^{(s)}(x), \quad x \geq 0, \ k = 0,1,2,\ldots; \ s = 0,1,\ldots,k \quad .$$

Den Spezialfall $s=0$ bezeichnet man mit L_k, d.h. $L_k^{(0)}(x) = L_k(x)$.

Erzeugende Funktion

$$\frac{1}{(1-z)^{s+1}} e^{xz/(z-1)} = \sum_{n=1}^{\infty} L_n^{(s)}(x)\, z^n \quad , \quad |z|<1 \; ,$$

Die Formel von Rodrigues

$$L_n^{(s)}(x) = e^x \frac{x^{-s}}{n!} \frac{d^n}{dx^n} e^{-x} x^{s+n}$$

Spezielle Beispiele

$$L_0^{(s)}(x) = 1$$

$$L_1^{(s)}(x) = s+1-x$$

$$L_2^{(s)}(x) = \tfrac{1}{2}\{(s+1)(s+2) - 2(s+2)x + x^2\}$$

Spezielle Werte

$$L_n^{(s)}(0) = \binom{n+s}{n}$$

Orthogonalität

$$\int_0^{\infty} e^{-x} x^s L_m^{(s)}(x)\, L_n^{(s)}(x)\, dx = \frac{(s+n)!}{n!} \delta_{mn}$$

Differentialgleichung

$$\{x \frac{d^2}{dx^2} + (s+1-x) \frac{d}{dx} + n\}\, L_n^{(s)}(x) = 0$$

○ *Legendre-Polynome* P_n

$$x \to P_n(x) \; , \quad -1 \le x \le 1 \; , \quad n = 0,1,2,\ldots$$

Erzeugende Funktion

$$(1-2xz+z^2)^{-1/2} = \sum_{n=0}^{\infty} P_n(x) z^n$$

Die Formel von Rodrigues

$$P_n(x) = \frac{1}{2^n n!} \frac{d^n}{dx^n} (x^2-1)^n$$

Spezielle Beispiele ($x \stackrel{def}{=} \cos\vartheta$)

$$P_0(x) = 1$$
$$P_1(x) = x = \cos\vartheta$$
$$P_2(x) = \tfrac{1}{2}(3x^2 - 1) = \tfrac{1}{4}(1+3\cos 2\vartheta)$$
$$P_3(x) = \tfrac{1}{2}(5x^3 - 3x) = \tfrac{1}{8}(3\cos\vartheta + 5\cos 3\vartheta)$$

Spezielle Werte

$$P_n(\pm 1) = (\pm 1)^n$$
$$P_{2n}(0) = (-1)^n (2n)!/\{2^{2n}(n!)^2\}$$
$$P_{2n+1}(0) = 0$$

Orthogonalität

$$\int_{-1}^{+1} P_n(x)\, P_m(x)\, dx = \frac{2}{2n+1}\delta_{nm}$$

Differentialgleichung

$$\{(1-x^2)\frac{d^2}{dx^2} - 2x\frac{d}{dx} + n\,(n+1)\}P_n(x) = 0$$

Zugeordnete Legendre-Polynome P_n^m

$$P_n^m(x) = (-1)^m (1-x^2)^{m/2} \frac{d^m}{dx^m} P_n(x)\,, \quad m = 0,1,2,\ldots,n$$

Orthogonalität

$$\int_{-1}^{+1} P_n^m(x)\, P_{n'}^{m'}(x)\, dx = \frac{2}{2n+1}\frac{(n+m)!}{(n-m)!}\delta_{nn'}\delta_{mm'}$$

Kugelflächenfunktionen

$$Y_{\ell,m}(\vartheta,\varphi) = \sqrt{\frac{(2\ell+1)}{4\pi}\frac{(\ell-|m|)!}{(\ell+|m|)!}}\, P_\ell^{|m|}(\cos\vartheta)\, e^{im\varphi}\,, \quad \begin{array}{l}\ell = 0,1,2,\ldots \\ m = -\ell,-\ell+1,\ldots,\ell-1,\ell\end{array}$$

mit den Orthonormalitätsrelationen

$$\int_0^{2\pi} d\varphi \int_0^{\pi} \sin\vartheta\, d\vartheta\; Y_{\ell,m}(\vartheta,\varphi)^*\, Y_{\ell',m'}(\vartheta,\varphi) = \delta_{\ell,\ell'}\delta_{m,m'}\,.$$

Weiterführende Literatur

Vgl. 3.2.7 und die dort aufgeführten Referenzen.

7.2 PHYSIKALISCHE MASSSYSTEME

7.2.1 SI-EINHEITEN

In diesem Buch brauchen wir durchwegs das "Système International d'Unités" (SI-System, auch bekannt als das rationalisierte MKSA-System) sowie damit assoziierte atomare Einheiten. Es gibt vier dimensionell unabhängige SI-Basiseinheiten für Länge, Masse, Zeit und eine elektrische Grösse, sowie einige Zusatzeinheiten:

Physikalische Grösse	SI-Einheiten		Dimension
	Name	Symbol	
Länge	Meter	m	L
Masse	Kilogramm	kg	M
Zeit	Sekunde	s	T
elektrischer Strom	Ampère	A	Q
thermodynamische Temperatur	Kelvin	K	
Stoffmenge	Mol	mol	

Verschiedene der abgeleiteten Einheiten haben besondere Namen und Symbole, zum Beispiel

Physikalische Grösse	SI-Einheit			Dimension
	Name	Symbol	Definition	
Kraft	Newton	N	$kg\,m\,s^{-2}$	$M\,L\,T^{-2}$
Energie	Joule	J	$kg\,m^2 s^{-2}$	$M\,L^2\,T^{-2}$
Leistung	Watt	W	$kg\,m^2 s^{-3}$	$M\,L^2\,T^{-3}$
Frequenz	Hertz	Hz	s^{-1}	T^{-1}
elektrische Ladung	Coulomb	C	$s\,A$	$T\,Q$
elektrische Potentialdifferenz	Volt	V	$kg\,m^2 s^{-3}\,A^{-1}$	$M\,L^2\,T^{-3}Q^{-1}$
magnetischer Fluss	Weber	W	$kg\,m^2 s^{-2}\,A^{-1}$	$M\,L^2\,T^{-3}Q^{-1}$
magnetische Flussdichte	Tesla	T	$kg\;s^{-2}\,A^{-1}$	$M\,T^{-2}Q^{-1}$
elektrischer Widerstand	Ohm	Ω	$kg\,m^2 s^{-3}\,A^{-2}$	$M\,L^2\,T^{-3}Q^{-2}$
Kapazität	Farad	F	$kg^{-1}m^{-2}s^4A^2$	$M^{-1}L^{-2}T^4\,Q^2$
Induktivität	Henry	H	$kg\,m^2 s^{-2}A^{-2}$	$M\,L^2\,T^{-2}Q^{-2}$

Dezimale Vielfache (in Stufen von 10^3) von SI-Einheiten werden durch Vorsilben gekennzeichnet:

Vielfaches	Vorsilbe	Symbol	Vielfaches	Vorsilbe	Symbol
10^{-3}	milli	m	10^{3}	kilo	k
10^{-6}	micro	μ	10^{6}	mega	M
10^{-9}	nano	n	10^{9}	giga	G
10^{-12}	pico	p	10^{12}	tera	T
10^{-15}	femto	f	10^{15}	peta	P
10^{-18}	atto	a	10^{18}	exa	E

Ausnahme: die dezimalen Vielfachen und Teile der Basiseinheit der Masse werden mit der Bezeichnung "Gramm" gebildet.

Für die Elektrodynamik benötigt man folgende Grössen:

Physikalische Grösse	SI-Einheit	Dimension
elektr. Ladung	C	$T\,Q$
elektr. Feldstärke E	$V\,m^{-1}$	$M\,L\,T^{-3}Q^{-1}$
elektr. Verschiebung D	$C\,m^{-2}$	$L^{-2}T\,Q$
Dielektrizitätskonstante ε	$F\,m^{-1}$	$M^{-1}L^{-3}T^{4}Q^{2}$
elektr. Potential φ	V	$M\,L^{2}\,T^{-3}Q^{-1}$
elektr. Ladungsdichte ρ	$C\,m^{-3}$	$L^{-3}T\,Q$
elektr. Dipolmoment	C m	$L\,T\,Q$
magnet. Feldstärke H	$A\,m^{-1}$	$L^{-1}\,Q$
magnet. Flussdichte B	T	$M\,T^{-2}Q^{-1}$
Permeabilität μ	$H\,m^{-1}$	$M\,L\,T^{-2}Q^{-2}$
Vektorpotential A	T m	$M\,L\,T^{-2}Q^{-1}$
elektr. Stromdichte j	$A\,m^{-2}$	$L^{-2}\,Q$
magnet. Dipolmoment	$J\,T^{-1}$	$L^{2}\,Q$

Es ist nicht zu vermeiden, dass noch über Jahre nicht-SI-konforme Einheiten verwendet werden:

Physikalische Grösse	Name der Einheit	Umrechnungsfaktion in SI-Einheiten
Energie	erg	10^{-7}J
	Kalorie*)	≈ 4,18 J
	Wellenzahl (cm^{-1})	≈ $1{,}986 \times 10^{-23}$ J
	Elektronenvolt (eV)	≈ $1{,}602 \times 10^{-19}$ J
Kraft	dyn	10^{-5}N
elektr. Ladung	e.s.u.	≈ $3{,}334 \times 10^{-10}$ C
elektr. Feldstärke	e.s.u.cm	≈ $2{,}998 \times 10^{2}\,Vm^{-1}$
elektr. Dipolmoment	Debye (10^{-18}e.s.u.cm)	≈ $3{,}334 \times 10^{-30}$ Cm
magnet. Flussdichte	Gauss (G)	10^{-4}T

*) Warnung: es gibt verschiedene Definitionen der Kalorie mit leicht verschiedenen Werten in SI-Einheiten!

Approximative Werte einiger fundamentaler Naturkonstanten

Naturkonstante	Symbol	Approximativer Wert
Lichtgeschwindigkeit im Vakuum	c	$2{,}998..10^{8}\ \mathrm{ms}^{-1}$
Permeabilität des Vakuums	μ_0	$4\pi \times 10^{-7}\ \mathrm{H\,m}^{-1}$ (exakt)
Dielektrizitätskonst.d.Vak.	$\varepsilon_0 = \mu_0^{-1} c^{-2}$	$8{,}854..10^{-12}\ \mathrm{F\,m}^{-1}$
Feinstrukturkonstante	$\alpha = \mu_0 e_0^2 c/2h$ α^{-1}	$7{,}297..10^{-3}$ $137{,}0..$
Ladung des Protons	e_0	$1{,}602..10^{-19}\ \mathrm{C}$
Plancksche Konstante	h $\hbar = h/2\pi$	$6{,}626..10^{-34}\ \mathrm{J\,s}$ $1{,}054..10^{-34}\ \mathrm{J\,s}$
Ruhemasse des Elektrons	m_0	$9{,}110..10^{-31}\ \mathrm{kg}$
Ruhemasse des Protons	m_p m_p/m_0	$1{,}673..10^{-27}\ \mathrm{kg}$ $1836,..$
Rydberg-Konstante	$R_\infty = \mu_0^2 m_0 e_0^4 c^3/8h^3$	$1{,}097..10^{7}\mathrm{m}^{-1}$
Bohrscher Radius	$a_0 = h^2/\pi\mu_0 c^2 m_0 e_0^2$	$5{,}292..10^{-11}\ \mathrm{m}$
Bohrsches Magneton	$\mu_B = e_0\hbar/2m_0$	$9{,}274..10^{-24}\ \mathrm{JT}^{-1}$
Kern-Magneton	$\mu_N = (m_0/m_p)\mu_B$	$5{,}051..10^{-27}\ \mathrm{JT}^{-1}$
g-Faktor des freien Elektrons	g	$2{,}002..$

7.2.2 *ATOMARE EINHEITEN*

Das Ergebnis einer numerischen quantenchemischen Rechnung ist eine reine Zahl, welche durch Multiplikation mit einer physikalischen Konstanten in eine physikalische Grösse in SI-Einheiten umgerechnet werden muss. Da die Theorie und numerische Rechnungen oftmals genauer sind als unsere empirische Kenntnis der Werte der Naturkonstanten, so ist es sinnvoll, die dimensionsbehafteten Naturkonstanten aus der Theorie zu eliminieren. Für den molekularen Bereich hat D.R. Hartree (Proc.Cambridge Philosophical Society 24, 89 - 110, 1928) *atomare Einheiten* eingeführt, die dadurch festgelegt sind, dass man die Elektronenmasse m_0 als Einheit der Masse, die Elektronenladung e_0 als Einheit der Ladung, und $\hbar$ als Einheit der Wirkung verwendet. Zu Hartree's Zeiten war es noch üblich, das nicht-rationalisierte CGS-System zu verwenden, das nur auf den drei Basiseinheiten cm, g, s basiert. Da SI-Einheiten auf den vier Basiseinheiten m, kg, s, A beruhen, müssen SI-konforme atomare Einheiten ebenfalls *vier* Basisgrössen auszeichnen. Um mit der alten nichtrationalisierten Schreibweise in Übereinstimmung zu bleiben, wählt man heute allgemein $4\pi\varepsilon_0$ (ε_0 = Dielektrizitätskonstante des Vakuums) als vierte Referenzgrösse. Somit definieren wir

$$\begin{aligned} m_0 &= 1 \text{ atomare Einheit} \\ e_0 &= 1 \text{ atomare Einheit} \\ \hbar &= 1 \text{ atomare Einheit} \\ 4\pi\varepsilon_0 &= 1 \text{ atomare Einheit} \end{aligned}$$

Beispiel

Die Coulombwechselwirkung V zwischen zwei Kernen mit den Ortsvektoren $\vec{Q}_1$, $\vec{Q}_2$ und den Ladungen $Z_1 e_0$ und $Z_2 e_0$ lautet in SI-Einheiten

$$V = \frac{Z_1 Z_2 e_0^2}{4\pi\varepsilon_0 |\vec{Q}_1 - \vec{Q}_2|} \quad \text{(in Joule)},$$

somit in atomaren Einheiten

$$V = \frac{Z_1 Z_2}{|\vec{Q}_1 - \vec{Q}_2|} \quad \text{(in atomaren Einheiten)}.$$

Man beachte, dass mit $\varepsilon_0 \mu_0 = c^{-2}$ und der Feinstrukturkonstante α

$$\alpha^{-1} \overset{\text{def}}{=} 4\pi\hbar/\mu_0 e_0^2 c = 137{,}0..$$

folgt, dass die Lichtgeschwindigkeit c in atomaren Einheiten gegeben ist durch

$$c = \alpha^{-1} = 137{,}0.. \text{ at.EH} .$$

In der alten Bohrschen Quantentheorie bezeichnet man den Radius der innersten Elektronenbahn des H-Atoms mit a_0 und den Betrag seiner Geschwindigkeit mit v_0, wobei

$$a_0 = 4\pi\varepsilon_0 \hbar^2/(m_0 e_0^2) \quad ,$$

$$v_0 = e_0^2/4\pi\varepsilon_0\hbar \quad .$$

Diese Grössen sind auch heute noch bequem als atomare Einheiten der Länge und der Geschwindigkeit. Die atomare Einheit der Energie nennt man ein *Hartree* und bezeichnet sie mit E_H. Es gilt

$$E_H \overset{\text{def}}{=} m_0 e_0^4/(4\pi\varepsilon_0\hbar)^2 = \hbar^2/(a_0^2 m_0) .$$

Man merke sich, dass ein Hartree gleich der doppelten Grundzustandsenergie des Wasserstoffatoms ist (in der einfachsten Näherung mit unendlicher Kernmasse).

Damit ergeben sich folgende Relationen:

Physikalische Grösse	Atomare Einheit	Wert in SI-Einheiten
Länge	$a_0 = 4\pi\varepsilon_0\hbar^2/(m_0 e_0^2)$	52,92..pm = 0,5292..Å
Masse	m_0	$9{,}110..10^{-31}$ kg
Zeit	$a_0/v_0 = \hbar/E_H$	24,19..as
Elektrischer Strom	$e_0 v_0/a_0 = e\ E_H/\hbar$	6,624..mA
Geschwindigkeit	$v_0 \overset{\text{def}}{=} e_0^2/(4\pi\varepsilon_0\hbar)$	2,188..M m/s
Impuls	$p_0 = m_0 v_0$	$1{,}993..10^{-24}$ kg m/s
Drehimpuls	$\hbar$	$1{,}055..10^{-34}$ J s
Kraft	E_H/a_0	82,38 nN
Energie	$E_H \overset{\text{def}}{=} \hbar^2/(a_0^2 m_0)$	4,360..aJ
Leistung	$E_H v_0/a_0$	180,2..mW
Elektrische Ladung	e_0	0,1602..aC
Elektrisches Dipolmoment	$e_0 a_0$	$8{,}478..10^{-30}$ Cm
Magnetisches Dipolmoment*)	$e_0 v_0 a_0 = e_0 \hbar m_0 = 2\mu_B$	$1{,}855 \cdot 10^{-23}$ J/T
Elektrisches Potential	E_H/e_0	27,21..V
Magnetische Flussdichte	$\hbar/e_0 a_0^2$	235,1..kT
Elektrischer Widerstand	$\hbar/e_0^2$	4,108..kΩ

*) μ_B ist das Bohrsche Magneton.

7.3 LÖSUNGEN DER AUFGABEN

*7.3.1 ERSTE HINWEISE**

Aufgabe 3.1.1:

Für beliebige Operatoren $\hat{A}$ und $\hat{B}$ sowie komplexe Zahlen λ gelten die Relationen (vgl. 7.1.4)

$$Sp(\lambda\hat{A}) = \lambda . Sp(\hat{A})$$

$$Sp(\hat{A}\hat{B}) = Sp(\hat{B}\hat{A}).$$

Man berechne $Sp(\hat{B}_r\hat{A}_s)$ in einer geeigneten Basis.

Aufgabe 3.1.2:

(o) Folgende geometrische Reihe wird im Verlauf der Rechnung wiederholt benötigt:

$$\sum_{j=1}^{n} \exp(2\pi i\, mj/n) = n\,(\delta_{m,n} + \delta_{m,o}), \quad m = 0,1,\dots,n.$$

(i) Man zeige, dass $\hat{U}$ und $\hat{V}$ folgende Spektralzerlegung besitzen:

$$\hat{U} = \sum_{j=1}^{n} \hat{U}_j \exp(2\pi ij/n) \qquad \hat{V} = \sum_{k=1}^{n} \hat{V}_k \exp(2\pi ik/n)$$

$$\hat{U}_j\hat{U}_k = \hat{U}_k\delta_{jk} \qquad \hat{V}_j\hat{V}_k = \hat{V}_k\delta_{jk}$$

$$\sum_{j=1}^{n} \hat{U}_j = 1 \qquad \sum_{k=1}^{n} \hat{V}_k = 1$$

$$Sp(\hat{U}_j) = 1 \qquad Sp(\hat{V}_k) = 1.$$

(ii) Man beweise $\langle\hat{T}_{r,s}|\hat{T}_{r',s'}\rangle = 1/n\ \langle\hat{U}^{r-r'}|\hat{V}^{s-s'}\rangle$ für beliebige Elemente $r,r',s,s' = 1,2,\dots,n$.

Aufgabe 3.1.3:

Man zeige zunächst, dass $\Delta A = \|(\hat{A}-\langle\hat{A}\rangle)\Psi\|$ gilt, wobei $\langle\hat{A}\rangle = \langle\Psi|\hat{A}\Psi\rangle$.

Ad a): Man verwende die Eigenschaft der Norm: $\|\Psi\| = 0$ impliziert $\Psi = 0$.

Ad b): Man beweise zuerst $|\langle[\hat{A},\hat{B}]\rangle| \le 2|\langle(\hat{A}-\langle\hat{A}\rangle)\Psi|(\hat{B}-\langle\hat{B}\rangle)\Psi\rangle|$.
Dazu benütze man die Selbstadjungiertheit der Operatoren $\hat{A}$ und $\hat{B}$, die Beziehung $[\hat{A},\hat{B}] = [\hat{A}-\langle\hat{A}\rangle 1, \hat{B}-\langle\hat{B}\rangle 1]$, sowie die Ungleichung $|z_1 + z_2| \le |z_1| + |z_2|$ für beliebige komplexe Zahlen z_1 und z_2.

Aufgabe 3.2.1:

Man benütze die Definition von $\hat{\hat{1}}$ und die Vertauschungsrelationen $[\hat{q}_\nu,\hat{p}_\mu] = i\hbar\delta_{\nu\mu}$.

Aufgabe 3.2.2:

Man benütze die Definition von $\hat{\hat{1}}$, die Vertauschungsrelationen $[\hat{q}_\nu,\hat{p}_\mu] = i\hbar\delta_{\nu\mu}$ und die Beziehung $[\hat{A}\hat{B},\hat{C}] = \hat{A}[\hat{B},\hat{C}] + [\hat{A},\hat{C}]\hat{B}$.

Aufgabe 3.2.3:

Die vier Funktionen $\alpha\otimes\alpha$, $\alpha\otimes\beta$, $\beta\otimes\alpha$, $\beta\otimes\beta$ bilden eine Basis des Vektorraumes $L_2(\mathbb{Z}_4)$ der Spinfunktionen $\Psi_{S,M}$ (s. 3.2.7).
Man zeige, dass

(a) diese vier Basisfunktionen orthonormiert sind

(b) eine orthogonale Transformation $\hat{O}$ existiert, die diese Basis in die Spinfunktionen $\Psi_{S,M}$ überführt.

Zur Lösung des Eigenwertproblems benötigt man

(c) die Wirkung von $\hat{S}_x$, $\hat{S}_y$ auf die Zustandsvektoren α, β. Man gehe hierfür von der Matrixdarstellung der Operatoren $\hat{S}_x$ und $\hat{S}_y$ in Abschnitt 2.4 aus und zeige dann

(d) $\hat{S}^2 = \hat{S}_1^2\otimes 1 + 1\otimes\hat{S}_2^2 + 2[\hat{S}_{1x}\otimes\hat{S}_{2x} + \hat{S}_{1y}\otimes\hat{S}_{2y} + \hat{S}_{1z}\otimes\hat{S}_{2z}]$

Aufgabe 3.2.4:

Für Kugelkoordinaten (vgl. Abschnitt 7.1.1) hat man

$$r = \sqrt{x^2+y^2+z^2}$$
$$\phi = \text{Arctg}\ (y/x)$$
$$\theta = \text{Arccos}\ (z/\sqrt{x^2+y^2+z^2}).$$

Also gilt

$$(\partial/\partial x) = (\partial r/\partial x)(\partial/\partial x) + (\partial\phi/\partial x)(\partial/\partial\phi) + (\partial\theta/\partial x)(\partial/\partial\theta),$$

und das Analoge für $(\partial/\partial y)$.
Man bestimme $(\partial r/\partial x)$, $(\partial r/\partial y)$, usw.

Aufgabe 3.2.5:

Man benütze den Laplaceoperator in Kugelkoordinaten.

Aufgabe 3.2.6:

Es ist $\langle\Psi|\hat{p}\Phi\rangle = \langle\hat{p}\Psi|\Phi\rangle$ zu zeigen. Man verwende hierzu partielle Integration und die Tatsache, dass Ψ und Φ im Unendlichen verschwinden.

Aufgabe 3.2.7:

Es ist zu zeigen, dass für jedes Ψ die Ungleichung $\langle\Psi|\hat{p}^2\Psi\rangle \geq 0$ erfüllt ist. Man benütze dazu Aufgabe 3.2.6.

Aufgabe 3.2.8:

Für jeden Zustand Ψ mit $\|\Psi\| = 1$ gilt:

$$\begin{aligned}(\Delta p)^2 &= \langle\Psi|(\hat{p} - \langle\hat{p}\rangle)^2\Psi\rangle = \langle\Psi|(\hat{p}^2 - 2\langle\hat{p}\rangle\hat{p} + \langle\hat{p}\rangle^2)\Psi\rangle = \\ &= \langle\Psi|\hat{p}^2\Psi\rangle - 2\langle\hat{p}\rangle\langle\Psi|\hat{p}\Psi\rangle + \langle\hat{p}\rangle^2\langle\Psi|\Psi\rangle = \\ &= \langle\hat{p}^2\rangle - 2\langle\hat{p}\rangle\langle\hat{p}\rangle + \langle\hat{p}\rangle^2 = \langle\hat{p}^2\rangle - \langle\hat{p}\rangle^2.\end{aligned}$$

Analog ergibt sich $(\Delta q)^2 = \langle\hat{q}^2\rangle - \langle\hat{q}\rangle^2$.

Man bestimme also $\langle\hat{p}\rangle$, $\langle\hat{q}\rangle$, $\langle\hat{p}^2\rangle$ und $\langle\hat{q}^2\rangle$ für den Zustand ϕ_o.
Man benütze dazu die Integralformel

$$\int_{-\infty}^{+\infty} \exp(-\lambda x^2)\, x^2\, dx = (1/2\lambda)\sqrt{\pi/\lambda}, \quad \mathrm{Re}(\lambda) > 0.$$

Aufgabe 3.2.10:

Das Skalarprodukt zweier quadratisch integrierbarer Funktionen f und g von $\mathbb{R} \times \{-1/2, 1/2\}$ nach $\mathbb{C}$ ist definiert durch

$$\langle f|g\rangle = \sum_{s=-1/2}^{1/2} \int_{-\infty}^{\infty} f^*(x,s)g(x,s)\, dx.$$

Aufgabe 3.2.11:

Der Hamiltonoperator $\hat{H}_{mag}$ ist in der Basis $\{\Phi_1 = \alpha\otimes\alpha,\ \Phi_2 = \alpha\otimes\beta,\ \Phi_3 = \beta\otimes\alpha,\ \Phi_4 = \beta\otimes\beta\}$ durch eine selbstadjungierte 4x4-Matrix H_{mag} dargestellt, wobei

$$(H_{mag})_{ij} \stackrel{\text{def}}{=} \langle\Phi_i|\hat{H}_{mag}\Phi_j\rangle.$$

Zur Berechnung der Matrixelemente benötigt man die Wirkungsweise von $\hat{S}_x$ und $\hat{S}_y$ auf die Zustandsvektoren α und β.

Aufgabe 3.2.12:

Man beweise $\{\hat{H}\Phi_2\}(x) = 2\hbar^2/m\ (1-4x^2)\ \Phi_2(x)$.

Aufgabe 3.2.13:

Man zeige, dass der Hamiltonoperator $\hat{H}_o$ des H-Atoms ohne Magnetfeld mit der z-Komponente des Bahndrehimpulses vertauscht.

Aufgabe 3.3.1:

Man benütze:

(a) Die explizite Form des Skalarproduktes für N-Elektronensysteme (s. Abschnitt 3.3.2),

(b) $\hat{\rho}(\vec{r}) = N^{-1} \sum_{j=1}^{N} \hat{\rho}_j(\vec{r})$, mit $\hat{\rho}_j(\vec{r}) = \delta(\vec{r}-\hat{\vec{q}}_j)$,

(c) $\int_{\mathbb{R}^3} d^3x\, f(\vec{x})\delta(\vec{a}-\vec{x}) = f(\vec{a})$ (vgl. 7.1.5),

(d) die Antisymmetrie der Zustandsfunktion Ψ.

Man zeige, dass

$$\langle\Psi|\hat{\rho}_j(\vec{r})\Psi\rangle = \sum_{m_1=-1/2}^{+1/2} \dots \sum_{m_N=-1/2}^{+1/2} \int_{\mathbb{R}^3} d^3q_2 \dots \int_{\mathbb{R}^3} d^3q_N\, |\Psi(\vec{r},m_1;\vec{q}_2,m_2;\dots;\vec{q}_N,m_N)|^2$$

gilt, für jedes $j = 1,2,\dots,N$.

Aufgabe 3.3.2:

Ad b): Man benütze das Resultat von Aufgabe 3.3.1 und die spezielle Form von Φ.

Aufgabe 3.4.1:

Man benütze die folgenden Tatsachen:

(1) $\sigma_3^2 = \begin{pmatrix} 1 & 0 \\ 0 & 1 \end{pmatrix} \overset{\text{def}}{=} \sigma_4$.

(2) Jede 2x2 - Matrix a lässt sich schreiben als $a = \sum_{j=1}^{4} z_j\sigma_j$, mit komplexen Zahlen z_j, $j = 1,2,3,4$.

(3) Eine (nxn)-Matrix, die mit jeder anderen (nxn)-Matrix vertauscht, ist ein Vielfaches der Einheitsmatrix.

Aufgabe 3.4.2:

Man benutze die Definition

$$(\hat{\Pi}_{12}\Psi)(\vec{q}_1,m_1;\vec{q}_2,m_2) = \Psi(\vec{q}_2,m_2;\vec{q}_1,m_1).$$

Es ist zu zeigen, dass die Relationen $\langle\hat{\Pi}_{12}\phi|\psi\rangle = \langle\phi|\hat{\Pi}_{12}\psi\rangle$ und $||\hat{\Pi}_{12}\psi|| = ||\psi||$ gelten.

Aufgabe 3.4.3:

Man benütze $\hat{\Pi}_{12} = \hat{\Pi}_{12}{}^* = \hat{\Pi}_{12}^{-1}$.

Aufgabe 3.4.4:

Man zeige, dass die Transformation $\{(0,-\vec{r},\vec{0},1)\circ(0,\vec{0},-\vec{v},1)\circ(0,\vec{r},\vec{0},1)\circ(0,\vec{0},\vec{v},1)\}$ eine n-Teilchen-Zustandsfunktion $\Psi_n = \Psi(q_1,\ldots,q_n)$ in $\Psi_n' = \exp\{-in\vec{r}\vec{v}m/2\}\Psi_n$ überführt, und gehe dann analog vor wie im Falle der Superauswahlregel für die Masse.

Aufgabe 3.5.3:

Die gewünschte Abschätzung ist gegeben durch den tiefsten Eigenwert des Problems

$$H = \varepsilon S$$

$$H = (H_{ik}), \quad H_{ik} = \langle\phi_i|\hat{H}\phi_k\rangle$$

$$S = (S_{ik}), \quad S_{ik} = \langle\phi_i|\phi_k\rangle.$$

Man bestimme also H_{ik}, S_{ik} und ε derart dass $\det(H - \varepsilon S) = 0$.

Aufgabe 3.5.4:

Man setze $\hat{H}_{BO} = \hat{h}_1 + \hat{h}_2 + \hat{h}_{12}$, wobei

$$\hat{h}_1 \stackrel{\text{def}}{=} -\tfrac{1}{2}\Delta_{\vec{r}_1} - Z/|\vec{r}_1|$$

$$\hat{h}_2 \stackrel{\text{def}}{=} -\tfrac{1}{2}\Delta_{\vec{r}_2} - Z/|\vec{r}_2|$$

$$\hat{h}_{12} \stackrel{\text{def}}{=} 1/|\vec{r}_1-\vec{r}_2|,$$

und zeige dann

$$E(c) = \langle\Phi|\hat{H}_{BO}\Phi\rangle/\langle\Phi|\Phi\rangle = \{\langle\Psi|\hat{h}_1\Psi\rangle + \langle\Psi|\hat{h}_2\Psi\rangle + \langle\Psi|\hat{h}_{12}\Psi\rangle\}/\langle\Psi|\Psi\rangle.$$

Aufgabe 4.3.1:

Mit den Abkürzungen $R \stackrel{\text{def}}{=} |\vec{R}_1-\vec{R}_2|$, $r_1 \stackrel{\text{def}}{=} |\vec{q}-\vec{R}_1|$, $r_2 \stackrel{\text{def}}{=} |\vec{q}-\vec{R}_2|$ schreibt sich der Hamiltonoperator $\hat{H}_{BO}$ in der Born-Oppenheimer-Näherung und in atomaren Einheiten

$$\hat{H}_{BO} = -1/2\ \Delta_{\vec{q}} - 1/r_1 - 1/r_2 + 1/R \stackrel{\text{def}}{=} \hat{H}_{el} + 1/R.$$

Man drücke $U^{\pm}(R)$ durch folgende Matrixelemente aus:

$$H_{kl} \stackrel{\text{def}}{=} \langle\chi_k|\hat{H}_{el}\chi_l\rangle$$

$$S_{kl} \stackrel{\text{def}}{=} \langle\chi_k|\chi_l\rangle, \quad k,l = 1,2.$$

Aufgabe 4.3.2:

Wie gross ist eine übliche und eine sehr kleine Aktivierungsenergie typischer chemischer Reaktionen?

Aufgabe 4.3.4:

Gesucht sind die Eigenwerte und Eigenfunktionen des Hamiltonoperators

$$\hat{H} = (1/2M)\hat{P}^2 + \hat{V}$$

wobei

$$(\hat{P}\Psi)(x) = -i\hbar(d\Psi/dx) = -i\hbar\Psi'(x),$$

$$(\hat{V}\Psi)(x) = \begin{cases} 0, & \text{falls } 0 \le x \le L, \\ \infty, & \text{andernfalls.} \end{cases}$$

Das heisst, man sucht die reellen Zahlen E derart dass es eine komplexwertige Funktion Ψ einer reellen Variablen x gibt sodass gilt:

$$\text{(i)} \quad -(\hbar^2/2M)\Psi''(x) + (V\Psi)(x) = E\Psi(x), \quad -\infty < x < +\infty,$$

$$\text{(ii)} \quad \int_{\mathbb{R}} |\Psi(x)|^2\, dx < \infty,$$

(iii) Ψ ist nicht die Nullfunktion.

Man überzeugt sich sofort, dass für $x < 0$ oder $x > L$ die Werte $\Psi(x)$ verschwinden. Aus der Selbstadjungiertheit von $\hat{H}$ lässt sich herleiten, dass $\Psi(0) = \Psi(L) = 0$ gelten muss. Damit ist das Problem reduziert auf das folgende: Man finde reelle Zahlen E derart, dass es eine auf dem Intervall [0,L] definierte komplexwertige Funktion Ψ gibt mit den Eigenschaften

$$\text{(a)} \quad \Psi'' = -(2ME/\hbar^2)\Psi \text{ auf } [0,L],$$

$$\text{(b)} \quad \Psi(0) = \Psi(L) = 0,$$

$$\text{(c)} \quad \int_0^L |\Psi(x)|^2 < \infty,$$

$$\text{(d)} \quad \Psi \neq 0.$$

Aufgabe 4.3.5:

Man verwende für Ψ den Separationsansatz $\Psi(\vec{x}) = \Psi_1(x_1)\Psi_2(x_2)\Psi_3(x_3)$, $\vec{x} = (x_1,x_2,x_3)$, $\vec{x} \in \mathbb{R}^3$, und gehe vor wie in Aufgabe 4.3.4!

Aufgabe 4.3.6:

Wie bei Aufgabe 4.3.5 erhält man für die Eigenwerte

$$E_{n_1,n_2} = (2M/\hbar^2)\pi^2((n_1/L_1)^2 + (n_2/L_2)^2),$$

wobei n_1 und n_2 die positiven natürlichen Zahlen durchlaufen, und als zugehörige Eigenfunktionen

$$\Psi_{n_1,n_2}(x) = \begin{cases} (4/L_1L_2)^{1/2}\sin(n_1\pi x_1/L_1)\sin(n_2\pi x_2/L_2), & \text{falls } 0 \le x_1 \le L_1 \text{ und } 0 \le x_2 \le L_2, \\ 0, & \text{sonst.} \end{cases}$$

Man beachte, dass für $n \neq n'$ oder $k \neq k'$ die Funktionen $\Psi_{n,k}$ und $\Psi_{n',k'}$ orthogonal (also insbesondere linear unabhängig) sind.
Man diskutiere die Entartungsverhältnisse in den Fällen $L_1 = L_2$ und $L_1 \neq L_2$.

Aufgabe 4.3.7:

Ad (ii): Die erzeugende Funktion für die Hermiteschen Orthogonalfunktionen ϕ_n ist durch

$$f(x,t) = \exp\{-t^2 + 2xt - x^2/2\}$$

gegeben. Man versuche eine Gleichung zwischen $f(x,t)$, $\partial f(x,t)/\partial t$ und $\partial^2 f(x,t)/\partial t^2$ aufzustellen und durch Koeffizientenvergleich der Potenzen von t auszuwerten.

Ad (iii): Zur Berechnung der Normierungskonstanten der Funktionen ϕ_n berechne man

$$\int_{-\infty}^{+\infty} f(x,t)f(x,t)\,dx,$$

und mache einen Koeffizientenvergleich der Potenzen von t.

Aufgabe 4.3.8:

Isotope Molekeln haben die gleiche Born-Oppenheimer-Fläche, daher die gleiche Bindungsenergie, und - in der harmonischen Approximation - dieselben Kraftkonstanten.

Aufgabe 4.3.10:

In der harmonischen Näherung wird $U(R)$ durch $U(R_e) + \frac{1}{2}f(R-R_e)^2$ approximiert, wobei f gegeben ist durch $f \overset{\text{def}}{=} \{d^2U(R)/dR^2\}_{R=R_e}$.

Aufgabe 5.1.1:

Man zeige, dass

$$(\hat{H} - \hat{H}^H)\Psi = \{(\hat{A} - \langle\hat{A}\rangle) \otimes (\hat{B} - \langle\hat{B}\rangle) - \langle\hat{A}\rangle\langle\hat{B}\rangle\hat{1} \otimes \hat{1}\}\Psi$$

gilt, wobei

$$\langle\hat{A}\rangle = \langle\Psi|(\hat{A} \otimes \hat{1})\Psi\rangle,$$
$$\langle\hat{B}\rangle = \langle\Psi|(\hat{1} \otimes \hat{B})\Psi\rangle.$$

Aufgabe 5.1.2:

$S = (N!)^{-1/2}.\det\{\varphi_1 \otimes \varphi_2 \otimes \ldots \otimes \varphi_N\}$ ist eine Summe von N! Summanden der Form $(N!)^{-1/2}(\pm)(\varphi_{j_1} \otimes \varphi_{j_2} \otimes \ldots \otimes \varphi_{j_N})$, wobei $(j_1, j_2, \ldots, j_N)$ eine Permutation von $(1,2,\ldots,N)$ ist.
Man überzeuge sich, dass für jeden solchen Summanden gilt

$$\hat{H}(\varphi_{j_1} \otimes \varphi_{j_2} \otimes \ldots \otimes \varphi_{j_N}) = (\varepsilon_1 + \varepsilon_2 + \ldots + \varepsilon_N)(\varphi_{j_1} \otimes \varphi_{j_2} \otimes \ldots \otimes \varphi_{j_N}).$$

Aufgabe 5.1.3:

Man benütze $\varepsilon_r = \langle \varphi_r | \hat{h}_o + \hat{j} - \hat{k} | \varphi_r \rangle$ und die Symmetrieeigenschaften $J_{rs} = J_{sr}$ und $K_{rs} = K_{sr}$ des Coulomb- bzw. des Austauschintegrals.

Aufgabe 5.1.4:

$\Phi = 2^{-1/2}\det\{\varphi_1 \otimes \varphi_2\}$ mit $\langle \varphi_j | \varphi_k \rangle = \delta_{jk}$. Also gilt

$$\Phi(1',2)^* \Phi(1,2) =$$

$$= 2^{-1}\{\varphi_1(1')^*\varphi_1(1) \otimes \varphi_2(2)^*\varphi_2(2) - \varphi_1(1')^*\varphi_2(1) \otimes \varphi_2(2)^*\varphi_1(2) - \varphi_2(1')^*\varphi_1(1) \otimes \varphi_1(2)^*\varphi_2(2) + \varphi_2(1')^*\varphi_2(1) \otimes \varphi_1(2)^*\varphi_1(2)\}.$$

Man zeige

$$\gamma(1|1') = \varphi_1(1')^*\varphi_1(1) + \varphi_2(1')^*\varphi_2(1).$$

Aufgabe 5.1.5:

Man gehe vor wie in Hinweis 1 zu Aufgabe 5.1.4 und zeige

$$\gamma(1|1') = |\alpha|^2\{\varphi_1^*(1')\varphi_1(1) + \varphi_2^*(1')\varphi_2(1) + |\beta|^2(\varphi_3^*(1')\varphi_3(1) + \varphi_4^*(1')\varphi_4(1)\}$$

Aufgabe 5.1.6:

Seien φ_1, φ_2, und φ_3 drei paarweise orthogonale normierte Orbitale.
Sei

$$\Phi = 2^{-1/2}(2^{-1/2}\det\{\varphi_1 \otimes \varphi_2\} + 2^{-1/2}\det\{\varphi_1 \otimes \varphi_3\}).$$

Dann ist Φ offensichtlich antisymmetrisch, d.h. eine Zustandsfunktion für ein 2-Elektronensystem.
Man zeige

$$\hat{\gamma}\varphi = \langle \varphi_1 | \varphi \rangle \varphi_1 + 1/2\langle \varphi_2 | \varphi \rangle \varphi_2 + 1/2\langle \varphi_3 | \varphi \rangle \varphi_3 + 1/2\langle \varphi_2 | \varphi \rangle \varphi_3 + 1/2\langle \varphi_3 | \varphi \rangle \varphi_2,$$

$$(\langle \varphi_j | \hat{\gamma}\varphi_k \rangle) = \begin{pmatrix} 1, & 0, & 0 \\ 0, & 1/2, & 1/2 \\ 0, & 1/2, & 1/2 \end{pmatrix}.$$

Hierzu ist es bequem, Φ als $\Phi = \sum_{j,k=1}^{3} c_{jk}\, \varphi_j \otimes \varphi_k$ zu schreiben mit

$$c_{jk} = \begin{pmatrix} 0 , & 1/2, & 1/2 \\ -1/2, & 0 , & 0 \\ -1/2, & 0 , & 0 \end{pmatrix}.$$

Aufgabe 5.1.7:

Es ist zu zeigen, dass gilt:

$$1/2m_o \mathrm{Sp}(\hat{\gamma}\hat{p}^2) + e_o \mathrm{Sp}(\hat{\gamma}V(\hat{q})) + e_o^2/\{4\pi\varepsilon_o\}\mathrm{Sp}(\hat{\Gamma}.1/|\hat{q}\otimes\hat{1} - \hat{1}\otimes\hat{q}|) =$$

$$= \hbar^2/2m_o \sum_{j=1}^{\infty} \lambda_j \sum_{m=-1/2}^{1/2} \int_{\mathbb{R}^3} d^3r\ (\partial\chi_j^*(\vec{r},m)/\partial\vec{r}).(\partial\chi_j(\vec{r},m)/\partial\vec{r})$$

$$+ e_o \sum_{m=-1/2}^{1/2} \int_{\mathbb{R}^3} d^3r\ \gamma(\vec{r},m|\vec{r},m)V(\vec{r})$$

$$+ e_o^2/\{4\pi\varepsilon_o\} \sum_{m=-1/2}^{1/2} \sum_{m'=-1/2}^{1/2} \int_{\mathbb{R}^3} d^3r \int_{\mathbb{R}^3} d^3r'\ \Gamma(\vec{r},m;\vec{r}',m'|\vec{r},m;\vec{r}',m')/|\vec{r} - \vec{r}'|.$$

Hierzu bedient man sich der Tatsache (siehe auch Aufgabe 3.1.1), dass für jede orthonormierte Basis $\{\varphi_j\colon j = 1,2,3,\ldots\}$ die Gleichung

$$\mathrm{Sp}(\hat{A}) = \sum_{j=1}^{\infty} \langle\varphi_j|\hat{A}\varphi_j\rangle$$

gilt. Man wählt zwei spezielle orthonormierte Basen:

(I) Die natürlichen Orbitale $\{\chi_j\colon j = 1,2,\ldots\}$.

(II) Die natürlichen Geminale $\{g_j\colon j = 1,2,\ldots\}$.

Aufgabe 5.2.4:

Man benütze die Definitionen

$$\hat{L}_z \overset{\mathrm{def}}{=} \sum_{n=1}^{17} \hat{L}_{z,n}$$

$$\hat{S}_z \overset{\mathrm{def}}{=} \sum_{n=1}^{17} \hat{S}_{z,n}$$

$$\hat{L}_{z,n} \overset{\mathrm{def}}{=} \hat{1}\otimes\ldots\otimes\hat{1}\otimes\hat{l}_z\otimes\hat{1}\otimes\ldots\otimes\hat{1},$$

$$\hat{S}_{z,n} \overset{\mathrm{def}}{=} \hat{1}\otimes\ldots\otimes\hat{1}\otimes\hat{s}_z\otimes\hat{1}\otimes\ldots\otimes\hat{1},$$

($\hat{l}_z$ resp. $\hat{s}_z$ stehen hier jeweils an der n-ten Stelle).
Wie in Aufgabe 5.1.2 folgt

$$\sum_{n=1}^{17} \hat{S}_{z,n} \det\{\varphi_1\otimes\ldots\otimes\varphi_{17}\} = \{\sum_{n=1}^{17} m_{sn}\} \det\{\varphi_1\otimes\ldots\otimes\varphi_{17}\},$$

$$\sum_{n=1}^{17} \hat{L}_{z,n} \det\{\varphi_1 \otimes \ldots \otimes \varphi_{17}\} = \{\sum_{n=1}^{17} m_{\ell_n}\} \det\{\varphi_1 \otimes \ldots \otimes \varphi_{17}\},$$

wobei

$$\hat{s}_z \varphi_r = m_{s_r} \varphi_r$$

$$\hat{l}_z \varphi_r = m_{l_r} \varphi_r.$$

Aufgabe 5.4.1:

Ad (i): Man multipliziere den abgeleiteten Ausdruck S. 275 oben mit d^*_{ki}, summiere über i und verwende die Orthonormalität der φ_k (S. 274). Man erhält dann einen Ausdruck für $\overline{\varepsilon}_{kr}$, an dem sich das Ergebnis ablesen lässt.

Aufgabe 7.1.3:

$$\{\frac{1}{x+i}\}^* = \frac{1}{x-i}.$$

Aufgabe 7.1.4:

Sei $h: \mathbb{R} \to \mathbb{C}$ eine komplexwertige Funktion und $h = h_1 + ih_2$, $h_1 = \operatorname{Re} h$, $h_2 = \operatorname{Im} h$ ihre Darstellung mittels Real- und Imaginärteil, so ist

$$\int_{\mathbb{R}} h(x)dx \overset{\text{def}}{=} \int_{\mathbb{R}} h_1(x) + i \int_{\mathbb{R}} h_2(x).$$

Zur Berechnung des Abstandes von f und g beweise man zunächst

$$\|f - g\|^2 = \|f\|^2 + \|g\|^2 - 2 \operatorname{Re} \langle f|g\rangle.$$

7.3.2 ZWEITE HINWEISE**

Aufgabe 3.1.2:

(i) Jeder unitäre Operator $\hat{U}$ in dem Hilbertraum H hat eine Spektraldarstellung

$$\hat{U} = \sum_{j=1}^{n} \lambda_j \hat{U}_j$$

(vgl. Abschnitt 3.1.8), wobei für die Spektralprojektoren $\hat{U}_j$ und die Eigenwerte λ_j gilt:

$$\hat{U}_j\hat{U}_k = \delta_{jk}\hat{U}_k,$$
$$\hat{U}_1 + \hat{U}_2 + \ldots + \hat{U}_n = 1,$$
$$|\lambda_j| = 1.$$

Wegen (2) ist $\lambda_j^n = 1$ für alle $j \in \mathbb{Z}_n$. Die Gleichung $\omega^n = 1$ erlaubt genau n verschiedene Lösungen: $\omega_1 = 1$, $\omega_2 = \exp(2\pi i/n), \ldots, \omega_n = \exp(2\pi i(n-1)/n)$. Nach (3) sind alle Eigenwerte λ_i verschieden, sodass $\lambda_j = \exp(2\pi ij/n)$ und alle Spektralprojektoren $\hat{U}_j$ eindimensional sind. Hiermit ist $Sp(\hat{U}_j) = 1$. Gleiches gilt für $\hat{V}$. Im weiteren zeige man, dass $Sp(\hat{U}^r\hat{V}^s) = n\delta_{r,n}\delta_{s,n}$.

(ii) $\langle \hat{T}_{r,s}|\hat{T}_{r',s'}\rangle = Sp(\hat{T}^*_{r,s}\hat{T}_{r',s'}) = 1/n\ Sp((\hat{U}^r\hat{V}^s)^*\hat{U}^{r'}\hat{V}^{s'}) =$
$= 1/n\ Sp((\hat{V}^s)^*(\hat{U}^r)^*\hat{U}^{r'}\hat{V}^{s'}) \overset{(a)}{=} 1/n\ Sp(\hat{V}^{-s}\hat{U}^{-r}\hat{U}^{r'}\hat{V}^{s'}) \overset{(b)}{=} 1/n\ Sp(\hat{U}^{r'-r}\hat{V}^{s'-s}) =$
$= 1/n\ Sp((\hat{U}^{r-r'})^*\hat{V}^{s'-s}) = 1/n\ \langle \hat{U}^{r-r'}|\hat{V}^{s'-s}\rangle.$

Hierbei ist an der Stelle (a) die Unitarität der Operatoren $\hat{U}$ und $\hat{V}$ und an der Stelle (b) die zyklische Invarianz der Spur benützt worden. Man benütze dann den obigen Hinweis (i).

Aufgabe 3.1.3:

$$\|(\hat{A}-\langle\hat{A}\rangle)\Psi\|^2 = \langle(\hat{A}-\langle\hat{A}\rangle)\Psi|(\hat{A}-\langle\hat{A}\rangle)\Psi\rangle = \langle\Psi|(\hat{A}-\langle\hat{A}\rangle)^2\Psi\rangle = (\Delta A)^2.$$

Ad a) $\Delta A = 0 \Leftrightarrow \|(\hat{A}-\langle\hat{A}\rangle)\Psi\| = 0 \Leftrightarrow (\hat{A}-\langle\hat{A}\rangle)\Psi = 0 \Leftrightarrow \hat{A}\Psi = \langle\hat{A}\rangle\Psi.$

Ad b)

$$\begin{aligned} |\langle[\hat{A},\hat{B}]\rangle| &= |\langle[\hat{A}-\langle\hat{A}\rangle,\hat{B}-\langle\hat{B}\rangle]\rangle| = \\ &= |\langle\Psi|\{(\hat{A}-\langle\hat{A}\rangle)(\hat{B}-\langle\hat{B}\rangle) - (\hat{B}-\langle\hat{B}\rangle)(\hat{A}-\langle\hat{A}\rangle)\}\Psi\rangle| = \\ &= |\langle(\hat{A}-\langle\hat{A}\rangle)\Psi|(\hat{B}-\langle\hat{B}\rangle)\Psi\rangle - \langle(\hat{B}-\langle\hat{B}\rangle)\Psi|(\hat{A}-\langle\hat{A}\rangle)\Psi\rangle| = \\ &\le |\langle(\hat{A}-\langle\hat{A}\rangle)\Psi|(\hat{B}-\langle\hat{B}\rangle)\Psi\rangle| + |\langle(\hat{B}-\langle\hat{B}\rangle)\Psi|(\hat{A}-\langle\hat{A}\rangle)\Psi\rangle| = \\ &= 2\ |\langle(\hat{A}-\langle\hat{A}\rangle)\Psi|(\hat{B}-\langle\hat{B}\rangle)\Psi\rangle|. \end{aligned}$$

Man verwende nun die Schwarzsche Ungleichung (vgl. Abschnitt 7.1.3)

Aufgabe 3.2.11:

$$\vec{S}_1.\vec{S}_2 = \hat{S}_{1x}\otimes\hat{S}_{2x} + \hat{S}_{1y}\otimes\hat{S}_{2y} + \hat{S}_{1z}\otimes\hat{S}_{2z}$$

$$\hat{S}_x\alpha = \hbar/2\ \beta, \qquad \hat{S}_x\beta = \hbar/2\ \alpha,$$
$$\hat{S}_y\alpha = i\hbar/2\ \beta, \qquad \hat{S}_y\beta = -i\hbar/2\ \alpha,$$

Das Matrixelement H_{11} lässt sich wie folgt berechnen:

$$\begin{aligned}\hat{H}_{mag}\ \Phi_1 &= \{\Omega_1(\hat{S}_{1z}\otimes 1) + \Omega_2(1\otimes\hat{S}_{2z}) + J/\hbar(\hat{S}_{1x}\otimes\hat{S}_{2x} + \hat{S}_{1y}\otimes\hat{S}_{2y} + \hat{S}_{1z}\otimes\hat{S}_{2z})\}(\alpha\otimes\alpha) = \\ &= \hbar\Omega_1/2\ \alpha\otimes\alpha + \hbar\Omega_2/2\ \alpha\otimes\alpha + J\hbar/4\ (\beta\otimes\beta - \beta\otimes\beta + \alpha\otimes\alpha) = \\ &= (\hbar\Omega_1/2 + \hbar\Omega_2/2 + J\hbar/4)\ \Phi_1.\end{aligned}$$

$$\langle\Phi_1|\hat{H}_{mag}\ \Phi_1\rangle = (\hbar\Omega_1/2 + \hbar\Omega_2/2 + \hbar J/4)\langle\alpha\otimes\alpha|\alpha\otimes\alpha\rangle = \hbar\Omega_1/2 + \hbar\Omega_2/2 + \hbar J/4.$$

Berechnet man in analoger Weise die verbleibenden Matrixelemente (wegen der Selbstadjungiertheit von $\hat{H}_{mag}$ sind nur die Elemente H_{ij} mit $i \le j$ auszuwerten) und führt die Abkürzungen

$$\bar{\Omega} \overset{\text{def}}{=} (\Omega_1 + \Omega_2)/2,$$
$$\bar{\delta} \overset{\text{def}}{=} (\Omega_1 - \Omega_2)/2,$$

ein, so ergibt sich

$$H_{mag} = \hbar\begin{pmatrix}\bar{\Omega} + J/4 & 0 & 0 & 0\\ 0 & \bar{\delta} - J/4 & J/2 & 0\\ 0 & J/2 & -\bar{\delta} - J/4 & 0\\ 0 & 0 & 0 & -\bar{\Omega} + J/4\end{pmatrix}.$$

Die Eigenwerte von $\hat{H}_{mag}$ sind gleich den Eigenwerten der Matrix H_{mag}, d.h. gleich den Nullstellen des charakteristischen Polynoms $\det(H_{mag} - E1)$.

Aufgabe 3.2.12:

$$\begin{aligned}\{\hat{H}\Phi_2\}(x) &= -\hbar^2/2m\ d^2/dx^2\ \exp(-2x^2) = \\ &= -\hbar^2/2m\ d/dx\ (-4x\ \exp(-2x^2)) = \\ &= 2\hbar^2/m\ (1-4x^2)\ \Phi_2(x).\end{aligned}$$

Man benütze zur Berechnung des Matrixelementes $\langle\Phi_1|\hat{H}\Phi_2\rangle$ die Relationen

$$\int_{-\infty}^{+\infty}\exp(-\lambda x^2)\ dx = \sqrt{\pi/\lambda}, \qquad \int_{-\infty}^{+\infty}\exp(-\lambda x^2)\ x^2\ dx = 1/2\lambda\ \sqrt{\pi/\lambda}, \quad \lambda > 0.$$

Aufgabe 3.3.1:

Für $j = 1,2,\ldots,N$ gilt ((a), (b), (c) und (d) beziehen sich auf den 1. Hinweis)

$$\langle\Psi|\hat{\rho}_j(r)\Psi\rangle \overset{(a)-(b)}{=} \sum_{m_1}\ldots\sum_{m_N}\int_{\mathbb{R}} d^3q_1\ldots\int_{\mathbb{R}} d^3q_{j-1}\int_{\mathbb{R}} d^3q_{j+1}\ldots\int_{\mathbb{R}} d^3q_N\ \cdot$$
$$\cdot\int_{\mathbb{R}^3} d^3q_j\ |\Psi(\vec{q}_1,m_1;\ldots;\vec{q}_{j-1},m_{j-1};\vec{q}_j,m_j;\vec{q}_{j+1},m_{j+1};\ldots;\vec{q}_N,m_N)|^2\ \delta(\vec{r}-\vec{q}_j) =$$

$$\overset{(c)}{=} \sum_{m_1} \dots \sum_{m_N} \int_{\mathbb{R}^3} d^3q_1 \dots \int_{\mathbb{R}^3} d^3q_{j-1} \int_{\mathbb{R}^3} d^3q_{j+1} \dots \int_{\mathbb{R}^3} d^3q_N \cdot$$

$$|\Psi(\vec{q}_1,m_1;\dots;\vec{q}_{j-1},m_{j-1};\vec{r},m_j;\vec{q}_{j+1},m_{j+1};\dots;\vec{q}_N,m_N)|^2 \overset{(d)}{=}$$

$$\overset{(d)}{=} \sum_{m_1} \dots \sum_{m_N} \int_{\mathbb{R}^3} d^3q_1 \dots \int_{\mathbb{R}^3} d^3q_{j-1} \int_{\mathbb{R}^3} d^3q_{j+1} \dots \int_{\mathbb{R}^3} d^3q_N \cdot$$

$$\cdot |\Psi(\vec{r},m_j;\vec{q}_2,m_2;\dots;\vec{q}_{j-1},m_{j-1};\vec{q}_1,m_1;\vec{q}_{j+1},m_{j+1};\dots;\vec{q}_N,m_N)|^2 =$$

$$\overset{(*)}{=} \sum_{m_1} \dots \sum_{m_N} \int_{\mathbb{R}^3} d^3q_2 \dots \int_{\mathbb{R}^3} d^3q_N \; |\Psi(\vec{r},m_1;\vec{q}_2,m_2;\dots;\vec{q}_N,m_N)|^2.$$

An der Stelle (*) wurde eine Variablensubstitution durchgeführt: $q_j \to q_1$, $m_j \rightleftarrows m_1$.

Aufgabe 3.5.4:

Da der Hamiltonoperator nicht auf die Spinfunktion χ wirkt, gilt

$$E(c) = \{\langle\Psi|\hat{H}_{BO}\Psi\rangle\langle\chi|\chi\rangle\}/\{\langle\Psi|\Psi\rangle\langle\chi|\chi\rangle\}$$

und aus der Linearität des Skalarproduktes folgt die Behauptung.

Man beweise

$$E(c) = \langle\psi|\hat{h}_1\psi\rangle/\langle\psi|\psi\rangle + \langle\psi|\hat{h}_2\psi\rangle/\langle\psi|\psi\rangle + \langle\Psi|\hat{h}_{12}\Psi\rangle/\langle\Psi|\Psi\rangle.$$

Aufgabe 4.3.1:

$$U^{\pm}(R) = \langle\varphi^{\pm}|\hat{H}_{BO}\varphi^{\pm}\rangle/\langle\varphi^{\pm}|\varphi^{\pm}\rangle = \langle\varphi^{\pm}|\hat{H}_{el}\varphi^{\pm}\rangle/\langle\varphi^{\pm}|\varphi^{\pm}\rangle + 1/R =$$

$$= \langle\chi_1 \pm \chi_2|\hat{H}_{el}(\chi_1 \pm \chi_2)\rangle/\langle\chi_1 \pm \chi_2|\chi_1 \pm \chi_2\rangle + 1/R =$$

$$= \{H_{11} \pm H_{12} \pm H_{21} + H_{22}\}/\{S_{11} \pm S_{12} \pm S_{21} + S_{22}\} + 1/R.$$

Da $\hat{H}_{el}$ invariant ist unter Umbenennung von 1 in 2 und umgekehrt, gilt $H_{11} = H_{22}$.
Wegen $\hat{H}_{el}{}^* = H_{el}$ und da χ_1, χ_2 reellwertige Funktionen sind, folgt $H_{12} = H_{21}$.
Aus der Normierung der 1s-Orbitale des H-Atoms erhält man $S_{11} = S_{22} = 1$.
Das Integral $S \overset{def}{=} S_{12} = S_{21}$ wird als Ueberlappungsintegral bezeichnet.
Damit vereinfacht sich $U^{\pm}(R)$ zu

$$U^{\pm}(R) = (H_{11} \pm H_{12})/(1 \pm S) + 1/R.$$

Man definiere für $i = 1,2$, die Matrixelemente

$$A(R) \overset{def}{=} \langle\chi_1|1/r_i|\chi_2\rangle = \langle\chi_2|1/r_i|\chi_1\rangle, \quad \text{Austauschintegral,}$$

$$C(R) \overset{def}{=} \langle\chi_1|1/r_2|\chi_1\rangle = \langle\chi_2|1/r_1|\chi_2\rangle, \quad \text{Coulombintegral,}$$

und zeige, dass

$$U^{\pm}(R) = -1/2 - (C(R) \pm A(R))/(1 \pm S(R)) + 1/R$$

gilt.

Aufgabe 4.3.2:

Wie gross ist eine übliche und eine sehr kleine Aktivierungsenergie typischer chemischer Reaktionen?

Aufgabe 5.1.4:

$$\gamma(1|1') = 2 \int d(2)\, \Phi(1',2)^* \Phi(1,2) =$$

$$\varphi_1(1')^* \varphi_1(1) \langle\varphi_2|\varphi_2\rangle - \varphi_1(1')^* \varphi_2(1) \langle\varphi_2|\varphi_1\rangle$$

$$- \varphi_2(1')^* \varphi_1(1) \langle\varphi_1|\varphi_2\rangle + \varphi_2(1')^* \varphi_2(1) \langle\varphi_1|\varphi_1\rangle =$$

$$= \varphi_1(1')^* \varphi_1(1) + \varphi_2(1')^* \varphi_2(1).$$

Somit ergibt sich für jedes Orbital φ,

$$(\hat{\gamma}\varphi)(1) = \int d(1')\gamma(1|1')\varphi(1') =$$

$$= \int d(1')\{\varphi_1(1)\varphi_1(1')^* \varphi(1') + \varphi_2(1)\varphi_2(1')^* \varphi(1)\} =$$

$$= \varphi_1(1) \langle\varphi_1|\varphi\rangle + \varphi_2(1) \langle\varphi_2|\varphi\rangle.$$

Man zeige nun, dass die Spektralzerlegung von $\hat{\gamma}$ **gegeben ist durch**

$$\hat{\gamma} = \hat{P}_1 + \hat{P}_2$$

$$\hat{P}_j\varphi = \langle\varphi_j|\varphi\rangle\varphi_j \quad \text{für jedes Orbital } \varphi, \quad j = 1,2.$$

Aufgabe 5.1.5:

$$\Phi^*(1',2) = \alpha^*/\sqrt{2} \begin{vmatrix} \varphi_1(1') & \varphi_1(2) \\ \varphi_2(1') & \varphi_2(2) \end{vmatrix}^* + \beta^*/\sqrt{2} \begin{vmatrix} \varphi_3(1') & \varphi_3(2) \\ \varphi_4(1') & \varphi_4(2) \end{vmatrix}^*$$

$$\Phi(1,2) = \alpha/\sqrt{2} \begin{vmatrix} \varphi_1(1) & \varphi_1(2) \\ \varphi_2(1) & \varphi_2(2) \end{vmatrix} + \beta/\sqrt{2} \begin{vmatrix} \varphi_3(1) & \varphi_3(2) \\ \varphi_4(1) & \varphi_4(2) \end{vmatrix}$$

$$\Phi^*(1',2)\Phi(1,2) = |\alpha|^2/2\ \{\varphi_1^*(1')\varphi_2^*(2)\varphi_1(1)\varphi_2(2) - \varphi_1^*(1')\varphi_2^*(2)\varphi_1(2)\varphi_2(1)$$
$$- \varphi_1^*(2)\varphi_2^*(1')\varphi_1(1)\varphi_2(2) + \varphi_1^*(2)\varphi_2^*(1')\varphi_1(2)\varphi_2(1)\}$$
$$+ \alpha\beta^*/2\ \{\varphi_3^*(1')\varphi_4^*(2)\varphi_1(1)\varphi_2(2) - \varphi_3^*(1')\varphi_4^*(2)\varphi_1(2)\varphi_2(1)$$
$$- \varphi_3^*(2)\varphi_4^*(1')\varphi_1(1)\varphi_2(2) - \varphi_3^*(2)\varphi_4^*(1')\varphi_1(2)\varphi_2(1)\}$$
$$+ \alpha^*\beta/2\ \{\varphi_1^*(1')\varphi_2^*(2)\varphi_3(1)\varphi_4(2) - \varphi_1^*(1')\varphi_2^*(2)\varphi_3(2)\varphi_4(1)$$
$$- \varphi_1^*(2)\varphi_2^*(1')\varphi_3(1)\varphi_4(2) + \varphi_1^*(2)\varphi_2^*(1')\varphi_3(2)\varphi_4(1)\}$$

+ ... (s. nächste Seite)

$$+ |\beta|^2/2 \{\varphi_3^*(1')\varphi_4^*(2)\varphi_3(1)\varphi_4(2) - \varphi_3^*(1')\varphi_4^*(2)\varphi_3(2)\varphi_4(1)$$
$$- \varphi_3^*(2)\varphi_4^*(1')\varphi_3(1)\varphi_4(2) + \varphi_3^*(2)\varphi_4^*(1')\varphi_3(2)\varphi_4(1)\}$$

Integration unter Benützung der Orthonormierung $\langle\varphi_i|\varphi_j\rangle = \delta_{ij}$ der Orbitale liefert

$$\gamma(1|1') = 2\int d(2)\Phi^*(1',2)\Phi(1,2) =$$
$$= |\alpha|^2 \{\varphi_1^*(1')\varphi_1(1) + \varphi_2^*(1')\varphi_2(1)\}$$
$$= |\beta|^2 \{\varphi_3^*(1')\varphi_3(1) + \varphi_4^*(1')\varphi_4(1)\}$$

Wie in Hinweis 2 zu Aufgabe 5.1.4 sind die Operatoren P_i $(i = 1,2,3,4)$ durch $\hat{P}_i\varphi = \langle\varphi_i|\varphi\rangle\varphi_i$ für jedes Orbital φ definiert. Man zeige, dass gilt:

$$\hat{\gamma} = |\alpha|^2(\hat{P}_1 + \hat{P}_2) + |\beta|^2(\hat{P}_3 + \hat{P}_4)$$
$$\hat{P}_j\hat{P}_k = \delta_{jk}\hat{P}_j \qquad (j,k = 1,2,3,4)$$
$$\hat{P}_j = \hat{P}_j^*$$

Aufgabe 5.1.6:

Man hat

$$\Phi(1',2)^*\Phi(1,2) = \sum_{j,k=1}^{3}\sum_{m,n=1}^{3} c_{jk}^* c_{mn}\varphi_j(1')^*\varphi_m(1)\varphi_k(2)^*\varphi_n(2)$$

also

$$\gamma(1'|1) = 2\int d(2)\Phi(1',2)^*\Phi(1,2) = 2\sum_{j,k=1}^{3}\sum_{m,n=1}^{3} c_{jk}^* c_{mn}\varphi_j(1')\varphi_m(1)\langle\varphi_k|\varphi_n\rangle =$$

$$= 2\sum_{j,k=1}^{3}\sum_{m,n=1}^{3} c_{jk}^* c_{mn}\delta_{k,n}\varphi_j(1')\varphi_m(1) = 2\sum_{j,k,m=1}^{3} c_{jk}^* c_{mk}\varphi_j(1')\varphi_m(1).$$

Damit folgt

$$\hat{\gamma}\varphi = 2\sum_{j,k,m=1}^{3} c_{jk}^* c_{mk}\langle\varphi_j|\varphi\rangle\varphi_m = \sum_{j,m=1}^{3}\alpha_{j,m}\langle\varphi_j|\varphi\rangle\varphi_m$$

wobei $\alpha_{jm} = 2\sum_{k=1} c_{jk}^* c_{mk}$. Die 3x3-Matrix α berechnet sich zu

$$\alpha = \begin{pmatrix} 1 & 0 & 0 \\ 0 & 1/2 & 1/2 \\ 0 & 1/2 & 1/2 \end{pmatrix}.$$

Damit erhält man den gewünschten Ausdruck für $\hat{\gamma}\varphi$.

Ferner gilt

$$\langle\varphi_j|\hat{\gamma}\varphi_k\rangle = \langle\varphi_j|\sum_{\mu,\nu=1}^{3} \alpha_{\mu,\nu}\langle\varphi_\mu|\varphi_k\rangle\varphi_\nu\rangle = \sum_{\mu,\nu=1}^{3} \alpha_{\mu,\nu}\langle\varphi_j|\varphi_\nu\rangle\langle\varphi_\mu|\varphi_k\rangle = \alpha_{k,j}$$

und dies zeigt, dass $\gamma_{jk} = \langle\varphi_j|\hat{\gamma}\varphi_k\rangle$ die angegebene Form hat.

Aufgabe 5.1.7:

Mit der Basis (I):

$$\mathrm{Sp}(\hat{\gamma}\hat{p}^2) = \sum_{j=1}^{\infty} \langle\chi_j|\hat{\gamma}\hat{p}^2\chi_j\rangle = \sum_{j=1}^{\infty} \langle\hat{\gamma}\chi_j|\hat{p}^2\chi_j\rangle = \sum_{j=1}^{\infty} \lambda_j\langle\chi_j|\hat{p}^2\chi_j\rangle =$$

$$= \sum_{j=1}^{\infty} \lambda_j\langle\hat{p}\chi_j|\hat{p}\chi_j\rangle = \sum_{j=1}^{\infty} \lambda_j \sum_{m=-1/2}^{1/2} \int_{\mathbb{R}^3} d^3r\,(\hat{p}\chi_j)^*(\vec{r},m)\,(\hat{p}\chi_j)(\vec{r},m) =$$

$$= -\hbar^2 \sum_{j=1}^{\infty} \lambda_j \sum_{m=-1/2}^{1/2} \int_{\mathbb{R}^3} d^3r\,(\partial\chi_j^*/\partial\vec{r})(\vec{r},m)\,(\partial\chi_j/\partial\vec{r})(\vec{r},m).$$

Man berechne $\mathrm{Sp}(\hat{\gamma}V(\hat{q}))$ mit der Basis (I) und verwende dazu auch die Eigenschaft (iv) von $\hat{\gamma}$. Man berechne $\mathrm{Sp}(\hat{\Gamma}.1/|\hat{\vec{q}}\otimes\hat{1} - \hat{1}\otimes\hat{\vec{q}}|)$ mit der Basis (II) und verwende dazu

- $g_j = \mu_j g_j$, wobei μ_j der j-te Eigenwert von $\hat{\Gamma}$ ist,

- $\Gamma(r,m;r_1,m_1|r_2,m_2;r_3,m_3) = \sum_{j=1}^{\infty} \mu_j g_j(r,m;r_1,m_1)g_j(r_2,m_2;r_3,m_3)$.

Aufgabe 5.2.4:

Die Unterschale zur Elektronenkonfiguration $(1s)^2(2s)^2(2p)^6(3s)^2$ liefert keinen Beitrag zum Gesamtspin bzw. Gesamtdrehimpuls. Man kann sich auf den Beitrag der Elektronenkonfiguration $(3p)^5$ beschränken.

Aufgabe 5.4.1:

Ad (i):

$$\sum_{i=1}^{M}\sum_{s=1}^{M} d_{ki}^* d_{rs}[(\chi_i|\hat{h}^o\chi_s) + \sum_{l=1}^{N}\sum_{u,v=1}^{M} d_{lu}^* d_{lv}\{(\chi_i,\chi_u|\chi_s,\chi_v) - (\chi_i,\chi_u|\chi_v,\chi_s)\}] =$$

$$= \sum_{l=1}^{N}\{\sum_{i=1}^{M}\sum_{s=1}^{M} d_{ki}^* d_{ls} S_{is}\}\bar{\varepsilon}_{rl} =$$

$$= \sum_{l=1}^{N} \delta_{kl}\bar{\varepsilon}_{rl} = \bar{\varepsilon}_{rk}.$$

(Die geschweifte Klammer in der 2. Zeile enthält die Orthogonalitätsbedingung)

- Man vertausche nun die Indizes r und k und bilde den konjugiert komplexen Ausdruck (d.h. man bilde $\overline{\varepsilon}^*_{kr}$). Man beachte dann, dass aus der Definition S. 273 folgt:

$$(\varphi_r,\varphi_s|\varphi_u,\varphi_v)^* = (\varphi_u,\varphi_v|\varphi_r,\varphi_s) =$$

$$(\varphi_v,\varphi_u|\varphi_s,\varphi_r).$$

*7.3.3 DRITTE HINWEISE****

Aufgabe 3.1.2:

(i) Für $k \neq j$ und beliebige Koeffizienten c_k, $c_j \in \mathbb{C}$ gilt

$$(c_j\hat{U}_j + c_k\hat{U}_k)^2 = c_j^2\hat{U}_j + c_k^2\hat{U}_k.$$

Obige Aussage lässt sich verallgemeinern zu

$$(\sum_{j=1}^{n} c_j\hat{U}_j)^r = \sum_{j=1}^{n} c_j^r\,\hat{U}_j.$$

Es gilt daher für $r,s = 0,1,\ldots,n$,

$$\hat{U}^r = \sum_{k=1}^{n} \hat{U}_k \exp(2\pi ikr/n)$$

$$\hat{V}^s = \sum_{j=1}^{n} \hat{V}_j \exp(2\pi isj/n)$$

und

$$Sp(\hat{U}^r) = \sum_{s=1}^{n} Sp(\hat{U}_s)\exp(2\pi isr/n) = \sum_{s=1}^{n} \exp(2\pi isr/n) \overset{(0)}{=} n(\delta_{r,n} + \delta_{r,0}),$$

$$Sp(\hat{V}^s) = n(\delta_{s,n} + \delta_{s,0}).$$

Iteration der Weylschen Vertauschungsrelationen (1) liefert

$$\hat{V}^r\hat{U}^s = \hat{U}^s\hat{V}^r\exp(2\pi irs/n)$$

und für $r \neq n$, $s \neq n$, $r \neq 0$, $s \neq 0$ folgt

$$Sp(\hat{U}^s\hat{V}^r) = 0.$$

Zusammengefasst erhält man

$$Sp(\hat{U}^s\hat{V}^r) = n(\delta_{r,n}\delta_{s,n} + \delta_{s,0}\delta_{r,0}).$$

Man zeige dann $Sp(\hat{U}_j\hat{V}_k) = 1/n$ für alle $j,k \in \mathbb{Z}_n$.

(ii) $$\langle\hat{T}_{r,s}|\hat{T}_{r',s'}\rangle = 1/n\; Sp(\hat{U}^{r'-r}\hat{V}^{s'-s}) = \delta_{r'-r,n}\delta_{s'-s,n} + \delta_{r'-r,0}\delta_{s'-s,0} = \delta_{r',r}\delta_{s',s}.$$

Aufgabe 3.2.11:

$$\det(H_{mag} - E\hat{1}) = [\hbar(\overline{\Omega} + J/4) - E][\hbar(-\overline{\Omega} + J/4) - E][\{\hbar(\overline{\delta} - J/4) - E\}\{\hbar(-\overline{\delta} - J/4) - E\} - J^2\hbar^2/4].$$

Die Nullstellen dieses Polynoms 4. Grades sind gegeben durch

$$E_1 = \hbar(\bar{\Omega} + J/4)$$
$$E_2 = \hbar\sqrt{\delta^2 + J^2/4} - J\hbar/4$$
$$E_3 = -\hbar\sqrt{\delta^2 + J^2/4} - J\hbar/4$$
$$E_4 = -\hbar(\bar{\Omega} - J/4).$$

Die normierten Eigenfunktionen φ_i zu den Eigenwerten E_i von $\hat{H}_{mag}$ sind gegeben durch $\varphi_1 = \Phi_1$, $\varphi_2 = a\Phi_2 + b\Phi_3$, $\varphi_3 = -a\Phi_2 + b\Phi_3$, $\varphi_4 = \Phi_4$, wobei die komplexen Koeffizienten a,b von E_2, E_3 abhängen und $|a|^2 + |b|^2 = 1$ erfüllen.
Die Eigenfunktionen φ_i von $\hat{H}_{mag}$ sind zugleich Eigenfunktionen der z-Komponente des Spindrehimpulsoperators $\hat{S}_z = \hat{S}_{1z} \otimes \hat{1} + \hat{1} \otimes \hat{S}_{2z}$ zum Eigenwert M_i. Man berechnet direkt: $M_1 = 1$, $M_2 = M_3 = 0$, $M_4 = -1$.
In einem 4-Niveausystem sind höchstens 6 verschiedene Uebergänge möglich. In erster Näherung sind nur 1-Quantenübergänge erlaubt. Sie erfüllen die Auswahlregel $\Delta M_{ij} \stackrel{def}{=} |M_i - M_j| = 1$ ('Fermi's Golden Rule'). Es lässt sich also ein analytischer Ausdruck für die Uebergangsfrequenzen angeben.

Aufgabe 3.5.4:

$$\langle\Psi|\hat{h}_1\Psi\rangle = \iint d^3r_1 d^3r_2 \ \psi^*(r_1)\psi^*(r_2)\hat{h}_1\psi(r_1)\psi(r_2) =$$
$$= \langle\psi|\hat{h}_1\psi\rangle\langle\psi|\psi\rangle.$$

Analog erhält man

$$\langle\Psi|\hat{h}_2\Psi\rangle = \langle\psi|\hat{h}_2\psi\rangle\langle\psi|\psi\rangle$$
$$\langle\Psi|\Psi\rangle = \iint d^3r_1 d^3r_2 \ \psi^*(r_1)\psi^*(r_2)\psi(r_1)\psi(r_2) =$$
$$= \langle\psi|\psi\rangle\langle\psi|\psi\rangle.$$

Die Integrale $\langle\psi|\hat{h}_i\psi\rangle$, $i = 1,2$, und $\langle\psi|\psi\rangle$ berechnet man wie im Falle des H-Atoms. Das Coulombintegral $\langle\Psi|\hat{h}_{12}\Psi\rangle$ ist in der Aufgabenstellung angegeben.

Aufgabe 4.3.1:

$\chi_k(\vec{q},\vec{R}_k)$ erfüllt die Schrödingergleichung des H-Atoms mit Kern am Ort $\vec{R}_k$:

$$\{-\tfrac{1}{2}\Delta_{\vec{q}} - 1/|\vec{q} - \vec{R}_k|\}\ \chi_k(\vec{q},\vec{R}_k) = -\tfrac{1}{2}\chi_k(\vec{q},\vec{R}_k).$$

Hierdurch erhält man

$$H_{11} = \langle\chi_1|-\tfrac{1}{2}\Delta_{\vec{q}} - 1/r_1 - 1/r_2|\chi_1\rangle =$$
$$= \langle\chi_1|-\tfrac{1}{2}\Delta_{\vec{q}} - 1/r_1|\chi_1\rangle - \langle\chi_1|1/r_2|\chi_1\rangle =$$
$$= -\tfrac{1}{2} - C(R).$$

$$H_{12} = \langle\chi_1|-\tfrac{1}{2}\Delta_{\vec{q}} - 1/r_1 - 1/r_2|\chi_2\rangle =$$
$$= \langle\chi_1|-\tfrac{1}{2}\Delta_{\vec{q}} - 1/r_2|\chi_2\rangle - \langle\chi_1|1/r_1|\chi_2\rangle =$$

$$= -\tfrac{1}{2}\langle \chi_1|\chi_2\rangle - \langle \chi_1|1/r_1|\chi_2\rangle =$$
$$= -\tfrac{1}{2}\,S(R) - A(R).$$

$$U^{\pm}(R) = \{-\tfrac{1}{2} - C(R) \mp \tfrac{1}{2}\,S(R) \mp A(R)\}/\{1 \pm S(R)\} + 1/R =$$
$$= -\tfrac{1}{2} - \{C(R) \pm A(R)\}/\{1 \pm S(R)\} + 1/R.$$

Das kartesische Koordinatensystem sei so gewählt, dass der Kern 1 im Koordinatenursprung und der Kern 2 im Abstand R auf der q_3-Achse liegt. Man drücke die Matrixelemente A(R), C(R), S(R) in Kugelkoordinaten r, θ, φ aus und benütze dabei die Relationen

$$r_1 = |\vec{q} - \vec{R}_1| = r$$
$$r_2 = |\vec{q} - \vec{R}_2| = \sqrt{r^2 + R^2 - 2rR.\cos\theta}.$$

7.3.4 LÖSUNGEN

Aufgabe 3.1.1:

Seien $\alpha_1,\ldots,\alpha_n$ bzw. $\beta_1,\ldots,\beta_n$ orthonormierte Basen von H mit $\hat{A}_s\alpha_j = \delta_{sj}\alpha_s$ bzw. $\hat{B}_r\beta_k = \delta_{rk}\beta_r$. Es gilt:

$$\mathrm{Sp}(\hat{B}_r\hat{A}_s) = \sum_{j=1}^{n} \langle\alpha_j|\hat{B}_r\hat{A}_s\alpha_j\rangle = \langle\alpha_s|\hat{B}_r\alpha_s\rangle \overset{(a)}{=}$$

$$= \langle\alpha_s|\langle\beta_r|\alpha_s\rangle\beta_r\rangle = \langle\beta_r|\alpha_s\rangle\langle\alpha_s|\beta_r\rangle = |\langle\beta_r|\alpha_s\rangle|^2 = w(r,s).$$

An der Stelle (a) wurde die Relation

$$\hat{B}_r\alpha_s = \langle\beta_r|\alpha_s\rangle\beta_r$$

benützt.

Aufgabe 3.1.2:

(i) Setzt man die Spektralzerlegung von $\hat{U}^r$, $\hat{V}^s$ ein, so folgt

$$n(\delta_{r,n}\delta_{s,n} + \delta_{0,r}\delta_{0,s}) = \mathrm{Sp}(\hat{U}^r\hat{V}^s) =$$

$$= \sum_{j=1}^{n}\sum_{k=1}^{n} \mathrm{Sp}(\hat{U}_k\hat{V}_j)\exp(2\pi ikr/n + 2\pi ijs/n).$$

Durch Fourierzerlegung folgt das behauptete Resultat:

$$\mathrm{Sp}(\hat{U}_k\hat{V}_j) = 1/n.$$

(ii) s. Hinweis 3.

Aufgabe 3.1.3:

(a) s. Hinweis (2)

(b) $\frac{1}{2}|\langle[\hat{A},\hat{B}]\rangle| \le |\langle(\hat{A}-\langle\hat{A}\rangle)\Psi|(\hat{B}-\langle\hat{B}\rangle)\Psi\rangle| \le \|(\hat{A}-\langle\hat{A}\rangle)\Psi\|\|(\hat{B}-\langle\hat{B}\rangle)\Psi\| = \Delta A.\Delta B.$

(c) Folgt aus (b) und $[\hat{q},\hat{p}] = i\hbar\mathbb{1}$.

Nachtrag: Beweis der Schwarzschen Ungleichung

Sind x und y Elemente eines komplexen Vektorraumes V mit Skalarprodukt (vgl. 7.1.3), so gilt $|\langle x|y\rangle| \le \|x\|\|y\|$. Gleichheit ergibt sich dann und nur dann wenn für eine passende komplexe Zahl c die Beziehung $y = cx$ gilt.

Zunächst überzeugt man sich, dass reelle Zahlen a,b,c, die für alle reellen Werte von t der Ungleichung

$$at^2 + 2bt + c \le 0$$

genügen, die Bedingung $b^2 \leq ac$ erfüllen:

Ist $a=0$, und wäre $b \neq 0$, so hätte man einerseits mit $t=(1-c)/2b$, dass $0 \leq 2b(1-c)/2b + c = b$, und andererseits mit $t=-(1+c)/2b$, dass $0 \leq -2b(1+c)/2b + c = -b$. Somit folgt aus $a=0$ dass $b=0$. Ist $a \neq 0$, so hat man mit $t=-b/a$, dass $0 \leq a(-b/a)^2 + 2b(-b/a) + c = -b^2/a + c$. Also $-b^2 + ac \geq 0$.

Seien $x,y \in V$. Ist $\langle x|y\rangle = 0$, so gibt es nichts zu zeigen. Andernfalls sei $\lambda = |\langle x|y\rangle|/\langle x|y\rangle$. Dann gilt $|\lambda| = 1$, und für jedes reelle t (vgl. 7.1.3)

$$
\begin{aligned}
0 \leq \|x + t\lambda y\|^2 &= \langle x|x\rangle + \lambda t\langle x|y\rangle + \lambda^* t\langle y|x\rangle + t^2|\lambda|^2\langle y|y\rangle = \\
(*) \qquad &= \|x\|^2 + 2t\mathrm{Re}(\lambda\langle x|y\rangle) + t^2\|y\|^2 = \\
&= \|x\|^2 + 2t|\langle x|y\rangle| + t^2\|y\|^2.
\end{aligned}
$$

Somit gilt $|\langle x|y\rangle|^2 \leq \|x\|^2\|y\|^2$.

Sei nun $|\langle x|y\rangle| = \|x\|\|y\|$. Ist $x=0$ oder $y=0$ so ergibt sich die Behauptung mit $c=0$. Andernfalls setzt man $t=-\|x\|/\|y\|$ in (*) ein und erhält

$$\|x - \lambda(\|x\|/\|y\|)y\|^2 = \|x\|^2 - 2(\|x\|/\|y\|)\|x\|\|y\| + (\|x\|/\|y\|)^2\|y\|^2 = 0.$$

Hieraus folgt dass $x = \lambda(\|x\|/\|y\|)y = cy$ mit $c = \lambda\|x\|/\|y\|$. Ist andererseits $y=cx$ oder $x=cy$ so rechnet man leicht nach, dass $|\langle x|y\rangle| = \|x\|\|y\|$ gilt.

Aufgabe 3.2.1:

$$
\begin{aligned}
[\hat{l}_1,\hat{l}_2] &= [\hat{q}_2\hat{p}_3 - \hat{q}_3\hat{p}_2, \hat{q}_3\hat{p}_1 - \hat{q}_1\hat{p}_3] = \\
&= [\hat{q}_2\hat{p}_3,\hat{q}_3\hat{p}_1] - [\hat{q}_2\hat{p}_3,\hat{q}_1\hat{p}_3] - [\hat{q}_3\hat{p}_2,\hat{q}_3\hat{p}_1] + [\hat{q}_3\hat{p}_2,\hat{q}_1\hat{p}_3].
\end{aligned}
$$

Der zweite und der dritte Summand verschwinden, weil jeweils alle vier darin auftretenden Operatoren untereinander vertauschen. Es ergibt sich also

$$
\begin{aligned}
[\hat{l}_1,\hat{l}_2] &= [\hat{q}_2\hat{p}_3,\hat{q}_3\hat{p}_1] + [\hat{q}_3\hat{p}_2,\hat{q}_1\hat{p}_3] = \\
&= \hat{q}_2\hat{p}_3\hat{q}_3\hat{p}_1 - \hat{q}_3\hat{p}_1\hat{q}_2\hat{p}_3 + \hat{q}_3\hat{p}_2\hat{q}_1\hat{p}_3 - \hat{q}_1\hat{p}_3\hat{q}_3\hat{p}_2 = \\
&= (\hat{p}_3\hat{q}_3 - \hat{q}_3\hat{p}_3)\hat{q}_2\hat{p}_1 + (\hat{q}_3\hat{p}_3 - \hat{p}_3\hat{q}_3)\hat{q}_1\hat{p}_2 = \\
&= -i\hbar\hat{q}_2\hat{p}_1 + i\hbar\hat{q}_1\hat{p}_2 = i\hbar(\hat{q}_1\hat{p}_2 - \hat{q}_2\hat{p}_1) = i\hbar\hat{l}_3.
\end{aligned}
$$

Analog erhält man $[\hat{l}_3,\hat{l}_1] = i\hbar\hat{l}_2$, $[\hat{l}_2,\hat{l}_3] = i\hbar\hat{l}_1$.

Aufgabe 3.2.2:

$$
\begin{aligned}
\hat{A}[\hat{B},\hat{C}] + [\hat{A},\hat{C}]\hat{B} &= \hat{A}(\hat{B}\hat{C} - \hat{C}\hat{B}) + (\hat{A}\hat{C} - \hat{C}\hat{A})\hat{B} = \\
&= \hat{A}\hat{B}\hat{C} - \hat{A}\hat{C}\hat{B} + \hat{A}\hat{C}\hat{B} - \hat{C}\hat{A}\hat{B} = \hat{A}\hat{B}\hat{C} - \hat{C}\hat{A}\hat{B} = [\hat{A}\hat{B},\hat{C}].
\end{aligned}
$$

$$
\begin{aligned}
[\hat{l}_1,\hat{q}_2] &= [\hat{q}_2\hat{p}_3 - \hat{q}_3\hat{p}_2,\hat{q}_2] = [\hat{q}_2\hat{p}_3,\hat{q}_2] - [\hat{q}_3\hat{p}_2,\hat{q}_2] = \\
&= \hat{q}_2[\hat{p}_3,\hat{q}_2] + [\hat{q}_2,\hat{q}_2]\hat{p}_3 - \hat{q}_3[\hat{p}_2,\hat{q}_2] - [\hat{q}_3,\hat{q}_2]\hat{p}_2 = [\hat{q}_2,\hat{p}_2]\hat{q}_3 = i\hbar\hat{q}_3.
\end{aligned}
$$

In analoger Weise erhält man $[\hat{l}_1,\hat{q}_3]=-i\hbar\hat{q}_2$ und die zyklischen Permutationen.

$$[\hat{l}_1,\hat{p}_2] = [\hat{q}_2\hat{p}_3-\hat{q}_3\hat{p}_2,\hat{p}_2] = [\hat{q}_2\hat{p}_3,\hat{p}_2] - [\hat{q}_3\hat{p}_2,\hat{p}_2] =$$
$$= \hat{q}_2[\hat{p}_3,\hat{p}_2] + [\hat{q}_2,\hat{p}_2]\hat{p}_3 - \hat{q}_3[\hat{p}_2,\hat{p}_2] - [\hat{q}_3,\hat{p}_2]\hat{p}_2 = [\hat{q}_2,\hat{p}_2]\hat{p}_3 = i\hbar\hat{p}_3.$$

In analoger Weise erhält man $[\hat{l}_1,\hat{p}_3]=-i\hbar\hat{p}_2$ und die zyklischen Permutationen.

$$[\hat{l}_\nu,\hat{q}_\nu] = [\hat{q}_\mu\hat{p}_\sigma-\hat{q}_\sigma\hat{p}_\mu,\hat{q}_\nu] = [\hat{q}_\mu\hat{p}_\sigma,\hat{q}_\nu] - [\hat{q}_\sigma\hat{p}_\mu,\hat{q}_\nu] =$$
$$= \hat{q}_\mu[\hat{p}_\sigma,\hat{q}_\nu] + [\hat{q}_\mu,\hat{q}_\nu]\hat{p}_\sigma - \hat{q}_\sigma[\hat{p}_\mu,\hat{q}_\nu] - [\hat{q}_\sigma,\hat{q}_\nu]\hat{p}_\mu = 0,$$

da $\mu \neq \nu$ und $\sigma \neq \nu$.
Analog erhält man $[\hat{l}_\nu,\hat{p}_\nu]=0$.

Aufgabe 3.2.3:

(a)
$$\langle\alpha\otimes\alpha|\alpha\otimes\alpha\rangle_{L_2(\mathbb{Z}_4)} = \langle\alpha|\alpha\rangle_{L_2(\mathbb{Z}_2)}\ \langle\alpha|\alpha\rangle_{L_2(\mathbb{Z}_2)} = 1,$$
$$\langle\alpha\otimes\alpha|\alpha\otimes\beta\rangle_{L_2(\mathbb{Z}_4)} = \langle\alpha|\alpha\rangle_{L_2(\mathbb{Z}_2)}\ \langle\alpha|\beta\rangle_{L_2(\mathbb{Z}_2)} = 0, \text{ usw.}$$

(b)
$$\begin{pmatrix}\psi_{1,1}\\ \psi_{0,0}\\ \psi_{1,0}\\ \psi_{1,-1}\end{pmatrix} = \begin{pmatrix}1, & 0, & 0, & 0\\ 0, & 1/\sqrt{2}, & -1/\sqrt{2}, & 0\\ 0, & 1/\sqrt{2}, & 1/\sqrt{2}, & 0\\ 0, & 0, & 0, & 1\end{pmatrix}\begin{pmatrix}\alpha\otimes\alpha\\ \alpha\otimes\beta\\ \beta\otimes\alpha\\ \beta\otimes\beta\end{pmatrix}.$$

(c)
$$\hat{S}_x\alpha = \hbar/2\begin{pmatrix}0 & 1\\ 1 & 0\end{pmatrix}\begin{pmatrix}1\\ 0\end{pmatrix} = \hbar\beta/2,\quad \hat{S}_x\beta = \hbar\alpha/2,$$
$$\hat{S}_y\alpha = \hbar/2\begin{pmatrix}0 & -i\\ i & 0\end{pmatrix}\begin{pmatrix}1\\ 0\end{pmatrix} = i\hbar\beta/2,\quad \hat{S}_y\beta = -i\hbar\alpha/2.$$

(d)
$$\hat{S}_k^2 = [\hat{S}_{1,k}\otimes\hat{1} + \hat{1}\otimes\hat{S}_{2,k}]^2 = \qquad (k=x,y,z)$$
$$= \hat{S}_{1,k}^2\otimes\hat{1} + \hat{1}\otimes\hat{S}_{2,k}^2 + 2(\hat{S}_{1,k}\otimes\hat{S}_{2,k}).$$

$$\hat{S}^2 = \hat{S}_x^2 + \hat{S}_y^2 + \hat{S}_z^2.$$

Es folgt:
$$\hat{S}^2\psi_{0,0} \overset{(d)}{=} [(\hat{S}_1^2\alpha)\otimes\beta - (\hat{S}_1^2\beta)\otimes\alpha]/\sqrt{2}$$
$$+ [\alpha\otimes(\hat{S}_2^2\beta) - \beta\otimes(\hat{S}_2^2\alpha)]/\sqrt{2}$$
$$+ 2[(\hat{S}_{1x}\alpha)\otimes(\hat{S}_{2x}\beta) - (\hat{S}_{1x}\beta)\otimes(\hat{S}_{2x}\alpha)]/\sqrt{2}$$
$$+ 2[(\hat{S}_{1y}\alpha)\otimes(\hat{S}_{2y}\beta) - (\hat{S}_{1y}\beta)\otimes(\hat{S}_{2y}\alpha)]/\sqrt{2}$$
$$+ 2[(\hat{S}_{1z}\alpha)\otimes(\hat{S}_{2z}\beta) - (\hat{S}_{1z}\beta)\otimes(\hat{S}_{2z}\alpha)]/\sqrt{2} =$$

$$\stackrel{(c)}{=} [\alpha\otimes\beta - \beta\otimes\alpha].[3\hbar^2/4\sqrt{2}]$$
$$+ [\alpha\otimes\beta - \beta\otimes\alpha].[3\hbar^2/4\sqrt{2}]$$
$$+ 2[\beta\otimes\alpha - \alpha\otimes\beta].[\hbar^2/4\sqrt{2}]$$
$$+ 2[\beta\otimes\alpha - \alpha\otimes\beta].[\hbar^2/4\sqrt{2}]$$
$$- 2[\alpha\otimes\beta - \beta\otimes\alpha].[\hbar^2/4\sqrt{2}] =$$
$$= 0.$$

$$\hat{S}_z\psi_{0,0} = [(\hat{S}_{1z}\alpha)\otimes\beta - (\hat{S}_{1z}\beta)\otimes\alpha]/\sqrt{2}$$
$$+ [\alpha\otimes(\hat{S}_{2z}\beta) - \beta\otimes(\hat{S}_{2z}\alpha)]/\sqrt{2} =$$
$$= [\alpha\otimes\beta + \beta\otimes\alpha].[\hbar/2\sqrt{2}]$$
$$+ [-\alpha\otimes\beta - \beta\otimes\alpha].[\hbar/2\sqrt{2}] =$$
$$= 0.$$

Die verbleibenden Eigenwertprobleme verifiziert man analog.

Aufgabe 3.2.4:

$(\partial r/\partial x) = x/r$, und analog $(\partial r/\partial y) = y/r$.
$(\partial\phi/\partial x) = -y(x^2+y^2)^{-1}$, und analog $(\partial\phi/\partial y) = x(x^2+y^2)^{-1}$
$(\partial\theta/\partial x) = r^{-1}z(r^2-z^2)^{-1/2}(x/r)$, und analog $(\partial\theta/\partial y) = r^{-1}z(r^2-z^2)^{-1/2}(y/r)$.

Damit folgt

$$\hat{l}_z = \hbar/i\{x((\partial r/\partial y)\partial/\partial r + (\partial\phi/\partial y)\partial/\partial\phi + (\partial\theta/\partial y)\partial/\partial\theta)$$
$$- y((\partial r/\partial x)\partial/\partial r + (\partial\phi/\partial x)\partial/\partial\phi + (\partial\theta/\partial x)\partial/\partial\theta)\} =$$
$$= \hbar/i\{(x(\partial r/\partial y) - y(\partial r/\partial x))\partial/\partial r + (x(\partial\phi/\partial y) - y(\partial\phi/\partial x))\partial/\partial\phi$$
$$+ (x(\partial\theta/\partial y) - y(\partial\theta/\partial x))\partial/\partial\theta\} =$$
$$= \hbar/i\{x^2(x^2+y^2)^{-1} + y^2(x^2+y^2)^{-1}\}\partial/\partial\phi = \hbar/i\,\partial/\partial\phi.$$

Aufgabe 3.2.5:

$$(\Delta\Psi_{1s})(r) = \text{const. } \{d^2/dr^2 + 2/r(d/dr)\}\exp(-Zr/a) =$$
$$= (Z^2/a^2 - 2Z/ra)\Psi_{1s}(r).$$

$$\{-\hbar^2/2m\ \Delta - Ze_o^2/(4\pi\varepsilon_o r) - E_{1s}\}\Psi_{1s}(r) =$$
$$= \{-Z^2\hbar^2/(2ma^2) + Z\hbar^2/(mar) - Ze_o^2/(4\pi\varepsilon_o r) + Z^2\hbar^2/(2ma^2)\}\Psi_{1s}(r) = 0,$$
$$\text{da } a \stackrel{\text{def}}{=} 4\pi\varepsilon_o\hbar^2/(me_o^2).$$

Aufgabe 3.2.6:

$$\langle\Psi|\hat{p}\Phi\rangle = \int_{\mathbb{R}} \Psi^*(x)(\hat{p}\Phi)(x)dx = \int_{\mathbb{R}} \Psi^*(x)(\hbar/i)(d\Phi/dx)(x) =$$

$$= \hbar/i\{\Psi^*(x)\Phi(x)|_{-\infty}^{+\infty} - \int_{\mathbb{R}}(d\Psi^*/dx)(x)\Phi(x)\} =$$

$$= -\hbar/i \int_{\mathbb{R}} (d\Psi/dx)^*\Phi(x) = \int_{\mathbb{R}} (\hbar/i\ d\Psi/dx)^*(x)\Phi(x) = \langle\hat{p}\Psi|\Phi\rangle.$$

Somit gilt

$$\langle\Psi|\hat{p}\Phi\rangle = \langle\hat{p}\Psi|\Phi\rangle = \langle\Phi|\hat{p}\Psi\rangle^*.$$

Aufgabe 3.2.7:

$$\langle\Psi|\hat{p}^2\Psi\rangle = \langle\Psi|\hat{p}(\hat{p}\Psi)\rangle = \langle\hat{p}\Psi|\hat{p}\Psi\rangle = \|\hat{p}\Psi\|^2 \geq 0.$$

Aufgabe 3.2.8:

Man verwendet die Abkürzung $\lambda \overset{\text{def}}{=} 2m\omega/\hbar$. Es ergibt sich

$$\phi_o(x) = (\lambda/\pi)^{1/4} \exp\{-\lambda x^2/2\}.$$

$$(\hat{p}\phi_o)(x) = \hbar/i\ (d\phi_o/dx)(x) = -\hbar/i\ \lambda x\phi_o(x).$$

$$(\hat{q}\phi_o)(x) = x\phi_o(x).$$

$$\langle\hat{q}\rangle = \int_{\mathbb{R}} x\phi_o(x)^2dx = 0, \quad \text{da } x\phi_o(x)^2 \text{ ungerade ist.}$$

$$\langle\hat{p}\rangle = \int_{\mathbb{R}} \phi_o^*(x)(\hat{p}\phi_o)(x) = -\hbar/i\ \lambda \int_{\mathbb{R}} x\phi_o(x)^2dx = 0.$$

$$\langle\hat{q}^2\rangle = \int_{\mathbb{R}} x^2\phi_o(x)^2 = (\lambda/\pi)^{1/2} \int_{\mathbb{R}} \exp\{-\lambda x^2\}x^2 = (\lambda/\pi)^{1/2}\ 1/2\lambda\ \sqrt{\pi/\lambda} = 1/2\lambda.$$

Mit Aufgabe 3.2.6 ergibt sich

$$\langle\hat{p}^2\rangle = \langle\phi_o|\hat{p}^2\phi_o\rangle = \langle\hat{p}\phi_o|\hat{p}\phi_o\rangle =$$

$$= \int_{\mathbb{R}} (-\hbar/i\ \lambda x\phi_o(x))^*(-\hbar/i\ \lambda x\phi_o(x)) =$$

$$= \hbar^2\lambda^2 \int_{\mathbb{R}} x^2\phi_o(x)^2 = \hbar^2\lambda^2\ 1/2\lambda = \hbar^2\lambda/2.$$

Somit gilt

$$(\Delta p)^2 = \hbar^2\lambda/2, \quad (\Delta q)^2 = 1/2\lambda.$$

$$\Delta p.\Delta q = \hbar\sqrt{\lambda/2}\sqrt{1/2\lambda} = \hbar/2.$$

Aufgabe 3.2.9:

(i)
$$\hat{S}_x^2 = (\hbar/2)^2\begin{pmatrix}0 & 1\\ 1 & 0\end{pmatrix}\begin{pmatrix}0 & 1\\ 1 & 0\end{pmatrix} = (\hbar/2)^2\begin{pmatrix}1 & 0\\ 0 & 1\end{pmatrix}.$$
$$\hat{S}_y^2 = (\hbar/2)^2\begin{pmatrix}0 & -i\\ i & 0\end{pmatrix}\begin{pmatrix}0 & -i\\ i & 0\end{pmatrix} = (\hbar/2)^2\begin{pmatrix}1 & 0\\ 0 & 1\end{pmatrix}.$$

(ii)
$$\hat{S}_y\alpha = \hbar/2\begin{pmatrix}0 & -i\\ i & 0\end{pmatrix}\begin{pmatrix}1\\ 0\end{pmatrix} = \hbar/2\begin{pmatrix}0\\ i\end{pmatrix} = i\hbar/2\begin{pmatrix}0\\ 1\end{pmatrix} = i\hbar\beta/2.$$
$$\hat{S}_x\beta = \hbar/2\begin{pmatrix}0 & 1\\ 1 & 0\end{pmatrix}\begin{pmatrix}0\\ 1\end{pmatrix} = \hbar/2\begin{pmatrix}1\\ 0\end{pmatrix} = \hbar\alpha/2.$$

(iii) $\hat{S}_y$ ist selbstadjungiert. Es folgt
$$\langle\alpha|\hat{S}_y\beta\rangle = \langle\hat{S}_y\alpha|\beta\rangle \overset{(ii)}{=} \langle i\hbar\beta/2|\beta\rangle = -i\hbar/2\langle\beta|\beta\rangle = -i\hbar/2.$$
$$\langle\beta|\hat{S}_x\beta\rangle \overset{(ii)}{=} \langle\beta|\hbar\alpha/2\rangle = \hbar/2\langle\beta|\alpha\rangle = 0.$$
$$\langle\beta|\hat{S}_z\beta\rangle = \langle\beta|-\hbar\beta/2\rangle = -\hbar/2\langle\beta|\beta\rangle = -\hbar/2.$$

(iv) Unter Benützung der Resultate aus (ii) folgt:
$$\hat{S}^+\alpha = (\hat{S}_x + i\hat{S}_y)\alpha = \hat{S}_x\alpha + i\hat{S}_y\alpha = \hbar/2\begin{pmatrix}0 & 1\\ 1 & 0\end{pmatrix}\begin{pmatrix}1\\ 0\end{pmatrix} + i(i\hbar/2)\beta =$$
$$= \hbar/2\begin{pmatrix}0\\ 1\end{pmatrix} - \hbar\beta/2 = 0.$$
$$\hat{S}^-\alpha = (\hat{S}_x - i\hat{S}_y)\alpha = \hat{S}_x\alpha - i\hat{S}_y\alpha = \hbar\beta/2 - i(i\hbar/2)\beta =$$
$$= \hbar\beta.$$
$$\hat{S}^+\beta = (\hat{S}_x + i\hat{S}_y)\beta = \hat{S}_x\beta + i\hbar/2\begin{pmatrix}0 & -i\\ i & 0\end{pmatrix}\begin{pmatrix}0\\ 1\end{pmatrix} = \hbar\alpha/2 + i\hbar/2\begin{pmatrix}-i\\ 0\end{pmatrix} = \hbar\alpha.$$
$$\hat{S}^-\beta = (\hat{S}_x - i\hat{S}_y)\beta = \hbar\alpha/2 - i(-i\hbar/2)\alpha = 0.$$

Aufgabe 3.2.10:
$$\langle\Psi|\Phi\rangle = \sum_{s=-1/2}^{1/2}\int_{-\infty}^{+\infty}\Psi^*(x,s)\Phi(x,s)\,dx =$$
$$= \int_{-\infty}^{+\infty}\Psi^*(x,1/2)\Phi(x,1/2)\,dx + \int_{-\infty}^{+\infty}\Psi^*(x,-1/2)\Phi(x,-1/2)\,dx =$$
$$= \int_{-\infty}^{+\infty}\varphi^*(x)\varphi(x)\,dx - \int_{-\infty}^{+\infty}(i\varphi(x))^*\varphi(x)\,dx =$$
$$= \int_0^1 dx + i\int_0^1 dx =$$
$$= 1 + i.$$

Aufgabe 3.2.11:

Mit obiger Auswahlregel erhält man folgende Uebergangsfrequenzen:

$$\omega_{12} \overset{\text{def}}{=} (E_1 - E_2)/\hbar = \overline{\Omega} + J/2 - \sqrt{\delta^2 + J^2/4},$$
$$\omega_{13} \overset{\text{def}}{=} (E_1 - E_3)/\hbar = \overline{\Omega} + J/2 + \sqrt{\delta^2 + J^2/4},$$
$$\omega_{24} \overset{\text{def}}{=} (E_2 - E_4)/\hbar = \overline{\Omega} - J/2 + \sqrt{\delta^2 + J^2/4},$$
$$\omega_{34} \overset{\text{def}}{=} (E_3 - E_4)/\hbar = \overline{\Omega} - J/2 - \sqrt{\delta^2 + J^2/4}.$$

Numerisch erhält man $\overline{\Omega} = 21.200.002{,}65$ Hz.

$$\omega_{12} = \overline{\Omega} - 1{,}34 \text{ Hz},$$
$$\omega_{13} = \overline{\Omega} + 5{,}24 \text{ Hz},$$
$$\omega_{24} = \overline{\Omega} + 1{,}34 \text{ Hz},$$
$$\omega_{34} = \overline{\Omega} - 5{,}24 \text{ Hz}.$$

Aufgabe 3.2.12:

$$\langle \Phi_1 | \hat{H}\Phi_2 \rangle = \int_{-\infty}^{+\infty} \Phi_1^*(x) \{\hat{H}\Phi_2\}(x)\,dx =$$
$$= +2\hbar^2/m \int_{-\infty}^{+\infty} \exp(-x^2)(1 - 4x^2)\exp(-2x^2)\,dx =$$
$$= 2\hbar^2/m\{\int_{-\infty}^{+\infty} \exp(-3x^2)\,dx - 4\int_{-\infty}^{+\infty} \exp(-3x^2)x^2 dx\} =$$
$$= 2\hbar^2/3m \sqrt{\pi/3}.$$

Aufgabe 3.2.13:

In der Schrödingerdarstellung ist

$$\hat{H}_o = -\hbar^2/2m_o \, \Delta_{\vec{q}} - e_o^2/(4\pi\varepsilon_o|\vec{q}|)$$

und nach Abschnitt 3.2.5 ist der Zusatzterm zu $\hat{H}_o$ bei Anwesenheit eines Magnetfeldes $\vec{B} = (0,0,B)$ gegeben durch

$$\hat{H}_{mag} = -\hat{\vec{\mu}}B = -\gamma B\hat{l}_3 = e_o B/2m_o \, \hat{l}_3.$$

In Kugelkoordinaten gilt:

$$\hat{l}_3 = \hbar/i \, \partial/\partial\phi,$$
$$\Delta = \partial^2/\partial r^2 + 2/r \, \partial/\partial r + (r^2\sin\theta)^{-1} \, \partial/\partial\theta(\sin\theta \, \partial/\partial\theta) + (r^2\sin^2\theta)^{-1} \, \partial^2/\partial\phi^2.$$

Berücksichtigt man die Vertauschbarkeit von partiellen Ableitungen, so folgt $[\hat{H}_o, \hat{H}_{mag}] = 0$ und nach einem Satz in Abschnitt 3.2.6 gibt es ein gemeinsames System von orthonormierten Eigenfunktionen für $\hat{H}_o$ und $\hat{H}_{mag}$. Zu Beginn von 3.2.7 wurde gezeigt, dass die Eigenfunktionen $\psi_{n,l,m}$ von $\hat{H}_o$ auch Eigenfunktionen von

$\hat{l}_3$ sind:

$$\hat{l}_3\psi_{n,l,m} = m\hbar\psi_{n,l,m}.$$

Es gilt daher mit der Abkürzung $\mu_B \overset{\text{def}}{=} e_o\hbar/2m_o$ (Bohrsches Magneton)

$$E_{n,l,m} \overset{\text{def}}{=} \langle\psi_{n,l,m}|(\hat{H}_o + \hat{H}_{mag})\psi_{n,l,m}\rangle = E_n^o \quad + m\mu_B B,$$

wobei E_n^o die Eigenwerte von $\hat{H}_o$ sind.
In einem Magnetfeld $\vec{B}$ wird daher die Entartung von Zuständen mit gleichem l aufgehoben.

Aufgabe 3.3.1:

$$\rho_\Psi(\vec{r}) = \langle\Psi|\hat{\rho}(\vec{r})\Psi\rangle = N^{-1}\sum_{j=1}^{N}\langle\Psi|\hat{\rho}_j(\vec{r})\Psi\rangle =$$

$$= N^{-1}\sum_{j=1}^{N}(\sum_{m_1}\dots\sum_{m_N}\int_{\mathbb{R}^3}d^3q_2\dots\int_{\mathbb{R}^3}d^3q_N|\Psi(\vec{r},m_1;\vec{q}_2,m_2;\dots;\vec{q}_N,m_N)|^2 =$$

$$= \sum_{m_1}\dots\sum_{m_N}\int_{\mathbb{R}^3}d^3q_2\dots\int_{\mathbb{R}^3}d^3q_N|\Psi(\vec{r},m_1;\vec{q}_2,m_2;\dots;\vec{q}_N,m_N)|^2.$$

Aufgabe 3.3.2:

(a)
$$\Phi(\vec{q}_2,m_2;\vec{q}_1,m_1) = \Psi(\vec{q}_2,\vec{q}_1)\chi(m_2,m_1) =$$
$$= -\Psi(\vec{q}_1,\vec{q}_2)\chi(m_1,m_2) = -\Phi(\vec{q}_1,m_1;\vec{q}_2,m_2).$$

(b)
$$\langle\hat{\rho}_j(\vec{r})\rangle = \{\int_{\mathbb{R}^3}d^3q|\Psi(\vec{r},\vec{q})|^2\}\{\sum_{m_1}\sum_{m_2}\chi^*(m_1,m_2)\chi(m_1,m_2)\} =$$

$$\overset{(*)}{=} 1/2\{|\phi_1(\vec{r})|^2\int_{\mathbb{R}^3}d^3q|\phi_2(\vec{q})|^2 - \phi_2^*(\vec{r})\phi_1(\vec{r})\int_{\mathbb{R}^3}d^3q\phi_1^*(\vec{q})\phi_2(\vec{q})$$

$$- \phi_1^*(\vec{r})\phi_2(\vec{r})\int_{\mathbb{R}^3}d^3q\phi_2^*(\vec{q})\phi_1(\vec{q}) + |\phi_2(\vec{r})|^2\int_{\mathbb{R}^3}d^3q|\phi_1(\vec{q})|^2\} =$$

$$\overset{(**)}{=} 1/2\{|\phi_1(\vec{r})|^2 + |\phi_2(\vec{r})|^2\}.$$

Hierbei wurde zunächst die Normierung der Spinfunktion (*) und dann die Orthonormierung der Ortsfunktionen (**) berücksichtigt.

$$-e_o\langle\hat{\rho}(\vec{r})\rangle = -e_o\{\langle\hat{\rho}_1(\vec{r})\rangle + \langle\hat{\rho}_2(\vec{r})\rangle\} = -e_o\{|\phi_1(\vec{r})|^2 + |\phi_2(\vec{r})|^2\}.$$

Aufgabe 3.4.1:

Aus (1) folgt, dass das allgemeine Element von A die Form $a = x\otimes\sigma_3 + y\otimes\sigma_4$ mit (2x2)-Matrizen x und y hat. Aus (2) folgt, dass x und y die (2x2)-Matrizen durchlaufen und zwar unabhängig von einander. Somit gilt:

$$A = \{x\otimes\sigma_3 + y\otimes\sigma_4 \mid x,y \text{ beliebige (2x2)-Matrizen}\}.$$

Ein Element $z_1 \otimes \sigma_3 + z_2 \otimes \sigma_4$ aus A gehört dann und nur dann zum Zentrum von A wenn für alle (2x2)-Matrizen x,y die Relation

$$[(x \otimes \sigma_3 + y \otimes \sigma_4),(z_1 \otimes \sigma_3 + z_2 \otimes \sigma_4)] = 0$$

erfüllt ist. Die Berechnung des Kommutators unter Verwendung von (1) liefert

$$([x,z_2] + [y,z_1]) \otimes \sigma_3 + ([x,z_1] + [y,z_2]) \otimes \sigma_4 = 0,$$

also $[x,z_2] + [y,z_1] = 0$ und $[x,z_1] + [y,z_2] = 0$ für alle (2x2-Matrizen x,y. Aus (3) folgt hieraus dass $z_1 = \alpha\sigma_4$ und $z_2 = \beta\sigma_4$ mit $\alpha,\beta \in \mathbb{C}$. Somit ist das Zentrum gegeben durch

$$\{\alpha(\sigma_4 \otimes \sigma_3) + \beta(\sigma_4 \otimes \sigma_4) \mid \alpha,\beta \in \mathbb{C}\}.$$

Identifiziert man das Tensorprodukt $a \otimes b$ zweier (2x2)-Matrizen $a = (a_{jk})$, $b = (b_{jk})$ mit der (4x4)-Matrix

$$\begin{pmatrix} a_{11}b_{11}, & a_{12}b_{11}, & a_{11}b_{12}, & a_{12}b_{12} \\ a_{21}b_{11}, & a_{22}b_{11}, & a_{21}b_{12}, & a_{22}b_{12} \\ a_{11}b_{21}, & a_{12}b_{21}, & a_{11}b_{22}, & a_{12}b_{22} \\ a_{21}b_{21}, & a_{22}b_{21}, & a_{21}b_{22}, & a_{22}b_{22} \end{pmatrix},$$

so lassen sich die Behauptungen des Beispiels unmittelbar verifizieren.

Aufgabe 3.4.2:

(i) $$\langle \hat{\Pi}_{12}\phi|\psi\rangle = \sum_{m_1}\sum_{m_2}\int_{\mathbb{R}^3} d^3q_1 \int_{\mathbb{R}^3} d^3q_2 \,\{\hat{\Pi}_{12}\phi\}^*(\vec{q}_1,m_1;\vec{q}_2,m_2)\psi(\vec{q}_1,m_1;\vec{q}_2,m_2) =$$
$$= \sum_{m_1}\sum_{m_2}\int_{\mathbb{R}^3} d^3q_1 \int_{\mathbb{R}^3} d^3q_2 \,\phi^*(\vec{q}_2,m_2;\vec{q}_1,m_1)\psi(\vec{q}_1,m_1;\vec{q}_2,m_2) =$$
$$= \sum_{m_1}\sum_{m_2}\int_{\mathbb{R}^3} d^3q_1 \int_{\mathbb{R}^3} d^3q_2 \,\phi^*(\vec{q}_2,m_2;\vec{q}_1,m_1)\{\hat{\Pi}_{12}\psi\}(\vec{q}_2,m_2;\vec{q}_1,m_1) =$$
$$= \langle\phi|\hat{\Pi}_{12}\psi\rangle.$$

(ii) $$\|\hat{\Pi}_{12}\psi\|^2 = \langle\hat{\Pi}_{12}\psi|\hat{\Pi}_{12}\psi\rangle = \langle\psi|\hat{\Pi}_{12}^2\psi\rangle = \langle\psi|\psi\rangle = \|\psi\|^2.$$

Aufgabe 3.4.3:

Man hat $\hat{\Pi}_{12}^2 = \hat{\Pi}_{12}\hat{\Pi}_{12}^{-1} = \hat{1}$.

(i) $$\hat{P}_+ + \hat{P}_- = 1/2\ (\hat{1} + \hat{\Pi}_{12} + \hat{1} - \hat{\Pi}_{12}) = \hat{1}.$$

(ii) $$\hat{P}_\pm^* = 1/2\ (\hat{1} \pm \hat{\Pi}_{12})^* = 1/2\ (\hat{1}^* \pm \hat{\Pi}_{12}^*) = 1/2\ (\hat{1} \pm \hat{\Pi}_{12}) = \hat{P}_\pm.$$
$$\hat{P}_\pm^2 = 1/4\ (\hat{1} \pm \hat{\Pi}_{12})^2 = 1/4\ (\hat{1} \pm 2\hat{\Pi}_{12} + \hat{\Pi}_{12}^2) = 1/4\ (\hat{1} \pm 2\hat{\Pi}_{12} + \hat{1}) =$$
$$= 1/2\,(\hat{1} \pm \hat{\Pi}_{12}) = \hat{P}_\pm.$$

(iii) $$\hat{P}_+\hat{P}_- = \tfrac{1}{4}\ (\hat{1} + \hat{\Pi}_{12})(\hat{1} - \hat{\Pi}_{12}) = \tfrac{1}{4}\ (\hat{1} - \hat{\Pi}_{12}^2) = \hat{0}.$$
$$\hat{P}_-\hat{P}_+ = \hat{P}_-^*\hat{P}_+^* = (\hat{P}_+\hat{P}_-)^* = \hat{0}^* = \hat{0}.$$

Aufgabe 3.4.4:

$$\begin{aligned}
\Psi'_n &= \{U(0,-\vec{r},\vec{0},1)U(0,\vec{0},-\vec{v},1)U(0,\vec{r},\vec{0},1)U(0,\vec{0},\vec{v},1)\Psi\}(\vec{q}_1, \ldots ,\vec{q}_n) = \\
&= \{U(0,\vec{0},-\vec{v},1)U(0,\vec{r},\vec{0},1)U(0,\vec{0},\vec{v},1)\Psi\}(\vec{q}_1+\vec{r}, \ldots ,\vec{q}_n+\vec{r}) = \\
&= \{U(0,\vec{r},\vec{0},1)U(0,\vec{0},\vec{v},1)\Psi\}(\vec{q}_1+\vec{r}, \ldots ,\vec{q}_n+\vec{r})\ .\ \exp\{i\ \Sigma(\vec{q}_j+\vec{r})(-\vec{v})m\} = \\
&= \{U(0,\vec{0},\vec{v},1)\Psi\}(\vec{q}_1, \ldots ,\vec{q}_n)\ .\ \exp\{i\ \Sigma(\vec{q}_j+\vec{r})(-\vec{v})m\} = \\
&= \Psi(\vec{q}_1, \ldots ,\vec{q}_n)\ .\ \exp\{i\ \Sigma\ \vec{q}_j\ \vec{v}\ m\}\ .\ \exp\{i\ \Sigma(\vec{q}_j+\vec{r})(-\vec{v})m\} = \\
&= \Psi(\vec{q}, \ldots ,\vec{q}_n)\ .\ \exp\{-i\, n\vec{r}\ \vec{v}\ m\}\ .
\end{aligned}$$

Eine Linearkombination $\Psi = \Psi_{n_1} + \Psi_{n_2}$ von Zustandsfunktionen Ψ_{n_1}, Ψ_{n_2} geht unter dieser Transformation über in

$$\Psi' = \exp(-in_1\ \vec{r}\vec{v}\ m)\ \Psi_{n_1} + \exp(-in_2\ \vec{r}\vec{v}\ m)\ \Psi_{n_2}\ .$$

Nur im Fall gleicher Teilchenzahl liegen Ψ und Ψ' für beliebige $\vec{v},\vec{r} \in \mathbb{R}^3$ auf demselben Strahl.

Aufgabe 3.5.1:

Spannen die Versuchsfunktionen $\varphi_i = \sum c_{ij}\varphi_j$ den ganzen Lösungsraum auf, so ist die Variationsrechnung gleichbedeutend mit der Lösung des Eigenwertproblems $\hat{H}\psi_i = \varepsilon_i\psi_i$. Im obigen Beispiel ist dies der Fall.

Aufgabe 3.5.2:

$$\langle\Psi|\Psi\rangle = (1,-1)\begin{pmatrix}1\\-1\end{pmatrix} = 2.$$

$$\langle\Psi|\hat{H}\Psi\rangle = (1,-1)\begin{pmatrix}4 & 2\\0 & 3\end{pmatrix}\begin{pmatrix}1\\-1\end{pmatrix} = 5.$$

$\langle\Psi|\hat{H}\Psi\rangle/\langle\Psi|\Psi\rangle = 5/2$ ist daher srikte kleiner als der tiefste Eigenwert (nämlich 3) von $\hat{H}$. Die Voraussetzungen des Variationsprinzips sind wegen

$$\hat{H}^* = \begin{pmatrix}4 & 0\\2 & 3\end{pmatrix} \neq \hat{H}$$

nicht erfüllt.

Aufgabe 3.5.3:

Man erhält $H = \begin{pmatrix}9 & 3\\3 & 3/2\end{pmatrix}$ und $S = \begin{pmatrix}9 & 3\\3 & 2\end{pmatrix}$.

$$\det\left(\begin{pmatrix}9 & 3\\ 3 & 3/2\end{pmatrix} - \varepsilon\begin{pmatrix}9 & 3\\ 3 & 2\end{pmatrix}\right) = \det\begin{pmatrix}9(1-\varepsilon) & 3(1-\varepsilon)\\ 3(1-\varepsilon) & 3/2-2\varepsilon\end{pmatrix} = 9(1-\varepsilon)(1/2-\varepsilon).$$

Wegen $\varepsilon_1 = 1$, $\varepsilon_2 = 1/2$ erhält man als Näherung für die Grundzustandsenergie den Wert $1/2$.

Berechnung der Grundzustandsenergie:

$$\det(\hat{H} - \lambda\hat{1}) = (1/2 - \lambda)^2(1-\lambda) - 1/4\,(1-\lambda) = \lambda(1-\lambda)(\lambda - 1).$$

Die Eigenwerte von $\hat{H}$ sind somit $\lambda_1 = 0$, $\lambda_2 = 1$ und die Grundzustandsenergie ist 0.

Aufgabe 3.5.4:

$$\langle\psi|\psi\rangle = \int d^3r\psi^*(r)\psi(r) =$$

$$= \int_0^\infty\int_0^{2\pi}\int_0^\pi dr\, r^2 d\theta\, \sin\theta d\varphi \exp(-2cr) = \pi/c^3.$$

Unter Verwendung des Laplaceoperators in Kugelkoordinaten ergibt sich

$$\{\Delta_{\underline{r}}\psi\}(r) = \{\partial^2/\partial r^2 + 2/r\ \partial/\partial r\}\psi(r) = (c^2 - 2c/r)\psi(r).$$

$$\Rightarrow \langle\psi|\hat{h}_2\psi\rangle = \langle\psi|\hat{h}_1\psi\rangle =$$

$$= -c^2/2\ \langle\psi|\psi\rangle + c\langle\psi|1/r_1\psi\rangle - Z\langle\psi|1/r_1\psi\rangle =$$

$$= -\pi/2c + (c-Z)\pi/c^2.$$

$$\Rightarrow E(c) = c^2 - 2Zc + 5c/8.$$

$$dE(c)/dc = 2c - 2Z + 5/8 = 0.$$

$$c_{min} = Z - 5/16.$$

$$E(c_{min}) = -c_{min}^2.$$

Für $Z = 2$ erhält man $E(c_{min}) = -7476$ kJ/mol.

Aufgabe 4.1.1:

Die gewünschte Diskussion kann sehr schwierig sein und bedingt gute naturwissenschaftliche Kenntnisse. Verlangt man eine mathematisch präzise Fassung, so wird die Diskussion ernsthaft schwierig und ist bis heute nur für ganz wenige Fälle geleistet, beispielsweise für optische Schatten. Scharf begrenzte optische Schatten gibt es nur in der Strahlenoptik. In der dazu assoziierten fundamentalen Theorie ist die Fortpflanzung des Lichts durch die Maxwellgleichungen beschrieben, d.h. durch partielle Differentialgleichungen, welche *nur stetige* Lösungen haben. Der Zusammenhang zwischen der fundamentalen Maxwelltheorie und der hierarchisch höheren Strahlenoptik ist heute mathematisch streng geklärt. Vergleiche dazu den faszinierenden Uebersichtsartikel von K.O. Friedrichs, 'Asymptotic phenomena in mathematical physics', Bull. Amer. Math. Soc. 61 (1955), pp. 485 - 504.

Aufgabe 4.2.1:

Die lokalen Minima der BO-Hyperfläche von C_6H_6 sind die Konstitutionsisomere zur Summenformel C_6H_6. Als Auswahl sind folgende Strukturformeln von Konstitutionsisomeren abgebildet. Eine Zusammenstellung von 217 Strukturen zur Summenformel C_6H_6 findet man in 'Chemie in unserer Zeit' (August 1977).

Benzol 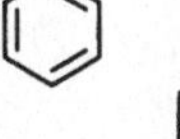

Benzvalen 

Prisman 

1,1'-Bicyclopropenyl

Bicyclo [2.2.0] hexa - 2,5 - dien
(Dewar - Benzol)

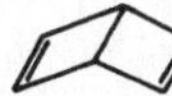

Aufgabe 4.3.1:

In Kugelkoordinaten lauten die drei gesuchten Integrale:

$$C(R) = \pi^{-1} \int_0^\infty r^2 dr \int_0^\pi \sin\theta d\theta \int_0^{2\pi} \frac{\exp(-2r)}{\sqrt{r^2 + R^2 - 2rR\cos\theta}} d\phi .$$

$$A(R) = \pi^{-1} \int_0^\infty r^2 dr \int_0^\pi \sin\theta d\theta \int_0^{2\pi} \frac{\exp(-r).\exp(-\sqrt{r^2 + R^2 - 2rR\cos\theta})}{\sqrt{r^2 + R^2 - 2rR\cos\theta}} d\phi .$$

$$S(R) = \pi^{-1} \int_0^\infty r^2 dr \int_0^\pi \sin\theta d\theta \int_0^{2\pi} \exp(-r).\exp(-\sqrt{r^2 + R^2 - 2rR\cos\theta}) d\phi .$$

Ueber die Variable ϕ kann sofort integriert werden. Durch anschliessende Substitution $x = \cos\theta$ erhält man:

$$C(R) = 2 \int_0^\infty r^2 \exp(-2r) dr \int_{-1}^{1} \frac{1}{\sqrt{r^2 + R^2 - 2rRx}} dx$$

$$A(R) = 2 \int_0^\infty r^2 \exp(-r) dr \int_{-1}^{1} \frac{\exp(-r).\exp(-\sqrt{r^2 + R^2 - 2rRx})}{\sqrt{r^2 + R^2 - 2rRx}} dx$$

$$S(R) = 2 \int_0^\infty r^2 \exp(-r) dr \int_{-1}^{1} \exp(-\sqrt{r^2 + R^2 - 2rRx}) dx$$

Mit der Variablensubstitution $z = \sqrt{r^2 + R^2 - 2rRx}$ folgt weiter:

$$C(R) = 2/R \int_0^\infty r.\exp(-2r) dr \int_{|r-R|}^{|r+R|} dz =$$

$$= 2/R \int_0^\infty r[r + R - |r - R|] \exp(-2r) dr .$$

$$A(R) = 2/R \int_0^\infty r.\exp(-r)dr \int_{|r-R|}^{|r+R|} \exp(-z)dz =$$

$$= 2/R \int_0^\infty r[\exp(-|r-R|) - \exp(-(r+R))] \exp(-r)\, dr.$$

$$S(R) = 2/R \int_0^\infty r.\exp(-r)dr \int_{|r-R|}^{|r+R|} z\exp(-z)\, dz =$$

$$= 2/R \int_0^\infty r[\exp(-|r-R|)(|r-R|+1) - \exp(-(r+R))(r+R+1)] \exp(-r)dr.$$

Für die Integration über die Terme mit $|r-R|$ benützt man die Zerlegung

$$\int_0^\infty f(|r-R|) = \int_0^R f(|r-R|)dr + \int_R^\infty f(|r-R|)dr =$$

$$= \int_0^R f(R-r)dr + \int_R^\infty f(r-R)dr.$$

Dabei resultieren Integrale vom Typ $\int dr \exp(-ar)r^n$ $(a = 1,2\,;\ n=0,1,2)$, die durch partielle Integration bestimmt werden können:

$$\int dr\exp(-ar)r^n =$$

$$= \exp(-ar)[-r^n/a + \sum_{k=1}^{n} (-1)^k\{n(n-1)\dots(n-k+1)\}/(-a)^{k+1} .r^{n-k}].$$

Man erhält:

$$C(R) = 1/R - \exp(-2R)(1+1/R).$$

$$A(R) = \exp(-R)(R+1).$$

$$S(R) = \exp(-R)(R^2/3+R+1).$$

Setzt man die Resultate in das Rayleighfunktional ein, so ergibt sich:

$$U^\pm(R) = -1/2 - \frac{1/R - \exp(-2R)(1+1/R) \pm \exp(-R)(R+1)}{1 \pm \exp(-R)(R^2/3+R+1)} + 1/R$$

wobei U^+ den Grundzustand und U^- den 1. angeregten Zustand von H_2^+ darstellt.

	hier berechnete Werte	exakt
Bindungsenergie [at EH]	-0,565	-0,603
Gleichgewichtsabstand [at EH]	2,50	2,00

Aufgabe 4.3.2:

1 atomare Einheit der Energie $\overset{def}{=} m_o e_o/\{(4\pi\varepsilon_o)^2\hbar^2\} = 4{,}359814.10^{-18}$ J =
= 2,6255.10 kJ.mol^{-1} = 627,51 kcal.mol^{-1}.

Gesamtenergie

Experiment	unskalierter Ansatz	skalierter Ansatz	exakt
-0,6022 at EH	-0,565 at EH	-0,583 at EH	-0,602625 at EH
-1581,1 kJ mol^{-1}	-1483,4 kJ mol^{-1}	-1530,7 kJ mol^{-1}	-1582,2 kJ mol^{-1}
-377,887 kcal mol^{-1}	-354,543 kcal mol^{-1}	-365,838 kcal mol^{-1}	-378,153 kcal mol^{-1}

Bindungsenergie

Experiment	unskalierter Ansatz	skalierter Ansatz	exakt
-0,1022 at EH	-0,065 at EH	-0,083 at EH	-0,102625 at EH
-268 kJ mol^{-1}	-171 kJ mol^{-1}	-218 kJ mol^{-1}	-269 kJ mol^{-1}
-64,132 kcal mol^{-1}	-40,788 kcal mol^{-1}	-52,038 kcal mol^{-1}	-64,398 kcal mol^{-1}

Absolutfehler relativ zum exakten Wert:

Bindungsenergie: unskalierter Ansatz
0,0376 at EH
98,784 kJ mol^{-1}
23,610 kcal mol^{-1}

skalierter Ansatz
0,0196 at EH
51,525 kJ mol^{-1}
12,315 kcal mol^{-1}

Typische Aktivierungsenergien:

Chemie	80 - 100 kJ mol^{-1},	20 - 24 kcal mol^{-1}
Biochemie	40 - 60 kJ mol^{-1},	9 - 15 kcal mol^{-1}
'kleine' Aktivierungsenergie (z.B. interne Rotationen)	15 - 20 kJ mol^{-1},	3 - 5 kcal mol^{-1}.

Die Fehler sind also *chemisch* gesehen klein, wichtig ist nur, dass H_2^+ bezüglich $H + H^+$ stabil ist.

Spektroskopisch:

Radiowellen $3.10^6 - 5.10^9$ s^{-1} $\hat{=}$ $3.10^{-4} - 5.10^{-4}$ kcal mol^{-1}

Infrarot $3.10^{12} - 3.10^{14}$ s^{-1} $\hat{=}$ 0,3 - 30 kcal mol^{-1}

UV-VIS $3.10^{14} - 3.10^{16}$ s^{-1} $\hat{=}$ 30 - 3000 kcal mol^{-1}.

(1 Hz = 1 s^{-1} = $6{,}626.10^{-34}$ J = $3{,}99.10^{-13}$ kJ mol^{-14} = 9,537 kcal mol^{-1}).

Spektroskopisch sind die Fehler daher gross !

Aufgabe 4.3.3:

$$[\hat{Q}_{s\nu},\hat{P}_{s\mu}] = \sum_{j=1}^{2}\sum_{i=1}^{2} [M_i/M_s\ \hat{Q}_{i\nu},\hat{P}_{j\mu}] =$$

$$= \sum_{j=1}^{2}\sum_{i=1}^{2} M_i/M_s\ i\hbar\delta_{ij}\delta_{\nu\mu} =$$

$$= i\hbar\,\delta_{\nu\mu}.$$

$$\hat{\vec{P}} = M_2/M_s\ \hat{\vec{P}}_1 - M_1/M_s\ \hat{\vec{P}}_2.$$

$$[\hat{Q}_\nu,\hat{P}_\mu] = [\hat{Q}_{1\nu} - \hat{Q}_{2\nu}, M_2/M_s\ \hat{P}_{1\mu} - M_1/M_s\ \hat{P}_{2\mu}] =$$
$$= M_2/M_s\ [\hat{Q}_{1\nu},\hat{P}_{1\mu}] + M_1/M_s\ [\hat{Q}_{2\nu},\hat{P}_{2\mu}] =$$
$$= i\hbar\delta_{\nu\mu}.$$

$$[\hat{Q}_{s\nu},\hat{P}_\mu] = \sum_{i=1}^{2} [M_i/M_s\ \hat{Q}_{i\nu}, M_2/M_s\ \hat{P}_{1\mu} - M_1/M_s\ \hat{P}_{2\mu}] = 0.$$

$$[\hat{Q}_\nu,\hat{P}_s] = [\hat{Q}_{1\nu} - \hat{Q}_{2\nu},\hat{P}_{1\mu} + \hat{P}_{2\mu}] = 0.$$

Aufgabe 4.3.4:

Der Ansatz $\Psi(x) = \exp(\alpha x)$ für $0 \le x \le L$, mit α komplex, löst die Differentialgleichung (a), falls $\alpha^2 = -(2ME/\hbar^2)$ erfüllt ist. Setzt man $\lambda = +\sqrt{2M|E|}/\hbar$, so ist nach der allgemeinen Theorie linearer Differentialgleichungen die allgemeine Lösung von (a) gegeben durch

$$\Psi(x) = a\exp(i\lambda x) + b\exp(-i\lambda x), \quad \text{falls } E > 0,$$
$$\Psi(x) = a\exp(\lambda x) + b\exp(-\lambda x), \quad \text{falls } E \le 0,$$

wobei a und b beliebige komplexe Zahlen sind. Die Randbedingung (b) lautet in beiden Fällen

$$a + b = 0, \text{ und } a\exp(i\lambda L) + b\exp(-i\lambda L) = 0 \text{ bzw. } a\exp(\lambda L) + b\exp(-\lambda L) = 0.$$

Mit $b = -a$ folgt also

(b') $a[\exp(i\lambda L) - \exp(-i\lambda L)] = \pm i2a\sin(\lambda L) = 0$ bzw. $a[\exp(\lambda L) - \exp(-\lambda L)] = 0.$

Für $E \le 0$ folgt aus (b') (da $a \neq 0$ wegen (d)), dass $\lambda = 0$. Dies hat $\Psi = 0$ zur Folge. Somit muss $E > 0$ gelten. Ist dies der Fall, so folgt aus (b') (da $a \neq 0$ wegen (d)) dass $\sin(\lambda L) = 0$. Das heisst $\lambda L = n\pi$, für eine ganze Zahl n ($n = 0,\pm 1,\pm 2,\ldots$), was $E = (2M/\hbar^2 L^2)n^2\pi^2$ zur Folge hat. Der Fall $n = 0$ lässt sich mit (d) ausschliessen. Die zum Eigenwert $E_n = (2M/\hbar^2 L^2)n^2\pi^2$ gehörige Eigenfunktion ist

$$\Psi_n(x) = 2ia_n\sin(n\pi x/L).$$

Wegen $\Psi_{-n} = \Psi_n$ ist E_n nicht entartet. Wählt man die Normierungskonstante a_n als $a_n = -i\sqrt{1/2L}$, so gilt $\langle\Psi|\Psi\rangle = 1$.

Aufgabe 4.3.5:

Man sucht (vgl. hierzu den Hinweis zu Aufgabe 4.3.4) Ψ auf dem Parallelepiped $P(L_1,L_2,L_3)$: $(0 \leq x_1 \leq L_1, 0 \leq x_2 \leq L_2, 0 \leq x_3 \leq L_3)$, definiert durch

$$\text{(a)} \quad -(\hbar^2/2M)\Delta\Psi = E\Psi,$$

(b) Ψ verschwindet auf dem Rand von $P(L_1,L_2,L_3)$,

$$\text{(c)} \quad \int_{\mathbb{R}^3} |\Psi(\vec{x})|^2 d^3x < \infty,$$

$$\text{(d)} \quad \Psi \neq 0.$$

Der Separationsansatz $\Psi(\vec{x}) = \Psi_1(\vec{x}_1)\Psi_2(\vec{x}_2)\Psi_3(\vec{x}_3)$, in (a) eingesetzt ergibt

$$-(\hbar^2/2M)\{\Psi_1''(x_1)\Psi_2(x_2)\Psi_3(x_3) + \Psi_1(x_1)\Psi_2''(x_2)\Psi_3(x_3) + \Psi_1(x_1)\Psi_2(x_2)\Psi_3''(x_3)\} =$$
$$= E\,\Psi_1(x_1)\Psi_2(x_2)\Psi_3(x_3),$$
$$\text{wobei} \quad \Psi_j''(x_j) = (d^2\Psi/dx_j^2)(x_j).$$

Division dieser Gleichung durch $\Psi_1(x_1)\Psi_2(x_2)\Psi_3(x_3)$ (man beachte (d)) liefert

$$-(\hbar^2/2M)\{(\Psi_1''(x_1)/\Psi_1(x_1)) + (\Psi_2''(x_2)/\Psi_2(x_2)) + (\Psi_3''(x_3)/\Psi_3(x_3))\} = E.$$

Da $(\Psi_j''(x_j)/\Psi_j(x_j))$ nur von x_j abhängig sein kann, und E konstant ist, folgt

$$-(\hbar^2/2M)\ (\Psi_j''(x_j)/\Psi_j(x_j)) = k_j$$

für $j = 1,2,3$, mit k_j konstant und $k_1 + k_2 + k_3 = E$. Somit sucht man k_j und Ψ_j $(j = 1,2,3)$ derart dass gilt:

$$-(\hbar^2/2M)\Psi_j'' = k_j\Psi_j \quad \text{auf } 0 \leq x \leq L_j,$$
$$\Psi_j(0) = \Psi_j(L_j) = 0,$$
$$\int_{\mathbb{R}} |\Psi_j(x)|^2 dx < \infty,$$
$$\Psi_j \neq 0.$$

Man erhält also aus Aufgabe 4.3.2 für $j = 1,2,3$

$$k_{j,n} = (2M/\hbar^2 L_j^2)n^2\pi^2, \quad n = 1,2,3,\ldots,$$
$$\Psi_{j,n}(x_j) = (2/L_j)^{1/2} \sin(n\pi x_j/L_j) \quad \text{für } 0 \leq x_j \leq L_j.$$

Die Eigenwerte des Operators $\hat{H}$ sind gegeben durch

$$E_{n_1,n_2,n_3} = (2M/\hbar^2)\pi^2\ \{(n_1/L_1)^2 + (n_2/L_2)^2 + (n_3/L_3)^2\}$$

wobei n_1, n_2 und n_3 die positiven natürlichen Zahlen 1,2,3,... durchlaufen. Die zugehörige Eigenfunktion ist gegeben durch

$$\Psi_{n_1,n_2,n_3}(\vec{x}) = (8/L_1L_2L_3)^{1/2} \sin(n_1\pi x_1/L_1)\sin(n_2\pi x_2/L_2)\sin(n_3\pi x_3/L_3)$$

falls $0 \leq x_1 \leq L_1$, $0 \leq x_2 \leq L_2$, $0 \leq x_3 \leq L_3$, und $\Psi_{n_1,n_2,n_3}(\vec{x}) = 0$ sonst.

Achtung: Ueber die Entartung von E_{n_1,n_2,n_3} kann man nur etwas sagen, wenn über die Verhältnisse L_i/L_j Angaben vorliegen.

Aufgabe 4.3.6:

(a) $L_1 = L_2 = L$: $E_{n,k} = (2M/\hbar^2L^2)\pi^2(n^2+k^2) = E_{k,n}$. Somit ist der Eigenwert $E_{n,n}$ nicht entartet und der Eigenwert $E_{n,k}$ für $n \neq k$ zweifach entartet.

(b) $L_1 \neq L_2$: Sei $r = L_1/L_2$. $E_{n,k} = (2M/\hbar^2L^2)\pi^2(n^2+r^2k^2)$. Ist r^2 irrational, so sind alle Eigenwerte nicht entartet. Denn hätte man $(n,k) \neq (n',k')$ mit $E_{n,k} = E_{n',k'}$ so hätte man $n^2 + r^2k^2 = (n')^2 + r^2(k')^2$, also

$$r^2 = \{n^2 - (n')^2\}/\{(k')^2 - k^2\},$$

was der Irrationalität von r^2 widerspricht. Ist dagegen r^2 rational, so gibt es Eigenwerte, die zweifach entartet sind.

Aufgabe 4.3.7:

In der Schrödingerdarstellung sind die Operatoren $\hat{P}$ und $\hat{Q}$ gegeben durch

$$\{\hat{P}\Psi\}(q) = -i\hbar\{d\Psi/dq\}(q) = -i\hbar\Psi'(q)$$
$$\{\hat{Q}\Psi\}(q) = q\Psi(q)$$

für alle Ψ aus dem jeweiligen Definitionsbereich. Es gilt daher

$$\{\hat{H}\Psi\}(q) = -\hbar^2/2m\ \Psi''(q) + f/2\ q^2\Psi(q) = E\Psi(q).$$

Mit den angegebenen Substitutionen erhält man

$$-\hbar^2\alpha^2/2m\ \Phi''(x) + f/2\alpha^2\ x^2\Phi(x) = E\Phi(x)$$

und

$$-\tfrac{1}{2}\Phi''(x) + x^2/2\Phi(x) = \lambda\Phi(x).$$

Ad (ii):

Aus

$$\partial f(x,t)/\partial t = 2(x-t)f(x,t)$$
$$\partial^2 f(x,t)/\partial x^2 = (4t^2 - 4tx + x^2 - 1)f(x,t)$$

folgt

$$\partial^2 f(x,t)/\partial x^2 + 2t\partial f(x,t)/\partial t - (x^2-1)f(x,t) = 0$$

also

$$\sum_{n=0}^{\infty} t^n/n!\{\Phi_n''(x) + 2n\Phi_n(x) - (x^2-1)\Phi_n(x)\} = 0.$$

Vergleich der Koeffizienten von $t^n/n!$ ergibt

$$\Phi_n''(x) + 2n\Phi_n(x) - (x^2-1)\Phi_n(x) = 0,$$

oder umgeformt

$$-\tfrac{1}{2}\Phi_n''(x) + x^2\Phi_n(x) = (n+\tfrac{1}{2})\Phi_n(x), \quad n = 0,1,2,\ldots$$

Ad (iii):

Mit $f(x,t) = \exp(-t^2 + 2xt - x^2/2)$ und $\int_{-\infty}^{+\infty} \exp(-x^2)\exp(\beta x)\,dx = \sqrt{\pi}\exp(\beta^2/4)$ folgt

$$\int_{-\infty}^{+\infty} f(x,t)f(x,s)dx = \sqrt{\pi}\exp(2ts) = \sqrt{\pi}\sum_{n=0}^{\infty}(2ts)^n/n!.$$

Mit $f(x,t) = \sum_{n=0}^{\infty} t^n/n!\ \Phi_n(x)$ folgt andererseits

$$\int_{-\infty}^{+\infty} f(x,t)f(x,s)dx = \sum_{n=0}^{\infty}\sum_{m=0}^{\infty} t^n/n!\ s^m/m!\int_{-\infty}^{+\infty}\Phi_n(x)\Phi_m(x)dx.$$

Durch Koeffizientenvergleich folgt:

$$\int_{-\infty}^{+\infty}\Phi_n(x)\Phi_m(x)dx = \delta_{nm}\sqrt{\pi}2^n n!$$

Also gilt für die orthonormierten Hermiteschen Orthogonalfunktionen φ_n:

$$\varphi_n(x) = \{\sqrt{\pi}2^n n!\}^{-1/2} H_n(x)\exp(-x^2/2),$$

$$\int_{-\infty}^{+\infty}\varphi_n(x)\varphi_m(x)dx = \delta_{nm}.$$

Damit folgt für die orthonormierten Eigenfunktionen Ψ_n von $\hat{H}$:

$$\Psi_n(q) = \sqrt{\alpha}\varphi_n(\alpha q) \qquad \alpha^{-1} = \sqrt{\hbar/m\omega},$$

$$= (\sqrt{2\pi}\sigma 2^n n!)^{-1/2} H_n(q/\sqrt{2}\sigma)\exp(-q^2/4\sigma^2), \quad \sigma^2 = \hbar/2m\omega.$$

$$\hat{H}\Psi_n = \hbar\omega(n+1/2)\Psi_n, \quad \int_{-\infty}^{+\infty}\Psi_n(q)\Psi_m(q)dq = \delta_{nm}, \quad \omega = \sqrt{f/m}.$$

Aufgabe 4.3.8:

Man hat $\omega_{XY} = \sqrt{f/\mu_{XY}}$, wobei f die Kraftkonstante ist und $\mu_{XY} = m_X m_Y/(m_X + m_Y)$ die reduzierte Masse der Molekel XY, mit X = H oder D und Y = H oder D.
Damit folgt

$$\omega_{XY} = \sqrt{f.\mu_{HH}/(\mu_{HH}\mu_{XY})} = \sqrt{f/\mu_{HH}}.\sqrt{\mu_{HH}/\mu_{XY}} = \omega_{HH}.\sqrt{m_H(m_X+m_Y)/(2m_X m_Y)}.$$

Die Dissoziationsenergie ist gleich der Bindungsenergie vermindert um die Nullpunktsenergie

$$(D_o)_{XY} = U(\infty) - U(R_e) - 1/2\,\hbar\omega_{XY} = U(\infty) - U(R_e) - 1/2\,hc(\omega_{XY}/2\pi c).$$

Die Bindungsenergie ist daher gegeben durch

$$BE = U(\infty) - U(R_e) = (D_o)_{HH} + 1/2\,hc(\omega_{HH}/2\pi c).$$

1 cm^{-1} entspricht $1{,}23985.10^{-4}$ eV; $\Rightarrow$ BE = 4,7501 eV.

Mit der groben Schätzung $m_H/m_D = 1/2$ erhält man also

$$\omega_{HD}/2\pi c = (\omega_{HH}/2\pi c)\sqrt{3/4} = 3810{,}85 \text{ cm}^{-1}$$

$$\omega_{DD}/2\pi c = (\omega_{HH}/2\pi c)\sqrt{1/2} = 3111{,}56 \text{ cm}^{-1}$$

$$(D_o)_{HD} = BE - \tfrac{1}{2}hc(\omega_{HD}/2\pi c) = 4{,}5139 \text{ eV}$$

$$(D_o)_{DD} = BE - \tfrac{1}{2}hc(\omega_{DD}/2\pi c) = 4{,}5572 \text{ eV.}$$

Aufgabe 4.3.9:

$$T^{vib} = 1{,}54.10^{-14} \text{ sec}$$

$$\sigma^2 = \hbar/2M\omega = \hbar/4\pi M.T^{vib} = 1{,}14.10^{-23} \text{ m}^2$$

$$T^{rot} = R_e^2/\sigma^2 \; T^{vib} = 1{,}72.10^{-11} \text{ sec}$$

$$T^{rot}/T^{vib} = 1{,}12.10^3.$$

Rotationen und Vibrationen von $^{12}C^{16}O$ sind hierarchisch klar getrennt, da die mittlere Amplitude der Nullpunktsschwingung $\sigma = 3{,}37.10^{-2}$ Å klein ist im Vergleich zum Kernabstand $R_e = 1{,}13$ Å.

Aufgabe 4.3.10:

$$f = 2$$

$$\omega = \sqrt{f/M} = 2.$$

Aufgabe 5.1.1:

$$(\hat{H} - \hat{H}^H)\Psi = \{\hat{H}_A \otimes \hat{1} + \hat{1} \otimes \hat{H}_B + \hat{A} \otimes \hat{B} - \hat{H}_A^H \otimes \hat{1} - \hat{1} \otimes \hat{H}_B^H\}\Psi =$$

$$= \{\hat{H}_A \otimes \hat{1} + \hat{1} \otimes \hat{H}_B + \hat{A} \otimes \hat{B} - \hat{H}_A \otimes \hat{1} - \langle\hat{B}\rangle\hat{A} \otimes \hat{1} - \hat{1} \otimes \hat{H}_B - \langle\hat{A}\rangle\hat{1} \otimes \hat{B}\}\Psi =$$

$$= \{\hat{A} \otimes \hat{B} - \langle\hat{B}\rangle\hat{A} \otimes \hat{1} - \langle\hat{A}\rangle\hat{1} \otimes \hat{B}\}\Psi = \{(\hat{A} - \langle\hat{A}\rangle) \otimes (\hat{B} - \langle\hat{B}\rangle) - \langle\hat{A}\rangle\langle\hat{B}\rangle\hat{1} \otimes \hat{1}\}\Psi.$$

Aufgabe 5.1.2:

$$\hat{H} = \sum_{n=1}^{N} \hat{H}_n, \text{ wobei } \hat{H}_n = \hat{1} \otimes \hat{1} \otimes \ldots \otimes \hat{1} \otimes \hat{h} \otimes \hat{1} \otimes \ldots \otimes \hat{1}, \text{ für } n = 1,2,\ldots,N$$

($\hat{h}$ steht jeweils an der n-ten Stelle).

$$\hat{H}_n(\varphi_{j_1} \otimes \varphi_{j_2} \otimes \ldots \otimes \varphi_{j_N}) = \varphi_{j_1} \otimes \varphi_{j_2} \ldots \otimes \varphi_{j_{n-1}} \otimes \hat{h}\varphi_{j_n} \otimes \varphi_{j_{n+1}} \otimes \ldots \otimes \varphi_{j_N} =$$

$$= \varepsilon_{jn}(\varphi_{j_1} \otimes \varphi_{j_2} \otimes \ldots \otimes \varphi_{j_N}).$$

$$\Rightarrow \quad \hat{H}(\varphi_{j_1} \otimes \varphi_{j_2} \otimes \ldots \otimes \varphi_{j_N}) = \sum_{n=1}^{N} \hat{H}_n(\varphi_{j_1} \otimes \varphi_{j_2} \otimes \ldots \otimes \varphi_{j_N}) =$$

$$= \sum_{n=1}^{N} \varepsilon_{j_n}(\varphi_{j_1} \otimes \varphi_{j_2} \otimes \ldots \otimes \varphi_{j_N}) =$$

$$= (\sum_{n=1}^{N} \varepsilon_{j_n})(\varphi_{j_1} \otimes \varphi_{j_2} \otimes \ldots \otimes \varphi_{j_N}) =$$

$$= (\varepsilon_1 + \varepsilon_2 + \ldots + \varepsilon_N)(\varphi_{j_1} \otimes \varphi_{j_2} \otimes \ldots \otimes \varphi_{j_N}).$$

Damit folgt:

$$\hat{H}S = (N!)^{-1/2} \sum (-1)^p \hat{H}(\varphi_{j_1} \otimes \varphi_{j_2} \otimes \ldots \otimes \varphi_{j_N}) = (\varepsilon_1 + \varepsilon_2 + \ldots + \varepsilon_N)S;$$

summiert wird über alle Permutationen $(j_1, j_2, \ldots, j_N)$ von $(1,2,\ldots,N)$.

Aufgabe 5.1.3:

(a)

$$\varepsilon_r = \langle \varphi_r | \hat{h}_o + \hat{j} - \hat{k} | \varphi_r \rangle =$$

$$= \langle \varphi_r | \hat{h}_o \varphi_r \rangle + \langle \varphi_r | \hat{j} \varphi_r \rangle - \langle \varphi_r | \hat{k} \varphi_r \rangle =$$

$$= \varepsilon_r^o + \sum_{s=1}^{N} \{\langle \varphi_r | \hat{j}_s \varphi_r \rangle - \langle \varphi_r | \hat{k}_s \varphi_r \rangle\} =$$

$$= \varepsilon_r^o + \sum_{s=1}^{N} (J_{sr} - K_{sr}) =$$

$$= \varepsilon_r^o + \sum_{s=1}^{N} (J_{rs} - K_{rs}).$$

(b) Mit

$$E^{HF} = \sum_{r=1}^{N} \varepsilon_r^o + 1/2 \sum_{r=1}^{N} \sum_{s=1}^{N} (J_{rs} - K_{rs})$$

und (a) folgt

$$\sum_{r=1}^{N} \varepsilon_r = \sum_{r=1}^{N} \varepsilon_r^o + \sum_{r=1}^{N} \sum_{s=1}^{N} (J_{rs} - K_{rs}) = E^{HF} + 1/2 \sum_{r=1}^{N} \sum_{s=1}^{N} (J_{rs} - K_{rs}).$$

(c)

$$E^{HF} \overset{(a)}{=} \sum_{r=1}^{N} \varepsilon_r^o + 1/2 \sum_{s=1}^{N} (\varepsilon_r - \varepsilon_r^o) = 1/2 \sum_{r=1}^{N} (\varepsilon_r + \varepsilon_r^o).$$

Aufgabe 5.1.4:

Man überzeugt sich schnell davon, dass P_1 und P_2 orthogonale Projektoren sind (denn φ_1 und φ_2 sind orthogonale Hilbertraumvektoren). Ferner gilt

$$(\hat{P}_1 + \hat{P}_2)\varphi = \langle\varphi_1|\varphi\rangle\varphi_1 + \langle\varphi_2|\varphi\rangle\varphi_2 = \hat{\gamma}\varphi.$$

Dies zeigt, dass $\hat{\gamma} = \hat{P}_1 + \hat{P}_2$ die Spektralzerlegung von $\hat{\gamma}$ ist. 1 ist zweifach entarteter Eigenwert, und 0 ist ∞-facher Eigenwert. Die natürlichen Orbitale entsprechen den Eigenfunktionen von $\hat{P}_1$ und $\hat{P}_2$, also φ_1 und φ_2.

Aufgabe 5.1.5:

Die Eigenschaften der Projektionsoperatoren lassen sich ohne weiteres verifizieren. Mit

$$(\hat{\gamma}\varphi)(1) = \int d(1')\gamma(1|1')\varphi(1') =$$
$$= |\alpha|^2(\varphi_1(1)\langle\varphi_1|\varphi\rangle + \varphi_2(1)\langle\varphi_2|\varphi\rangle) + |\beta|^2(\varphi_3(1)\langle\varphi_3|\varphi\rangle + \varphi_4(1)\langle\varphi_4|\varphi\rangle)$$

folgt

$$\hat{\gamma} = |\alpha|^2(\hat{P}_1 + \hat{P}_2) + |\beta|^2(\hat{P}_3 + \hat{P}_4).$$

Dies ist die Spektraldarstellung des Operators $\hat{\gamma}$ und die $\hat{P}_i$ $(i = 1,2,3,4)$ sind die Spektralprojektoren des Operators $\hat{\gamma}$ zu Eigenwerten $\lambda_i > 0$, falls $\alpha,\beta \neq 0$. Die Eigenwerte $\lambda_1 = \lambda_2 = |\alpha|^2$ und $\lambda_3 = \lambda_4 = |\beta|^2$ sind je zweifach entartet und 0 ist ∞-facher Eigenwert von $\hat{\gamma}$.
Aus der Normierung von Φ folgt $|\alpha|^2 + |\beta|^2 = 1$ und $\mathrm{Sp}(\hat{\gamma}) = \lambda_1 + \lambda_2 + \lambda_3 + \lambda_4 = 2(|\alpha|^2 + |\beta|^2) = 2$ sowie $0 \le \lambda_i \le 1$.

Aufgabe 5.1.6:

Man muss jetzt noch die von Null verschiedenen Eigenwerte von $\hat{\gamma}$ ermitteln. Dies ist gleichbedeutend mit der Suche der von Null verschiedenen Eigenwerte der Matrix $\gamma = (\gamma_{jk}) = \alpha$.
Es gilt $\det(\gamma - \lambda.E) = -\lambda(1-\lambda)^2$, wobei E die (3x3)-Einheitsmatrix ist. Die Eigenwerte von γ sind also 0 und 1. 1 ist zweifach entartet. Die Eigenfunktionen sind

$$\varphi_1 \text{ zum Eigenwert } 1,$$
$$2^{-1/2}(\varphi_2 + \varphi_3) \text{ zum Eigenwert } 1,$$
$$2^{-1/2}(\varphi_2 - \varphi_3) \text{ zum Eigenwert } 0,$$

was man durch Einsetzen leicht nachrechnet. Damit sind φ_1 und $2^{-1/2}(\varphi_2 + \varphi_3)$ die natürlichen Orbitale von Φ.

Aufgabe 5.1.7:

Mit der Basis (I) folgt

$$\begin{aligned} Sp(\hat{\gamma}V(\hat{\vec{q}})) &= \sum_j \langle \chi_j|\hat{\gamma}V(\hat{\vec{q}})\chi_j\rangle = \sum_j \langle \hat{\gamma}\chi_j|V(\hat{\vec{q}})\chi_j\rangle = \sum_j \lambda_j\langle\chi_j|V(\hat{\vec{q}})\chi_j\rangle = \\ &= \sum_j \lambda_j \sum_m \int_{\mathbb{R}^3} d^3r\ \chi_j(\vec{r},m)^* V(\vec{r})\chi_j(\vec{r},m) = \\ &= \sum_m \int_{\mathbb{R}^3} d^3r\ V(\vec{r}) \sum_j \lambda_j\chi_j(\vec{r},m)^*\chi_j(\vec{r},m) = \\ &\overset{(iv)}{=} \sum_m \int_{\mathbb{R}^3} d^3r\ V(\vec{r})\ \gamma(\vec{r},m|\vec{r},m). \end{aligned}$$

Mit der Basis (II) folgt:

$$\begin{aligned} Sp(\hat{\Gamma}.1/|\hat{\vec{q}}\otimes\hat{1} - \hat{1}\otimes\hat{\vec{q}}|) &= \sum_j \langle g_j|\hat{\Gamma}.1/|\hat{\vec{q}}\otimes\hat{1} - \hat{1}\otimes\hat{\vec{q}}|\ g_j\rangle = \\ &= \sum_j \langle\hat{\Gamma}g_j|1/|\hat{\vec{q}}\otimes\hat{1} - \hat{1}\otimes\hat{\vec{q}}|\ g_j\rangle = \\ &= \sum_j \mu_j\langle g_j|1/|\hat{\vec{q}}\otimes\hat{1} - \hat{1}\otimes\hat{\vec{q}}|\ g_j\rangle = \end{aligned}$$

$$= \sum_j \mu_j \sum_m \sum_{m'} \int_{\mathbb{R}^3} d^3r \int_{\mathbb{R}^3} d^3r'\ g_j(\vec{r},m;\vec{r}',m')^* g_j(\vec{r},m;\vec{r}',m')/|\vec{r}-\vec{r}'| =$$

$$= \sum_m \sum_{m'} \int_{\mathbb{R}^3} d^3r \int_{\mathbb{R}^3} d^3r'\ 1/|\vec{r}-\vec{r}'| \sum_j \mu_j g_j(\vec{r},m;\vec{r}',m') g_j(\vec{r},m;\vec{r}',m')^* =$$

$$= \sum_m \sum_{m'} \int_{\mathbb{R}^3} d^3r \int_{\mathbb{R}^3} d^3r'\ \Gamma(\vec{r},m;\vec{r}',m'|\vec{r},m;\vec{r}',m')/|\vec{r}-\vec{r}'|.$$

Aufgabe 5.2.1 und Aufgabe 5.2.2:

Die Lösung ist der Tabelle auf der folgenden Seite zu entnehmen (E. Madelung: Die mathematischen Hilfsmittel des Physikers', Springer-Verlag, Berlin, 7. Auflage 1964, S. 512). Homologe Atome sind z.B. die Alkalimetalle oder die Halogene.

Aufgabe 5.2.3:

Zu jedem Paar (S,L) sind die Werte $J = L+S,\ L+S-1,\ \ldots,\ |L-S|$ möglich:

$(S,L) = (3/2,2) \Rightarrow J = 7/2,\ 5/2,\ 3/2,\ 1/2;$ $\ {}^4D_{7/2},\ {}^4D_{5/2},\ {}^4D_{3/2},\ {}^4D_{1/2}.$

$(S,L) = (3/2,1) \Rightarrow J = 5/2,\ 3/2,\ 1/2;$ $\ {}^4P_{5/2},\ {}^4P_{3/2},\ {}^4P_{1/2}.$

$(S,L) = (3/2,0) \Rightarrow J = 3/2;$ $\ {}^4S_{3/2}.$

$(S,L) = (1,2) \Rightarrow J = 3,\ 2,\ 1;$ $\ {}^3D_3\ ,\ {}^3D_2\ ,\ {}^3D_1\ .$

$(S,L) = (1,1) \Rightarrow J = 2,\ 1,\ 0;$ $\ {}^3P_2\ ,\ {}^3P_1\ ,\ {}^3P_0\ .$

Z		$n+\ell$	n	ℓ	m	s	$\lvert\Sigma m\rvert$	$2\lvert\Sigma s\rvert+1$	
1	H	1	1	0	0	+1/2	0	2	^2S
2	He	1	1	0	0	-1/2	0	1	^1S
3	Li	2	2	0	0	+1/2	0	2	^2S
4	Be	2	2	0	0	-1/2	0	1	^1S
5	B	3	2	1	-1	+1/2	1	2	^2P
6	C	3	2	1	0	+1/2	1	3	^3P
7	N	3	2	1	+1	+1/2	0	4	^4S
8	O	3	2	1	+1	-1/2	1	3	^3P
9	F	3	2	1	0	-1/2	1	2	^2P
10	Ne	3	2	1	-1	-1/2	0	1	^1S
11	Na	3	3	0	0	+1/2	0	2	^2S
12	Mg	3	3	0	0	-1/2	0	1	^1S
13	Al	4	3	1	-1	+1/2	1	2	^2P
14	Si	4	3	1	0	+1/2	1	3	^3P
15	P	4	3	1	+1	+1/2	0	4	^4S
16	S	4	3	1	+1	-1/2	1	3	^3P
17	Cl	4	3	1	0	-1/2	1	2	^2P
18	Ar	4	3	1	-1	-1/2	0	1	^1S
19	K	4	4	0	0	+1/2	0	2	^2S
20	Ca	4	4	0	0	-1/2	0	1	^1S
21	Sc	5	3	2	-2	+1/2	2	2	^2D
22	Ti	5	3	2	-1	+1/2	3	3	^3F
23	V	5	3	2	0	+1/2	3	4	^4F
24	Cr	5	3	2	+1	+1/2	2	5	^5D
25	Mn	5	3	2	+2	+1/2	0	6	^6S
26	Fe	5	3	2	+2	-1/2	2	5	^5D
27	Co	5	3	2	+1	-1/2	3	4	^4F
28	Ni	5	3	2	0	-1/2	3	3	^3F
29	Cu	5	3	2	-1	-1/2	2	2	^2D
30	Zn	5	3	2	-2	-1/2	0	1	^1S
31	Ga	5	4	1	-1	+1/2	1	2	^2P
32	Ge	5	4	1	0	+1/2	1	3	^3P
33	As	5	4	1	+1	+1/2	0	4	^4S
34	Se	5	4	1	+1	-1/2	1	3	^3P
35	Br	5	4	1	0	-1/2	1	2	^2P
36	Kr	5	4	1	-1	-1/2	0	1	^1S
37	Rb	5	5	0	0	+1/2	0	2	^2S
38	Sr	5	5	0	0	-1/2	0	1	^1S
39	Y	6	4	2	-2	+1/2	2	2	^2D
40	Zr	6	4	2	-1	+1/2	3	3	^3F
41	Nb	6	4	2	0	+1/2	3	4	^4F
42	Mo	6	4	2	+1	+1/2	2	5	^5D
43	Tc	6	4	2	+2	+1/2	0	6	^6S
44	Ru	6	4	2	+2	-1/2	2	5	^5D
45	Rh	6	4	2	+1	-1/2	3	4	^4F
46	Pd	6	4	2	0	-1/2	3	3	^3F
47	Ag	6	4	2	-1	-1/2	2	2	^2D
48	Cd	6	4	2	-2	-1/2	0	1	^1S
49	In	6	5	1	-1	+1/2	1	2	^2P
50	Sn	6	5	1	0	+1/2	1	3	^3P
51	Sb	6	5	1	+1	+1/2	0	4	^4S
52	Te	6	5	1	+1	-1/2	1	3	^3P
53	J	6	5	1	0	-1/2	1	2	^2P
54	Xe	6	5	1	-1	-1/2	0	1	^1S
55	Cs	6	6	0	0	+1/2	0	2	^2S
56	Ba	6	6	0	0	-1/2	0	1	^1S
57	La	7	4	3	-3	+1/2	3	2	^2F
58	Ce	7	4	3	-2	+1/2	5	3	^3H
59	Pr	7	4	3	-1	+1/2	6	4	^4I
60	Nd	7	4	3	0	+1/2	6	5	^5I
61	Pm	7	4	3	+1	+1/2	5	6	^6H
62	Sm	7	4	3	+2	+1/2	3	7	^7F
63	Eu	7	4	3	+3	+1/2	0	8	^8S
64	Gd	7	4	3	+3	-1/2	3	7	^7F
65	Tb	7	4	3	+2	-1/2	5	6	^6H
66	Dy	7	4	3	+1	-1/2	6	5	^5I
67	Ho	7	4	3	0	-1/2	6	4	^4I
68	Er	7	4	3	-1	-1/2	5	3	^3H
69	Tm	7	4	3	-2	-1/2	3	2	^2F
70	Yb	7	4	3	-3	-1/2	0	1	^1S
71	Lu	7	5	2	-2	+1/2	2	2	^2D
72	Hf	7	5	2	-1	+1/2	3	3	^3F
73	Ta	7	5	2	0	+1/2	3	4	^4F
74	W	7	5	2	+1	+1/2	2	5	^5D
75	Re	7	5	2	+2	+1/2	0	6	^6S
76	Os	7	5	2	+2	-1/2	2	5	^5D
77	Ir	7	5	2	+1	-1/2	3	4	^4F
78	Pt	7	5	2	0	-1/2	3	3	^3F
79	Au	7	5	2	-1	-1/2	2	2	^2D
80	Hg	7	5	2	-2	-1/2	0	1	^1S
81	Tl	7	6	1	-1	+1/2	1	2	^2P
82	Pb	7	6	1	0	+1/2	1	3	^3P
83	Bi	7	6	1	+1	+1/2	0	4	^4S
84	Po	7	6	1	+1	-1/2	1	3	^3P
85	At	7	6	1	0	-1/2	1	2	^2P
86	Rn	7	6	1	-1	-1/2	0	1	^1S
87	Fr	7	7	0	0	+1/2	0	2	^2S
88	Ra	7	7	0	0	-1/2	0	1	^1S
89	Ac	8	5	3	-3	+1/2	3	2	^2F
90	Th	8	5	3	-2	+1/2	5	3	^3H
91	Pa	8	5	3	-1	+1/2	6	4	^4I
92	U	8	5	3	0	+1/2	6	5	^5I
93	Np	8	5	3	+1	+1/2	5	6	^6H
94	Pu	8	5	3	+2	+1/2	3	7	^7F
95	Am	8	5	3	+3	+1/2	0	8	^8S
96	Cm	8	5	3	+3	-1/2	3	7	^7F
97	Bk	8	5	3	+2	-1/2	5	6	^6H
98	Cf	8	5	3	+1	-1/2	6	5	^5I
99	Es	8	5	3	0	-1/2	6	4	^4I
100	Fm	8	5	3	-1	-1/2	5	3	^3H
101	Md	8	5	3	-2	-1/2	3	2	^2F
102	No	8	5	3	-3	-1/2	0	1	^1S
103	Lw	8	6	2	-2	+1/2	2	2	^2D

Zur Lösung von Aufgabe 5.2.1 und 5.2.2 (vgl. S 385)

$(S,L) = (1,0) \Rightarrow J = 1;$ $\quad {}^3S_1$.

$(S,L) = (1/2,2) \Rightarrow J = 5/2,\ 3/2,\ 1/2;$ $\quad {}^2D_{5/2},\ {}^2D_{3/2},\ {}^2D_{1/2}$.

$(S,L) = (1/2,1) \Rightarrow J = 3/2,\ 1/2;$ $\quad {}^2P_{3/2},\ {}^2P_{1/2}$.

$(S,L) = (1/2,0) \Rightarrow J = 1/2;$ $\quad {}^2S_{1/2}$.

$(S,L) = (0,2) \Rightarrow J = 2,\ 1,\ 0;$ $\quad {}^1D_2\ ,\ {}^1D_1\ ,\ {}^1D_0$.

$(S,L) = (0,1) \Rightarrow J = 1,\ 0.$ $\quad {}^1P_1\ ,\ {}^1P_0$.

$(S,L) = (0,0) \Rightarrow J = 0;$ $\quad {}^1S_0$.

Aufgabe 5.2.4:

Mit jedem (L,S) - Paar treten die zu $M_L = \sum m_{l_n} = -L,\ldots,L$ und $M_S = \sum m_{s_n} = -S,\ldots,S$, gehörigen Eigenfunktionen auf.
Die Elektronenkonfiguration $(3p)^5$ lässt 6 Slaterdeterminanten zu. Der grösste M_L - Wert ist 1, der grösste M_S - Wert $1/2$.

$\Rightarrow$ Das Paar $(L = 1, S = 1/2)$ muss auftreten. Da zu $(L = 1, S = 1/2)$ sechs Eigenfunktionen gehören, gibt es keine weiteren (L,S) - Paare.

$\Rightarrow$ Nur die Termsymbole ${}^2P_{3/2}$ und ${}^2P_{1/2}$ kommen in Frage. Nach der 3. Hundschen Regel liegt ${}^2P_{3/2}$ energetisch tiefer.

Aufgabe 5.2.5:

Man geht vor wie in Aufgabe 5.2.4. Die Konfiguration $(1s)^2(2s)^2(2p)^6(3s)^2(3p)^6(3d)^{10}(4s)^2(4p)^6(5s)^2(5p)^6$ trägt zum Gesamtbahn- und Gesamtspindrehimpuls nichts bei. Es genügt, die Konfiguration $(4f)^{10}$ zu betrachten.
Der grösste M_S - Wert ist 2, der grösste M_L - Wert mit $M_S = 2$ ist 6.

$\Rightarrow$ $(L = 6, S = 2)$ tritt auf und ist nach der 1. bzw. 2. Hundschen Regel als einziges Paar zu berücksichtigen. Am energetisch günstigsten ist dann nach der 3. Hundschen Regel der Zustand zum Termsymbol ${}^5I_8$.

Aufgabe 5.4.1:

(i)

$$\overline{\varepsilon}^{*}_{kr} = \sum_{i=1}^{M}\sum_{s=1}^{M} d_{ri}d^{*}_{ks}[(\chi_i|\hat{h}^{\circ}\chi_s)^{*} +$$

$$+ \sum_{l=1}^{N}\sum_{u,v=1}^{M} d_{lu}d^{*}_{lv}\{(\chi_i,\chi_u|\chi_s,\chi_v)^{*} - (\chi_i,\chi_u|\chi_v,\chi_s)^{*}\}] =$$

$$= \sum_{i=1}^{M}\sum_{s=1}^{M} d^{*}_{ks}d_{ri}[(\chi_s|\hat{h}^{\circ}\chi_i) +$$

$$+ \sum_{l=1}^{N}\sum_{u,v=1}^{M} d^{*}_{lv}d_{lu}\{(\chi_s,\chi_v|\chi_i,\chi_u) - (\chi_s,\chi_v|\chi_u,\chi_i)\}] =$$

$$= \overline{\varepsilon}_{rk}. \qquad \text{q.e.d.}$$

Das letzte Gleichheitszeichen wird klar, wenn man bei den Summationsindizes, die man ja frei wählen kann, die Vertauschungen $i \rightleftarrows s$ und $u \rightleftarrows v$ vornimmt.

(ii) Der erste Summand $\langle \Phi | \hat{H}\Phi \rangle$ ist reell, weil der Hamiltonoperator selbstadjungiert ist. Für den zweiten Term gilt:

$$\{ \sum_{k,l} \sum_{i,j} d_{ki}^{*} d_{lj} S_{ij} \overline{\varepsilon}_{kl} \}^{*} =$$

$$= \sum_{k,l} \sum_{i,j} d_{ki} d_{lj}^{*} S_{ij}^{*} \overline{\varepsilon}_{kl}^{*} =$$

$$= \sum_{k,l} \sum_{i,j} d_{lj}^{*} d_{ki} S_{ji} \overline{\varepsilon}_{lk} .$$

Dabei wurde verwendet $S_{ij}^{*} = S_{ji}$ und $\overline{\varepsilon}_{kl}^{*} = \overline{\varepsilon}_{lk}$ (vgl. (i)). Das Ergebnis wird auch in der Notation deutlich, wenn man im letzten Ausdruck die Summationsindizes k und l sowie i und j vertauscht.

Aufgabe 7.1.1:

$\langle x|y \rangle = \sum_{j=1}^{n} x_j^{*} y_j$ ist ein Skalarprodukt auf $\mathbb{C}^n$, denn

(i) $$\langle x+y|z \rangle = \sum_{j=1}^{n} (x+y)_j^{*} z_j = \sum_{j=1}^{n} (x_j+y_j)^{*} z_j =$$

$$= \sum_{j=1}^{n} (x_j^{*}+y_j^{*}) z_j = \sum_{j=1}^{n} x_j^{*} z_j + \sum_{j=1}^{n} y_j^{*} z_j = \langle x|z \rangle + \langle y|z \rangle .$$

(ii) $$\langle x|y \rangle = \sum_{j=1}^{n} x_j^{*} y_j = \sum_{j=1}^{n} (x_j y_j^{*})^{*} = (\sum_{j=1}^{n} x_j y_j^{*})^{*} = \langle y|x \rangle^{*} .$$

(iii) $$\langle \lambda x|\mu y \rangle = \sum_{j=1}^{n} (\lambda x)_j^{*} (\mu y)_j = \sum_{j=1}^{n} \lambda^{*} x_j^{*} \mu y_j = \lambda^{*}\mu \sum_{j=1}^{n} x_j^{*} y_j = \lambda^{*}\mu \langle x|y \rangle .$$

(iv) $$\langle x|x \rangle = \sum_{j=1}^{n} x_j^{*} x_j = \sum_{j=1}^{n} |x_j|^2 \geq 0 .$$

(v) $$\langle x|x \rangle = 0 \;\Rightarrow\; \sum_{j=1}^{n} |x_j|^2 = 0 \;\Rightarrow\; |x_j|^2 = 0 \text{ für } j=1,2,\ldots,n \;\Rightarrow\; x_j = 0$$
$$\text{für } j=1,2,\ldots,n \;\Rightarrow\; x=0 .$$

Dagegen ist $(x,y) \stackrel{\text{def}}{=} \sum_{j=1}^{n} x_j y_j$ kein Skalarprodukt auf $\mathbb{C}^n$, denn die Bedingungen (ii)-(v) sind nicht erfüllt.

Aufgabe 7.1.2:

$$\|f\|^2 = \langle f|f\rangle = \int_{-\infty}^{+\infty} f^*(x)f(x)\,dx =$$

$$= \int_{-1}^{+1} f^2(x)\,dx = \int_{-1}^{+1} dx = 2.$$

Aufgabe 7.1.3:

$$\{\frac{1}{x+i}\}^* = \{\frac{x-i}{(x+i)(x-i)}\}^* = \{\frac{x-i}{x^2+1}\}^* = \frac{x+i}{x^2+1} = \frac{1}{x-i}.$$

$$\|g\|^2 = \langle g|g\rangle = \int_{-\infty}^{+\infty} \{\frac{1}{x+i}\}^*\{\frac{1}{x+i}\}dx = \int_{-\infty}^{+\infty} \frac{1}{x^2+1}\,dx =$$

$$= \arctan x\Big|_{-\infty}^{+\infty} = \pi.$$

Aufgabe 7.1.4:

$$\langle f|g\rangle = \int_{-1}^{+1} \frac{1}{x+i}\,dx = \int_{-1}^{+1} \frac{x-i}{x^2+1}\,dx \overset{(a)}{=} \int_{-1}^{+1} \frac{x}{x^2+1}\,dx - i\int_{-1}^{+1} \frac{1}{x^2+1}\,dx =$$

$$\overset{(b)}{=} -i\int_{-1}^{+1} \frac{1}{x^2+1}\,dx = -2i\arctan 1.$$

Hierbei ist bei (a) die Definition des Integrals berücksichtigt worden und bei (b), dass das Integral einer ungeraden Funktion über ein symmetrisches Intervall verschwindet.

$$\|f-g\|^2 = \langle f-g|f-g\rangle = \langle f|f\rangle + \langle g|g\rangle - \langle g|f\rangle - \langle f|g\rangle =$$
$$= \|f\|^2 + \|g\|^2 - \langle f|g\rangle + \langle f|g\rangle^* = \|f\|^2 + \|g\|^2 - 2\mathrm{Re}\langle f|g\rangle.$$

$$\mathrm{Re}\langle f|g\rangle = 0.$$

$$\Rightarrow \|f-g\|^2 = \|f\|^2 + \|g\|^2 = 2+\pi.$$

SACHVERZEICHNIS

Teubner Studienbücher

Physik

Becher/Böhm/Joos: **Eichtheorien der starken und elektroschwachen Wechselwirkung** 2. Aufl. DM 39,80

Bopp: **Kerne, Hadronen und Elementarteilchen.** DM 34,–

Bourne/Kendall: **Vektoranalysis.** 2. Aufl. DM 28,80

Carlsson/Pipes: **Hochleistungsfaserverbundwerkstoffe.** DM 28,80

Daniel: **Beschleuniger.** DM 28,80

Engelke: **Aufbau der Moleküle.** DM 38,–

Fischer/Kaul: **Mathematik für Physiker**
Band 1: Grundkurs. DM 48,–

Goetzberger/Wittwer: **Sonnenenergie.** 2. Aufl. DM 29,80

Gross/Runge: **Vielteilchentheorie.** DM 39,80

Großer: **Einführung in die Teilchenoptik.** DM 26,80

Großmann: **Mathematischer Einführungskurs für die Physik.** 5. Aufl. DM 36,–

Grotz/Klapdor: **Die schwache Wechselwirkung in Kern-, Teilchen- und Astrophysik.** DM 46,–

Heil/Kitzka: **Grundkurs Theoretische Mechanik.** DM 39,–

Heinloth: **Energie.** DM 42,–

Kamke/Krämer: **Physikalische Grundlagen der Maßeinheiten.** DM 26,80

Kleinknecht: **Detektoren für Teilchenstrahlung.** 2. Aufl. DM 29,80

Kneubühl: **Repetitorium der Physik.** 3. Aufl. DM 48,–

Kneubühl/Sigrist: **Laser.** 2. Aufl. DM 42,–

Kopitzki: **Einführung in die Festkörperphysik.** 2. Aufl. DM 44,–

Kröger/Unbehauen: **Technische Elektrodynamik.** DM 42,–

Kunze: **Physikalische Meßmethoden.** DM 28,80

Lautz: **Elektromagnetische Felder.** 3. Aufl. DM 32,–

Lindner: **Drehimpulse in der Quantenmechanik.** DM 28,80

Lohrmann: **Einführung in die Elementarteilchenphysik.** DM 24,80

Lohrmann: **Hochenergiephysik.** 3. Aufl. DM 34,–

Mayer-Kuckuk: **Atomphysik.** 3. Aufl. DM 34,–

Mayer-Kuckuk: **Kernphysik.** 4. Aufl. DM 39,80

Mommsen: **Archäometrie.** DM 38,–

Neuert: **Atomare Stoßprozesse.** DM 28,80

Nolting: **Quantentheorie des Magnetismus**
Teil 1: Grundlagen. DM 38,–
Teil 2: Modelle. DM 38,–

Raeder u. a.: **Kontrollierte Kernfusion.** DM 42,–

Fortsetzung auf der 3. Umschlagseite

Teubner Studienbücher

Physik Fortsetzung

Rohe: **Elektronik für Physiker.** 3. Aufl. DM 29,80

Rohe/Kamke: **Digitalelektronik.** DM 28,80

Schatz/Weidinger: **Nukleare Festkörperphysik.** DM 34,–

Schmidt: **Meßelektronik in der Kernphysik.** DM 28,80

Theis: **Grundzüge der Quantentheorie.** DM 34,–

Walcher: **Praktikum der Physik.** 6. Aufl. DM 38,–

Wegener: **Physik für Hochschulanfänger.** 2. Aufl. DM 46,–

Wiesemann: **Einführung in die Gaselektronik.** DM 34,–